陸域生態系の科学

地球環境と生態系

武田博清・占部城太郎 編集

共立出版

執筆者一覧（執筆順）および担当節

執筆者	所　属	担当節
彦坂　幸毅	東北大学大学院生命科学研究科	1.1
広瀬　忠樹	東京農業大学国際食料情報学部	1.2, 1.3, 1.4
菊沢喜八郎	石川県立大学環境科学科	2.1
藤田　　昇	京都大学生態学研究センター	2.1
日浦　　勉	北海道大学北方生物圏フィールド科学センター	2.2
小池　孝良	北海道大学北方生物圏フィールド科学センター	2.3
武田　博清	京都大学大学院農学研究科	3.1
大園　享司	京都大学大学院農学研究科	3.1
徳地　直子	京都大学フィールド科学教育研究センター	3.2
廣部　　宗	岡山大学大学院環境学研究科	3.2
大手　信人	東京大学大学院農学生命科学研究科	4.1
川崎　雅俊	サントリー株式会社　水科学研究所	4.1
木平　英一	名古屋大学大学院環境学研究科	4.1
吉岡　崇仁	人間文化研究機構　総合地球環境学研究所	4.1, 4.2
占部城太郎	東北大学大学院生命科学研究科	4.2
檜山　哲哉	名古屋大学地球水循環研究センター	5.1
高橋　　浩	産業技術総合研究所深部地質環境研究センター	5.2
柴田　英昭	北海道大学北方生物圏フィールド科学センター	5.3
村瀬　　潤	名古屋大学大学院生命農学研究科	5.4
杉本　敦子	北海道大学大学院地球環境科学研究院	5.4
甲山　隆司	北海道大学大学院地球環境科学研究院	6.1
和田英太郎	海洋研究開発機構　地球環境フロンティア研究センター	6.2

はじめに

　温暖化など，地球規模の環境変化が懸念されるようになって久しい．ハワイ島マウナロアで1957年から開始された大気成分の観測は，二酸化炭素濃度が右肩上がりで上昇していることを如実に示しており，衛星から送られてくる地球の写真にもあちこちで氷河が後退している現状を示している．翻って，私達の身近な生活に目を向けてみると，桜の季節や紅葉の季節がこれまでとは違ってきたような季節性の不順が感じられるようになっている．この懸念は世界中で共有されており，1992年にブラジルのリオ・デ・ジャネイロで開催された「地球サミット」での「持続可能な開発をするための地球規模の行動（アジェンダ21）」や1997年の「京都議定書」といった形で国際社会に反映されている．このような中，「生態系」という言葉が，地球環境問題への関心の高まりを反映しつつ，日常生活においても定着してきている．しかし，この地球上の生態系の構造や機能は必ずしもよくわかっていない．

　化石燃料消費や土地の改変などを通じて，人間は，直接・間接的に，多量の二酸化炭素を毎年大気に放出している（炭素重量として5.9×10^{15}gともいわれている）．しかし，そのすべてが大気に蓄積するのではなく，5割程度は生物によって再吸収されている．生物が再吸収している場所の1つは海洋であり，もう1つは本書が対象としている陸域である．このように巨視的にみると，懸念されている温暖化が大気の二酸化炭素蓄積によるとするなら，生物活動は人間活動による廃物（二酸化炭素）のいくばくかを処理し，環境変化を緩和していることになる．しかし，具体的にみた場合，二酸化炭素の吸収に関与する生物過程はどのようなものでどのような制限があるのか．陸域生態系の中で炭素はどのように生物間を転移し循環しているのか．大気二酸化炭素の増加は直接・間接的に生物群集にどのような影響を及ぼすのか．陸域生態系が二酸化炭素を吸収するとして吸収量の増加は生態系の他のプロセスや構成員にどのような影響を及ぼすのかなど，よくわかっていない本質的な問題は多い．これら問題の解明は，将来の人間活動の取り組みを考えていくうえで不可欠な知見を提供するとともに，身近な自然の変容が何に起因し，またそのような変容を回避するにはどのような手だてがあるのかといった地域の環境を考えるうえでも重要である．

　こうした地球環境問題を背景に，森林，土壌，水文，陸水など陸域生態系の炭素の流れに沿って物質循環と生物過程を理解することを目的に，1997年から5年間「陸域生態系の地球環境変

化に対する応答の研究」が行われた．本書は，この研究プロジェクトに参加した研究者が，自らの研究成果をもとに，近年の生態系研究の動向を踏まえつつ，執筆したものである．この研究プロジェクトの特色の1つは，生態系研究の枠組として，現在では一般的になりつつある「集水域」あるいは「流域」という視点をいち早く打ち出して研究が展開されたことにある．「モノ」は高いところから低いところに流れるのが自然の摂理である．上流（森林）で起こる変化は下流（河川・湖沼）に影響を及ぼし，その過程を通じて上流へフィードバックするというコンセプトが研究者間で共有され，以下の3つの問題を掲げて研究が行われた．

1）環境変化に対して葉・枝からなるモジュールの蓄積系である森林の応答において樹木はどう成長するのか，土壌有機物はどのように変化するのか．
2）化学-栄養系として機能している水系において，森林生態系の変化はどのように現れるのか．
3）水系に沿った温暖化ガス代謝系の応答とそのフィードバックはどのようなものか．

本書も，この流れに沿って構成されている．

まず第1章では，植物個体に焦点をあて，炭素の取り込み（光合成）と成長について生理生態的な特性について紹介する．第2章では視点を上に向け，植物個体群や群落レベルでの生物生産特性や二酸化炭素増加に対する応答について述べる．第3章では視点を足下に向ける．植物が固定した炭素は根や落葉を通じて土壌に転移し分解され，一部は大気へと放出される．そこで，森林土壌で展開される有機物の分解過程についてみていくことにする．第4章では，視野を水平方向に向け，森林から水系への炭素流出機構と水系（湖沼）の応答や機能について紹介する．第5章では再び視点を上に向けることにする．上流（森林）であろうと下流（水系）であろうと，生物活動はガス交換を通じて大気と相互作用している．これらを調べるにはどうすべきか，またどのようなプロセスで生物活動は大気へフィードバックするかを述べる．最終章（第6章）では，本書に盛り込まれた内容を概観するとともに，視野をさらに空間的に広げていく必要性を指摘する．最後に私達自身に目を向け，人間活動を含む生態系をいかに評価していくかについて，展望することにする．

どのような科学もそうであるが，生態系の研究は難しい．生態系研究を難しくさせているのは，まず複眼的な視点が必要なことであろう．いうまでもなく生物は物質を循環させる装置ではない．長い進化の過程の末，個々の生物種は自らの子孫を可能な限り多く残せるよう，つまり適応度が最大となるよう，適応し様々な方策（戦略）で日々活動している．その日々の活動が物質を循環させ，私達人間を含む他の生物の生活を支えている．したがって，生態系のプロセスや応答を理解していくためには，物質がどのように転移しどこにどのくらい流れているかといった俯瞰的な視点と，個々の生物種がいかに他種と相互作用しながら環境に適応し日々活動しているかというミクロな視点が必要なのである．これは現在の学問領域では，物質循環に注目する地球化学の視点と生物の生活に注目する生態学の視点の融合といえよう．陸域生態系はモザイクである．森林もあれば河川もあり，湿地や湖，都市や農地もある．したがって，陸域を複合的な生態系とし

て理解するには，森林についても水系についても基礎知識が要求される．一昔前まで，日本では（世界でもそうなのだが），たとえば森林の研究者と水界の研究者が研究のうえで議論することは稀であった．地球化学と生態学の研究者もそれぞれのコミュニティーで研究を行っていた．しかし，陸域の生態系研究を真に推進していくためには，そのような垣根を取り払うことが必要となる．本書のもととなっている「陸域生態系の地球環境変化に対する応答の研究」の成果の1つは，そのような垣根をとりはらうことができたこと，異なる視点の融合が重要であると参加した研究者が強く認識するようになったことである．陸域生態系の理解をさらに推し進めていくには，このような複眼融合的な視野をもつ人材の育成が必要であり，その一助として本書は企画された．

このため，本書は，やや難解な部分もあるが，陸域の生態系や環境研究に興味をもつ大学生や大学院生を対象としている．しかし，ある特定の研究対象から視点を変えたり視野を広げたりするうえで，環境科学や生態研究の専門家にも役立つかもしれない．各章の最後には，Exerciseを設けた．各Exerciseには，本書の中に答えを見出せるものもあれば，さらに研究しないと明らでないものも含まれている．このExerciseに目を通すことで本書の内容を振り返り，何がわかり何がまだわかっていないか，どうすればそれがわかるかなど，陸域生態系科学の現状と展望の整理に役立て欲しい．

本書は，企画から原稿の編集が遅れてしまった．その過程で本書の出版にあたっていろいろとお世話になった共立出版（株）編集部の信沢孝一氏，編集の労を執られた川口綾子氏に深謝する次第である．

2006年4月6日

武田　博清
占部城太郎

目 次

第1章 地球環境変化と植物の生産機能　1
- この章のポイント　1
- 1.1 光合成の環境応答　3
- 1.2 植物群落の構造と機能　12
- 1.3 多種共存と個体間競争　20
- 1.4 植物個体の成長　27
- Exercise　33
- 引用文献　33

第2章 植物個体群，群落の機能　39
- この章のポイント　39
- 2.1 植物のフェノロジー　41
- 2.2 森林の構造と生産の応答　57
- 2.3 環境変動への森林の応答　68
- Exercise　87
- 引用文献　87

第3章 地球環境と森林の物質循環　95
- この章のポイント　95
- 3.1 森林生態系における分解系の働き　96
- 3.2 森林生態系をめぐる物質循環　120
- Exercise　131
- 引用文献　131

第4章　陸水生態系の構造と機能　　　　　　　　　　　　　　　137

　この章のポイント・・ 137
　4.1　森林から河川への炭素と窒素の流出 ・・・・・・・・・・・・・・・・・・・・・・・・ 138
　4.2　炭素代謝からみた湖沼生態系の機能 ・・・・・・・・・・・・・・・・・・・・・・・・ 156
　Exercise・・・ 186
　引用文献・・ 186

第5章　生態系の機能をフラックスから探る　　　　　　　　　　　195

　この章のポイント・・ 195
　5.1　大気-森林間の炭素フラックス ・・・・・・・・・・・・・・・・・・・・・・・・・・・・・ 196
　5.2　二酸化炭素の発生起源ごとの寄与 ・・・・・・・・・・・・・・・・・・・・・・・・・・ 209
　5.3　大気-森林-河川系での炭素フラックス ・・・・・・・・・・・・・・・・・・・・ 218
　5.4　水系のガス代謝 ・・ 225
　Exercise・・・ 238
　引用文献・・ 238

第6章　集水域としての陸域生態系　　　　　　　　　　　　　　　243

　この章のポイント・・ 243
　6.1　東アジアの陸域生態系の特性と環境応答 ・・・・・・・・・・・・・・・・・・・ 244
　6.2　生態系の物質動態プロセスとその時空間スケール ・・・・・・・・・・・ 254
　Exercise・・・ 266
　引用文献・・ 266

あとがき　　　　　　　　　　　　　　　　　　　　　　　　　　　　269
索　引　　　　　　　　　　　　　　　　　　　　　　　　　　　　　271

第1章
地球環境変化と植物の生産機能

この章のポイント

　植物は太陽の光エネルギーを利用して，大気中の CO_2 を固定し有機物を生産する．これを生態系の純一次生産という．生産された有機物は，生態系の動物や微生物の生命活動によって最終的に CO_2 にまで分解され，地球全体として安定した炭素循環系を形づくっている．その結果，地球大気 CO_2 濃度は，産業革命前まで少なくとも40万年間，280 ppmv 以下で安定的に推移していた．産業革命以後，化石燃料の大量消費や森林伐採など人間活動による CO_2 放出の増加により，大気 CO_2 濃度は上昇を続けるようになった．現在では370 ppmv に達しており，2050年には産業革命前の2倍の560 ppmv, 2100年までに700 ppmv を越えることが予測されている．CO_2 は光合成の基質なので，大気 CO_2 濃度が上昇すれば光合成は促進され，純一次生産も増加することが予想される．しかし，生態系全体として CO_2 を吸収するか，あるいは放出するかは，有機物の分解速度を通して決まる．将来，地球温暖化による有機物分解速度の増加が，CO_2 増加による一次生産速度の増加を上回るようなことになれば，陸域生態系は CO_2 の吸収源から放出源に転じることになる．
　本章では，大気 CO_2 濃度上昇とそれに伴う地球温暖化が植物の生産機能に与える影響について論議する．始めに葉緑体レベルで光合成の機作について述べ，それに基づいて個葉光合成の環境応答を明らかにする．葉は植物体の中で高い窒素濃度をもつ．それは葉が光合成を行い，光合成系は多量の窒素を必要とするためである．光合成の環境応答には，直接的な短期応答と成長を介して効く長期的な応答がある．長期的応答は，光合成系への，あるいは光合成反応の各コンポーネントへの窒素の分配の変化として理解できる．生態系における一次生産の単位は植物群落である．群落の環境応答は，個葉レベルからスケールアップして考えていくことで，そのメカニズムを明らかにすることができる．植物群落内では上層から下層にかけて光強度は低下する．植物はこの光強度の勾配に従って葉窒素を分配する．これら光と窒素の分布を考慮にいれて群落光合成をモデル化し，群落の CO_2 応答を解析する．高 CO_2 における群落光合成の増加には，個葉の光合成曲線の光飽和値だけでなく，初期勾配の増加が大きく寄与することを示す．群落は大小様々な個体から構成されている．群落構成個体のサイズ構造を群落光合成モデルを応用して解析することにより，大気 CO_2 の上昇は個体サイズ差を大きくするように働くことを示す．光合成産物は，葉から根や茎など他の器官に分配され，個体の成長を支える．繁殖が始まれば，光合成産物はもっぱら繁殖器官に分配される．環境の変化に応答して，植物は光合成産物の分配パターンを変化させる．分配パターンの変化は，与えられた資源環境のもと

で，資源をより効率的に獲得し利用するように応答した結果である——これを仮説にして，地球環境変化を資源環境の変化としてとらえ，植物の生産機能に与える影響を解析する．

1.1 光合成の環境応答

はじめに

　光合成は植物の成長・維持に必要な炭素骨格・エネルギー源を供給するほぼ唯一の系である．植物の生存・成長・繁殖には光合成速度が直接的に影響する．また，陸上生態系へ取り込まれる炭素のほとんどは植物の光合成に由来する．したがって光合成速度は，植物の生存・成長・繁殖だけでなく，生態系全体，そして究極的には地球全球の炭素循環に大きな影響を与える．光合成が地球環境に影響を与える様を最もわかりやすく示しているのは，地球大気のCO_2濃度変動である．北半球ではCO_2濃度は年間約5 ppmvの振幅をもち，冬季に上昇し，夏季に低下する．これは陸上植物の光合成活性とよく対応している．また，この振幅は南半球では非常に小さい．これは北半球と違い，南半球では陸域の割合が小さいためである．光合成は，光エネルギーを利用してCO_2を糖に変換する代謝経路である．光合成速度は一定ではなく，一枚の葉の光合成速度であっても光強度やCO_2濃度などの環境が変われば変化する．また，同一個体であっても，生育環境が変われば光合成能力が変わる．両者を区別するため，前者を短期応答，後者を長期応答とよぶ．長期応答にみられる性質の変化は，その生育環境でより効率のよい光合成生産を行うための適応的なものであることも，そうでないこともあるがともに順化とよばれる．本節ではまず光合成のしくみを簡単に説明し，短期応答と順化について，光環境，高CO_2，そして温度との関係を概説する．

1.1.1 光合成の機作

(a) 光合成

　光合成を行う最小の単位は葉緑体である．高等植物は細胞（おもに葉肉細胞）内に多数の葉緑体をもち，光合成を行っている．葉緑体は二重の包膜に囲まれた細胞内小器官である．葉緑体の内部にはチラコイド膜とよばれる膜構造がある．チラコイド膜と包膜の間は液相の空間で，ストロマとよばれる．

　チラコイド膜では光エネルギーを化学エネルギーに変換する2つの重要な反応が起こっている（図1.1.1）．1つは電子伝達である．電子伝達系は，水を分解して電子を取り出し，$NADP^+$を還元してNADPHを生産する経路である．光エネルギーは，光化学系に結合するクロロフィルとよばれる色素によって吸収される．クロロフィルは吸収したエネルギーを光化学系の反応中心に伝える．反応中心はエネルギーを受け取ると励起され，強い還元力をもつ．この還元力を利用し，$NADP^+$が還元される．もう1つの重要な反応はATP合成である．電子伝達の際にプロトン（H^+）がチラコイド膜の外側から内側に運搬される．その結果，チラコイド膜内外にプロトン濃度の勾配ができる．この濃度勾配をエネルギー源とし，プロトンがチラコイド膜のATP合成酵素を通過する際にATPが合成される．

　チラコイド膜で生産されたATPとNADPHは，それぞれCO_2吸収のためのエネルギー源・還元力として，ストロマのカルビンサイクルで利用される（図1.1.1）．カ

ルビンサイクルは，11 の酵素によって触媒される循環経路である．CO_2 吸収はリブロース二リン酸カルボキシラーゼ/オキシゲナーゼ（Rubisco）という酵素が触媒するカルボキシル化反応（carboxylation）によって行われる．CO_2 はリブロース二リン酸（RuBP）という5つの炭素をもつ糖リン酸に化合し，2分子のホスホグリセリン酸（PGA）が生産される．

$$\text{RuBP} + CO_2 \rightarrow 2\text{PGA} \tag{1}$$

PGA は3つの炭素をもつ有機酸リン酸である．PGA から，ATP と NADPH を消費してトリオースリン酸が生産される．このトリオースリン酸の一部が葉緑体の外（細胞質）に輸送され，ショ糖などの合成に利用される．残りのトリオースリン酸からは，ATP を消費して RuBP が再生され，再びカルボキシル化反応が起こる．Rubisco は分子量 550 kDa の巨大な酵素で，光合成の鍵酵素として知られる．Rubisco は基質である CO_2 に対する親和性が低く，通常大気の CO_2 濃度では反応速度が低い．このため，葉は多量の Rubisco をもつ必要がある．葉のタンパク質の 20〜30 % は Rubisco に存在する．このため Rubisco は「地球上で最も量が多いタンパク質」としても知られる．

(b) 光呼吸

Rubisco はカルボキシル化反応だけでなく，RuBP の酸素化反応（oxygenation）も触媒する（図 1.1.1）．

$$\text{RuBP} + O_2 \rightarrow \text{PGA} + \text{ホスホグリコール酸} \tag{2}$$

この反応の生成物の1つであるホスホグリコール酸から PGA を再生する過程が光呼吸（グリコール酸回路）である．物質生産の点からみると，光呼吸はまったく無駄な経路であ

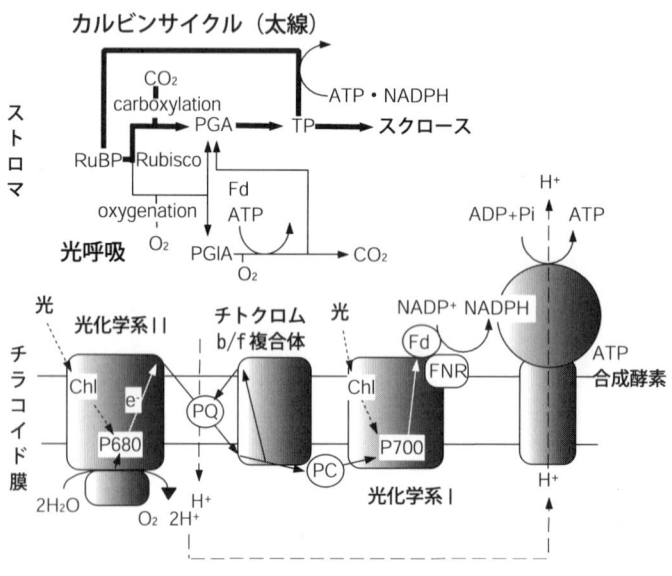

図 1.1.1 光合成・光呼吸の模式図

チラコイド反応において，実線は電子の，点線はエネルギー（光エネルギーまたは励起エネルギー），破線はプロトン（H^+）の移動を示す．Chl：クロロフィル，P680：光化学系Ⅱの反応中心，PQ：プラストキノン，PC：プラストシアニン，P700：光化学系Ⅰの反応中心，RuBP：リブロース二リン酸，Rubisco：RuBP カルボキシラーゼ/オキシゲナーゼ，PGA：ホスホグリセリン酸，TP：トリオースリン酸，PGlA：ホスホグリコール酸．

る．第 1 に，光呼吸では，せっかく吸収した炭素を CO_2 として放出してしまう．第 2 に，ATP とフェレドキシンから直接供給される還元力（電子）が消費されてしまう．光呼吸は「エネルギーを消費する」という点で暗呼吸とまったく役割が異なる点に注意されたい．光呼吸の意義は，酸素化反応によって「やむを得ず」生産されるホスホグリコール酸の処分であると考えられている．

光が当たっているときは，葉では光合成も光呼吸も同時に起こっている．通常大気条件では，カルボキシル化反応によって吸収された炭素の 30〜50 % が光呼吸によって放出されている．光呼吸がどれだけ起こるかは，葉緑体中の CO_2 と O_2 の濃度に依存する．Rubisco が触媒する反応では，まず Rubisco に RuBP が結合する．葉緑体中の CO_2 濃度が相対的に高ければ，Rubisco-RuBP 複合体に CO_2 が結合し，カルボキシル化反応が起こりやすい．逆に，O_2 濃度が高ければ酸素化反応が起こりやすい．

（c） C_4 光合成

Rubisco には 2 つの欠点がある．1 つは，低 CO_2 濃度での炭酸同化速度が遅いことで，もう 1 つは酸素化反応も触媒してしまうことである．酸素化反応が起こると，せっかく同化した炭素を光呼吸によって失ってしまう．この 2 つの欠点を，葉緑体内の CO_2 濃度を能動的に高めることによって取り除き，光合成の効率を飛躍的に増加させたのが C_4 植物である．

C_4 植物の葉では，葉肉細胞と維管束鞘細胞に葉緑体がある（C_3 植物の維管束鞘細胞には普通葉緑体はない）．葉肉細胞と維管束鞘細胞では異なる代謝が行われている．葉肉細胞の葉緑体にはカルビンサイクルはない．CO_2 はホスホエノールピルビン酸 (PEP) という炭素を 3 つもった C_3 化合物に結合し，C_4 化合物であるオキザロ酢酸が合成される．この反応は PEP カルボキシラーゼという酵素に触媒される．C_4 植物という呼び名は，CO_2 が固定されてできる最初の生成物が C_4 化合物であることに由来する（C_3 植物の場合は最初の生成物は C_3 化合物の PGA である）．この C_4 化合物は維管束鞘細胞に輸送され，細胞内で再び CO_2 が放出される．維管束鞘細胞の葉緑体にはカルビンサイクルがあり，C_3 植物と同じように CO_2 が固定され，糖が生産される．維管束鞘細胞で CO_2 を放出した化合物は再び葉肉細胞にもどり，PEP となって CO_2 固定に利用される．言い換えれば，C_4 植物では，葉肉細胞と維管束鞘細胞で「分業」を行っているのである．葉肉細胞は CO_2 濃縮を担当し，維管束鞘細胞は CO_2 固定を行っている．この一連の代謝経路を C_4 回路あるいはジカルボン酸回路とよぶ．

C_4 植物の長所は 2 つある．1 つは，C_4 回路によって CO_2 を葉肉細胞に濃縮することによって光合成の効率を高めていることである．維管束鞘細胞内の CO_2 濃度は，C_3 植物の約 10 倍に高まっており，酸素化反応はほとんど起こらない．このため，C_4 植物の大気条件での最大光合成速度は C_3 植物のそれよりも高いことが多い．もう 1 つは，CO_2 濃縮により低 CO_2 濃度でも高い光合成速度を実現できるため，気孔コンダクタンスを低くし，蒸散を抑えることができる点である．これは乾燥条件で有利である．しかし，C_4 光合成には CO_2 濃縮のためにエネルギーを消費するという欠点がある．1 モルの CO_2 を維管束鞘細胞に送り込むために，2 モルの ATP が必要である．このためすべての面において C_3 植物より優位に立っているわけではない．C_4 植物は，高温・乾燥環境で C_3 植物よりも有利であり，実際の分布もそのような傾向がある．

（d） CAM 光合成

C_4 植物では，葉肉細胞と維管束鞘細胞の間で空間的な「分業」を行っている．これに対し葉肉細胞の中で，時間的な「分

業」を行っているのがCAM植物である (Crassulacean acid metabolism. ベンケイソウ科 Crassulaceae に多くみられるためこの呼び名がある). CAM 光合成の経路は C_4 光合成によく似ている. CAM 植物では, 気孔は昼間はあまり開かず, 夜間に開く. 夜間に PEP カルボキシラーゼが CO_2 を固定し, リンゴ酸として液胞に蓄積する. 昼間は外界からの CO_2 取り込みはせず, 液胞内に蓄えておいたリンゴ酸から CO_2 を再放出させ, その CO_2 をカルビンサイクルによって固定し, 糖を合成する. CAM 植物では2種類のサブタイプ (NADP-ME 型・PCK 型) が知られている.

このような複雑な機構は, 水分欠乏に適応するためのものである. 日中は気温が上がり, 大気飽差が大きく, 気孔を開けば水分の損失は免れない. 夜間ならば大気飽差はそれほど大きくなく, 気孔を開いても水分の損失は少なくてすむ. CAM 植物は砂漠など水分が極端に欠乏しがちな環境に分布する.

1.1.2 光合成系の光順化

光合成速度は様々な環境の影響を受ける. 光強度に対して光合成速度をプロットした図を光－光合成曲線とよぶ(**図 1.1.2**). 暗黒下では光合成は行われず, 暗呼吸のために CO_2 が放出される. 光強度が強くなるとともに光合成速度は上昇し, ある程度の光強度以上で飽和する. 暗呼吸による CO_2 放出と光合成による CO_2 吸収がつり合い, 見かけ上 CO_2 の吸収が0になる光強度を光補償点という.

飽和光下の最大光合成速度(以下光合成能力)や光補償点は生育条件によって異なり, 一般に, 最大光合成速度・光補償点とも, 弱光で生育した葉(陰葉)よりも強光で生育した葉(陽葉)で高くなる. 陰葉・陽葉のような光環境の変化に伴う性質の変化を光順化とよぶ.

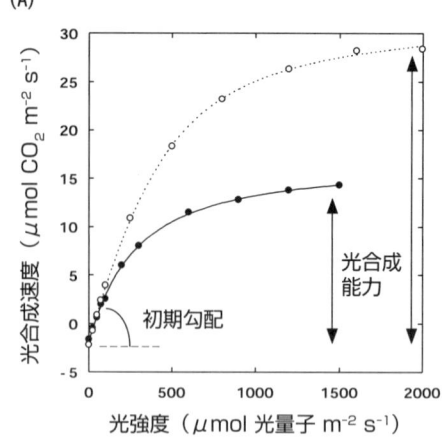

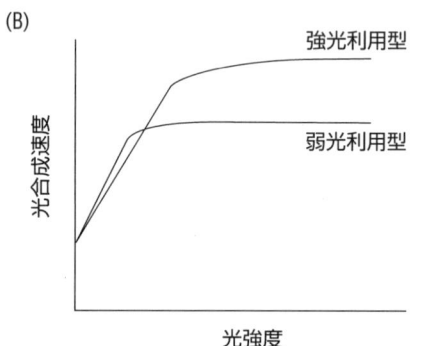

図 1.1.2
(A) 一年草シロザの陽葉(○)と陰葉(●)の光－光合成曲線.
(B) 光合成系タンパク質の分配を変化させたときの模式図.
タンパク質の総量が限られている場合, 光化学系のタンパク質を多めにすれば, 光吸収率が増加し, 初期勾配の高い葉に, カルビンサイクルなどのタンパク質を多めにすれば光合成能力の高い葉をつくることができる.

Mooney & Gulmon (1979) は「植物はなぜ光順化するのか」という問題に資源利用の観点から解釈を試みた. 彼らのコストベネフィット仮説を要約すると, 光合成能力はコスト(窒素)とベネフィット(光合成量)のバランスに応じて変化するべき, というものである. 葉の窒素含量を増やせば高い光合成能力を実現できるが, 高い光合成能力をもっていても実際の光合成速度を高くすることができないケースは多い. たとえば弱光条件では,

光合成速度は光強度に律速される．したがって，コストを抑える，という意味で窒素含量が低いほうが適応的である．一方，強光条件では，光合成能力を高めれば相応の光合成速度の増加が見込めるので，高い窒素含量が有利である．実際に，強光条件下の葉の窒素含量が高いことなど彼らのコストベネフィット仮説の普遍性は高い（1.2.1 項）．

生育環境によって窒素含量がどのように調節されるべきか，より詳細に検討してみよう．葉の光合成能力と葉面積あたりの窒素含量が高い相関を示す（図 1.1.3(A)）ことから，窒素含量と 1 日の光合成量の関係の推定が可能である．図 1.1.3(B) はホウレンソウの葉のデータ（Terashima & Evans, 1988）をもとにしたモデルによる 1 日の光合成量と窒素含量の関係である（Hikosaka & Terashima, 1995）．1 日の光合成量は窒素含量に対し上に凸の曲線となる最大値（黒丸）をもつ．高窒素含量で光合成量が下がってしまうのは，呼吸速度が窒素含量とともに増加するためである．この図の白丸は曲線に対して原点を通る接線（点線）が交わる点であり，窒素あたりの光合成量，つまり光合成窒素利用効率が最大になる（Hirose, 1984）．葉面積あたりの光合成量を最大にするためには葉は黒丸のような窒素含量が最適であり，窒素あたりの光合成量を最大にするためには白丸のような窒素含量が最適である．おそらく窒素栄養が不足しているとき，つまり窒素の価値が高いときには窒素あたりの光合成量を大きくするように，窒素栄養が十分なときには葉面積あたりの光合成量を大きくするように窒素含量を調節しているのであろう．この予測は現実の植物の傾向をよく説明している（1.2.1 項，図 1.2.1）．また，白丸・黒丸とも，最適な窒素含量は，弱光環境に比べ強光環境で高い．このことは陽葉が高い窒素含量や高い光合成能力をもつことをよく説明する．

ここまでは話を単純化するために窒素含量と光合成能力があたかも一義的な関係にあ

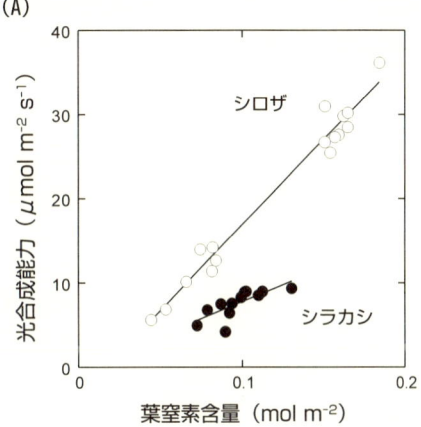

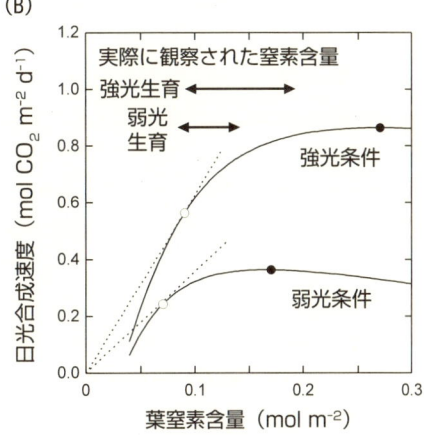

図 1.1.3　素と光合成の関係

(A)　光合成能力と窒素含量の関係．シロザとシラカシについて得られたもの（Hikosaka et al., 1998 を改変）．
(B)　1 日の光合成量と窒素含量の関係をモデルにより計算したもの（Hikosaka & Terashima, 1995 を改変）．図中矢印は，ホウレンソウを異なる光条件・栄養条件で育成したときにみられた窒素含量の範囲を示す（Terashima & Evans, 1988）．

るような説明をしてきた．しかし，光合成系は機能の異なる多くのタンパク質から成り立ち，光条件によってその組成比が大きく変化することが知られている．つまり，たとえ窒素含量が同じだとしても，その葉内における利用様式が異なるのである．光順化における光合成系タンパク質組成の変化は高等植物の間ではかなり普遍的である．おもな特徴は強光条件ほど(1)Rubisco などのカルビンサイ

クル酵素，チトクロムfなどの電子伝達系タンパク質の量が相対的に多い，(2)クロロフィル含量/窒素含量比が低い，(3)クロロフィルa/b比が高いことなどである（Anderson, 1986他）．

光-光合成曲線は光合成能力と初期勾配によって特徴づけることができる（図1.1.2(A)）．初期勾配は一定であると思われがちだが，葉のクロロフィル含量に対し飽和型に増加する（Gabrielsen, 1948）．したがって，弱光下の光合成速度を増やすためにはクロロフィル含量を増やすことが必要である．すべてのクロロフィルはタンパク質と結合しており，この複合体に含まれる窒素は葉の窒素の10～25％を占める（Evans & Seemann, 1989）．一方，光合成能力を増やすためには，電子伝達系のタンパク質，カルビンサイクルの酵素等を増やさなくてはいけない．葉の窒素は限られているので，初期勾配にかかわる窒素と光合成能力にかかわる窒素との間でトレードオフが成り立つことになる（図1.1.2(B)）．Hikosaka & Terashima (1995) は光合成系タンパク質の資源分配モデルをつくった．シミュレーションの結果，光合成タンパク質組成が最適か否かが1日の光合成量に数10％の違いをもたらし得ることや，最適なタンパク質分配が光条件によって大きく異なることがわかった．また，得られた最適なタンパク質組成は上で述べたような実際の植物でみられる傾向と一致した．

1.1.3 光合成に対するCO_2濃度上昇の影響

CO_2は光合成の基質であるため，光合成速度はCO_2濃度に強く依存する．C_3植物の場合，CO_2濃度が50 ppmv前後で見かけ上CO_2吸収がゼロになる．このときのCO_2濃度をCO_2補償点という．ここでは呼吸によるCO_2放出と光合成によるCO_2吸収がつり合っている．CO_2濃度の上昇とともに光合成速度は高くなる．光合成速度の上昇はCO_2濃度350～450 ppmv付近で鈍り，1000 ppmv以上では飽和する．大気CO_2濃度は現在約370 ppmvであるが，産業革命以降の化石燃料の大量消費により増加の一途をたどり，今世紀末には700 ppmvに達すると考えられている．光合成系に変化がなければ，このCO_2濃度の上昇により，光合成速度は1.4～1.6倍に上昇する．一方，C_4植物は葉内にCO_2濃縮機構をもっているため比較的低いCO_2濃度で光合成速度が飽和し，300 ppmvより高いCO_2濃度では光合成速度はほとんど変わらない．ここから先はC_3植物に絞って光合成速度とCO_2濃度の関係を説明する．

光-光合成曲線において弱光（初期勾配）と強光（飽和光合成速度）での光合成速度が異なるタンパク質の支配下にあったように，CO_2-光合成曲線も低・高CO_2領域で異なるタンパク質が速度を決定している．もう一度式(1)をみてほしい．CO_2の固定反応は，RuBPにCO_2を結合させることから始まる．低CO_2濃度では，この反応が光合成速度を律速し，この反応を触媒するRubiscoの量が光合成速度を決定する（Rubisco量が多ければ，あるCO_2濃度における光合成速度が高くなる）．一方，高CO_2濃度ではRuBPの供給が光合成速度を律速する．RuBPの供給速度はチラコイド膜の電子伝達能力によって決まると考えられており，Rubisco量は高CO_2濃度の光合成速度に影響しない（図1.1.4(A)，Farquhar et al., 1980）．

このようにCO_2濃度によって異なるタンパク質が光合成速度の律速段階となる場合，光環境によって最適タンパク質分配が変わるのと同様の理屈で，CO_2環境によって最適タンパク質分配が変わることが理論的に予測できる（Medlyn, 1996; Hikosaka & Hirose, 1998）．与えられたCO_2環境で光合成の効率を最大にするには，そのCO_2環境でRubiscoとRuBPの供給速度が光合成を共律速，つまり同じ速度になるようにタンパク質を分配すればよい．つまり，高CO_2濃度ほど相対

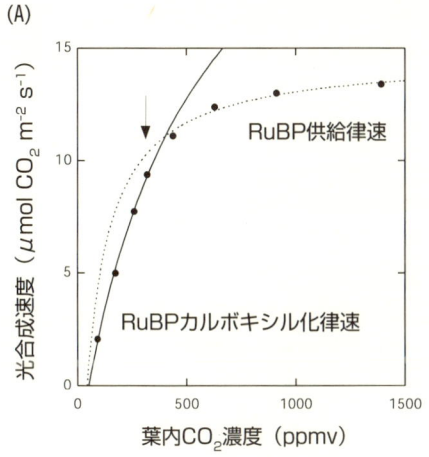

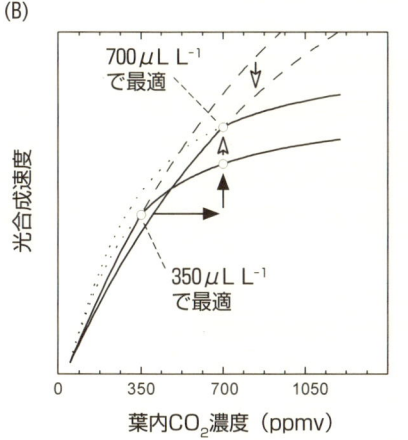

図1.1.4
(A) CO_2-光合成曲線の例. Farquhar のモデルを適用している. 矢印は, 大気条件 (CO_2濃度 350 ppmv) で測定した点.
(B) 光合成系のタンパク質分配を変化させたときのCO_2-光合成曲線. 相対的に Rubisco を多めにすれば低CO_2濃度での光合成速度が高く, RuBP 再生過程にかかわるタンパク質の量を多めにすれば, 高CO_2濃度での光合成速度が高くなる.

的に電子伝達系に多くタンパク質を分配するようにすれば, 同じタンパク質量でも光合成速度を高めることができると期待できる (**図1.1.4(B)**). この予測は, 実際に遺伝子導入によって Rubisco 遺伝子の発現を抑えた植物を用いることにより, 正しいことが立証された (Makino et al., 1997). しかし, 理屈としては正しいものの, 高CO_2環境で植物を育成しても, 残念ながら予測されるようなタンパク質分配の変化はほとんどの場合起こらない (Sage, 1994). なぜ光順化ではタンパク質分配を変化させることができるのに, CO_2環境の変化に対応できないのかは明らかではない. 地球の大気CO_2はここ数十万年 300 ppmv を越えることはなかったことから, 高CO_2環境で適応的な応答をするような進化が起こらなかったのかもしれない.

では現実の植物は高CO_2環境にどのように応答しているのだろうか. 上で述べたように, 短期応答としては, CO_2濃度が2倍になると, 光合成速度は約1.4倍に促進される. しかし長期応答は単純ではない. 高CO_2環境で育てても光合成の性質は変わらない (つまり, 光合成速度は1.4倍高いまま) ことを報告した研究もあるが, 葉窒素含量の低下や Rubisco の活性低下などが起こり, 光合成速度の促進がほとんどみられなくなってしまう研究もある. 長期間の高CO_2での生育により光合成促進が低下することをCO_2順化とよぶ. Arp (1991) は文献サーベイを行い, 実験において材料を育成したポット (鉢) のサイズと光合成促進の間に関係があることを見出した. 横軸にポットサイズ, 縦軸に光合成速度の比 (同一のCO_2濃度で測定した, 高CO_2生育の葉の光合成速度と低CO_2生育の葉の光合成速度の比) をプロットしたところ, 正の相関, つまり小さなポットを用いた実験では光合成能力の低下がみられることを明らかにした. この事実はポットサイズ効果とよばれ, 多くの研究者に衝撃を与えた.

ポットサイズ効果が起こる原因については2つの可能性が考えられている. 1つは根が発達するための体積の問題である. ポットサイズが小さいと根が成長できなくなり, 光合成をしても光合成産物が利用されなくなり, 高い光合成速度を維持する意味がない. もう1つは栄養塩の問題である. ポットが小さいと植物が吸収できる栄養塩の量は少なくなりやすい. 栄養塩が不足すれば, どんなに光合

成産物が多くても成長できず，やはり高い光合成速度を維持する意味がない．葉の中に光合成産物（デンプンなど）の蓄積が起こると光合成系タンパク質の遺伝子の発現が抑制され，光合成系タンパク質の量が下がってしまうと考えられる．

1.1.4　光合成系と温度

多くの酵素反応の速度は温度の影響を受ける．一般に，酵素反応速度は，通常温度では温度増加に対して指数関数的な増加を示し，ある温度域以上（多くの場合，その酵素が普段は経験しないような温度）になると低下する．しかし，C_3植物の光合成速度は20〜35℃と比較的低い温度で最大になり，それ以上では低下する．この高温域での光合成速度の低下は単なる酵素活性の低下が原因ではなく（光合成系のタンパク質のほとんどは，その活性が最大になる温度は40℃以上である），光呼吸の影響が大きくなるためである．カルボキシル化反応も酸素化反応も高温ほど速度が高くなり，どちらも40℃程度までは速度低下は起こらない．しかし，両者の温度依存性は異なり，酸素付加速度のほうが温度が増加したときの速度の増加量が大きい．このため高温では光呼吸によるCO_2放出が相対的に大きくなり，光合成速度が見かけ上低下する．なお，高CO_2濃度で温度－光合成曲線を測定すると，高CO_2濃度では光呼吸が抑えられるため，温度－光合成曲線の形が変わり，最適温度（光合成速度が最大になる温度）は高くなる．光呼吸をほとんど行わないC_4植物の最適温度も高い．

温度－光合成曲線の形は，同一植物でも生育温度によって変化し，高温で育てた植物ほど光合成速度の最適温度が高い（温度順化）．この温度－光合成曲線の形が変わるメカニズムとしていくつか説がある．古くはセイヨウキョウチクトウの温度順化を調べた研究がある（Badger *et al.*, 1982）．セイヨウキョウチクトウを20℃と45℃で育成し，20℃での光合成速度を比べると，前者のほうが高い．これは光合成系タンパク質の量が20℃生育の葉で高いことで説明できた．一方，45℃での光合成速度を比較すると，45℃生育葉のほうが高い．これは酵素の耐熱性で説明できた．20℃生育の葉を高温にさらすといくつかのカルビンサイクル酵素の活性が低下したが，45℃生育の葉をさらしても低下しなかったのである．つまり，温度－光合成曲線の変化は光合成系タンパク質量の違いと酵素の耐熱性の違いで説明できる．

これと別の説明として，光順化，高CO_2応答で説明したような光合成系タンパク質分配の変化がある．話を簡単にするために，光

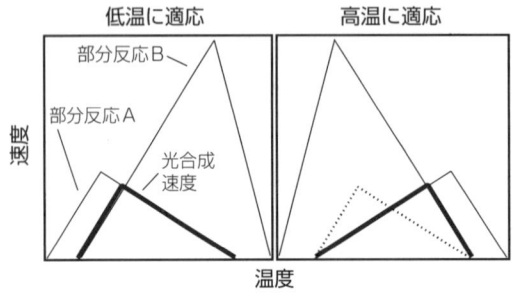

図1.1.5　温度依存性が異なる部分反応間のタンパク質分配を変えたときの光合成速度

光合成速度は部分反応のどちらか低いほうに律速される．最適温度が高い部分反応Bを相対的に増やせば，光合成速度の最適温度は低く，最適温度が低い部分反応Aを相対的に増やせば，光合成速度の最適温度は高くなる（Hikosaka, 1997）．

合成速度が2つの部分反応A・Bから成り立っているとしよう（**図1.1.5**）．部分反応Aは最適温度が低く，部分反応Bは最適温度が高いとする．光合成速度は両者の速度のうち低い方となる（太線）．低温で光合成を高くしたい場合は，低温で効率の悪い反応に窒素を多く投資しタンパク質の量を多くすれば光合成の最適温度も低くなる（左）．逆に高温で光合成を高くしたい場合は高温で効率の悪いタンパク質の量を多くすればよい（右）．実際の葉光合成系では，Rubiscoが触媒するカルボキシル化反応（式(1)）が低温に最適温度をもち，RuBP供給速度が高温に最適温度をもつことが知られている．このことからタンパク質分配の変化によって温度－光合成曲線が変化するのではないかと考えられた（Farquhar & von Caemmerer, 1982 ; Hikosaka, 1997）．Hikosaka *et al.* (1999a) はシラカシを調べ，炭酸同化能力とRuBP供給能力の間のバランスが生育温度によって変化し，それが温度－光合成曲線の変化をもたらすことを明らかにした．しかし，オオバコやイタドリなどでも同様のバランス変化がみられる一方，バランス変化が起こらない種も多い．光合成の温度順化は，光順化と違って植物による違いが大きく，事例を増やすことが急務である．

（1.1節　彦坂幸毅）

1.2 植物群落の構造と機能

はじめに

　草原や森林のような地表面をおおう植物の集まりを植物群落といい，これが地球生態系の一次生産の単位になっている．一次生産とは，植物が太陽の光エネルギーを利用して大気中のCO_2を固定することにより，有機物を生産（光合成，1.1.1項参照）することである．その全量を総一次生産といい，そこから植物自身の呼吸を差し引いたものを純一次生産という．純一次生産は，一部は植物体の成長に使われるが，それ以外は，生態系を構成する他の生物である動物や微生物の成長とエネルギー源として使われる．そのため生態系の基礎生産ともいわれている．動物は生態系の消費者，微生物は分解者とよばれ，彼らの生命活動によって，有機物は最終的にCO_2にまで分解されて大気に戻る．光合成が行われる場は植物の葉であり，群落のレベルでは葉群である．群落内にどのような葉をどのように配置するかにより，植物の生産力は決まる．このような見方からは，植物群落の構造は，群落を構成する植物の種と個体の葉の配置パターンであり，その機能は光合成生産である．

1.2.1 群落の光合成生産

　葉は光を吸収するので，群落内には上層から下層にかけて光強度の減衰がみられる．Monsi & Saeki（1953）は，群落内でみられる光の減衰はBeerの法則によって近似できること，すなわち，群落内の水平面光強度は，その面より上にある積算葉面積指数（土地面積あたりの葉面積）の関数として表すことができることを示した．

$$I = I_0 e^{-KF} \qquad (1)$$

Iは群落内の積算葉面積指数Fにおける水平面光強度，I_0は群落の外（$F=0$）における水平面光強度である．Kは吸光係数とよばれ，値が大きいほど同じ葉面積指数でも光の減衰が大きい．葉を水平に展開する植物でKは0.7〜0.9程度の値をもち，垂直に近い葉をもつ植物で値は0.3〜0.5と小さくなる．

　群落の光合成は，群落を構成する個々の葉の光合成特性とその葉が受ける光強度から計算することができる．しかし，群落内で葉はいろいろな傾きをもって分布しているので，葉面が受ける光強度は，群落内の光強度を水平面で評価した式(1)のIとは一致しない．Saeki（1960）は，葉面が受ける光強度をI'とすれば，I'は葉面積あたりに吸収した光（$-\Delta I/\Delta F$）を葉の吸収率で除すことによって得ることができることを示した．

$$I' = \frac{I_0 K e^{-KF}}{1-m} \qquad (2)$$

ここでmは葉の透過率である．

　群落内の個葉光合成特性は，群落内に形成される光環境の勾配に応じて変化する．群落下層の葉は陰葉化し，その光飽和光合成速度は小さいが，同時に呼吸速度も低下し，光補償点は上層の陽葉に比べて小さくなる．個葉の光－光合成曲線は4つのパラメータによって特長づけることができる．すなわち，光飽和総光合成速度p_{max}，初期勾配ϕ，湾曲度θ，暗呼吸速度r_dである．これらを含んだ式として，非直角双曲線が広く使われている．p

を純光合成速度，I'を葉の受ける光強度とすると，

$$p = \frac{\phi I' + p_{max} - \sqrt{(\phi I' + p_{max})^2 - 4\theta\phi I' p_{max}}}{2\theta} - r_d$$
(3)

Hirose & Werger (1987a) は，式(3)の4つのパラメータはすべて葉面積あたりの窒素濃度 (n_L) の一次関数で表すことができることを示し，個葉光合成特性を窒素濃度の関数としてモデル化した．さらに，このモデルをセイタカアワダチソウ群落の個葉光合成に適用して，異なる光条件のもとでの葉窒素濃度に対する日光合成を計算した．これからそれぞれの光条件のもとで光合成窒素利用効率 (1.1.2項) を最大にする窒素濃度を求め，

これが群落内で実際に観察された葉窒素濃度の分布勾配によく一致することを確かめている (図1.2.1)．

群落内に形成される葉窒素の濃度勾配は，次式で近似することができる (Hirose & Werger, 1987b)．

$$n_L = n_0 e^{-K_a F / F_t}$$
(4)

ここで F_t は群落の葉面積指数，n_0 は群落最上部の葉面積あたり窒素濃度，K_a は窒素の分配係数である．$K_a = 0$ は均一分布，すなわち，群落内のすべての葉が平均の窒素濃度に等しい濃度をもつことを意味する．K_a が大きくなるほど，群落上層の葉が相対的に高い窒素濃度をもつことになる．彼らは群落内の葉窒素の分布は式(4)に従い，葉が受ける光は式(2)に従うと仮定して葉群光合成モデルを導き，群落光合成を最大にする最適窒素分布を求めた．セイタカアワダチソウの葉群光合成は，すべての葉が平均の窒素濃度をもつとしたときに比べ，最適分布のもとで27％増加した．現実には最適分布は実現しないが，それでも葉群光合成には21％の増加がみられた (表1.2.1)．同様な葉窒素濃度の分布勾配による葉群光合成の増加は，他の種でも見出されている．クサレダマ群落で27％ (Pons et al., 1990)，スゲの一種で28％ (Schieving et al., 1992)，ダイズで41％，アマランサスで35％，イネで14％，ソルガムで13％ (Anten et al., 1995a) などである．しかし，これらの例すべてにおいて，植物が実現する窒素濃度勾配は，最適分布勾配よりも小さい．最適な分布をすれば光合成はさらに増加するのに，植物はなぜ最適分布を実現しないのか．これを解くカギは葉の窒素濃度にあると思われる．最適分布をとった場合，最上部の葉の窒素濃度は実際の窒素濃度よりもさらに高く，最下部の窒素濃度はさらに低くなる (表1.2.1)．葉が葉としての構造をもち機能するためには，最低の窒素濃度が必要であり，また，植物には転流できない窒素

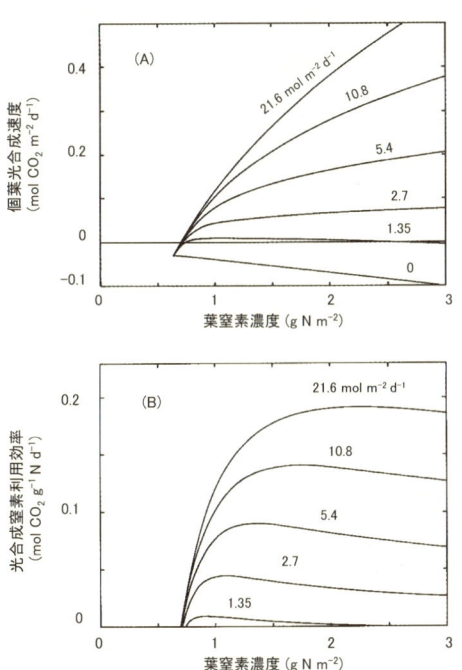

図1.2.1 葉窒素濃度，個葉光合成，光合成窒素利用効率
(A) 異なる光環境のもとでの葉群光合成と葉窒素濃度との関係．
(B) 光合成窒素利用効率と葉窒素濃度．
強光ほど，窒素利用効率を最大にする窒素濃度は高い．
(Hirose & Werger, 1987a)

表1.2.1 セイタカアワダチソウ群落の葉群の日光合成 (P_{day})

	K_a	P_{day}	n_L
	—	mol CO_2 m^{-2} d^{-1} (％)	g N m^{-2}
均一	0	0.614 (100)	1.33
観察	0.80	0.744 (121)	0.86〜1.92
最適	1.30	0.781 (127)	0.65〜2.37

葉群内の窒素は均一分布，観察値，および最適分布を仮定．K_aは窒素の分配係数[式(4)]．n_Lは葉面積あたりの窒素濃度（Hirose & Werger, 1987b）．

もあるだろう．最下部の葉も，陽斑を利用するためには，ある程度の光合成能力すなわち葉窒素を維持する必要もあるかもしれない．他方で，高過ぎる窒素濃度の葉をつくれば，昆虫などによる被食の害を受けやすくなり，危険である．高い被食圧のもとでは，窒素濃度の限界コストが大きくなることが予想されている（Mooney & Gulmon, 1979）．また，個体間相互作用がある環境では，個体は窒素濃度を下げてでも葉面積を広く展開する傾向がある（Anten & Hirose, 2001; Anten, 2002）．

コストベネフィット仮説（1.1.2項）によると，葉の窒素濃度は光が十分当たる外側で大きく，被陰された内部で小さくなるように分配することにより，個体全体の光合成は最大化される．Field (1983) は，葉群内窒素の最適分布は次式によって定義されることを示した．

$$\Delta P_{day}/\Delta n_L = \lambda \tag{5}$$

ここでP_{day}は日光合成，n_Lは葉面積あたりの窒素濃度，λは定数である．カリフォルニアの低木林で葉群内の光環境と葉窒素分布を調べところ，式(5)を用いて実際に計算した最適窒素分配のもとでの葉群光合成は，均一の窒素濃度を仮定して計算した葉群光合成より3％程度大きいだけで，最適窒素分配の効果は小さかった（Field, 1983）．

Hirose & Werger (1987b) はシミュレーションによって，密な群落ほど葉窒素の分布勾配によって葉群光合成は増加し，増加の程度も大きいことを示した（**図1.2.2**）．図には観察されたLAIをもつ群落，およびその2倍と1/2のLAIをもつ群落で，窒素を均一に分布したときと最適に分布したときの葉群光合成が示されている．ここで最適分布は式(5)を適用して計算した．窒素を最適に分布することによる光合成の増加の割合が，疎

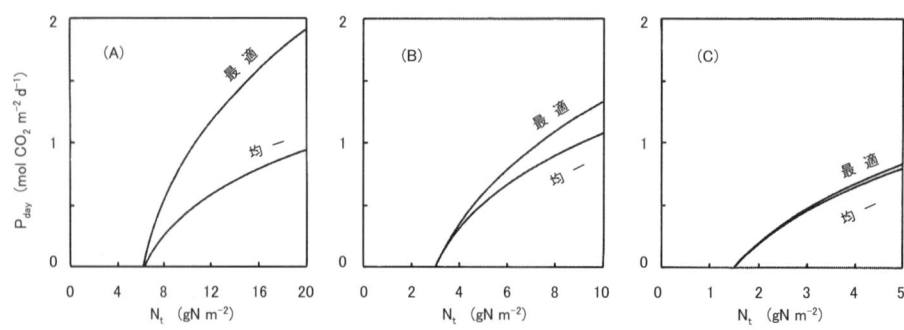

図1.2.2 葉群光合成と葉窒素量の関係

葉群内で，窒素は均一または最適に分配されている．葉面積指数は(A)8.48，(B)4.24，(C)2.12を仮定．葉面積指数の大きい，密な群落ほど，窒素の最適分配による葉群光合成の増加割合が大きい（Hirose & Werger, 1987b）．

開した葉群で小さいことは，先の Field (1983) の結果をよく説明する．カリフォルニアのチャパレルの低木は，葉群の一番暗いところにある葉でも 20 % の光を受けており，これはモデルでは LAI=2.3 に相当する．そのような群落では，均一分布に対する最適分布による光合成の増加割合は 2～3 % 程度に過ぎない（図 1.2.2(C)）．

以上から，LAI の小さい明るい群落では，群落内の窒素の分布勾配は小さいことが予想される．実際に群落の個体密度を変えて実験すると，密な群落に比べて疎開する群落では分布勾配は小さいことが示される（Hirose et al., 1988）．単子葉植物のスゲは分裂組織が根もとにあるので，齢の進んだ葉ほど明るい光を受けることになるが，その窒素濃度は若い葉よりも大きい．また，葉群が発達するにつれて窒素濃度の勾配は大きくなる（Hirose et al., 1989）．つる植物は 1 個体の中に葉齢とは関係なく，明るい光を受ける葉と被陰されている葉とがある．Ackerly (1992) は，熱帯林で明るい光を受けている葉の窒素濃度は，被陰された葉に比べて高いことを確かめている．Hikosaka et al. (1994) はアサガオの個体を用いた実験で，植物は葉齢とはかかわりなく，個々の葉に与えられた光に比例して葉窒素濃度を変化させることを示した（図 1.2.3）．これらの結果は，葉齢ではなく，群落内の光環境が，葉の窒素濃度すなわち光合成能力を決めていること，植物は窒素の効率的利用により，個体光合成の最大化を図っていることを示唆している．

群落内には葉窒素濃度の勾配が生じていること，これが光勾配に対する直接の応答であることは多くの実験的，理論的研究によって確かめられている（総説 Grindlay, 1997 ; Anten et al., 2000）．自然において，窒素は植物の成長を制限する最も重要な要因の 1 つであり，窒素濃度の勾配も，植物が窒素資源を効率的に利用するように進化してきた結果であると考えることができる．窒素は

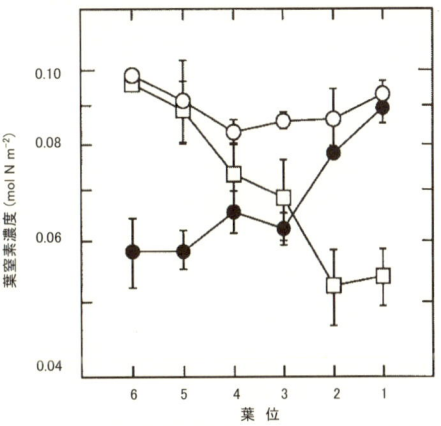

図 1.2.3 アサガオ個体の葉の齢（高い葉位の葉ほど若い）と葉窒素濃度
一様な光（○），若い葉ほど強光（□），若い葉ほど弱光（●）を照射して生育．平均値と標準偏差（Hikosaka et al., 1994）．

葉の光合成能力を決める元素であり，葉群光合成モデルに窒素の分布を組み込むことにより，葉群光合成を葉緑体レベルの生理生化学に基づいて解析することが可能になった．葉緑体から，個葉光合成，葉群光合成，生態系へのスケールアップの道が開かれたのである（Ehleringer & Field, 1993）．

1.2.2 群落の物質生産に対する CO_2 濃度上昇の影響

産業革命以降の人間活動の増大，特に森林伐採，化石燃料の大量消費などにより，大気 CO_2 濃度は毎年 1.5 ppmv の速度で増加を続けている．現在（2004 年）は約 370 ppmv であるが，今世紀の半ばまでに産業革命以前の 2 倍の 550 ppmv，世紀末までに現在の濃度の 2 倍の 700 ppmv を越えると予測されている．CO_2 は植物の光合成の基質なので，CO_2 上昇は直接，植物の物質生産機能に影響を与える（1.1.3 項）．植物は大気中の CO_2 を吸収するシンク機能をもち，植物の生産機能は地球の大気環境にフィードバックする．先に述べたように，地球の一次生産の単位

は植物群落である．このため，CO_2上昇に対する植物の応答を群落レベルで解析し，将来の高CO_2環境における生態系の一次生産力を予測することは，きわめて重要な現代的研究課題になっている．CO_2上昇の影響に関する研究の多くは，現在のCO_2濃度（350〜360 ppmv）とそれを2倍にした濃度（約700 ppmv）の2段階にCO_2濃度を制御して実験を行っている．

　CO_2濃度調節にはいくつかの方式がある（Schulze & Mooney, 1993）．(1)人工光あるいは自然光を利用した植物育成装置で，内部のCO_2濃度を一定にする方法，(2)野外で植物群落を側面が透明なプラスチック板あるいはシートで囲み，側面から決められた濃度のCO_2ガスを含んだ空気を送るオープントップチェンバー（OTC）方式，(3)野外の群落に直接，高CO_2濃度のガスを吹き付ける自由大気CO_2上昇実験（free-air CO_2 enrichment：FACE），(4)火山地帯でみられるCO_2噴気口の周辺で，長期にわたってCO_2濃度の異なる場所に生育している植物を調べる方法などがある．それぞれの実験方式には一長一短がある．CO_2濃度を精度よく制御すること，自然に近い状態で植物を育成させること，経費も安く抑えられるのが理想であるが，すべてを満足させることはできない．問題に応じて方法を変えるか，あるいは利用できる方法に応じて問題を設定することになる．

　環境変化が植物の成長や葉群光合成に与える影響を理解するための基礎は，個葉の光合成である．一般に，高CO_2濃度のもとでは個葉光合成は増加する（1.1.3項）．ここから，CO_2濃度上昇が植物群落に及ぼす影響に関して，2つの予測が生まれる．1つは，CO_2上昇により葉群光合成は増加するというものである．葉群を構成する葉の光合成能力が増加すれば，その総和としての葉群光合成も増加することが予想されるからである．第2の予測は葉面積指数の増加である．Monsi & Saeki (1953)によれば，最適葉面積指数は，群落の最下位の葉が光補償点にあるときに実現する．もし呼吸速度に変化がなければ，高CO_2のもとでは，初期勾配が増加するので光補償点が低下する．その結果，植物はより弱い光まで利用できるようになり，それだけ多くの葉を維持できるようになる（Pearcy & Björkman, 1983）．葉面積指数の増加はこれ以外にも，植物の成長が促進されれば，それに比例して葉面積の成長も増加することからも期待される．いずれにしても，CO_2が葉面積指数に与える影響は重要である．葉面積指数は群落の構造そのものであり，葉面積指数の変化は群落構造の変化を予想させる．たとえば，群落上層を占める種の葉面積が増加すれば，下層個体が利用できる光は減少し，群落の個体群構造，種組成，多様性などが激変する可能性がある（Oikawa, 1987）．

　図 1.2.4(A) は360と700 ppmvの2つのCO_2濃度のもとで，2種の一年草の群落を育成し，CO_2上昇が植物の成長速度に及ぼす影響を調べたものである（Hirose et al., 1996）．高CO_2で成長は20〜50％ほど増加している．成長速度（GR=$\Delta W/\Delta t$）は，葉面積あたりの成長速度（純同化速度，NAR=$1/A_L \cdot \Delta W/\Delta t$）と葉面積（LA=$A_L$）の積として表すことができる．

$$GR = NAR \times LA \qquad (6)$$

　高CO_2で葉面積LAの有意な増加はみられず，成長速度GRの増加は，もっぱら純同化速度NARの増加によるものであることがわかる（**図 1.2.4(B), (C)**）．純同化速度NARはさらに，葉窒素あたりの生産速度（光合成窒素利用効率，PNUE=$1/N_L \cdot \Delta W/\Delta t$）と，葉面積あたりの窒素濃度（LNA=$N_L/A_L = n_L$）の積に分解することができる．

$$NAR = PNUE \times LNA \qquad (7)$$

LNAに有意な変化はなく（**図 1.2.4(D)**），高CO_2における成長の促進はPNUEの増加

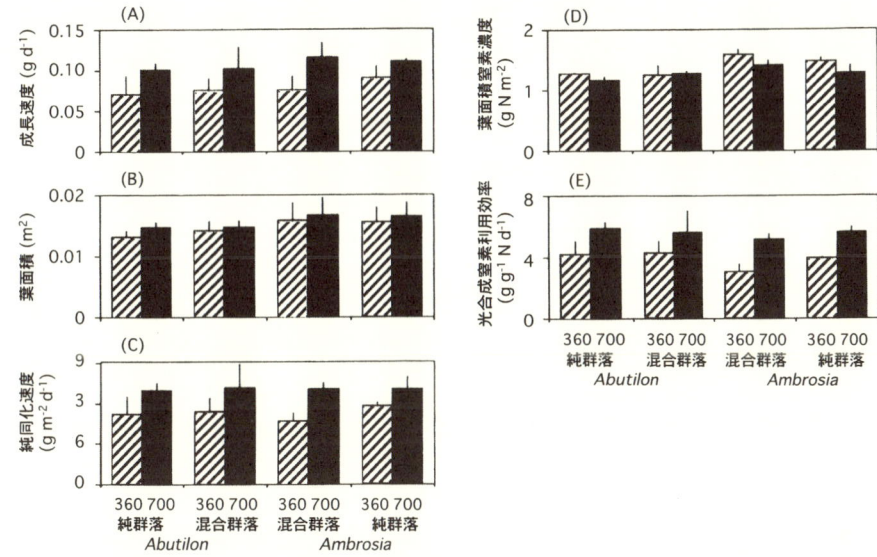

図1.2.4 CO_2濃度（360, 700 ppmv）が(A)植物の成長速度，(B)葉面積，(C)純同化速度（葉面積あたりの同化速度），(D)葉面積あたりの窒素濃度，(E)光合成窒素利用効率（窒素あたりの同化速度）に与える影響
Abutilon theophrasti と *Ambrosia artemisiifolia* の純群落および1：1混合群落．39～53日生育（Hirose et al., 1996）．

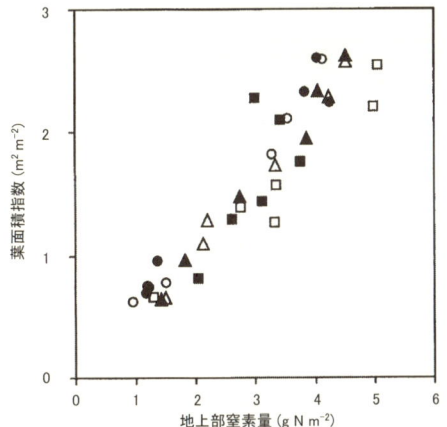

図1.2.5 葉面積指数と地上部窒素吸収量との関係
○●：*Abutilon theophrasti*，□■：*Ambrosia artemisiifolia*，△▲：混合群落．白：360 ppmv CO_2，黒：700 ppmv CO_2（Hirose et al., 1996）．

に起因している（**図1.2.4(E)**）．これは，高CO_2のもとでは光呼吸が抑えられ，葉窒素の25％近くを占めるRubiscoの炭酸固定活性が大きくなるためである（1.1.3項）．

予想されたCO_2濃度の葉面積指数への影響はみられなかったが，2つのCO_2濃度を通して，植物が吸収した窒素と葉面積指数との間には正の相関があった（**図1.2.5**）．この結果は，葉面積指数はCO_2濃度ではなく，利用できる窒素量によって制限されていることを示している．言い換えれば，将来の高CO_2環境において，根からの窒素吸収が促進されれば，またそのときにのみ，葉面積指数は増加することが推察される．

1.2.3 葉群光合成に対する CO_2濃度上昇の影響

個葉の光合成能力は葉窒素濃度と強い相関があるが（Field & Mooney, 1986），大気CO_2濃度が高くなると増加する．現在の大気CO_2濃度のもとでは，C_3植物はCO_2濃度が制限要因になっているからである（1.1.3項）．この個葉光合成のCO_2応答から，葉群光合成，あるいは群落の生産力はどのように変化すると予想できるだろうか．これについ

て，先に述べた葉群光合成モデルを適用して考えてみたい．そのために，まず個葉光合成の光，窒素，CO_2 濃度依存性を明らかにし，これに群落内の光と窒素をいれて，葉群光合成をモデル化する (Hirose et al., 1997)．個葉の光－光合成曲線を決めるパラメータには，光合成能力 (p_{max})，初期勾配 (ϕ)，暗呼吸速度 (r_d) がある．これらは，葉窒素濃度によって程度は異なるが，高 CO_2 のもとで増加した．p_{max} については低い葉窒素濃度では有意差はないが，高い窒素濃度で30％程度増加した．ϕ は平均で23％，r_d は平均18％増加した．モデルによって計算した葉群光合成は，高 CO_2 のもとで30～50％増加し，実際の植物の成長の CO_2 応答をよく再現した．

図1.2.6(A)，(D) に2つの CO_2 条件，5つの窒素条件のもとで計算した日葉群光合成を LAI の関数として示した．群落内の窒素分布は式(5)で与えられる最適分布に従うと仮定されている．与えられた窒素条件に対して，葉群光合成を最大にする最適な LAI があることが示されている．利用できる窒素量が多いほど，最適 LAI は大きくなるが，そのときの葉群光合成は必ずしも増加しない．予想に反して，同一の窒素のもとでの最適 LAI は，高 CO_2 で小さかった．また実験結果では LAI は CO_2 濃度ではなく，利用できる窒素量によって決められていたが，高 CO_2 で LAI が減少することはなかった（図1.2.4 (B)，1.2.5）．理論的予測と実験結果の食い違いは，なぜ生じたのだろうか．図1.2.7 に，異なる CO_2 濃度のもとでの個葉光合成と葉窒素濃度の関係を模式的に示した．それぞれの CO_2 において，光合成窒素利用効率を最大にする窒素濃度は，原点から曲線に接線を引くことにより求めることができる（Hirose,

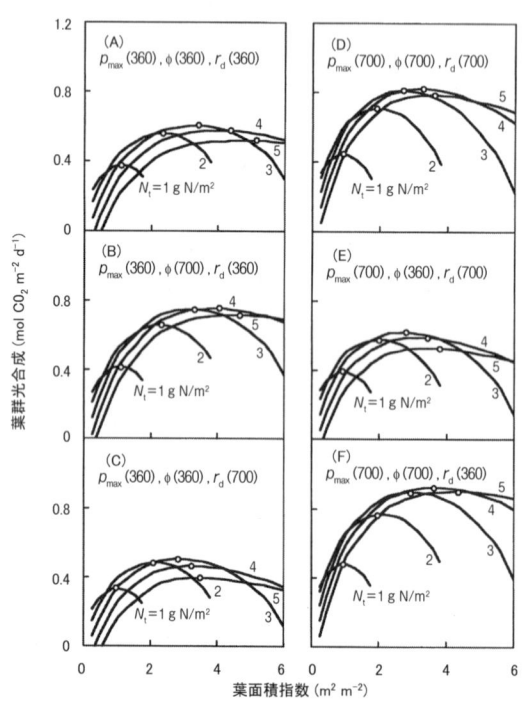

図 1.2.6　異なる葉窒素量（N_t）のもとでの葉群光合成と葉面積指数との関係，および感度分析

個葉の光合成能力（p_{max}），初期勾配（ϕ），暗呼吸速度（r_d）の 360, 700 ppmv CO_2 における値を互いに交換したときの葉群光合成．すべて最適窒素分布を仮定して計算．○は最適葉面積指数を示す (Hirose et al., 1997)．

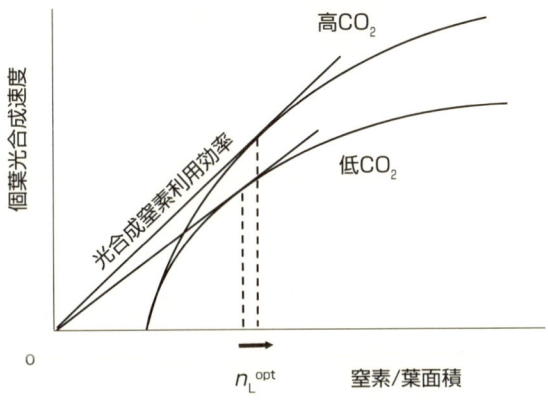

図 1.2.7　葉窒素濃度と個葉光合成
原点からの接線が，窒素利用効率を最大にする最適窒素濃度 n_L^{opt} を定義する．
高 CO_2 で n_L^{opt} は高くなる．

1984)．図に示されているように，この窒素濃度は高 CO_2 のほうで高かった．したがって，窒素量一定の条件のもとで窒素の最適利用を図ると，葉面積は減少することになる．実験結果をみると，高 CO_2 で葉面積あたりの窒素濃度が増加することはなかった（**図 1.2.4 (D)**）．すなわち，実際の植物は，少なくとも短期の CO_2 応答としては，窒素を最適利用するように分布しているわけではない．しかし，個葉であれ群落であれ，光合成の CO_2 応答を解析する場合，同時に窒素による制約を考慮することが大切である．

以上に示したように，高 CO_2 において葉群光合成は増加する．この増加は，個葉光合成の 3 つの生理的パラメータの変化を通してもたらされたものである．p_{max} と ϕ の増加は，葉群光合成の増加に寄与するが，どちらの効果のほうが大きいだろうか．また，r_d の増加は葉群光合成の増加を抑えるが，その効果はどの程度のものだろうか．この問題は，感度分析によって，すなわちパラメータをそれぞれ独立に変化させて，葉群光合成に与える影響を調べることによって答えることができる．**図 1.2.6 (B)** は p_{max} と r_d に対しては 360 ppmv での値を用い，ϕ には 700 ppmv での値を用いて計算した結果である．これとは反対に，**図 1.2.6 (E)** では p_{max} と r_d は 700 ppmv の値を用い，ϕ には 360 ppmv の値を用いて計算している．ϕ の増加による葉群光合成の増加の程度は大きい．葉群光合成は，**(A)** に比べて **(B)** で約 25 % 増加し，**(E)** に比べて **(D)** で 35 % 近く増加している．また **(E)** より **(B)** のほうで群落光合成は大きくなる．r_d の効果は **図 1.2.6 (C)**，**(F)** に示されている．**(C)** では 700 ppmv の r_d を用い，**(F)** では 360 ppmv の r_d を用いた．呼吸速度の増加は葉群光合成の 10〜20 % の低下につながる．p_{max} の増加の効果をみるには **(B)** と **(F)**，**(C)** と **(D)** を比較すればよい．増加は 20 % ほどである．群落光合成には，光合成能力 p_{max} とともに，あるいはそれ以上に，初期勾配 ϕ が与える効果が大きいことが注目される．群落内の葉の多くは光制限下にあり，また光強度は日変化するので上部の葉も常に光飽和にあるわけではない．弱い光のもとにおける光合成は，初期勾配の影響を強く受けることになる．Long & Drake (1991) は，塩性湿地に生育するカヤツリグサの長期にわたる CO_2 暴露実験で，群落光合成の増加は初期勾配の増加による部分が大きいことを指摘している．

（1.2 節　広瀬忠樹）

1.3 多種共存と個体間競争

はじめに

　森林，草原を問わず，自然の植物群落は，多くの種から構成されている．群落内には上層から下層にかけて光が減衰するので，丈の高い種は上層の強い光を利用でき優占種となり得るが，小型の種は弱い光しか利用できず，従属種の地位にとどまる．異なる光環境の中で，それぞれの種はどのような生産システムをもっているのであろうか．窒素利用のコストベネフィット仮説からは，上層種は強い光を受けるので，その葉窒素濃度は高く，従属種では窒素濃度は低いことが予想される．あるいは反対に，下層種に比べて上層種は光は十分なので，窒素が相対的に不足し，植物の窒素利用効率は大きく，したがって植物体の窒素濃度は低いかもしれない．

1.3.1 多種共存系の生産構造

　遠くからは一様にみえる群落でも，よくみるとそこに多くの種が共存しているのが普通である．オランダでヨシ群落を調査したところ，ヨシは確かに最上層に葉を展開し群落の優占種になっているが，中層にはノガリヤスとスゲの仲間が優占し，下層にはチドメグサやヒメシダなど小型の種が，密度は低いが散在していた．1 m^{2}に11種が共存していたが，優占の割合を葉面積でみると，優占3種が群落の全葉面積の95%を占め，残りの5%を下層の8種が占めていた（Hirose & Werger, 1994）．群落内の光の分布と種ごとの葉面積の分布から，それぞれの種が吸収した光量Φを算出できる．ここで，Φと葉窒素量Nの比としてΦ_Nを定義する．

$$\Phi_N = \Phi/N \qquad (1)$$

光合成のためには光と窒素の両方が必要である．理論的には，吸収した光量Φに比例して窒素Nを分配するのが最適である（Farquhar, 1989; Anten *et al.*, 1995）．植物は，吸収した光量に比例して光合成を行うと仮定すれば，Φ_Nは現場での光合成窒素利用効率PNUEの指標になる．式(1)の右辺の分子と分母を葉面積で除すと

$$\Phi_N = \Phi_{area}/n_L \qquad (2)$$

が得られる．ここで，Φ_{area}は葉面積あたり吸収した光の量，n_Lは葉面積あたりの窒素濃度である．Φ_{area}とn_Lの対数を縦軸と横軸にもつ平面にプロットすると，Φ_Nは平行な等高線として表現される（**図1.3.1(A)**）．全体として，Φ_{area}とn_Lには正の相関があり，群落上層の強光を受ける種ほど，高い窒素濃度をもつ傾向がある．これはコストベネフィット仮説の予測と一致する．葉をもたず茎が光合成器官になっているイグサとトクサのΦ_Nは低いが，それ以外の下層種では，窒素濃度あたりの受光量Φ_Nは高い傾向があり，その窒素利用効率も上層種に比べて低いということはない（Hirose & Werger, 1994）．

　さて，植物はなぜ地上部をもつのか．いうまでもなく，葉が光を獲得するためである．丈の高い種は多くの光を獲得するが，その下にある種はわずかの光しか獲得できない．両者の光獲得量には大きな差があるが，それでも両者は共存している．丈の高い種は，どのような特性をもつから丈の低い種より有利なのか，あるいは丈の低い種は，資源利用にお

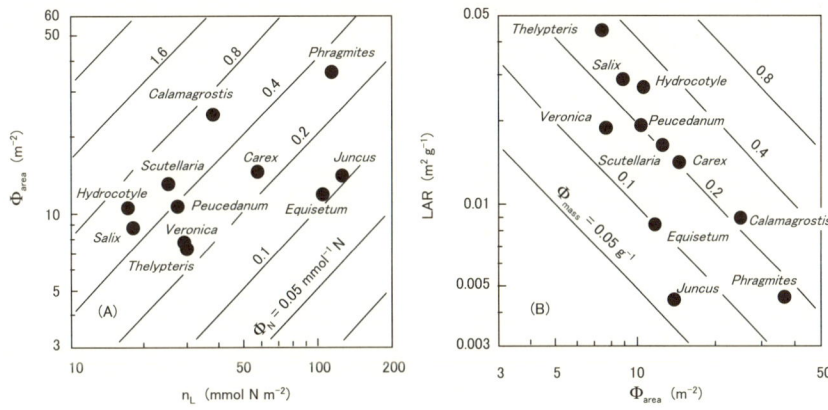

図1.3.1　ヨシ群落構成種の資源利用

(A) 葉面積あたりの光獲得量（Φ_{area}）と葉面積あたりの窒素濃度（n_L）．等高線は葉窒素あたりの光獲得量（Φ_N）．$\Phi_N = \Phi_{area}/n_L$（Hirose & Werger, 1994）．

(B) 葉面積あたりの光獲得量（Φ_{area}）と地上部バイオマスあたりの葉面積（A_M）．等高線は光獲得効率（Φ_{mass}）．$\Phi_{mass} = \Phi_{area} \times A_M$（Hirose & Werger, 1995）．

いて何か有利な点はあるのだろうか．この点について解析を進めるために，Hirose & Werger（1995）は，地上部バイオマス M あたりの光吸収量 Φ として Φ_{mass} を定義した．

$$\Phi_{mass} = \Phi/M \qquad (3)$$

地上部に投資したバイオマスを光を獲得するためのコストと考えれば，この比は光獲得のためのバイオマスの利用効率になる．以降，これを光獲得効率とよぼう．光獲得効率 Φ_{mass} は種によって異なるが，驚くべきことに上層種と下層種の間には有意な差は見出されない．その理由を解析するために，式(3)の右辺の分子と分母を葉面積で除すと

$$\Phi_{mass} = \Phi_{area} \times A_M \qquad (4)$$

が得られる．A_M は地上部バイオマスあたりの葉面積，すなわち葉面積比 LAR を表す．A_M と Φ_{area} の対数をそれぞれ縦軸，横軸にプロットすると，Φ_{mass} は平行な等高線として表される（**図1.3.1(B)**）．11種を通して A_M と Φ_{area} との間には負の相関がある．下層種に比べて上層種は，高い Φ_{area} をもつが，A_M は低い．上層種は葉を高い位置に展開して強

光を受けることができるが，そのために葉は厚くなり，また茎や葉の中肋など支持器官に多くのバイオマスを投資しなければならず，したがって葉面積比は低くなる．反対に下層種は弱い光しか利用できないが，支持器官への投資を最小にすることができる．イグサとトクサを除けば，光獲得効率は下層種のほうで高い傾向にある．

多種が共存する群落では，上層種と下層種とで，獲得する資源量に大きな差があるが，資源利用効率には大きな差異はない．このために両者は共存できているのかもしれない．同様の結果はススキ群落でも見出されている（Anten & Hirose, 1999；2003）．ただしこの場合は，上層種のススキは C_4 植物なので，獲得光量あたりの光合成生産量は，他の C_3 植物に比べて大きい点が異なる．しかし，C_3 植物はススキよりも早い季節から活動を開始する．この時の気温は低いが，C_3 植物は明るい光を利用することができる．

1.3.2　個体サイズ構造

群落は多くの植物個体から構成されてい

る。植物はある遺伝子のセットをもった個体として生まれ，環境の影響を受けながら成長，繁殖あるいは死亡する。したがって個体が生活の単位であり，選択の単位でもある。どのような個体が生き残って繁殖し，どのような個体が繁殖に至らず死亡するのだろうか。互いに相互作用する個体の集合として，群落を解析していくことが重要になる。

同種かつ同齢の個体から構成される群落でも，個体サイズには大きな差異がある。サイズ構造とは，この個体のサイズ差をいう。サイズヒエラルキーともいう。サイズの大きい個体は次世代に多くの子孫を残すことができる。植物のサイズ差は個体間競争を通して成長とともに大きくなることが多い。もし個体がサイズに比例して成長するのであれば，サイズ構造は不変である（Koyama & Kira, 1956）。サイズ構造が発達するのは，大きい個体がサイズに比例する以上に大きな成長を行うためである。これを非相称的競争あるいは一方向競争という（Weiner, 1990）。これに対して，サイズに比例して成長する場合は，相称的あるいは二方向競争という。光をめぐる競争は，一般に大きい個体が小さい個体を被陰し，小さい個体が大きい個体を被陰することはないか，あっても小さいので，非相称的である。一方，地下部での水や栄養塩をめぐる競争は，相称的であるといわれている。水や栄養塩は，根の表面積に比例して吸収されるからである。サイズ構造の発達に関して理論的（たとえば Hara, 1984），実験的研究（たとえば Weiner, 1986；Nagashima, 1999）が数多く行われてきたが，群落を構成する個々の個体の資源の獲得と利用を，実際に直接評価した研究は少ない。先に，多種系の資源利用を解析するために Φ_{mass} モデルを導入したが，単一種からなる群落を構成する個体の資源利用の解析にも，このモデルを応用することができる。

オオオナモミは一年草で，ダム湖の岸辺や河川敷にしばしばこの種のみからなる大群落を形成する。個体ごとに光獲得量と個体重を測定し，両者の比として個体の光獲得効率 Φ_{mass} を定義すると，大きい個体ほど Φ_{mass} は大きい（図1.3.2, Anten & Hirose, 1998）。大きい個体は，光をめぐる競争で確かに優位に立ち，個体重に比例する以上に光を獲得している。これは個体間に非相称的競争があることを示している。大きい個体は，葉を群落上層に展開して強光を利用できる（Φ_{area} は大きい）。そのためには支持器官に多くのバイオマスを投資しなければならないが（A_M は小さい），Φ_{area} のプラスの効果をうち消すほどのものではない。これは，多種が共存する群落で種間にみられたパターンと大きく異なっている（1.3.1項）。多種系では下層に

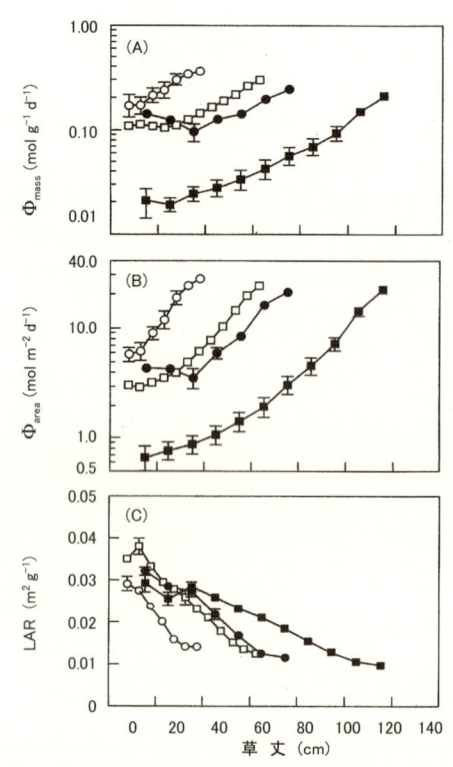

図1.3.2 オオオナモミ群落構成個体の(A)光獲得効率（Φ_{mass}），(B)葉面積あたりの光獲得量（Φ_{area}）と(C)地上部バイオマスあたりの葉面積（LAR, A_M）
個体はサイズクラスに分けて示す（Anten & Hirose, 1998）。

生育する種は，小さいΦ_{area}を大きなA_Mで補って余りあった．異なる種の間ではアーキテクチャの違いが大きく，A_Mに大きな差があり得るが，同一種内ではA_Mの変化の幅（すなわち表現型可塑性）にも自ずから限界がある．種内競争が種間競争より大きいゆえんである．

群落内の個体の成長は，個体が吸収した光量だけでなく，それを光合成産物に転換する効率によって決まる．オオオナモミ群落を構成する個体について，異なる葉位の葉が吸収した光と，それぞれがもつ窒素濃度から，個体光合成速度（P）を算出することができる．これを個体重（M）で除することにより，相対光合成速度R（$=P/M$）を定義する．光合成は成長と高い相関があるので，Rを相対成長速度の代わりに使うことができる．このように定義すると，Rは光獲得効率Φ_{mass}（$=\Phi/M$）と光利用効率（$\varepsilon=P/\Phi$，吸収した光量あたりの純光合成速度）の積になる（Hikosaka et al., 1999b）．

$$R = \Phi_{mass} \times \varepsilon \quad (5)$$

Φ_{mass}は大きい個体ほど大きいが，εは中間サイズの個体で大きい（**図1.3.3**）．両者の積としてのRはサイズとともに増加するが，大きい個体の間では差は小さい．全体として非相称的な個体間競争があるが，大きい個体間では相称的な成長をしていることがわかる．

Berendse & Aerts（1987）は窒素利用効率（NUE：窒素吸収量あたりの乾物生産量）

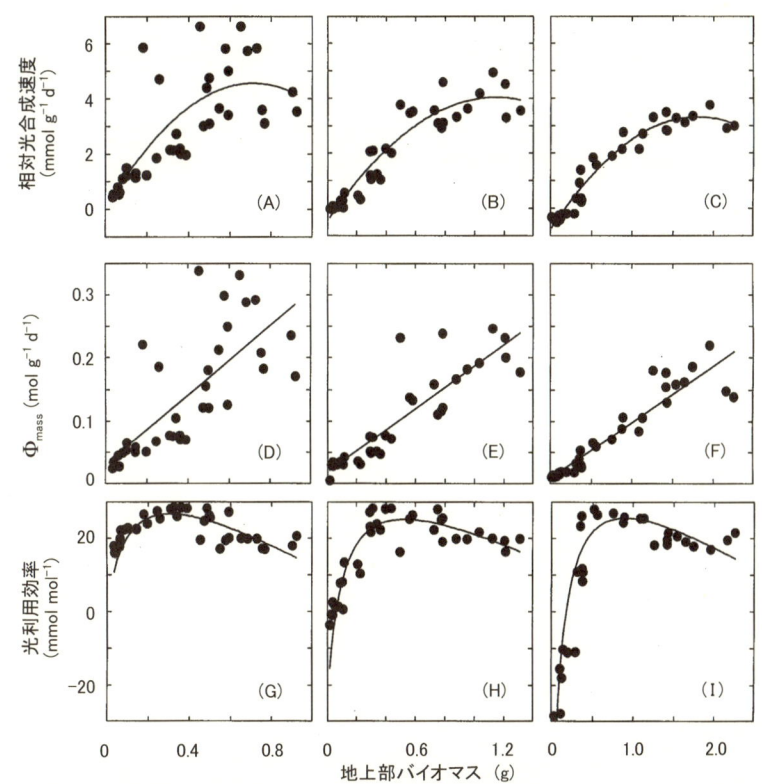

図1.3.3 オオオナモミ群落構成個体の（A〜C）相対光合成速度（R），（D〜F）光獲得効率（Φ_{mass}）と（G〜I）光利用効率（ε）
$R=\Phi_{mass}\times\varepsilon$．（A，D，G）7月22日，（B，E，H）8月1日，（C，F，I）8月11日（Hikosaka et al., 1999）

を窒素生産力（NP：植物窒素あたりの乾物生産量）と窒素の平均滞留時間（MRT）の積として定義した．オランダのヒースランドはErica やCalluna といったツツジ科の常緑の低木（ヒース）が優占するが，近年の環境の富栄養化により，イネ科の多年草が侵入を始めている．ヒースは，イネ科草本に比べて窒素生産力は小さいが，窒素の平均滞留時間が長い．両者の積としての窒素利用効率には大きな差がない．彼らは，窒素生産力と平均滞留時間との間に進化的トレードオフがあると論じ，貧栄養環境では高い MRT をもつ種が，富栄養環境では高い NP をもつ種が有利であることを示した．Hikosaka & Hirose (2001) は，この窒素利用効率の概念を，オオオナモミ群落を構成する個体に適用した．NP と MRT はともに大きい個体のほうで大きく，結果として NUE も大きい個体のほうで大きい．しかし，窒素の吸収はほぼ個体サイズに比例しており，窒素をめぐる競争は光に比べて，より相称的であった．窒素利用効率は，さらに一般の多種が共存する群落で，それを構成する個々の種についても適用することができる．森林には高木層・低木層など階層構造が発達していることはよく知られている．ブナ林は高木層はブナが優占するが，低木としてタムシバ，オオバクロモジなどを含む．高木のブナは低木に比べて強い光を利用するため，葉窒素あたりの生産量は大きいが，林冠の強風に曝されるため落葉が多く，窒素の平均滞留時間が短くなる（Yasumura et al., 2002）．両者の積としての窒素利用効率にはブナと低木種との間に有意な差は見出されない．この場合は，上層種と下層種の間で窒素の生産力と平均滞留時間との間のトレードオフが成り立っている．以上の窒素利用効率に関する結果をまとめると次のようになる．森林・草地を問わず多種共存系では，上層種と下層種とで窒素利用効率に大きな差はないが，競争系では下層個体に比べて，上層個体のほうが高い窒素利用効率を実現している．

1.3.3　CO_2濃度上昇と個体間競争

上で述べたように，植物群落は大きさの異なる多くの個体から構成され，個体間には資源をめぐる競争がある．大きい個体は群落の上層を占めるため，強い光を受けるが，小さい個体は被陰されて，弱い光しか利用できない．このとき，高 CO_2 は大きい個体と小さい個体のどちらに有利に働くだろうか．これは，CO_2 上昇が群落の遺伝的多様性や，種多様性に与える影響を明らかにしていくうえでも重要な問題である．高 CO_2 は初期勾配を増加させるので，植物は弱い光を効率的に利用できるようになり，小さい個体に有利に働く可能性がある．また，高 CO_2 かつ強光のもとでは植物は容易に窒素制限になり，大きい個体のほうが，光合成の促進は早くから抑制されるかもしれない．あるいは，高 CO_2 により大きい個体の成長が促進され，小さい個体は被陰により成長が抑制されるかもしれない．これらを検証するために，一年草シロザの群落を 360, 700 ppmv の 2 つの CO_2 条件のもとで育成し，個体サイズの変化を追跡調査した（Nagashima et al., 2003）．生育初期では大小個体サイズにかかわりなく，高 CO_2 は個体の成長を促進した．後期になると大きい個体の成長は促進されたが，小さい個体の成長は抑制された（図 1.3.4）．低 CO_2 に比べて高 CO_2 のもとで，個体サイズにはより大きな差が発達することになる．この効果が富栄養でより顕著なのは，個体間相互作用がより早くから現れるためである．

Hikosaka et al. (2003) は，サイズの階層性が高 CO_2 のもとでより大きく発達するメカニズムを解析した．式（5）に示すように，個体の成長 R は，光獲得効率 Φ_{mass} と光利用効率 ε によって決まる．生育の初めは，R は地上部重量に対して有意な相関を示さない

が，後期には小さい個体の成長が抑制され，成長は大きい個体でのみ見られるようになる（図1.3.5）．大きい個体が小さい個体を一方向的に抑制するという，非相称的競争が起こっている．しかし，大きい個体間の競争は相称的である．この結果は先に示したオオオナモミ（図1.3.2, 1.3.3）と同様である．RとΦ_{mass}は高CO_2で小さいが，これは土地面積あたりでは等しい入射光量を，より大きく成長した個体が吸収するためである．光利用効率εは高CO_2で大きい．生育初期では一定であるが，後期になると中間サイズの個

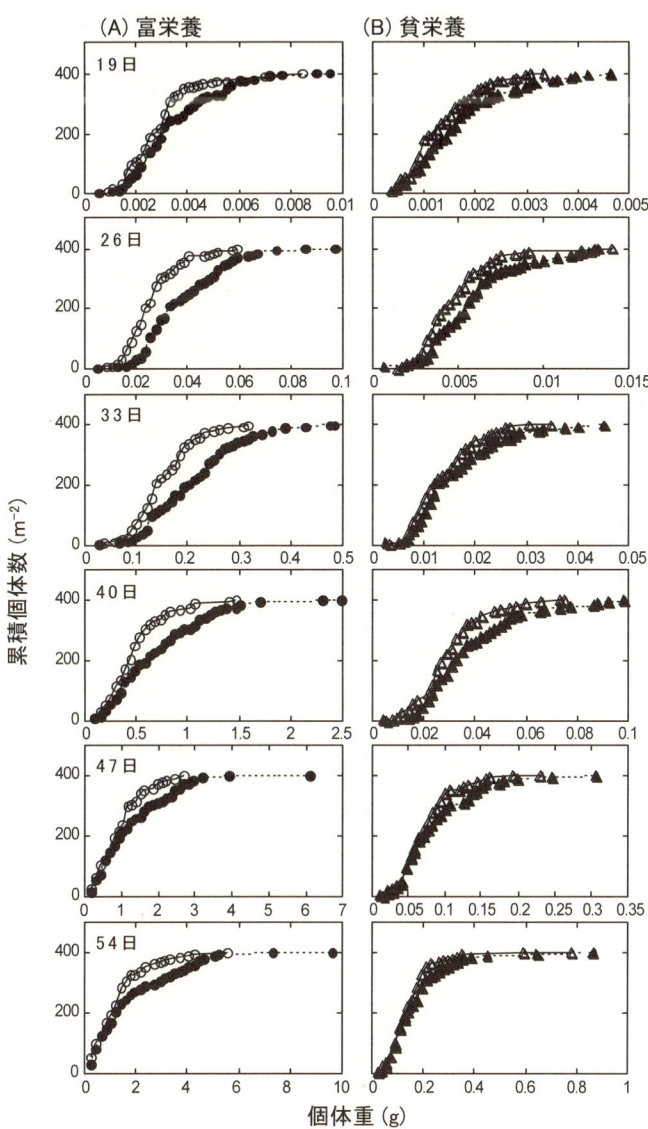

図1.3.4 2つの栄養条件，2つのCO_2濃度（360, 700 ppmv）のもとで育成したシロザ群落構成個体のバイオマスの累積頻度分布

生育初期には，高CO_2の効果はすべての個体でみられるが，生育後期には大きい個体でのみ見られるようになる．
○△：360 ppmv CO_2, ●▲：700 ppmv CO_2 (Nagashima et al., 2003)

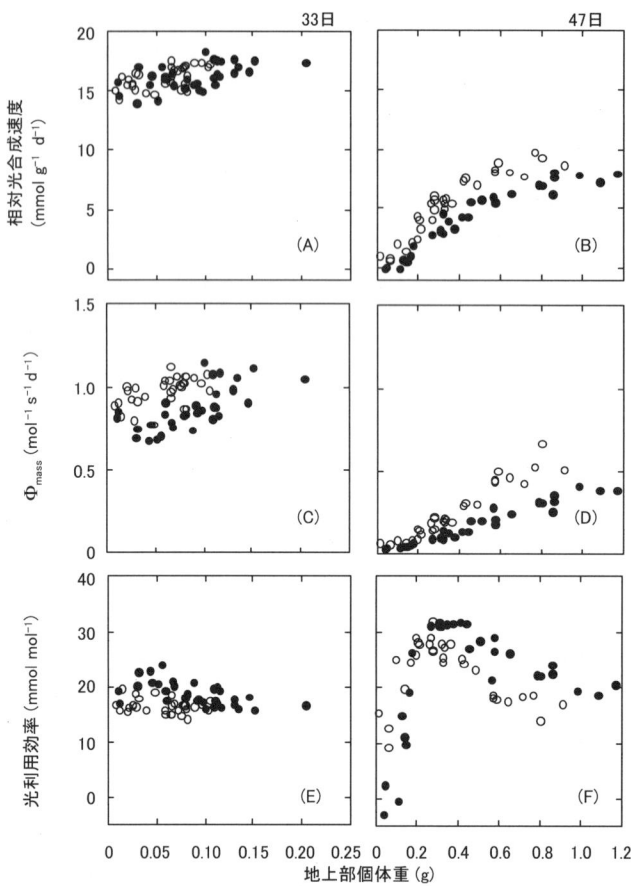

図1.3.5 360, 700 ppmv CO_2 で育成したシロザ群落構成個体の相対光合成速度（R, 地上部重量あたりの光合成速度），光獲得効率（Φ_{mass}, 地上部重量あたりの光獲得量），光利用効率（ε, 光獲得量あたりの光合成速度）
$R = \Phi_{mass} \times \varepsilon$．○：360 ppmv CO_2，●：700 ppmv CO_2（Hikosaka et al., 2003）

体で大きく，小さい個体で著しく低下する．小さい個体の受ける光強度が光補償点に近くなることによる．この効果が高 CO_2 で大きいのは，大きい個体による被陰の程度が，低 CO_2 よりも大きいためである．Φ_{mass} をさらに Φ_{area} と LAR に解析すると，高 CO_2 にお

ける低下は LAR よりも Φ_{area} に大きく現れている．高 CO_2 では個体成長，特に大きい個体の成長が促進され，下層個体への被陰の効果が強かったと解釈できる．

(1.3節　広瀬忠樹)

1.4 植物個体の成長

はじめに

　植物は無機物から有機物を合成する独立栄養生物である．陸上植物の個体はふつう，地下部と地上部から構成される．地下部では，根が栄養塩・水を吸収する．地上部では，葉が太陽の光エネルギーを利用して大気 CO_2 を固定し，有機物の光合成生産を行う．茎は支持器官として，また地下部と地上部の間の物質輸送の役割を担う．根で吸収した水と栄養塩は，茎を通って地上部に送られる．葉による光合成産物は，茎を通って地上部と地下部に送られ，成長に使われる．植物は種によって様々な成長様式をもっているが，その違いはつまるところ，物質分配様式の違いである．たとえば，樹木は茎（木部）に多くの物質を投資して，年々背丈を高くするが，草本は地上部を1年ごとに更新する．つる植物は，機械的支持を他の植物あるいは物体に頼ることによって，支持器官への投資を最小にし，多くの物質を葉の展開のために分配する．一年草は，成長の終わりに種子だけを残す．同一の種でも，異なる環境では異なる成長を行う．これも，環境に応じた物質分配様式の変化の結果である．たとえば栄養塩が欠乏すると，地上部の成長は抑えられ，同化産物の多くは地下部へと送られる．弱光下では植物は薄い葉を展開することが多い．個体は一生を通して，環境の変化に応じて物質分配を変化させ，新しい環境に適応する．開花結実もまた物質分配の変化に他ならない．植物の環境応答，繁殖収量に関する実験的理論的研究は数多いが，ここでは，高 CO_2 環境における植物の成長と繁殖に関する研究を中心に紹介する．

1.4.1 栄養成長と CO_2 濃度上昇

　植物成長の環境応答については，地上部（shoot）の重量と地下部（root）の重量の比（S:R比）の変化がよく知られている．土壌が乾燥したり，栄養塩が欠乏したり，土壌温度が低かったりすると，S:R比は低下する．弱光のもとで生育すると，S:R比は大きくなる．これらの応答はいかにも適応的である．乾燥すれば植物は水を求めて，貧栄養環境では栄養塩を求めて，土壌温度が低下すれば根の吸収活性が低下するので，それを補うために，地下部の発達が促進される．弱光のもとでは，より多くの光を受けようと地上部の成長が促進される．植物は環境をうまく利用するようにS:R比を調節しているようにみえる．Brouwer (1962) は，与えられた環境のもとで，植物は一定の地上部と地下部の比をもって成長することを示した．環境条件を一定にして植物を水耕すると，葉と根は一定の比をもって成長を続ける．成長の途中で根を半分にカットすると，根の成長が促進され，葉と根の比はもとの一定の値に近づく．葉を半分にすると，葉の成長が促進され，また一定の比が回復する．Brouwer は，一定の環境で生育した植物の地上部と地下部の比が一定になることを，機能的平衡 (functional equilibrium) とよんだ．

　この Brouwer の考えは，その後，Davidson (1969) によって一般化された．彼は土壌温度を変えて植物を栽培し，最大の成長を実現する土壌温度で，R/S比は最小（S:R比は最大）になることを示し，ここから，次の式を導いた．

地下部重量×吸収速度
　　∝地上部重量×光合成速度
　　　　　　　　　　　　　　　（1）

したがって，

地上部重量／地下部重量
　　∝吸収速度／光合成速度
　　　　　　　　　　　　　　　（2）

　式(2)は，根の吸収速度を小さくするような環境，あるいは光合成速度を大きくするような環境のもとでは，S：R比は小さくなることを示している．これによって，先のS：R比の環境応答はすべて説明できることになる．すなわち，貧栄養，乾燥，低い土壌温度はすべて根の吸収速度を低下させる．その結果，S：R比は小さくなる．一方，弱光は光合成速度を低下させるので，S：R比は大きくなる．Thornley (1972) は，地下部と地上部からなる植物の簡単な成長モデルによって，機能的平衡を導いた．しかし，その後，実際の植物は機能的平衡仮説の予測から，傾向的にずれた成長をすることが指摘されるようになった．

　式(1)をみると，左辺は植物の，たとえば吸収した窒素量であり，右辺は生産した乾物量である．両者が比例するということは，環境が変わっても植物体の窒素濃度が一定であることを意味する．しかし，これは正しくない．富栄養で植物を栽培すれば，ふつう，植物体の窒素濃度は増加する．Reynolds & Thornley (1982) は，基質のC：N比によって分配が決まるとするモデルを提出し，S：R比の機能的平衡モデルからのずれを説明した．Hirose (1986, 1987) は，環境によって植物体の窒素濃度が変化することから出発して，これが植物の物質分配を決めるとする，実験に基づく平衡成長モデルを提出し，植物成長の環境応答を説明した（図1.4.1(A)）．与えられた環境で成長を最大にする，最適S：R比モデルも提出されている (Hirose, 1988; Kachi & Rorison, 1989; Hilbert, 1990)．最適モデルにより，貧栄養環境ではS：R比を小さくすることが，適応的†な応答であることが示された（図1.4.1(B)）．しかし同時に，Hirose (1988) は実際の植物のS：R比の変化の幅は，理論的予測よりも小さいことを述べている．

　この機能的平衡仮説に即して，高CO_2環境における植物の成長を考えてみよう．1.3節の式(2)によれば，高CO_2では葉の光合成速度が増加するので，S：R比は低下することが予想される．ところが，実際の植物は必ずしもそのような応答はしない (Luo et al., 1994)．多くの植物では，S：R比は低下しないか，低下しても程度は小さい．反対に増加する場合もみられる．高CO_2において例外なくみられる成長の特徴は，S：R比の低下ではなく，葉面積あたりの葉重 (LMA) の増加である．葉の成長が抑えられるのではなく，葉面積の展開が抑えられるのである．植物の成長は相対成長速度 (RGR) で表現されることが多い．RGR ($=1/W \cdot \Delta W/\Delta t$) は個体重あたりの成長速度で，植物の成長能力のようなものである．「成長解析」では，これを葉面積あたりの成長速度 (NAR$=1/A_L \cdot \Delta W/\Delta t$) と個体重あたりの葉面積 (LAR$=A_L/W$) の積で表す．

$$RGR = NAR \times LAR \quad (3)$$

　植物の成長をこのように解析するのは，植物の成長の基礎は葉の光合成であり，葉面積の展開が成長を決める要因として重要と考えるからである．LARは，さらに個体重あたりの葉重 (LMR$=W_L/W$) と葉面積あたりの

---

† 環境の変化に対して，植物がそうしないときよりも，適応度を大きくするような変化を適応的な応答という．本来，適応度は個体に対して定義され，次世代に残す子孫の数で表される．しかし，光合成や成長速度の増加，繁殖収量の増加などは，適応度を大きくする方向に作用するので，そのような応答は適応的であると考えてよい．

1.4 植物個体の成長

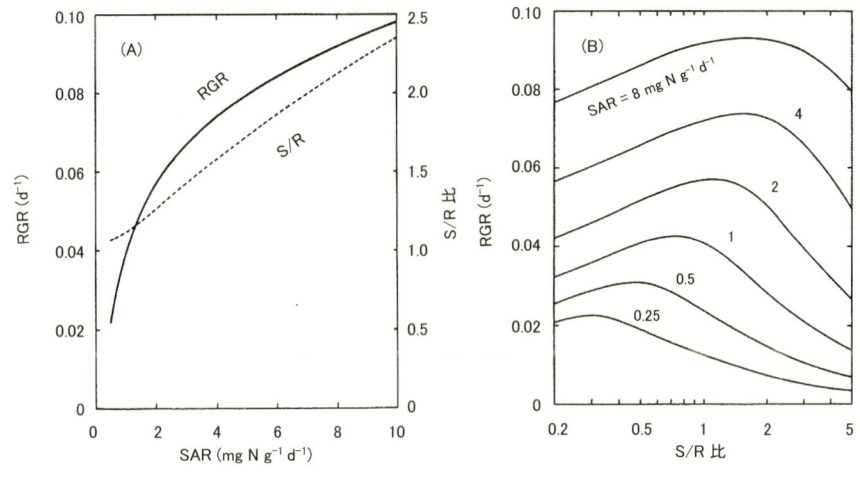

図 1.4.1

(A) 異なる窒素吸収速度（SAR、根重量あたりの窒素の吸収速度）のもとでの、イタドリの相対成長速度（RGR）と地上部/地下部の比（S：R）。実験に基づくモデル計算。
(B) 異なる SAR のもとで計算した、S：R 比と RGR の関係（Hirose, 1988）

葉重（LMA=W_L/A_L）の比として表される．

$$LAR = LMR/LMA \quad (4)$$

式(3)、(4)から、植物はより大きな光合成速度をもち（高い NAR）、光合成産物からは葉をより多くつくり（大きい LMR）、葉をなるべく薄くする（小さい LMA）ことによって個体重あたりの葉面積を大きくすると（高い LAR）、高い成長速度を実現できるということになる．一方、式(2)によって示される機能的平衡仮説からは、光合成が大きくなれば地上部への物質分配を大きくして、栄養塩などの吸収を促進して成長を支えるのが適応的であった．しかし、実際の植物の高 CO_2 に対する応答は、これらのいずれにも合致しない．それは、植物の進化の歴史でこれまで 40 万年以上の間、大気 CO_2 濃度は 300 ppmv 以下で推移してきており、現在進んでいるような急速な CO_2 濃度上昇を経験したことがなく、これに適応するすべをもたないためと解釈されてきた（たとえば Tissue et al., 1995）．これに対して、Ishizaki et al. (2003) は、高 CO_2 条件で LMA が大きくなるのは、そうでないときに比べて RGR が大きくなること、したがって、決して「適応できていないため」ではないことを示した．

Ishizaki et al. (2003) は、多年生草本イタドリを高低 2 つの CO_2 条件で育て、成長への影響を調べた．低 CO_2 に比べて、高 CO_2 で育てた植物の葉面積あたりの葉重（LMA）は 20～30％ほど大きかったが、個体重にしめる葉重の割合（LMR）の低下はわずかであった．成長解析により、(1)葉の窒素濃度と植物体の窒素濃度との間には直線関係があること、(2)NAR は葉面積あたりの窒素濃度（LNA）の飽和関数として表されること、(3)同一の LNA で NAR は高 CO_2 で大きいという結果を得た．これらの結果と、(4)植物体の窒素濃度は、窒素の吸収速度と乾物生産速度との比に等しいという、植物の平衡成長の仮定に基づいて成長モデルを構築した．この成長モデルの感度分析により、LMA の変化が植物の成長に与える影響を調べた．

低 CO_2 条件で育てた植物が、高 CO_2 で育てた植物の（大きい）LMA をもったと仮定

して計算した成長は，変化がないかあるいは低下した（図1.4.2）．一方，高CO_2条件で育てた植物が，低CO_2で育てた植物の（小さい）LMAをもったと仮定して計算すると，すべてにおいて成長は低下した．これらの結果は，低CO_2では小さいLMAが，高CO_2では大きいLMAが適応的であることを示している．言い換えれば，高CO_2で観察されたLMAの増加は，成長速度の増加に確かに貢献していた．さらに同じ成長モデルを用いて，LMRとLMAを同時に変化させたときに実現するRGRを計算した（図1.4.3）．それぞれのCO_2条件のもとで，RGRを最大にする最適なLMRとLMAの組み合わせがあること，2つのCO_2条件で最適LMRに差はないが，最適LMAは高CO_2で大きいことが示されている．これからも，高CO_2では根を成長させてLMRを低下させるよりも，葉を厚くしてLMAを増加させるほうが，植物の成長の増加に貢献することがわかる．

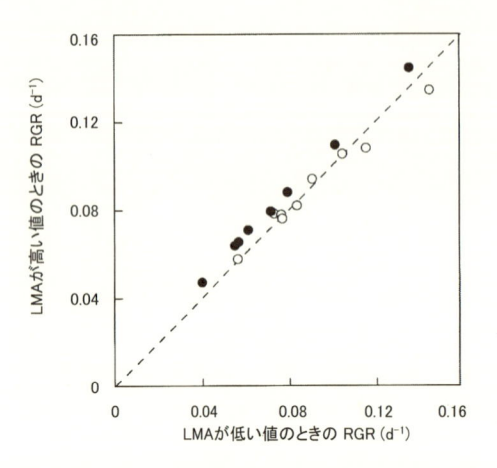

図1.4.2 高CO_2（700 ppmv）で観察されたLMAの高い値と，低CO_2（360 ppmv）で観察された低い値を交換したときのRGRの変化
イタドリの栽培実験に基づく．低CO_2で育てた植物が，高いLMAをもったと仮定したときのRGRを，もとのRGRに対してプロットしたもの（○）；高CO_2で育てた植物が，低いLMAをもったと仮定したときのRGRを，もとのRGRに対してプロットしたもの（●）．破線は1：1．この線上にあれば，どちらの値でも，RGRは同じ，すなわち，LMAの変化はRGRに影響を与えないことになる（Ishizaki et al., 2003）．

1.4.2 繁殖収量とCO_2濃度上昇

次世代に最大の子孫を残す遺伝子型が，進化の歴史を通して選択される．一年草のように生育期間が限られている植物は，いつ繁殖を開始すれば次世代に残す子孫の数を最大にできるだろうか．繁殖のための資源は栄養成

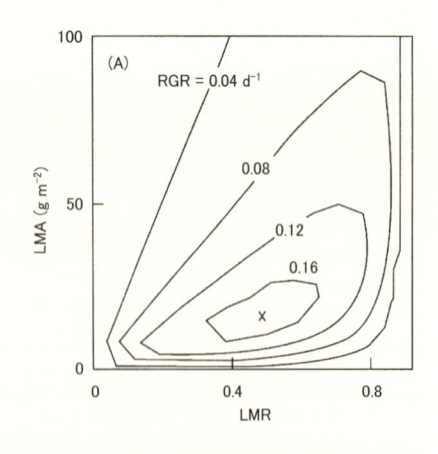

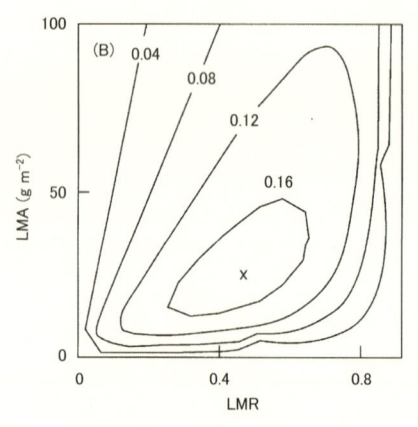

図1.4.3 異なるLMA（葉面積あたりの重さ，縦軸）とLMR（個体重に対する葉の重さの割合，横軸）の組み合わせに対して計算したRGR（等高線）
×はRGRを最大にするLMAとLMRの組み合わせ．イタドリの栽培実験に基づく．
(A)低CO_2，(B)高CO_2 (Ishizaki et al., 2003)

長器官（根茎葉）によって生産されるので，あまりに早過ぎる繁殖投資は栄養成長を低下させる．そのため，繁殖収量を大きくすることはできないだろう．あるいは遅く繁殖に入ると，生育期間が限られているので，繁殖成長期間の長さが繁殖収量を制限することになる．Cohen（1971）は繁殖収量を最大にする最適な繁殖開始時期t_s^*があることを示した．

$$t_s^* = T - 1/p \quad (5)$$

ここで，Tは生育期間，pは単位栄養器官あたりの生産速度である．式(5)は，pが大きい，すなわち高い生産力をもつ環境では，繁殖開始を遅らせるほうが，繁殖収量は大きくなることを示している．その後，多くの野外実験を含む研究によって，実際の植物はほぼモデルが予想するように繁殖を開始し，繁殖収量は最大化されていることが示されている（たとえばKing & Roughgarden, 1983）．

ところで，実際の一年草の多くは日長に応答して繁殖を開始する（Salisbury, 1981）．そうであれば，たとえ貧栄養のような生産力の低い環境だからといって，繁殖の開始を早めることはないだろう（Sugiyama & Hirose, 1991）．オオオナモミは短日植物としてよく知られ，ダム湖の岸辺にしばしば大群落を形成する．水位の低下に伴って発芽していくので，個体により生育期間の長さが異なる．土壌の栄養状態も多様である．しかし，繁殖はほぼ同時に開始される（Shitaka & Hirose, 1993）．したがって，異なる条件で生育させると，すべての個体で最適時期に繁殖を開始しているわけではないことがわかる．それが繁殖収量に与える影響を解析することは，実際の植物の繁殖収量決定のメカニズムを明らかにするうえで有効である（Shitaka & Hirose, 1998）．われわれは，このような視点からオオオナモミの繁殖収量について，土壌栄養条件，発芽時期，開花時期の影響について調べてきた．ここでは大気CO_2濃度が繁殖開始時期，繁殖収量に与える影響について行った研究（Kinugasa et al., 2003）を紹介する．

大気CO_2濃度の上昇は植物の成長を促進するが，これが直ちに繁殖収量の増加に結びつくわけではない．種によって，また実験条件によって応答は様々である．150を越える文献に基づくメタアナリシスからは，CO_2濃度を2倍にすると，果実で平均12％，種子では25％の増加がみられている（Jablonski et al., 2002）．これらの数値は，栄養器官を含めた全乾物生産量の増加の平均値31％よりも小さい．この違いは高CO_2による乾物生産力の増加の割合が，繁殖期間を含む成長後期で低下したためか，あるいは繁殖への分配量が低下したためかのどちらであろうか．さらに，繁殖収量は(1)繁殖期間の長さ，(2)繁殖期間における乾物生産速度，(3)繁殖器官への乾物の分配率の3つの要因の積によって決まると考えることができるが（Shitaka & Hirose, 1993），CO_2濃度はそれぞれの要因にどのような影響を与えるだろうか．

Kinugasa et al.（2003）は，CO_2濃度を360と700 ppmvに設定してオオオナモミを2つの窒素条件で育成し，各要因に与える影響を調べた．CO_2上昇の効果は高窒素条件でのみ，みられた．高CO_2で繁殖期間の長さに有意な差はなかった．葉の老化が抑えられたため，繁殖期間の乾物生産速度は120％増加したが，果実への分配率は約30％低下した．その結果，果実（種子とそれを包む「さや」）の重さは約50％増加した．しかし，この増加はもっぱら，さやの重さの増加によるものであり，種子の重さには有意な増加はみられなかった（**表1.4.1**）．高CO_2で繁殖器官の窒素濃度は減少した．しかし，これも低い窒素濃度をもったさやの部分が大きくなったためで，種子の窒素濃度は一定であった．これらの結果は，オオオナモミの種子生産は，炭水化物ではなく，窒素の供給によって制限されていることを示唆している．**図1.4.4**は繁殖期間における乾物生産量（横軸）に対し

表 1.4.1 異なる CO_2 濃度（360, 700 ppmv）で育成したオオオナモミ個体の繁殖収量

CO_2	繁殖器官	種子	さや
(a) 乾物（g）			
360 ppmv	$3.79±0.25^a$	$1.51±0.13^a$	$2.28±0.26^a$
700 ppmv	$5.80±0.49^b$	$1.56±0.32^a$	$4.24±0.39^b$
(b) 窒素（g）			
360 ppmv	$0.149±0.010^a$	$0.136±0.011^a$	$0.013±0.003^a$
700 ppmv	$0.163±0.017^a$	$0.127±0.024^a$	$0.036±0.009^b$
(c) 窒素濃度（%）			
360 ppmv	$3.99±0.25^a$	$9.11±0.17^a$	$0.51±0.06^a$
700 ppmv	$2.81±0.19^a$	$8.55±0.33^a$	$0.83±0.17^a$

(a)乾物，(b)窒素，(c)窒素濃度．繁殖器官は種子とそれを包む「さや」からなる．平均値と標準偏差．異なる上付きアルファベットは 2 つの CO_2 濃度間で有意差（$P<0.05$）があることを示す（Kinugasa et al., 2003）．

て，果実の重さ（縦軸）をプロットしたものである．対角線は乾物生産量が果実の重さに等しいことを示す．この線より上にプロットされた植物は，栄養器官からのバイオマスのネットの回収があったことを示す．破線はさやの重さを表し，これと全繁殖器官との差が種子の重量を表す．植物の生産力に依存した繁殖努力には，2 つの CO_2 濃度の間で有意差はなかった．全繁殖器官の増加はさやの増加に起因し，種子生産量は窒素供給量に制約され増加はわずかであった．

オオオナモミの種子はタンパク種子で，窒素濃度は 8～9 % と非常に高い（**表 1.4.1(c)**）．高 CO_2 環境で炭素の供給が増加しても，窒素供給が制約になり，種子収量は増加しなかった．窒素濃度の低いさやの成長は促進された．似たような結果が，ワタについて報告されている（Kimball et al., 2002）．高 CO_2 のもとで，ワタの種子と綿を合わせた果実の収量には 40 % の増加がみられたが，綿の部分だけでみると増加はさらに大きく，54 % であった．高 CO_2 が，窒素濃度の低い部位の成長をより促進することは，大変興味深い．

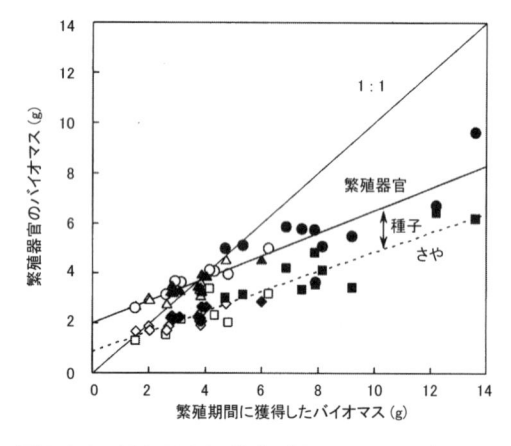

図 1.4.4 異なる CO_2 濃度（360, 700 ppmv）のもとで育成したオオオナモミ個体における，繁殖期間に生産したバイオマス量と繁殖収量の関係

○●：全繁殖収量（種子とそれを包む「さや」を合わせたもの），□■：さやの重量．実線と破線はそれぞれの回帰直線．低 CO_2（白）と高 CO_2（黒）で有意差はない．
（Kinugasa et al., 2003）

栄養成長のみならず，繁殖収量の高 CO_2 応答についても，窒素との相互作用を考慮することが重要である．

（1.4 節　広瀬忠樹）

第1章 Exercise

(1) 光合成の機作についてまとめよ．高 CO_2 に対する光合成の長期的応答は，短期的応答とは異なることが多い．なぜか．

(2) 植物群落内に葉窒素濃度の勾配が生じるのはなぜか．実際の群落は，モデルによって予測される，群落生産を最大にする最適な葉窒素の分布を実現しない．その理由について考えよ．

(3) 個葉の光合成特性に基づくと，高 CO_2 のもとで群落の葉面積指数は，どのように変化すると予測することができるか．

(4) 同一群落を構成する個体の間では資源をめぐる競争があっても，異なる種間では共存する傾向がみられる．どのようなメカニズムが働くと考えられるか．

(5) 群落の上層を占める個体と下層を占める個体とで，高 CO_2 環境はどちらに有利に働くか．CO_2 上昇は，植物群落の構造と生産機能にどのような影響を与えるか．

(6) 植物の地上部と地下部の成長には，機能的平衡があるといわれている．これについて説明せよ．高 CO_2 で生育した植物は，地上部/地下部比を変化させるよりは，葉を厚くする傾向がある．その適応的意味について考えよ．

(7) 繁殖収量は繁殖期間の長さ，その間の乾物生産速度，繁殖器官への乾物分配率の3つの要因の積によって決まる．それぞれの要因に高 CO_2 はどのような影響を与えるか．

(8) 高タンパク種子は窒素が制限要因になって，高 CO_2 でも収量は増加しないとすれば，低タンパク種子ではどのようなことが予想されるか．

第1章 引用文献

Ackerly, D. D. (1992) Light, leaf age and nitrogen concentration in a tropical vine. *Oecologia*, **89**, 596-600

Anderson, J. M. (1986) Photoregulation of the composition, function, and structure of thylakoid membranes. *Ann. Rev. Plant Physiol.*, **46**, 161-172

Anten, N. P. R. (2002) Evolutionary stable leaf area production in plant populations. *Journal of theoretical Biology*, **217**, 15-32

Anten, N. P. R., Schieving, F. *et al.* (1995) Patterns of light and nitrogen distribution in relation to whole canopy carbon gain in C_3 and C_4 mono-and dicotyledonoous species. *Oecologia*, **101**, 504-513

Anten, N. P. R. & Hirose, T. (1998) Biomass allocation and light partitioning among dominant and subordinate individuals in *Xanthium canadense* stands. *Annals of Botany*, **82**, 665-673

Anten, N. P. R. & Hirose, T. (1999) Interspecific differences in aboveground growth patterns result in spatial and temporal partitioning of light among species in tall-grass meadow. *Journal of Ecology*, **87**, 583-597

Anten, N. P. R., Hikosaka, K. *et al.* (2000) Nitrogen utilisation and the photosynthetic system. *In* Leaf development and canopy growth (Marshall, B., Roberts, J. A. eds.), Sheffield Academic Press, Sheffield, 171-203

Anten, N. P. R. & Hirose, T. (2001) Limitations on photosynthesis of competing individuals in stands and the consequences for canopy structure. *Oecologia*, **129**, 186-196

Anten, N. P. R. & Hirose, T. (2003) Shoot structure, leaf physiology and carbon gain of species in a grassland. *Ecology*, **84**, 955-968

Arp, W. J. (1991) Effects of source-sink relations on photosynthetic acclimation to elevated CO_2. *Plant Cell Environment*, **14**, 869-875

Badger, M. R., Björkman, O. *et al.* (1982) An analysis of photosynthetic response and adaptation to temperature in higher plants: temperature acclimation in the desert evergreen *Nerium oleander* L. *Plant, Cell and Environment*, **5**, 85-99

Berendse, F. & Aerts, R. (1987) Nitrogen-use-efficiency: a biologically meaningful definition? *Functional Ecology*, **1**, 293-296

Brouwer, R. (1962) Nutritive influences on the distribution of dry matter in the plant. *Netherlands Journal of Agricultural Science*, **10**, 399-408

Cohen, D. (1971) Maximizing final yield when growth is limited by time or by limiting resources. *Journal of Theoretical Biology*, **33**, 299-307

Davidson, R. L. (1969) Effect of root/leaf temperature differentials on root/shoot ratios in some pasture grasses and clover. *Annals of Botany*, **33**, 561-569

Ehleringer, J. R. & Field, C. B. (1993) Scaling physiological processes: leaf to globe. Academic Press, San Diego

Evans, J. R. & Seemann, J. R. (1989) The allocation of protein nitrogen in the photosynthetic apparatus: costs, consequences, and control. *In* Photosynthesis (Briggs *et al.* eds.), Alan R. Liss Inc., New York, 183-205

Farquhar, G. D. (1989) Models of integrated photosynthesis of cells and leaves. *Philosophical Transactions of the Royal Society of London, Series B, Biological Sciences*, **323**, 357-367

Farquhar, G. D., von Caemmerer, S. *et al.* (1980) A biochemical model of photosynthetic CO_2 assimilation in leaves of C_3 species. *Planta*, **149**, 78-90

Farquhar, G. D. & von Caemmerer, S. (1982) Modelling of photosynthetic responses to environmental conditions. *In* Physiological plant ecology. II. Encyclopedia of plant physiology, New Series, 12B (Lange, O. L., Nobel, P. S. *et al.* eds.), Springer-Verlag, Berlin, 548-577

Field, C. (1983) Allocating leaf nitrogen for the maximization of carbon gain: leaf age as a control on the allocation program. *Oecologia*, **56**, 341-347

Field, C. & Mooney, H. A. (1986) The photosynthesis-nitrogen relationship in wild plants. *In* On the economy of form and function (Givnish, T. J. ed.), Cambridge Univ. Press, Cambridge, 25-55

Gabrielsen, E. K. (1948) Effects of different chlorophyll concentration on photosynthesis in foliage leaves. *Physiologia Plantarum*, **1**, 5-37

Grindlay, D. J. C. (1997) Towards an explanation of crop nitrogen demand based on the optimisation of leaf nitrogen per unit leaf area. *Journal of Agricultural Science, Cambridge*, **128**, 377-396

Hara, T. (1984) A stochastic model and the moment dynamics of the growth and size distribution in plant populations. *Journal of Theoretical Biology*, **109**, 173-190

Hikosaka, K. (1997) Modelling optimal temperature acclimation of the photosynthetic apparatus in C_3 plants with respect to nitrogen use. *Annals of Botany*, **80**, 721-730

Hikosaka, K., Terashima, I. *et al.* (1994) Effects of leaf age, nitrogen nutrition and photon flux density on the distribution of nitrogen among leaves of a vine (*Ipomoea tricolor* Cav.) grown horizontally to avoid mutual shading. *Oecologia*, **97**, 451-457

Hikosaka, K. & Terashima, I. (1995) A model of the acclimation of photosynthesis in the leaves of C_3 plants to sun and shade with respect to nitrogen use. *Plant, Cell and Environment*, **18**, 605-618

Hikosaka, K. & Hirose, I. (1998) Leaf and canopy photosynthesis of C_3 plants at elevated CO_2 in relation to optimal partitioning of nitrogen among photosynthetic components: theoretical prediction. *Ecological Modelling*, **106**, 247-259

Hikosaka, K., Hanba, Y. *et al.* (1998) Photosynthetic nitrogen use efficiency in woody and herbaceous plants. *Functional Ecology*, **12**, 896-905

Hikosaka, K., Murakami, A. *et al.* (1999a) Balancing carboxylation and regeneration of ribulose-1, 5-bisphosphate in leaf photosynthesis: temperature acclimation of an evergreen tree, *Quercus myrsinaefolia*. *Plant, Cell and Environment*, **22**, 841-849

Hikosaka, K., Sudoh, S. *et al.* (1999b) Light acquisition and use of individuals competing in a dense stand of an annual herb, *Xanthium canadense*. *Oecologia*, **118**, 388-396

Hikosaka, K. & Hirose, T. (2001) Nitrogen uptake and use by competing individuals in a *Xanthium canadense* stand. *Oecologia*, **126**, 174-181

Hikosaka, K., Yamano, T. *et al.* (2003) Light-acquisition and use of individuals as influenced by elevated CO_2 in even-aged monospecific stands of Chenopodium album. *Functional Ecology*, **17**, 786-795

Hilbert, D. W. (1990) Optimization of plant root:shoot ratios and internal nitrogen concentration. *Annals of Botany*, **66**, 91-99

Hirose, T. (1984) Nitrogen use efficiency in growth of *Polygonum cuspidatum* Sieb. et Zucc. *Annals of Botany*, **54**, 695-704

Hirose, T. (1986) Nitrogen uptake and plant growth. II. An empirical model of vegetative growth and partitioning. *Annals of Botany*, **58**, 487-496

Hirose, T. (1987) A vegetative plant growth model: adaptive significance of phenotypic plasticity in matter partitioning. *Functional Ecology*, **1**, 195-202

Hirose, T. (1988) Nitrogen availability, optimal shoot/root ratios and plant growth. *In* Plant form and vegetation structure (Werger, M. J. A. *et al.* eds), SPB Academic Publishing, The Hague, 135-145

Hirose, T., Ackerly, D. D. *et al.* (1996) Effects of CO_2 elevation on canopy development in the stands of two co-occurring annuals. *Oecologia*, **108**, 215-223

Hirose, T., Ackerly, D. D. *et al.* (1997) CO_2 elevation, canopy photosynthesis, and optimal leaf area index. *Ecology*, **78**, 2339-2350

Hirose, T. & Werger, M. J. A. (1987a) Nitrogen use efficiency in instantaneous and daily photosynthesis of leaves in the canopy of a *Solidago altissima* stand. *Physiologia Plantarum*, **70**, 215-222

Hirose, T. & Werger, M. J. A. (1987b) Maximizing daily canopy photosynthesis with respect to the leaf nitrogen allocation pattern in the canopy. *Oecologia*, **72**, 520-526

Hirose, T., Werger, M. J. A. *et al.*(1988) Canopy structure and leaf nitrogen distribution in a stand of *Lysimachia vulgaris* L. as influenced by stand density. *Oecologia*, **77**, 145-150

Hirose, T., Werger, M. J. A. *et al.* (1989) Canopy development and leaf-nitrogen distribution in a stand of *Carex acutiformis*. *Ecology*, **70**, 1610-1618

Hirose, T. & Werger, M. J. A. (1994) Photosynthetic capacity and nitrogen partitioning among species in the canopy of a herbaceous plant community. *Oecologia*, **100**, 203-212

Hirose, T. & Werger, M. J. A. (1995) Canopy structure and photon flux partitioning among species in a herbaceous plant community. *Ecology*, **76**, 466-474

Ishizaki, S., Hikosaka, K. *et al.* (2003) Increase in leaf mass per area benefits plant growth at elevated CO_2 concentration. *Annals of Botany*, **91**, 905-914

Jablonski, L. M., Wang, X. et al. (2002) Plant reproduction under elevated CO_2 conditions : a meta-analysis of reports on 79 crop and wild species. *New Phytologist*, **156**, 9-26

Kachi, N. & Rorison, I. H. (1989) Optimal partitioning between root and shoot in plants with contrasted growth rates in response to nitrogen availability and temperature. *Functional Ecology*, **3**, 549-559

Kimball, B. A., Kobayashi, K. et al. (2002) Responses of agricultural crops to free-air CO_2 enrichment. *Advances in Agronomy*, **77**, 293-368

King, D. & Roughgarden, J. (1983) Energy allocation patterns of the California grassland annuals *Plantago erecta* and *Clarkia rubicunda*. *Ecology*, **64**, 16-24

Kinugasa, T., Hikosaka, K. et al. (2003) Reproductive allocation of an annual *Xanthium canadense* growing in elevated CO_2. *Oecologia*, **137**, 1-9

Koyama, H. & Kira, T. (1956) Intraspecific competition among higher plants. VIII. Frequency distribution of individual plants weight as affected by the interaction between plants. *Journal of the Institute of Polytechnic, Osaka City University*, **7**, 73-94

Long, S. P. & Drake, B. G. (1991) Effect of the long-term elevation of CO_2 concentration in the field on the quantum yield of photosynthesis of the C_3 sedge, *Scirpus olneyi*. *Plant Physiology*, **96**, 221-226

Luo, Y., Field, C. B. et al. (1994) Predicting responses of photosynthesis and root fraction to elevated $[CO_2]_a$: interactions among carbon, nitrogen, and growth. *Plant, Cell and Environment*, **17**, 1195-1204

Makino, A., Shimada, T. et al. (1997) Does decrease in ribulose-1, 5-bisphosphate carboxylase by antisense rbcS lead to a higher nitrogen-use efficiency of photosynthesis under conditions of saturating CO_2 and light in rice plants ? *Plant Physiol.*, **114**, 483-491

Medlyn, B. E. (1996) The optimal allocation of nitrogen within the C_3 photosynthetic system at elevated CO_2. *Aust. J. Plant Physiol.*, **23**, 593-603

Monsi, M. & Saeki, T. (1953) Über den Lichtfaktor in den Pflanzengesellschaften und seine Bedeutung für die Stoffproduktion. *Japanese Journal of Botany*, **14**, 22-52

Mooney, H. A. & Gulmon, S. L. (1979) Environmental and evolutionary constraints on the photosynthetic characteristics of higher plants. *In* Topics in plant population biology (Solbrig, O. T., Jain. S. et al. eds.), Columbia Univ. Press, New York, 316-337

Nagashima, H. (1999) The processes of height-rank determination among individuals and neighbourhood effects in *Chenopodium album* L. stands. *Annals of Botany*, **83**, 501-507

Nagashima, H., Yamano, T. et al. (2003) Effects of elevated CO_2 on the size structure in even-aged monospecific stands of *Chenopodium album*. *Global Change Biology*, **9**, 619-629

Oikawa, T. (1987) Studies on the dynamic properties of terrestrial ecosystems based on a simulation model. I. Critical light conditions for stability of a tropical rainforest ecosystem. *Ecological Research*, **2**, 289-300

Pearcy, R. W. & Björkman, O. (1983) Physiological effects. *In* CO_2 and plants (Lemon, E. R. ed.). The response of plants to rising levels of atmospheric carbon dioxide. *AAAS Selected Symposium*, **84**, 65-105

Pons, T. L., Schieving, F. et al. (1990) Optimisation of leaf nitrogen allocation for canopy photosynthesis in *Lysimachia vulgaris*. *In* Causes and consequences of variation in growth rate and productivity of higher plants (Lambers, H., Cambridge, M. L. et al. eds.), SPB Academic Publishing, The Hague, 175-186

Reynolds, J. F. & Thornley, J. H. M. (1982) A shoot : root partitioning model. *Annals of Botany*, **49**, 585-597

Saeki, T. (1960) Interrelationships between leaf amount, light distribution and total photosynthesis in a plant community. *Botanical Magazine, Tokyo*, **73**, 55-63

Sage, R. F. (1994) Acclimation of photosynthesis to increasing atmospheric CO_2: the gas exchange perspective. *Photosynthesis Research*, **39**, 351-368

Salisbury, F. B. (1981) Responses to photoperiod. *In* Physiological plant ecology I. Encyclopedia of plant physiology, new series vol 12A. (Lange O. L., Noble P. S. *et al.* eds.). Springer, Berlin. 135-167

Schieving, F., Pons, T. L. *et al.* (1992) Vertical distribution of nitrogen in photosynthetic activity at different plant densities in *Carex acutiformis*. *Plant and Soil*, **142**, 9-17

Schulze, E. D. & Mooney, H. A. (1993) Design and execution of experiments on CO_2 enrichment. Ecosystem Research Report, **6**, Commission of the European Communities, Brussels

Shitaka, Y. & Hirose, T. (1993). Timing of seed germination and the reproductive effort in *Xanthium canadense*. *Oecologia*, **95**, 334-339

Shitaka, Y. & Hirose, T. (1998). Effects of shift in flowering time on the reproductive output of *Xanthium canadense* in a seasonal environment. *Oecologia*, **114**, 361-367

Sugiyama, H. & Hirose, T. (1991) Growth schedule of *Xanthium canadense*: Does it optimize the timing of reproduction? *Oecologia*, **88**, 55-60

Terashima, I. & Evans, J. R. (1988) Effects of light and nitrogen nutrition on the organization of the photosynthetic apparatus in spinach. *Plant and Cell Physiology*, **29**, 143-155

Thornley, J. H. M. (1972) A balanced quantitative model for root: shoot ratios. *Annals of Botany*, **39**, 1149-1150

Tissue, D. T., Griffin, K. L. *et al.* (1995) Effects of low and elevated CO_2 on C_3 and C_4 annuals. II. Photosynthesis and leaf biochemistry. *Oecologia*, **101**, 21-28

Weiner, J. (1986) How competition for light and nutrients affects size variability in *Ipomoea tricolor* populations. *Ecology*, **76**, 1425-1427

Weiner, J. (1990) Asymmetric competition in plant populations. *Trends in Ecology and Evolution*, **5**, 360-364

Yasumura, Y., Hikosaka, K. *et al.* (2002) Leaf-level nitrogen-use efficiency of canopy and understorey species in a beech forest. *Functional Ecology*, **16**, 826-834

第2章
植物個体群，群落の機能

この章のポイント

　植物群落の葉群の1年間の光合成速度は，葉の量×単位葉量あたりの光合成速度×時間，と表すことができる（2.1，2.2節）．これら項目のそれぞれに，温暖化や高CO_2濃度がどのように影響するかを考え，最終的に群落の光合成速度の変化を予測するのが，この章の目的である．

　一定の土地面積上に成立する群落の葉量は，入射する光の量に制限される．葉の層を通過することによって光量は減衰する．ある深さまで到達すると，光量は補償点以下となり，もはや光合成生産ができなくなる．植物群落により固有の最適葉量の存在が有名な Monsi & Saeki（1953）理論により予測されている（第1章参照）．最適葉量は，葉による光の遮断と光合成特性によって決まってくる．これらは，それぞれほぼ種に固有のパラメータと考えられるから（2.3節），群落の葉量は種（あるいは生活型）によってほぼ固有の値をとるだろうと予測される．日本国内の（温帯の）森林であれば，落葉広葉樹林，常緑広葉樹林，スギの人工林など，それぞれの森林タイプについておおまかにはその生活型でほぼ決まった値を示す．これは上述の最適値の存在という予測を裏付けている．

　1枚の葉の光合成能力は，その葉への資源配分と配分された資源を葉の構造や光合成酵素などにどのように配備するかに依存している．葉の構造とはクチクラ層の厚さ，表皮の厚さと構造，葉表面の毛（これらは葉緑体を含んでいないから光合成にとってはマイナスであるが葉を長持ちさせるためにはプラスに働く．表面の毛はCO_2拡散を大きくし光合成作用にプラスに働くという面もある），葉内部の空隙，細胞壁の厚さ，気孔の密度などである（2.3節）．また光捕集の色素，光合成回路の酵素などへの分配も重要であり，特に不足しがちな元素である窒素をどのように配備するかは植物にとって重大な問題である（2.3節）．しかし実際に達成される光合成速度は，光の量，CO_2の量（これは気孔の開度により制約されるが，これを決めるのはおもに水分条件である）などに制約される（2.3節）．単位土地面積あたりの葉量が多いと，下部の葉は十分に光を受けられないために光合成速度は低くなり，森林全体の平均光合成速度も低くなる．実は，光をよく受けている葉だけで比べても，葉量の多い種では少ない種に比べて光合成速度は低いという傾向がある．したがって葉の空間的配置（三次元構造）やそれを支える構造がきわめて重要となってくる（2.2節）．

　次に時間であるが，これは光合成作用を行うのに好適な期間の長さ，温帯では夏の長さである．湿潤熱帯であれば1年中光合成が可能であるから，この期間は1（年）となる．一般には高緯度に行くほど時間は短くなる．同じ地域であれば，時間の長さは同じなのだが，実はその時間をどのように使

うかは植物の種によって異なる（2.1，2.3節）．ある植物は葉の寿命が短く，その期間中に葉を一度付け替えるということをする．ある植物は葉の寿命が期間の長さとまったく同じ長さになっている．ある植物は2生育期間以上の長さ，葉を付けている．葉の寿命は植食者に対する防御とも密接に関連してくる．葉を長く付けておこうとすれば防御に投資しなければならない（2.3節）．葉の寿命と光合成能力との間には負の相関がある．葉の寿命の長いものは光合成速度が低く，短いものは高い（2.1節）．

このように，上の式の3つの項目は独立ではなく，相互に関連しあっており，環境変化への応答も相互に関連しているから，簡単に解を出すことは困難なように思われる．しかし，2.1節ではこの関係を比較的簡便に捉えることによって見通しを立てた．最大光合成速度と葉の寿命がもし反比例するとすれば，どんな葉でも葉の生涯の稼ぎは一定になると考えられる．ただし，実際は最大光合成速度を1日中続けられるわけではないから，日光合成速度をどのように求めるかという問題は残る．したがって，仮に温暖化によって期間の長さが延びても，その分，光合成速度が低下すれば，生涯光合成速度は変わらないことになる．このような問題を2.1節では標高の違う場で測定した同種の光合成速度で議論している．

葉の量に関してはどうであろうか．葉の寿命の短い落葉樹では葉量が少なく，葉の寿命の長い常緑樹では葉量が多い傾向にあることから理解できるように，この両者にも反比例に近い負の相関がある．葉の寿命の長いものはそれに見合うだけの葉量をもっているらしいのである．したがって葉の生涯の稼ぎが同じなのだから，植物群落の土地面積あたりの光合成速度はほぼ一定ということになる．景観レベルでの森林純生長量（純生産ではなく現存量の増加）の比較で，森林の現存量とは相関が認められておらず，また樹種とも関連しない（2.2節）のは，示唆に富むデータであると思われる．相関するのは最大の個体サイズである（2.2節）．つまり，葉による生産はほぼ一定で，その支持器官のあり方が問題であるらしい（2.1節）．

ただし，種間関係としてみると，葉の寿命と光合成速度の関係は負の相関であっても反比例ではない．したがって，積は一定ではなく，純生産量は常緑樹林のほうがいくらか大きいという傾向があるようである．したがって，葉量と純生産量との関係も反比例にはならない．依田（1971）は，森林の葉の生産効率（純生産速度／葉量）と葉量との関係は負の相関があることを認め，次の式で表している．

$NPP/y = A \exp(-Ky)$

ただし，NPPは森林の純生産速度（t/ha/y），yは森林の葉現存量（t/ha）であり，A，Kは定数である．この式は，純生産速度を最大にする最適葉量が存在することを予測させる．

葉群によって同化された炭素は新たな葉や花・果実・根などをつくりだし，また幹の中に蓄えられる（2.2節）．幹・枝は葉を支えるとともに水や養分の通路となる．水の通路（道管）の大きさは水の上がり方に関連し（2.3節），サイズ，配置は樹種により特徴がある（2.2節）．幹への炭水化物蓄積は（温帯樹木では）幹の年輪として刻まれているから，年輪解析により年々の蓄積変化を知ることができる．また，関与する気象条件が明らかになれば，環境変化に対する森林の応答を読みとることができるようになる（2.2節）．

2.1　植物のフェノロジー

はじめに

　植物の開葉や伸長などの葉と枝のフェノロジーは植物の資源獲得のための戦略としてとらえられる．フェノロジーとは，生物が年単位の時間推移（季節のある環境では季節変化）に応じて示す生活の諸相である．植物の葉に関しては，いつ開葉し，いつ枯死・落葉するかが問題であり，枝も含めて考えると葉群をどのような順序・速度でどのように空間に配列し，どのように入れ替えるかが問題である．このような葉群の時間的・空間的配列はそれぞれの植物が自らの生育場所，ニッチにおいて，資源の獲得をいかに最大化するかという最適戦略に基づいて行っており，環境条件とその季節変化および植物の多様性に対応して多様化している．

(1)　植物の葉の一生の稼ぎは葉寿命の長さにかかわらず一定である．

　植物の最大光合成速度は葉寿命の長さと負に相関するといわれている．温帯のように季節のある環境で葉寿命が1年に満たない落葉広葉樹に関してはこの関係が成り立つが，葉寿命が1年以上の常緑広葉樹に関しては冬季の光合成の低下度と葉寿命が正の相関を示す．したがって，落葉樹と常緑樹の両方に一般的に成り立つ関係は，葉の開葉から枯死までの光合成速度の季節変化の積算面積，すなわち葉の一生の稼ぎは葉寿命の長さにかかわらず一定となる関係である．

(2)　枝あたりの年生産は年単位の葉の回転速度で決まる．

　個葉の一生の稼ぎは一定なので，枝や個体，個体群の葉群としての年生産は，葉の回転速度の変化によって変化する．ブナやミズナラのような一斉開葉・落葉型の落葉樹では，葉の回転速度が年1回で変わらないので，葉寿命が変化しても葉群の年生産は変わらない．

(3)　森林の常緑・落葉性の分布は，気温の季節変化のパターンである年較差の大小とよく対応する．

　温量指数からみて同じ気候帯でも，気温の年較差が大きいと落葉樹が優占し，小さいと常緑樹が優占しており，気温の年較差の大小と森林の常緑・落葉性がよく対応している．

(4)　陽樹と陰樹，先駆種と極相種という樹種の遷移段階の位置の違いは，開葉フェノロジー，光－光合成曲線の特性，C：F比の違いと関係する．

　開葉後に光環境が悪化する落葉樹林内で春早く一斉に開葉するのが光競争に有利であり，裸地や林内ギャップのように光環境が季節にかかわらずよければ，夏や秋の遅い時期まで順次開葉で枝を伸ばして空間獲得をめざすのが光競争に有利である．飽和光下の最大光合成速度が大きい陽樹は，明所での成長が早く，先駆種として優占するが，光補償点が高く，高木化につれて葉が枯れ上がり，年生産が低下してC：F比（非同化器官：同化器官比）が増加し，早くに枯死する．逆に，光補償点が低い陰樹は，林床での耐陰性が高く，林分状態でも葉が枯れ上がらず，大きくなっても年生産が低下せずC：F比が保たれ，高木・長寿命化して極相で優占する．このように葉フェノロジーや光合成特性の違いに基づいて裸地や林内ギャップで遷移が進行する．

(5)　地球温暖化による気温上昇によって森林の年生産が増加するかどうかは，常緑性か

落葉性か，一斉開葉・落葉か順次開葉・落葉かで異なり，葉の回転速度が上昇するかどうかによる．

地球温暖化によって，常緑樹は，冬季のある環境では冬季の気温上昇による光合成速度の上昇や休眠期間の短縮，熱帯山地では平均気温の上昇による最大光合成速度の上昇によって葉寿命が短縮し，葉の回転速度が上昇して年生産は増加すると予測される．一方，落葉樹では，一斉に春に開葉し秋に落葉するという一斉開葉・落葉型の場合は，葉の回転速度が年1回で変わらないため，気温上昇で生育期間と葉寿命が伸びても年生産は増加しないと予測される．順次開葉・落葉型の場合は，生育期間の延長によって葉の回転速度が上昇するため，年生産は増加すると予測される．

植物の開葉・落葉，開花・結実・散布のように生物は時間的に変化する現象を生活の諸相で示す．それらの生物現象およびそれらの生物現象と気候などの環境との関係を研究するのがフェノロジーである．地球上の生物現象と気候は1年を単位に季節性を示すのでフェノロジーは生物季節学とよばれたりするが，熱帯のように気温の季節変化がないといえる地域でも開葉・落葉などの生物現象は時間的変化を示すし，隔年結果のように1年を越える周期の生物現象も存在する．

樹木の開葉と落葉における一斉か順次かというパターンと葉寿命には樹種によって違いがみられる（菊沢，1986）．植物は独立栄養生物で，光合成により光エネルギーを取り込んで生きている．葉は陸上植物のほぼ唯一の光合成器官であり，光合成によって1年を通じて資源を効率よく獲得するためには，冬季や乾季のある環境では，葉をいつ開葉して光合成を開始するかという開葉時期が問題であり，枝も含めて考えると葉群をどのような順序・速度でどのように空間に展開し，どのように入れ替えるかが問題となる．また開葉時期が同じでも落葉時期が異なれば葉寿命は異なる．植物の生産は個葉をベースに，枝，個体，個体群，森林という葉群で行われている．植物が示す葉フェノロジー，つまり個葉と葉群の時間的・空間的展開様式は，光−光合成曲線，老化，葉寿命など植物の生産特性と温度，光，土壌水分などの環境の季節変化との対応関係の中で，植物の生産を最大にするための適応的な様式である．その様式は季節変化の単位である1年を単位にとらえられ，生産の大小も1年の単位で比べられる．環境とそれと対応したフェノロジーは年変化するので，年変化が問題となるが，エルニーニョによる東南アジア熱帯での乾燥時のフェノロジーなど10年や数十年に一度の異常気象時の調査は難しい．

温度，光，土壌水分などの環境は気候によって異なり，同じ気候帯の同じ地域でも，生育場所により異なる．樹木の場合は，高木か低木か実生かというサイズの違いによっても環境は異なる．また，陽樹か陰樹か，高木か低木かつる性かという樹木側の種特性，ニッチも異なる．したがって，環境や樹木のニッチ，種特性の多様性に対応して葉フェノロジーは多様化している．葉フェノロジーの個々の戦略は多様化しているが，資源獲得器官である葉をいかに時間的・空間的に効率よく展開して，資源獲得量を最大化するかという最適戦略（菊沢，1999a）には変わりはない．

本節では，葉フェノロジーを中心に樹木の資源獲得戦略がいかに多様化しているか，また，資源獲得量である年生産を最大にするという目的でいかに統一されているかを述べる．また，それらの理解に基づいて，地球温暖化に対して森林の年生産と常緑・落葉性の分布がどのように応答するかを予測する．

2.1.1 葉寿命

葉が開いてから枯れるまでの期間を葉寿命という．葉が枯死すれば落葉するのが普通であるが，枯死しても枝についたまますぐには

2.1 植物のフェノロジー

落葉しない場合もある．この節では落葉は枯死を意味して用いる．葉寿命の長さを厳密に測定するのは難しい．芽のある場合は，芽がふくらみ始めて徐々に葉が大きくなるので，どの段階を開葉の始まりとするかは決めがたい．枯れるときの紅葉も，葉全体として均一に進まないとか，紅葉しても光合成活性をもっておりそれが完全に枯れた褐色まで連続的に変化するので，どの段階で葉が枯死したかを決めがたい．しかし，葉のサイズが最大に達した時点を開葉の終了とみなすとか，葉面積の過半もしくは全体が緑色を失った時点を枯死とみなすというように基準を設けて連続的に変化を測定すれば，その基準に基づく判断は可能である．冬季や乾季の生育に不適な季節に全体の葉が落葉する樹木を落葉樹という．落葉樹の葉寿命は1年に満たない．冬季や乾季があっても年中葉を付けている樹木を常緑樹という．冬季のある環境では，春に開葉した葉が冬季を越えて翌春まで保たれるので，常緑樹の葉寿命は1年を越える．熱帯降雨林のように年中好適な環境では，年中連続的または何回か開葉後に落葉して葉寿命が1年に満たない常緑樹が存在する．樹木の枝には通常複数の葉がつき，個体は複数の枝から構成されるので，枝や個体は個葉の集団からなる葉群を形成する．

植物の光合成は葉特性と環境に影響される（寺島，2002）．光合成速度は葉の老化と気温などの環境の影響を受けて季節変化を示す．開葉とともに光合成速度は上昇し，開葉終了後に最大となり，その後減少して落葉する．葉寿命の長さと光合成速度や葉の稼ぎには何か関係が見出せるだろうか．光合成速度と葉寿命の長さは樹種間で負の相関関係にあることが知られている（小池，1985）．冷温帯に位置する京都府芦生で，落葉広葉樹20種の光飽和の純光合成速度の季節変化を測定した．各樹種で初めに開葉した葉について，林道脇や林内ギャップの明るい場所で午前中に，開葉から枯死までを定期的に調べると，最大光合成速度と葉寿命の長さにはやはり樹種間で負の相関関係がみられた（図2.1.1）．葉寿命が短かったエゴノキ，ヤマウ

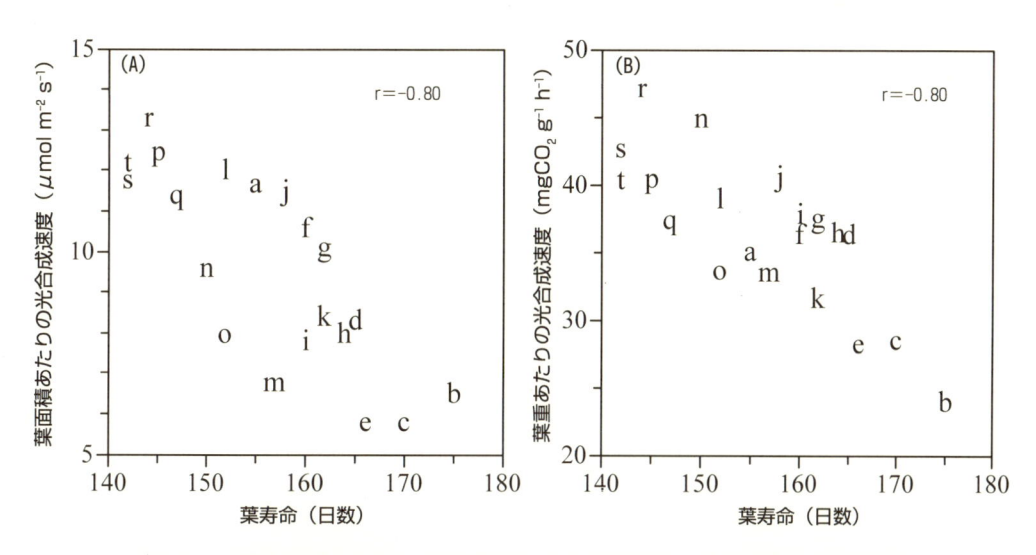

図2.1.1 落葉広葉樹の葉寿命と葉面積あたり(A)と葉重あたり(B)の最大純光合成速度

京都府芦生で2000年に測定．rは相関係数．
a：ブナ，b：ツリバナ，c：コハウチワカエデ，d：ツルアジサイ，e：ムシカリ，f：カツラ，g：ミズメ，h：マンサク，i：クロモジ，j：イヌシデ，k：ウリハダカエデ，l：ミズキ，m：ホオノキ，n：トチノキ，o：ハクウンボク，p：コナラ，q：ミズナラ，r：クリ，s：ヤマウルシ，t：エゴノキ．

ルシ，クリ，コナラなどは最大光合成速度が大きく，葉寿命が長かったツリバナ，コハウチワカエデ，ムシカリなどは最大光合成速度が小さかった．光合成速度は葉面積単位と葉重単位で異なるので，負の相関係数には両者で差がなかったが，分布の形は異なった．たとえば，葉寿命が近いブナとホオノキでは葉面積単位の最大光合成速度には倍近い開きがあったが，葉重あたりでは差は小さかった．なお，後述するように，ブナの開葉時期はホオノキより2週間近く早かったが，枯死・落葉時期も同程度早かったので葉寿命はほとんど変わらなかったのである．この節では，葉のコストに対する稼ぎを問題にするので，コストをより反映していると思われる葉重単位の光合成速度を今後用いる．

暖温帯に位置する大津市上田上の京都大学生態学研究センター周辺で，常緑広葉樹と落葉広葉樹の純光合成速度の季節変化を同様に測定した．葉寿命が1年に満たない落葉広葉樹の方が1年以上の常緑広葉樹より最大光合成速度は大きく，落葉広葉樹でも，3ヵ月半程度と葉寿命の短いオオバヤシャブシの方が7ヵ月近くのコナラより大きく，常緑広葉樹でも，約1年と短いクスノキの方が約2年のソヨゴよりも大きかった（図2.1.2）．

葉寿命の長さと最大光合成速度の関係を同一種内で比べるとどうだろうか．落葉広葉樹のミズメは短枝と長枝をもつ．京都府芦生で調べると，同一個体で，春に短枝の葉が先に開き，続いて長枝が伸長しながら開葉する．長枝では基部の葉が先に開葉し，先端の葉は遅れて開葉する．秋の落葉は短枝と長枝基部の葉がやや早い傾向を示すが差は小さいので，葉寿命は短枝の葉が長く，長枝の葉が短くなる．最大純光合成速度は長枝の葉が高く，短枝の葉は低くて，葉寿命の長さとは逆になった（図2.1.3）．京都府芦生と大津市上田上の両方で測定できた落葉広葉樹のコナラ，クリ，ヤマウルシについて冷温帯と暖温帯で比べると，3種とも冷温帯で葉寿命は短いが，最大光合成速度は大きかった（図2.1.4）．気候が温暖になると最大光合成速度が高くなるのではなく，逆に葉寿命の長さに対応して最大光合成速度が低下しているのである．落葉広葉樹のヒメシャラを屋久島で標高別に測定すると，同様に，標高が下がるにつれて葉寿命は長くなり，最大光合成速度は低くなった（図2.1.5(A)）．

気温の気候差によって葉寿命が変化すると最大光合成速度が葉寿命に負に相関して変化す

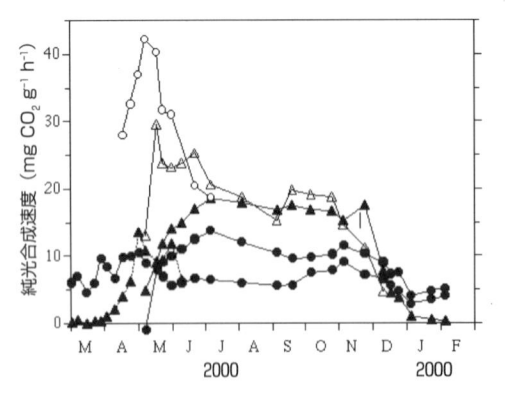

図2.1.2 落葉広葉樹と常緑広葉樹の純光合成速度の季節変化

大津市上田上で2000年3月から2001年2月まで測定．○：オオバヤシャブシ，△：コナラ，▲：クスノキの当年葉と前年葉，●：ソヨゴの当年葉と前年葉．

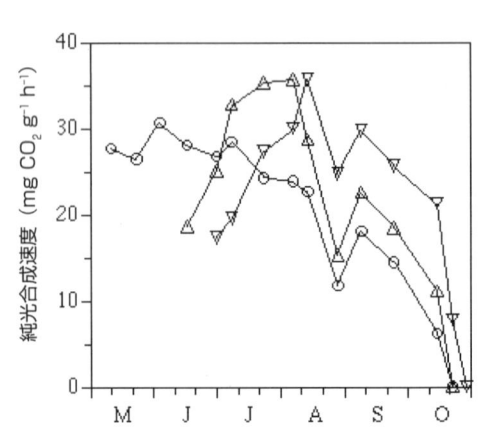

図2.1.3 ミズメの純光合成速度の季節変化

京都府芦生で2000年に測定．
○：短枝葉，△：長枝第1葉，▽：長枝第3葉．

るのは落葉広葉樹の種内では一般的な傾向のようである．

暖温帯性の常緑広葉樹について，屋久島で標高別に光合成速度の季節変化と枝単位の平均葉寿命を測定すると，ウラジロガシ以外のイスノキ，シイ，バリバリノキでは標高が上がるにつれて葉寿命は長くなったが（**表2.1.1**），最大光合成速度には，イスノキ（**図2.1.5(B)**）のようにどの種にも明らかな標高差はみられず，葉寿命の長さと負には相関しなかった．最大光合成速度を種間で比較すると，葉寿命が約1年と短いシイとウラジロガシが2年以上と長いイスノキ，バリバリノキより高かったので，葉寿命との負の相関はみられたが，種内での標高差に伴う葉寿命の変化に相関したのは，夏季の最大光合成速度ではなく，冬季の光合成速度であった．イスノキの例（**図2.1.5(B)**）でわかるように，シイ，バリバリノキ，ウラジロガシの測定したすべての常緑広葉樹に共通して，高標高ほど冬季の光合成速度が低かった．ウラジロガシを除いて高標高ほど葉寿命が長かったので，季節変化した光合成速度を積算して求めた面積，すなわち葉の一生の稼ぎは標高差にかかわらず一定と思われる．ウラジロガシでは，高標高になるほど冬季の光合成速度が低下するが春に展開した葉の寿命は変わらなかった．屋久島のウラジロガシは高木でも春に伸びた枝が再び夏に伸びるという二度伸びを行う枝があり，二度伸び枝も翌春の開葉

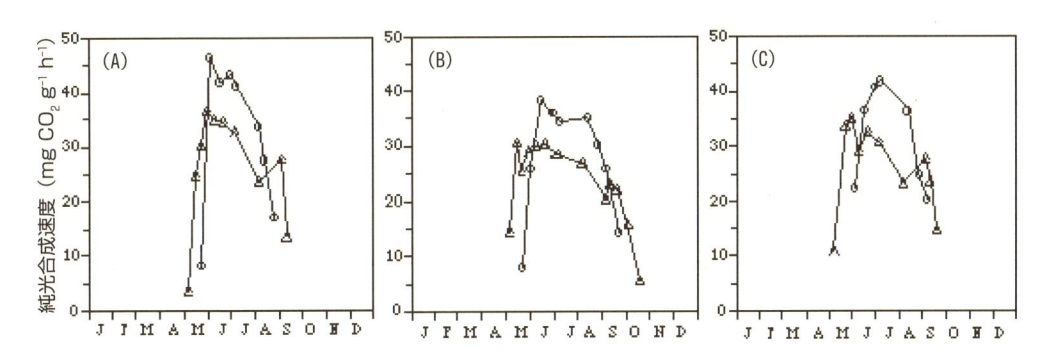

図2.1.4 クリ(A)・コナラ(B)・ヤマウルシ(C)の光合成速度の季節変化
2000年に測定．
○：冷温帯（京都府芦生），△：暖温帯（大津市上田上）．

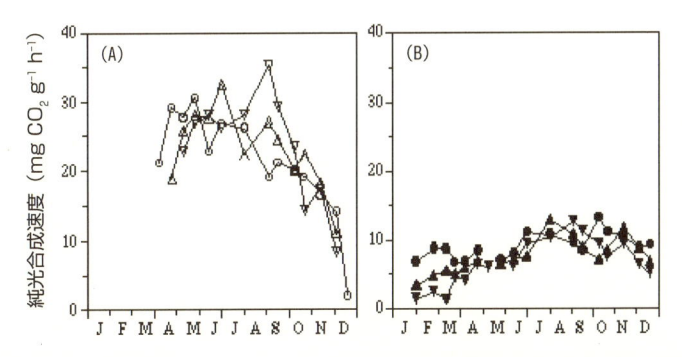

図2.1.5 ヒメシャラ(A)とイスノキ(B)の屋久島での標高別の光合成速度の季節変化
2001年に測定．
○と●：200メートル，△と▲：600メートル，▽と▼：1000メートル．

表2.1.1 屋久島での標高別の平均葉寿命（単位：年）

標高	イスノキ	バリバリノキ	シイ	ウラジロガシ	ヒメシャラ
0 m	1.9		1.0		
200 m	2.0	1.8	1.1	1.2	0.69
400 m	2.1	1.9	1.3	1.2	0.65
600 m	2.2	1.9	1.5	1.1	0.61
800 m	2.3	2.3		1.1	0.59
1000 m	2.7	2.4		1.1	0.56
1200 m				1.2	0.52

2000年から2001年に測定．

後にほとんどが落葉するので葉寿命は1年より短く，二度伸びを行う当年枝の比率は標高1200 mでは約15 %，標高200 mでは約40 %と低標高ほど高かったので，ウラジロガシにおいても，二度伸び枝を加えた個体全体の平均葉寿命は冬季の光合成速度とは負に相関して低標高ほど短かったと思われる．

これらの常緑広葉樹でみられた，葉の一生の稼ぎは葉寿命の長さにかかわらず一定であるという関係は，実は，先に述べた落葉広葉樹についても成り立つのである（図2.1.4）．細かくみていくと，ミズメの場合でも，短枝葉と長枝葉の間では最大光合成速度と葉寿命の負の相関関係は成り立ったが，長枝の基部の葉と枝先近くの葉でも葉寿命は異なるが最大光合成速度に差がみられなかった（図2.1.3）．これには8月下旬の乾燥によると思われる光合成速度の低下が影響しているが，秋の光合成速度は枝先近くの葉の方が高く，葉の一生の稼ぎは葉寿命の短い枝先近くの葉でも変わらないと思われる．葉をつくるためのコストは葉面積あたりの重さで近似できる．葉重あたりの葉の一生の稼ぎが葉寿命の長さにかかわらず一定であることは，葉への投資（コスト）に対する葉の一生での生産（ベネフィット）は葉寿命にかかわらず一定であることになり，コスト－ベネフィット仮説に適合する．この関係は，枝や個体の葉群による年生産を考えるうえで重要である．もちろん，クリの遅い時期に開葉する葉とか，クスノキの秋に開葉する葉，亜寒帯常緑針葉樹林帯の落葉樹など，この関係が成り立たない場合も存在し，それらについては後述する．

2.1.2 葉の回転速度

樹木の枝や個体，個体群は複数の葉からなる葉群をもつので，枝や個体，個体群の葉群の生産において光合成速度を問題にすると，光－光合成曲線以外に葉群での光減衰に関係する葉の傾きや葉群の高さ方向の現存量を示す葉面積指数が重要となる（広瀬，2002）．一方，1年を通した生産を考えると，葉群での葉の入れ替わりを示す回転速度が問題となる．葉の回転速度とは新葉が旧葉と入れ替わる速度で，ブナのように一斉開葉・落葉型の落葉樹は春一斉に開いた葉群が秋に一斉に落葉するので，年1回転である．同じく一斉開葉型の落葉広葉樹であるヒメシャラは屋久島で葉寿命には標高差がみられたが，葉の回転速度はどの標高でも年1回転であった（図2.1.5(A)）．このように一斉開葉・落葉型の落葉広葉樹では葉寿命にかかわらず葉の回転速度は年1回転である．

順次開葉・落葉型の落葉広葉樹であるクリの場合，夏の終わりの遅くまで枝先端での開葉がみられ，枝基部の初めの葉は秋よりも早くに枯死する．したがって，枝の一部の葉は入れ替わる．光がよく当たって開葉が遅くまで続く若木の枝では，基部で枯死した葉のかわりに枝の先端で開葉する葉の比率は，冷温帯の京都府芦生で葉数の10 %，暖温帯の大

津市上田上で20％程度であった．夏の終わり以降の遅い時期に開葉した葉ほど春に開葉した葉に比べて稼ぎは小さかった（**図2.1.6(A)**）ので，クリの葉の年回転速度は1.1とか1.2であり，枝単位の葉群の生産からみるとその数値は下がって1に近づく．もっと連続的な順次開葉・落葉型の樹種ではどうだろうか．明所に生育するハンノキ属のオオバヤシャブシは，春の開葉時期が早く，完全な落葉は大津市上田上では翌年の1月に入ってからと遅い．その間連続的に開葉・落葉し，夏以降に開葉した葉の稼ぎは春開葉の葉に比べて低くはない（**図2.1.6(B)**）．葉の寿命は約3ヵ月半で生育期間が10ヵ月近くあるので，枝あたりの葉の回転速度は年3回転に近い．したがって，オオバヤシャブシはクリより葉寿命が短く，葉の年回転速度は大きい．

常緑広葉樹の場合はどうだろうか．大津市上田上で調べると，春の開葉直後に旧葉が落葉し，葉寿命がほぼ1年のシャシャンボは旧葉と新葉の重なる期間が存在するものの短く，葉群の回転速度はほぼ年1回転といえる．シイは前年葉が翌年の春から枯死・落葉するものの，秋にそのピークをもつので，平均葉寿命は1.5年近くであり，葉の回転速度は年0.67回転になる．アラカシでは旧葉の枯死・落葉のピークが開葉後2年目の新葉開葉後となるので，平均葉寿命は約2年で，葉の回転速度は年に約0.5となる．もし，熱帯低地でオオバヤシャブシのように葉寿命が3ヵ月と短い常緑樹がいるとすると，その葉の回転速度は年4回転となる．このように，常緑樹の場合は，葉の平均寿命で1年を割れば葉群の葉の回転速度が求められる．したがって，屋久島で低標高ほど葉寿命が短かったイスノキ，シイ，バリバリノキでは，葉の回転速度は低標高ほど大きかったことを意味する．ウラジロガシも二度伸び枝を含めると同様と考えられる．具体的には，春に開葉する新葉の，生き残っている旧葉に対する比率が高くて，旧葉と新葉の入れ替わりの比率が高いほど平均葉寿命が短くなり，葉群の回転速度は高くなるのである．

葉の回転速度はなぜ重要か．それは，葉の一生の生産は葉寿命にかかわらず一定なので，枝や個体，個体群における葉群の年生産は葉の回転速度の変化によって変わるからである．環境の変化により葉の一生の平均光合成速度が変化すれば葉寿命が変化する．では，光合成速度が変化して葉寿命が変化すれば葉の回転速度と葉群の年生産は変化するであろうか．実は，ブナのように一斉開葉・落葉型の落葉樹は，葉寿命の変化にかかわらず葉の回転速度は年1回で変わらないので，葉

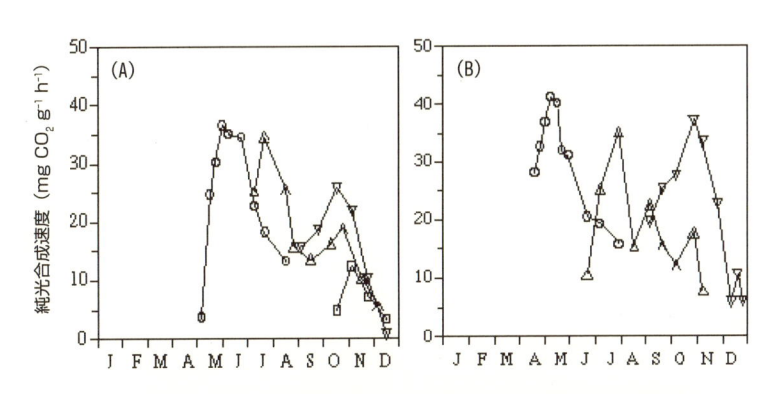

図2.1.6　順次開葉型落葉広葉樹の純光合成速度の季節変化
大津市上田上で2000年に測定．
(A)　クリ；○：第1葉，△：第15葉，▽：第30葉，□：第45葉．
(B)　オオバヤシャブシ；○：第1葉，△：第10葉，▽：第20葉．

寿命と生育期間中の平均光合成速度が変わっても，屋久島の標高別のヒメシャラのように（図2.1.5(A)）葉の一生の生産は変わらないため，葉群の年生産は変化しないのである．常緑樹や順次開葉・落葉型の落葉樹の場合は，葉の回転速度が年1回に固定されていないので，葉寿命が変化すれば葉の回転速度も変化し，屋久島の標高別のイスノキのように（図2.1.5(B)）葉群の年生産は変化する．では葉寿命がほぼ1年で葉の回転速度がほぼ年1回転の常緑広葉樹ではどうだろうか．屋久島のウラジロガシでは，葉寿命の短い葉をつける二度伸び枝をもつことはすでに述べた．二度伸び枝の元の枝の春に開葉した葉は二度伸びをしない枝の春に開葉した葉よりも早く枯死・落葉し，葉の入れ替わりがみられたので，枝単位の葉の回転速度も上がっている．二度伸びは落葉広葉樹でもみられる．すでに述べたアカメガシワでは二度伸びは普通であり，二度伸び枝の葉の稼ぎは春に開葉した葉の稼ぎに匹敵した．日当たりのよい枝で二度伸びが時にみられるコナラでは，大津市上田上の測定では，二度伸び枝の葉の稼ぎは春に開葉した葉の半分にも及ばなかったので，二度伸びは生産より空間獲得の意味が大きいと考えられる．また，常緑広葉樹のクスノキの場合は，大津市上田上では，春に開葉して翌年の新葉の開葉直後に枯死するという寿命ほぼ1年の葉以外に，よく観察すると，春に開葉して夏の終わりに早く枯死・落葉する葉と夏の終わりに開葉して翌年の春の開葉後時間がたってから遅くに枯死・落葉する葉という葉寿命が1年より短い2種類の葉を枝単位でつけているのである．夏の終わりに開葉した葉の稼ぎは春に開葉した葉よりも明らかに小さかったが，葉の回転速度は年1回転を上回る．大津市上田上のシャシャンボや屋久島のイスノキでもクスノキ同様に夏の終わりに枝の伸長と開葉がみられた．

2.1.3 常緑・落葉性

植物のフェノロジーは温度や光などの環境の影響を受ける．気温が年変化して冬季が出現すると，気温が高くて好適な生育期間と気温が低くて生育に不適な期間の両方の過ごし方が問題となる．冬の気温が低くなると，植物体内の水が凍るとか，吸水できないのに葉から水を失うという耐凍性の問題や，光合成の炭素同化系の働きが低下するのに光エネルギーが捕集されて光エネルギーが過剰となる光傷害の問題を生じる（吉田，2001）．したがって，樹木は冬の低温に対して凍害・光傷害を受けにくくするため落葉する．しかし，春の光合成の開始に時間がかかり，また毎年葉をつけるコストがかかるという落葉樹の不利さがあるため，葉をつけて越冬する常緑樹も存在する．常緑樹の越冬の不利さは，凍害・光傷害を受けやすいこと以外に小さいとはいえ冬季の維持コストがかかることである．一方，冬に葉をつけて常緑であることの有利さは，冬季でも光合成が可能なことと気温上昇時の春に落葉樹の開葉より早く光合成ができることである．また，常緑樹では葉が貯蔵器官として働いている（木村・戸塚，1973）．このように，冬季の存在によって樹木の常緑性と落葉性の分化が生じている．

冬の寒さが厳しくなると凍結傷害を避けるために，また光合成の酵素活性が低下するため，常緑樹は葉をつけたまま休眠する．しかし，光の吸収や光化学反応は温度の影響を受けずに進行するので，光傷害を避けるために活性酸素消去システムが働く．亜寒帯の東シベリアの常緑針葉樹ヨーロッパアカマツは休眠状態ではまったく光合成活性を示さなかった．暖温帯の常緑広葉樹ではどうだろうか．大津市上田上では冬の休眠は樹種によってまちまちであった．また，休眠といっても非常に低いが光合成活性を示す場合もしばしばであった．樹種別にみると，シイ，クスノキ（図

2.1.2), シラカシは休眠し, ソヨゴ, ヒサカキ, カネメモチ, シャシャンボは休眠しなかった. アラカシは複雑で, 休眠は個体によった. 日当たりの悪い個体に休眠がみられたが, 同一個体で枝によって休眠性が異なったものすらあった. シイは, 鹿児島では冬の休眠性を示さず (Kusumoto, 1964), 屋久島では標高 1000 m 付近の個体では冬の休眠性がみられたので, シイの休眠性は冬の寒さによると思われる. 京都市の温室から大津市上田上の野外に移植されたクスノキの場合, 移植後1年目の冬には休眠しなかったが, 2年目には休眠を示したので, 休眠には馴化が必要な場合もあるようである.

冬季や乾季の生育不適期でも光合成が可能なら常緑でいる意義はある. しかし, 休眠しても常緑でいることの意義は何だろうか. 1つは, 越冬葉が貯蔵器官として働く場合である (木村・戸塚, 1973). もう1つは, 生育不適期から生育適期に移行した場合に新しく葉を展開する落葉樹よりも光合成をより早く再開できることである. 休眠時に葉の老化が進行すると休眠はマイナスであるが, 休眠時は暗呼吸も光呼吸も小さくて葉の維持コストは低く, 葉の老化の進行は妨げられる. そのため, クスノキ (図 2.1.2) のように休眠解除後に休眠前よりも高い光合成速度が可能になる. 休眠する常緑葉の場合は葉寿命は実質的には休眠期間を除いた期間と考えられる.

冬の寒さの違いによる森林の常緑・落葉性は帯状分布で, 落葉性が優占するのは冷温帯落葉広葉樹林とよぶように冷温帯である. 冷温帯の幅はよく温量指数で表される. 5℃を植物の生育の閾値として, 月平均気温5℃以上の生育期間の月平均気温の積算値で表した吉良の暖かさの指数 (吉良, 1945 [吉良, 1976を参照]) によると 180〜85 が暖温帯, 85〜45 が冷温帯, 45〜15 が亜寒帯となる. このように, 緯度の上昇による水平分布と標高の上昇による垂直分布において, 気温の低下に伴って, 暖温帯常緑広葉樹林, 冷温帯・山地帯落葉広葉樹林, 亜寒帯・亜高山帯常緑針葉樹林というように常緑性, 落葉性, 常緑性と3つのパターンに変化する. しかし, このパターンに当てはまらない森林植生が存在する. たとえば, 東シベリアでは亜寒帯にカラマツ類の優占する落葉針葉樹林帯を生じるので, 東アジアでは暖温帯から北に, 常緑広葉樹林帯, 落葉広葉樹林帯, 常緑針葉樹林帯, 落葉針葉樹林帯, 常緑針葉樹林帯と常緑・落葉性で5つのパターンに変化する. 日本の垂直分布においても亜高山帯の常緑針葉樹林の上部にダケカンバ, ミヤマハンノキの落葉広葉樹林帯が成立し, さらにその上部にハイマツの常緑針葉樹林帯が成立している. やはり5つのパターンである. このように, 東アジアでは, 常緑性, 落葉性, 常緑性, 落葉性, 常緑性と5つのパターンがみられる. また, 日華区系において, 中国雲南省の中央部から西にヒマラヤにかけては熱帯同様に山地の冷温帯に落葉広葉樹林帯が成立していない. これらはどのように説明できるのだろうか.

ユーラシア大陸では西から東に行くほど冬の寒さが厳しくなり, その結果温量指数に差がなくても気温の年較差は大きくなる. 亜寒帯の北緯60度近辺で比べると, 西海岸 (ヘルシンキ) から東に向かって夏の暖かさは変わらないが, ウラル山脈の西側 (シクティフカル) から東側の西シベリア (スルグト) と東に行くほど冬が寒くなり, 東シベリア (ヤクーツク) で最寒となって落葉針葉樹のダフリアカラマツが優占する. 東海岸 (オホーツク) では海洋気候となって寒さはやわらぎ, 常緑針葉樹が再び優占する (図 2.1.7(A)). 日華区系では日本から中国雲南省の東部まではブナ類の優占した落葉広葉樹林がみられるが, 雲南省中央部 (昆明) になると気温の年較差が小さくなり (図 2.1.7(B)), そこから西にヒマラヤまで山地の落葉広葉樹林帯がみられなくなる. 落葉広葉樹林帯の存在しない熱帯では気温の年較差はないに等しい. 東アジアで暖温帯 (京都) から冷温帯 (函館),

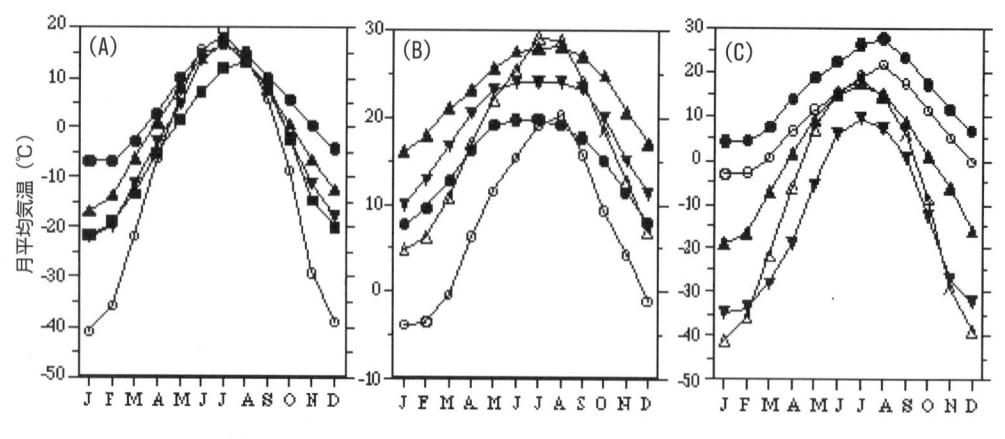

図2.1.7 ユーラシア大陸での気温の年較差の東西方向の違い
(A) 北緯60度付近；●：ヘルシンキ，▲：シクティフカル，▼：スルグト，○：ヤクーツク，■：オホーツク．
(B) 日華区系；○：軽井沢，△：長沙，●：昆明，▲：ディブルガール，▼：カトマンズ．
(C) 東アジア；○：函館，△：ヤクーツク，●：京都，▲：イルクーツク，▼：チョクルダフ．

亜寒帯南部（イルクーツク），東シベリア中心部（ヤクーツク），寒帯（チョクルダフ）と北上すると，冬季の寒さによる生育に不適な期間の出現・延長（冷温帯）と気温の年較差の増大（東シベリア）に落葉樹林帯は対応する（図2.1.7(C)）．ヤクーツクでは乾性な立地に常緑針葉樹のヨーロッパアカマツが分布するので，東シベリアでのカラマツの優占は落葉樹の常緑樹に比べての低温や乾燥への耐性の強さでは説明できない．気候が寒くなると常緑樹では葉寿命が長くなる．暖温帯の常緑広葉樹では葉寿命が1〜3年程度で，冷温帯性と山地帯の常緑針葉樹は4〜5年程度，亜寒帯と亜高山帯の常緑針葉樹は7〜9年程度，寒帯と高山のハイマツでは10年を越える．逆に熱帯低地では，葉寿命が1年に満たない常緑樹が存在する．落葉樹では気温の低下は生育期間の短縮となり，暖温帯で8ヵ月程度，冷温帯と山地帯で5ヵ月程度，亜寒帯と亜高山帯で3ヵ月程度と葉寿命は短くなる．日本でも太平洋側と日本海側で気温の年較差は異なり，日本海側で大きくなる．暖温帯と冷温帯の間の常緑広葉樹とブナが優占しないゾーンを中間温帯とよんだりするが，その優占種は太平洋側では常緑針葉樹のモミ，ツガであり，日本海側では落葉広葉樹のイヌブナであり，気温の年較差の大小と森林の落葉・常緑性が対応する．

冬季の出現，気温の年較差の拡大が落葉樹の優占と対応することは間違いないが，それはどうしてだろうか．温量指数が同じで気温の年較差が大きいことは，生育期間が短くなる，冬から夏，夏から冬への移り変わりが早くなる，夏の暑さと冬の寒さがともに大きくなることを意味する．生育期間の短さと冬の寒さは屋久島のイスノキ（図2.1.5(B)）にみられるように常緑樹の年生産に不利である．一方，生育期間の短縮はクリ・コナラ・ヤマウルシ（図2.1.4）や屋久島のヒメシャラ（図2.1.5(A)）にみられるように落葉樹に不利にならない．また，冬から夏への移行が早くて気温上昇が急激であれば，開葉終了時に気温が高く，開葉終了直後に光合成速度が最大になる落葉樹にとって有利になっていることを意味する．亜寒帯で落葉樹が優占する東シベリアのヤクーツクでは，日最低気温が0℃を下回る日が続いていて，ある日0℃を越えると毎日気温が上昇し始め，2週間足らずで日最高気温が20℃を越える日が続くようになる．落葉樹で最も開葉時期が早く，

優占種のダフリアカラマツは日最低気温が零度を上回ると芽がふくらみ始め，2週間で開葉が終了する．そのため，同所的に生育する常緑針葉樹のヨーロッパアカマツの光合成の再開に遅れずに光合成を開始し，すでに温暖となっている開葉終了時に最大光合成速度を示すのである．

2.1.4 陽樹と陰樹

同じ森林でも，開葉と落葉の時期や一斉か順次かという開葉・落葉の仕方，葉寿命は様々である．樹木の遷移段階の位置や生活形によって開葉日数が異なり，先駆種は極相種に比べ開葉日数と落葉日数が長く，低木種は高木種に比べ開葉日数が長い（菊沢，1986）．では，開葉時期についてはどうだろうか．京都府芦生で落葉広葉樹30種を対象に，短枝と長枝をもつ場合は短枝の，長枝のみの場合は長枝の枝基部の初めに開いた葉の開葉終了時期を比較すると，ブナ，ナナカマド，ツリバナ，ハウチワカエデ，ツルアジサイ，ムシカリ，カツラ，ミズメなど早い種群と，アカメガシワ，クサギ，エゴノキ，ミズナラ，クリ，ハクウンボク，ヌルデなど遅い種群では，約3週間の違いがみられた（**表2.1.2**）．開葉時

表2.1.2 葉の伸びからみた落葉広葉樹の開葉時期と速度

種名 \ 日数	0	7	11	15	20	26	33	39	46
ブナ	9	47	73	90	98	100			
ナナカマド	10	41	65	87	98	100			
ツリバナ	10	48	62	70	93	100			
ハウチワカエデ	10	44	60	78	92	100			
ツルアジサイ	12	54	60	69	87	100			
ムシカリ	12	47	54	64	79	99	100		
カツラ	9	38	54	74	92	98	100		
ミズメ	8	34	54	65	85	97	100		
マンサク	11	21	30	47	74	92	100		
リョウブ	9	40	52	63	74	91	98	100	
ウワミズザクラ	9	49	56	62	78	85	93	100	
クロモジ	10	35	43	53	74	90	98	100	
アカシデ	7	26	30	41	74	86	98	100	
ノリウツギ	9	32	39	54	74	86	94	100	
サワシバ	8	23	28	36	61	87	95	100	
ウリハダカエデ	9	16	22	37	61	86	98	100	
ミズキ	7	17	31	37	56	79	97	100	
タニウツギ	8	23	28	40	60	78	94	100	
ホオノキ	8	16	25	41	58	74	90	100	
タムシバ	5	7	10	17	52	84	90	98	100
トチノキ	3	4	7	16	49	80	90	98	100
カナクギノキ	7	21	26	31	55	69	82	92	100
ハクウンボク	4	5	7	9	25	49	71	89	100
ヌルデ	3	3	4	6	8	47	71	90	100
ミズナラ	3	4	8	11	31	45	61	75	100
クリ	5	6	7	12	26	44	65	86	100
ヤマウルシ	3	4	6	10	25	41	56	71	100
エゴノキ	4	5	6	9	17	27	45	68	100
クサギ	3	4	5	8	15	24	42	66	100
アカメガシワ	3	4	5	7	13	22	40	65	100

京都府芦生で初めの開葉を追跡．1999年4月21日を0日とする．
10％程度の小さい開葉度は冬芽の状態を示す．

期の早い遅いは植物間の光をめぐる競争と関係する．落葉樹林は常緑樹林と違って，冬季は明るいが，春の開葉につれて林床は暗くなるので，開葉時期の早さは開葉初期の光をめぐる競争に有利である．開葉の早い樹種はブナのような極相種やツリバナ，ムシカリのような林内低木種，ツルアジサイのような林床のつる性種であった．ミズメやミズキは短枝の葉は早い時期に開葉し，その後長枝が伸び始め長枝の葉が開葉する．短枝では一斉開葉，長枝では順次開葉であった．このように，短枝をもつ樹種では短枝の開葉時期はすべて早かった．短枝は年々の枝の伸びが短いので，光合成器官(F)である葉に対する非光合成器官(C)の比率（C：F比）が年を経ても増加しにくく，樹木が大きくなってもC：F比のバランスを保つのに有用である．同時に，開葉に際して枝の伸長を伴わず，春早く一斉に開葉できる利点をもつ．短枝は葉が重なるので1枝あたりの葉数を増やせない制約があるが，針葉で葉が小さいカラマツは1枝に20～30枚の葉をつける．林縁や林内ギャップでは春の開葉後も光環境は悪化しないので，光環境の季節変化としては開葉を急ぐ必要はない．それよりは空間獲得の光をめぐる競争のため，アカメガシワ，クサギのように遅くまで枝を伸ばすという順次開葉型が多い．ただし，ハンノキ属のように陽樹で順次開葉型であっても開葉時期が早い方が年生産は高まるので，資源獲得の点からは，開葉時期が他種より遅い方が有利という理由はない．落葉樹の開葉時期は晩霜害と関係しているという考え方があり（Lockhart, 1983），開葉時期の遅さには林冠のあいた明所では放射冷却により晩霜害を受けやすいなどの環境要因が関係しているのかもしれない．

　明所で生育して成長の早い陽樹と林内で生育して耐陰性のある陰樹はフェノロジーにも差がみられるが，もともとは光合成における強光と弱光の利用の違いで名付けられた．光－光合成曲線の飽和光下の最大光合成速度を大きくするのが強光利用で，その初期勾配を高め，光補償点を低くするのが弱光利用であり，両者はトレードオフの関係にある（彦坂，2001）．この光－光合成曲線の特性が個体群や群落での生産と遷移に関係するのである．大津市上田上では，開葉時期の早い順次開葉・落葉型で葉が年数回転するオオバヤシャブシが若木では年生産が大きく，成長は速く，裸地や林縁，若い森林では優占する．しかし，極相のシイ林ところか，遷移が進んだ二次林には見あたらない．これはどうしてだろうか．

　樹木は長寿命で，年々成長するので，光合成器官である葉(F)以外の非光合成器官(C)である幹や枝，地下部の根が年々増加する．葉での生産は新しく葉をつくるためだけでなく，非光合成器官の形成と維持に使われる．したがって，光合成器官と非光合成器官のバランス（C：F比）が保てなければ大きくなれない．樹木は群落状態では上から光を受け，光は高さとともに減衰するので，樹木が大きくなって下枝での生産がマイナスになると葉を付ける意味がなくなる．造林地で間伐がなく密集しているスギをみれば葉は上まで枯れ上がっている．オオバヤシャブシのような強光利用型の陽樹は，飽和光下の最大光合成速度が高いが，光補償点が高い．したがって，遷移初期の成長はよいが，群落状態では葉の枯れ上がりが早く，樹高の増加につれて年生産が低下し，C：F比が大きくなって枯死する．一方，陰樹は葉が枯れ上がりにくく，大きくなっても年生産が低下せずにC：F比のバランスが保たれ，高木化・長寿命化して遷移後期に優占できる．自然界の森林はギャップができるので，ギャップ単位で遷移が進行してモザイク状に遷移段階の異なる林分が成立していることが多く，極相種となる陰樹だけでなく，陽樹も構成種となっている（菊沢，1999b）．

2.1.5 地球温暖化と森林の応答

地球温暖化により森林の年生産や分布はどのように変化すると予測できるか．地球温暖化が森林の年生産に対して影響を与える要因としては，気温の上昇そのものだけでなく，気温の上昇をもたらす大気中のCO_2濃度の上昇があるが，ここでは気温の上昇そのものをとりあげる．平年より暖かいとか寒いとかの気温の年変動の場合は日射量とか降水量の変化が気温と相関する．この節における気温の影響とは気温以外の環境要因の影響を問題にせずに気温だけの影響を想定した場合である．屋久島や京都府芦生と大津市上田上での葉フェノロジーと光合成速度の季節変化の気温差による比較も，同じ年の測定なので比較可能であり，仮に同一地点で暖かい年と寒い年を比較して気温の影響といえるかどうかは疑わしい．

地球温暖化による気温上昇が同一種の年生産にどのように影響するかは，屋久島での垂直分布における違いとか，冷温帯の京都府芦生と暖温帯の大津市上田上の違いから推定できる．屋久島の常緑広葉樹は冬季の気温上昇により光合成速度が上昇し，葉群の平均葉寿命は短くなって葉の回転速度が上昇し，葉群の年生産は増加した（図2.1.8(C)）．一方，落葉広葉樹は，屋久島のヒメシャラにおいても，冷温帯と暖温帯で比較したコナラ，クリ，ヤマウルシにおいても，気温上昇による生育期間の延長に対応して個葉の葉寿命は長くなるが，最大光合成速度は低下するため，個葉の稼ぎは変わらないと思われる（図2.1.8(A)）．冷温帯の極相種のブナや亜寒帯の極相種のカラマツは，一斉開葉・落葉型で葉群の葉は年1回転であるため，年生産は変化しないと思われる．落葉広葉樹でも，順次開葉・落葉型で葉の回転速度が年1回転より大きい場合は気温上昇による生育期間の延長によって葉の回転速度が上昇すれば年生産が増加する．葉の回転速度を調べたクリの場合は，明所の枝では葉の回転速度が年1.1回転の冷温帯に比べて暖温帯では年1.2回転と少し上昇しており，葉群の年生産は気温上昇で少し上昇すると思われる．オオバヤシャブシやアカメガシワのように葉の回転速度が2，3回転する樹種では葉の回転速度が上昇

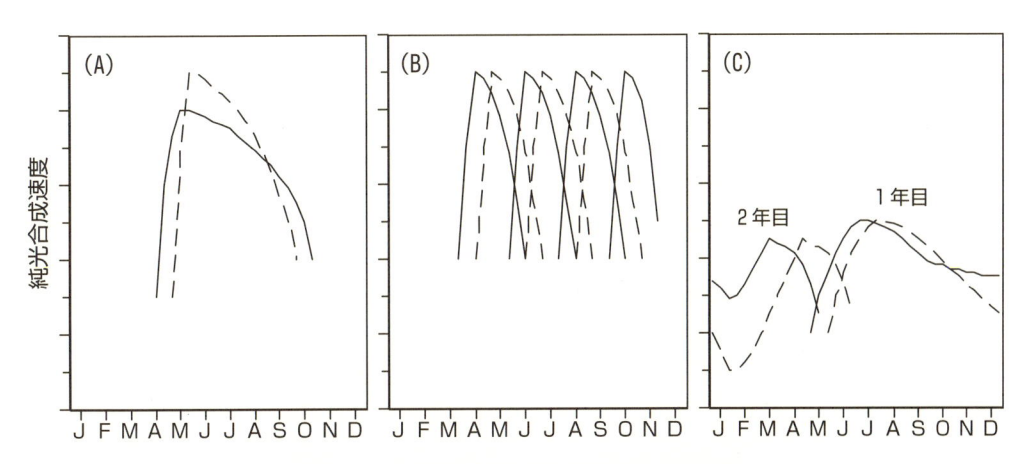

図2.1.8 樹木の年生産に対する気温上昇の影響

破線：気温上昇前，実線：気温上昇時．
(A) 一斉開葉・落葉型の落葉樹．気温上昇により葉寿命は延びるが最大光合成速度は低下し，年生産は変わらない．
(B) 順次開葉・落葉型の落葉樹．気温上昇による生育期間の延長に対応して葉の回転速度が上昇し，年生産は増加する．
(C) 常緑樹．気温上昇により冬季の光合成速度が上昇し，葉寿命が短くなって，葉の回転速度が上昇し，年生産は増加する．

し，葉群の年生産が上がると考えられる（図2.1.8(B)）．

熱帯でも通年高温の低地は別として，気温の低い山地では，気温上昇により光合成速度が上昇して葉寿命が短くなり，葉の回転速度が上昇して年生産は増加する可能性がある．葉寿命がほぼ1年のクスノキ，シャシャンボ，ウラジロガシのような常緑樹の場合は，屋久島のウラジロガシのように二度伸びの比率を増やすとか，大津市上田上のクスノキのように，葉寿命が1年に満たない葉を付ける枝の比率を増やして葉の回転速度を上げ，年生産を増加させることは可能である．

地球温暖化により現在の森林分布はどのように変化するだろうか．そのために，現在の森林の帯状分布がどのように成立しているかをまず考える．暖温帯のように冬の寒さが厳しくない地域では，通年光合成を行う常緑樹の方が落葉期の存在する落葉樹より年生産は有利である．高緯度・高標高にむかって気温が低下していくと，葉の稼ぎは葉寿命にかかわらず一定であるので，一斉開葉・落葉型で，葉の回転速度が年1回転で固定している落葉樹は，すでに示したように，気温の低下に伴って生育期間が短くなっても年生産は変化しない．一方，常緑樹は，気温の低下に伴って冬季の光合成速度が低下し，休眠期間が延びるので，年生産は低下していく．すなわち，一斉開葉・落葉型の落葉樹の年生産は気温の変動に基づく生育期間の変動に影響されないが，常緑樹と順次開葉・落葉型の落葉樹の年生産は気温の低下により低下するのである．そのため常緑性と落葉性の年生産の優劣関係が変化する地点が暖温帯と冷温帯の境である（図2.1.9(A)）．では，冷温帯から亜寒帯での落葉樹から常緑樹への入れ替わりはどうしてだろうか．さらに高緯度，高標高になるに従って，気温の低下が厳しくなって，ある閾値より気温が低下すると，生育期間が短くなり過ぎたり，夏季の光合成速度が上昇できなかったりして，葉の稼ぎは葉寿命の長さにかかわらず一定とはいかなくなり，落葉樹の稼ぎが低下し始める．葉寿命を長くして1回の開葉コストで何年も稼ぎ，1年あたりのコストを低下させられる常緑樹に比べて，落葉樹は毎年開葉のコストがかかるので，年生産の低下速度が常緑樹より急になる．したがって，気温低下に伴う落葉樹の年生産低下のある段階で落葉樹と常緑樹は再び逆転し，常緑樹が優占すると考えられる（図2.1.9(A)）．その地点が冷温帯と亜寒帯の境である．温量指数が変わらなくても気温の年較差が大きいと冬の寒さで常緑樹の年生産が低下し，夏の暖かさで落葉樹の年生産の低下点が高緯度・高標高に移動するので，落葉樹の有利さが増してゾーンの幅が広がる（図2.1.9(B)）．常緑樹の年生産が有利になっている亜寒帯で，東シベリアのように冬の寒さが厳しくて生育期間が短くなるが夏暖かい気候が存在すると，常緑樹の年生産は低下するが落葉樹の年生産は低下しなくなるので，落葉樹と常緑樹の優劣関係が再び逆転して落葉樹林帯が成立する．さらに高緯度や高標高になると夏の気温低下や生育期間の短縮のため落葉樹の年生産が常緑樹より急激に低下し始め，常緑樹の年生産が落葉樹より再び優位になると再度常緑樹が優占するようになる．そのため，全体として常緑性と落葉性の5つのパターンが出現する（図2.1.9(C)）．

地球温暖化により気温が上昇すると，常緑樹の年生産はどの地点でも気温の上昇分だけ上昇する．一方，落葉樹は年生産の低下地点が気温の上昇分だけ高緯度・高標高に移動する．したがって，常緑・落葉性の帯状分布は高緯度・高標高へシフトする（図2.1.9(D)）．もし，気温が夏季，冬季平均して上昇するのではなく，夏季の気温上昇の方が大きければ，平均した上昇時（図2.1.9(D)）に比べて冬季の気温上昇が小さい分だけ常緑樹の年生産は低下し，夏季の気温上昇が大きい分だけ落葉樹の年生産の低下点が高緯度・高標高に移動するので，平均した

2.1 植物のフェノロジー

上昇時よりも落葉樹の優占するゾーンが広くなる（図 2.1.9(E)）．もし，冬季の気温上昇の方が大きければ，平均した上昇時（図 2.1.9(D)）に比べて冬季の気温上昇が大きい分だけ常緑樹の年生産が増加し，夏季気温上昇が小さい分だけ落葉樹の年生産の低下点が低緯度・低標高に移動し，常緑性の優占ゾーンが広くなる（図 2.1.9(F)）と考えられる．

もし，地球が寒冷化すると，常緑樹の年生産が低下し，落葉樹の年生産の低下点が低緯度・低標高に移動するので，常緑・落葉性の帯状分布は低緯度・低標高へシフトする（図 2.1.9(G)）．もし，気温が夏季，冬季平均して低下せずに，夏季の低下の方が大きければ，落葉樹の年生産の低下点が低緯度・低標高に移動し，冬季の気温低下が小さい分だけ常緑

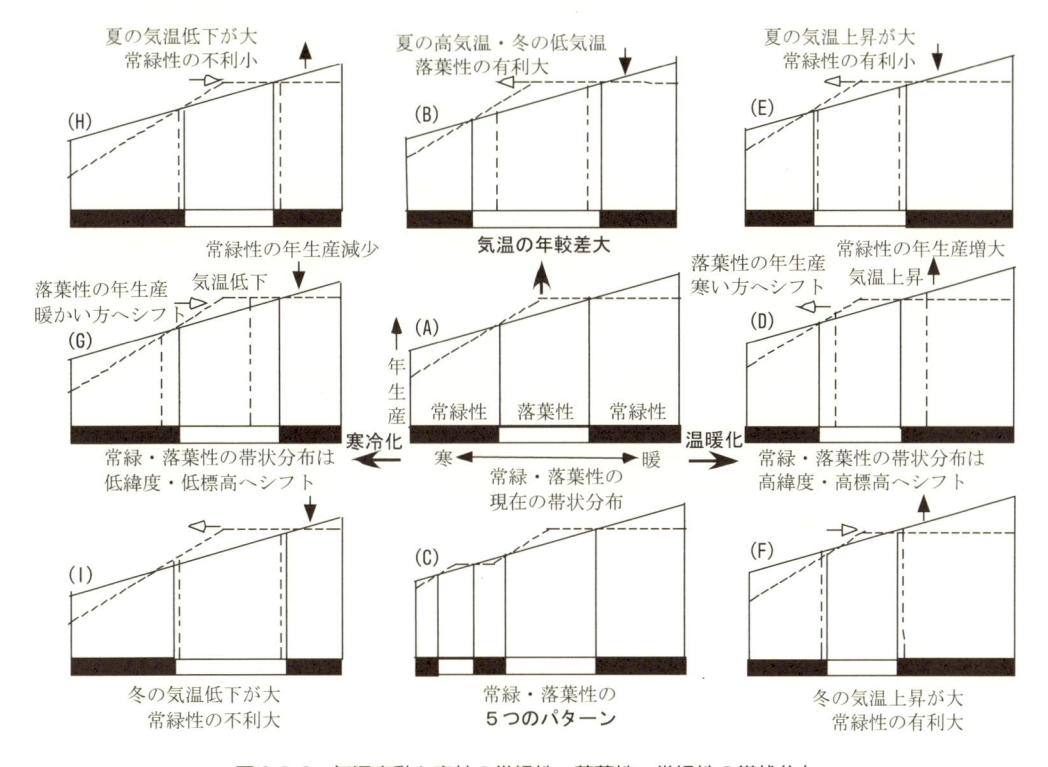

図 2.1.9 気温変動と森林の常緑性・落葉性・常緑性の帯状分布

黒塗りが常緑性の，白抜きが落葉性の優占ゾーン．
(A) 現在の帯状分布．気温勾配に沿って常緑樹と落葉樹の年生産の優劣関係が入れ替わるので，森林の常緑性と落葉性の帯状分布を生じる．
(B) 温量指数が同じでも気温の年較差が(A)より大きくなると，1点鎖線で示した(A)より落葉性の分布幅が大きくなる．
(C) 落葉樹の年生産が減少し始めても東シベリアのように再び落葉樹の年生産が低下しない条件が生じると(A)同様に再び落葉性が優占し，常緑・落葉性の5つのパターンが生じる．
(D) 地球温暖化で気温が上昇すると，真ん中の落葉性の優占ゾーンは1点鎖線で示した(A)の位置より高緯度・高標高にシフトする．
(E) 年平均気温の上昇は(D)と同じだが，夏季の気温上昇が冬季の気温上昇に勝った場合は，落葉樹の優占ゾーンの幅が1点鎖線で示した(D)よりも広がる．
(F) 逆に冬季の気温上昇の方が勝る場合は，落葉樹の優占ゾーンの幅が1点鎖線で示した(D)よりも狭まる．
(G) 地球寒冷化で気温が低下すると，落葉樹の優占ゾーンは1点鎖線で示した(A)の位置より低緯度・低標高にシフトする．
(H) 夏季の気温低下が勝る場合は，(D)に対する(F)と同様の関係で，落葉樹の優占ゾーンの幅が(G)よりも狭まる．
(I) 逆に冬季の気温低下が勝る場合は，(D)に対する(E)と同様の関係で，落葉樹の優占ゾーンの幅が(G)よりも広がる．

樹の年生産は上昇するので，落葉性の有利さは相対的に低下し，平均した低下時（図2.1.9(G)）より落葉樹の優占ゾーンは狭くなる（図2.1.9(H)）．もし，冬の低下の方が大きければ，常緑樹の年生産は低下し，夏の気温低下が小さい分だけ落葉樹の年生産の低下点が高緯度・高標高に移動するので，落葉性の有利さが相対的に増加し，平均した低下時（図2.1.9(G)）より落葉性の優占ゾーンは広くなる（図2.1.9(I)）と考えられる．このように，現在の森林の常緑・落葉性の帯状分布の成立要因に基づくと気候変動による森林の年生産と帯状分布の変動の予測は可能である．

(2.1節　藤田　昇・菊沢喜八郎)

2.2 森林の構造と生産の応答

はじめに

われわれが森林の中にわけ入ったとき,そこで何を目の当たりにし,どんな特徴を感じるだろうか.われわれ人間の目線でまず感じるのは,樹木という生物の巨大さ,それが立ち並んだ複雑さ,そして樹木以外のいろいろな生き物がそこここに潜んでいる(かもしれないという)ことの気配ではないだろうか.この大きさ,複雑さ,生物多様性の高さが森林という生態系を理解するときのキーポイントになるはずである.また,グローバルな視点からもCO_2濃度の上昇による地球温暖化が大きな問題となっているが,森林はその貯蔵庫としての大きさゆえ炭素の吸収源として期待されている.この節ではこのうち大きさ,特に樹木個体の大きさに視点をおいて個葉から景観スケールでの森林生態系の構造と生産の応答を北海道苫小牧の森を例にみていくことにしよう.

2.2.1 個体のサイズ変化に伴う個葉光合成特性の変化

この世の中には多種多様な生物が存在し,その体の大きさも様々である.しかし,生まれてから死ぬまでにどれだけ大きくなるかという,生活史の中での体サイズのバリエーションでいえば樹木ほどその差の大きなものはないだろう.1gにも満たない種子が最終的には数十から時には数百トンに達するのである.したがって,体サイズが大きくなるにつれ,水分通導や力学的支持といった機能的制約が器官の相対的な大きさや生理過程の速度に変化をもたらすことが十分考えられる.

水が重力に逆らって下から上に移動するには,高さ1mにつき0.01Mpaの引き上げる力が必要である.つまり樹高が20mの樹木では水が根から樹冠に到達するだけで0.2Mpaもの力(2kg cm^{-2},約2気圧に相当)が必要となってくる.この他にも水の流れに対して幹や枝などの樹体の各部位で抵抗がかかるのでさらに力が必要であり,樹冠での水ポテンシャルの低下を招く.光合成は水とCO_2から有機物をつくるプロセスなので,このような単純な物理法則から考えても,樹木は個体サイズが大きくなればなるほど水をうまく利用しなくては生きていけないことが直感的に理解できる.

このような考えのもと,樹木の個体サイズの増大に伴い水分の通導が困難となり,光合成生産や成長が低下するという水分通導制限仮説が提唱されている(Ryan *et al.*, 1997).近年発達した,光合成や蒸散量といった現場での機能量の観測を可能にする携帯測定機器や林冠へのアクセスシステムを利用して,この仮説の検証が行われ始めている.しかし,光合成のサイズ依存的な低下を示した例はまだほとんどなく,特にそのメカニズムについてはわかっていない.もし個体サイズ変化に伴う水分通導性の変化が光合成のための水の量を制限するのであれば,樹木は水をできるだけ効率的に利用し,単位水分あたりの光合成量(光合成の水利用効率)を増加させることで光合成の低下を緩和しようとするだろう.水利用効率を高めるためには,水分が不足するときには気孔を閉じて水分を逃がさないようにする必要がある.しかしそうすると,光合成の原材料であるCO_2の吸収量も

少なくなってしまい，光合成を行う酵素への投資が無駄になってしまう．光合成酵素には多量の窒素投資が必要なため，単位窒素量あたりの光合成量つまり光合成の窒素利用効率が低くなる（第1章）．光合成のガス交換のためには気孔を開かねばならないが，その際同時に水蒸気が出てしまうという植物にとっての大きなジレンマがあり，水利用効率と窒素利用効率を同時に高めることは難しいのである．個体サイズの増大に伴って，窒素よりも水の供給が制限されるとしたら，水利用効率をよくし窒素利用効率が低下すると考えられる．では実際にこのようなことが起こっているのだろうか？

北海道大学苫小牧研究林では森林生態系における生物多様性と生態系機能についての様々な研究が行われているが，森林の巨大な三次元構造とその機能などを明らかにするために林冠観測用クレーン（**写真2.2.1**）などのアクセスシステムが整備されている．これらのアクセスシステムを用いて，樹木個体のサイズ増大に伴う光合成特性の変化が明らかにされている（Nabeshima & Hiura, 2004）．対象としたのはこの森林で最も優占する種の1つであるイタヤカエデである．イタヤカエデはこの森林では樹高23 m程度に達する高木種で，様々な光環境のもとで生育している．この研究では個体がおかれている光環境の違いの影響を避け，個体サイズだけの効果をみるため，被陰されていない樹高1.5〜22.5 m（直径1〜70 cm）の個体を対象とした．

実際にクレーンに乗り込んで地上20 mを越える林冠の葉を間近に観察すると，確かにそれは林床でみる葉と異なり，硬くて縁が反り返りカラカラに乾いた印象を受ける．携帯用光合成測定装置で測定した光合成速度は葉面積あたりでは変わらないものの，葉重あたりではやはり個体サイズが増すにつれて低下しており，稚樹と比べて林冠木は約半分の光合成速度しかなかった（**図2.2.1**）．

個体サイズが増すにつれ，窒素利用効率は低下する一方，水利用効率は上昇することが明らかとなり（**図2.2.2**），水の利用可能性が低下し気孔コンダクタンスが低下することと，葉の面積あたりの重量が増すことがその主な原因と考えられた．しかし，その一方で土壌から葉への水分通導性や最低水ポテンシャル（日中の水ポテンシャルの最低値）は，

写真2.2.1 林冠観測用クレーン

高さ25 m，半径41 mの範囲の林冠面にスイッチ1つで移動でき，人が乗り込むケージにはAC電源があるため，様々な観測機器を使用することができる．

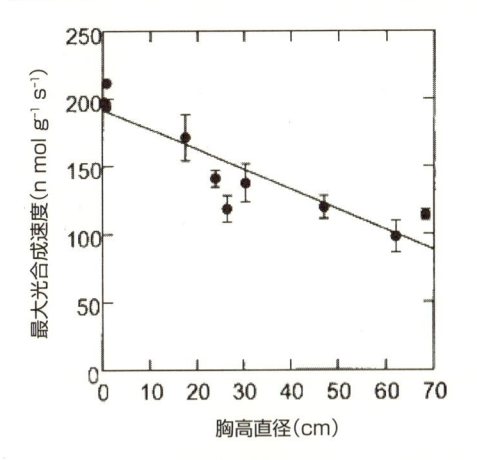

図 2.2.1 イタヤカエデの重量あたりの個葉光合成速度と個体の胸高直径の関係

(Nabeshima & Hiura, 2004 を改変)

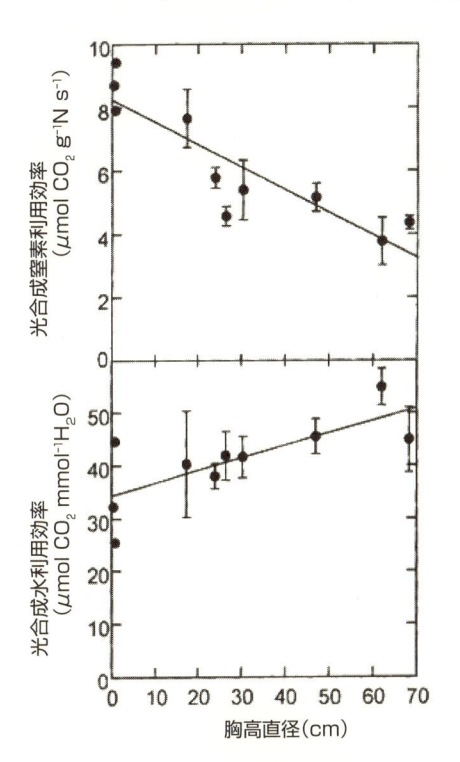

図 2.2.2 イタヤカエデの個葉の窒素利用効率および水利用効率と個体の胸高直径の関係

(Nabeshima & Hiura, 2004 を改変)

個体サイズの増大に伴って大きく変化しなかった（Nabeshima & Hiura, 2004）ため, 水分通導制限仮説は現象としては予測通りだっ たが, メカニズムまで支持されたわけではない.

このサイトに出現する18樹種の稚樹と林冠木間の比較でも, 葉重あたりの光合成量の低下や, 種の最大到達サイズと林冠木の光合成速度に負の相関がみられることが確かめられている（Hiura, 未発表データ）. さらに熱帯常緑樹, 針葉樹でも林冠木の光合成速度の低下が報告されている（Thomas & Winner, 2002）. これらのデータでは個体のおかれている光環境や水分条件が統一されていないなどの問題点があるものの, イタヤカエデでみられたような個体サイズの増加に伴う水利用効率と窒素利用効率の相補的関係が他の種でもみられる可能性は十分ある. 様々な森林生態系において, ここで紹介したように樹木はそれ自身が成長することで炭素, 水, 窒素循環の様式に影響を与えているだろう.

2.2.2 葉群の3次元構造

森林はサイズの異なった樹木個体が寄せ集まって構成されている. 2.1.1項でみたように個葉レベルの光合成特性はサイズ依存的に変化したが, 個体全体の光合成量を知るにはまず個体あたりの葉量と各個葉がおかれている環境を知る必要がある. また樹木個体が寄せ集まって構成された葉群の空間構造によって, 光, 気温, 湿度, 風といったCO_2や水の交換に影響を与える森林内の物理環境がコントロールされている. それ以上に葉群は様々な生物に生息環境を提供することを通して, そこにすむ生物の群集構造と深く関係していることが古くから指摘されてきた（MacArther & MacArther, 1961; Ishii *et al.*, 2004）. このため, 森林生態系の物質生産や生物プロセスの理解のためには葉群構造の定量化が重要となる. 一方, 空間スケールが一定面積をもつ植生へと広がると, 平均化された林冠面全体での放射を測定することが比較的容易となる. そのため景観スケールなど広

域の生態系生産量の推定には熱・空気力学の原理を用いた観測・解析が行われることが多い（第5章参照）．このような観測は半径数百メートルから数キロメートルの範囲が対象となるが，景観スケールでみた場合，2.2.4項で示すように森林は発達段階の異なるパッチがモザイク上に配置されているうえに，ほとんどの森林は伐採や造林など人為の影響を受けているため，空間構造はさらに複雑になっている．

　葉群の垂直構造については古くから層別刈り取り法（一定面積に含まれる全植物を，上方から一定の厚さの層別に切り分けて器官ごとの重量を測定する方法）によって定量化されてきたが，天然林の葉群分布は水平的にも異質性に富んでいるので，パッチスケールでも可能な限り広い範囲で三次元構造を把握する必要がある．また層別刈り取りは破壊的方法であるため，継続観測はできない．しかしながら，森林生態系において非破壊で葉群の三次元構造を把握するには，これまでは膨大な労力と時間が必要だったのでほとんど行われてこなかった．しかし，近年の新たな観測機器や施設の導入によってそれも可能になりつつある．この項では様々なサイズの個体で構成される森林がどのような葉群の三次元構造をもっているかを観測した結果（Fukushima *et al.*, 1998；Parker，未発表データ）を示そう．

　古くから樹木個体に着生する葉量は直径の2乗と強い相関をもつことが知られており（Shinozaki *et al.*, 1964），後述するジャングルジムに生育する樹木でも成り立っている（図2.2.3）．樹冠の相対的な位置や形が個体サイズの増加に伴って変化しないと仮定すると，各サイズごとの個体数さえわかればその森林の積算された葉群の垂直分布がわかることになる．しかし，現実には上記のような仮定が成り立たず，特に成熟林の樹冠構造はきわめて複雑である．

　森林の微細な三次元構造をわれわれが自

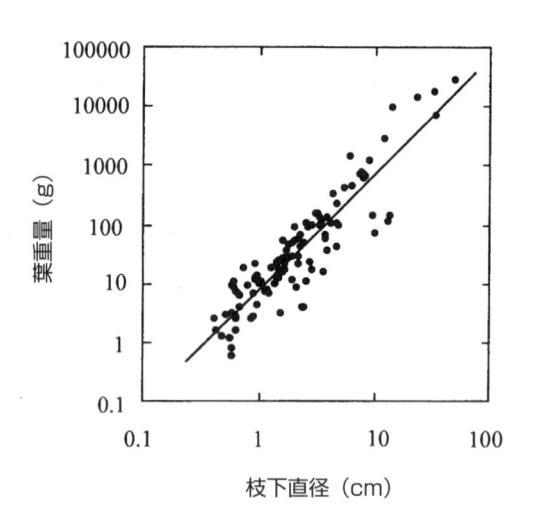

図2.2.3　ジャングルジム内の樹木個体の葉量と直径の関係
（未発表データ）

分の目で確かめながら観測するには，間近にわれわれ自身が行うことである．また個葉レベルの機能量を測定するためにも，これが今のところ最も確実である．昆虫群集を含めた三次元構造の解析や生産量推定のために，森林の中に文字通り巨大なジャングルジムが単管パイプで組み上げられた（**写真2.2.2**）．このジャングルジムは幅16m×16m，高さが22mあり，樹冠の下側などクレーンで手が届かないような場所にも容易にアクセスできる．ジャングルジム内で1.8mごとに区切られた各格子の光環境を測定したうえで，どの種の葉がどこに何枚あるかすべてカウントし（計480399枚！），サンプリングによってその重量，面積，窒素含量や季節ごとの光合成速度の測定などを行っている（**図2.2.4**）．この程度のスケールでも葉群は場所によってかなりばらついており，光の量も垂直的に同じように減衰しているわけではないことが明らかである．したがって，生産力などの推定にもこのような異質性を考慮したモデリングが求められる．

　ではもっと広い範囲の葉群構造はどうすればわかるのだろうか．それには光学的な方法

2.2 森林の構造と生産の応答

が一般的に用いられている．葉群分布の推定には任意のポイントから最近層の葉までの距離を測定し，これを再構成する．葉群構造が比較的単純な場合，観測点数を多くすればこの方法で非常によい推定結果が得られる（Fukushima et al., 1998）．ただし，距離測定にはこれまで一眼レフカメラが主に用いられてきたため，大量の点を測定するにはかなりの労力が必要で，そのために範囲を狭くするか，精度を粗くするかしかなかった．しかし，測定の原理はこれとまったく同じでも，ごく近年のレーザーなど特定の波長を照

写真 2.2.2　ジャングルジムシステム
1.8 m の格子に区切られており，幅 16 m × 16 m，高さ 22 m の 3 次元空間のどこにでも容易にアクセスできる．

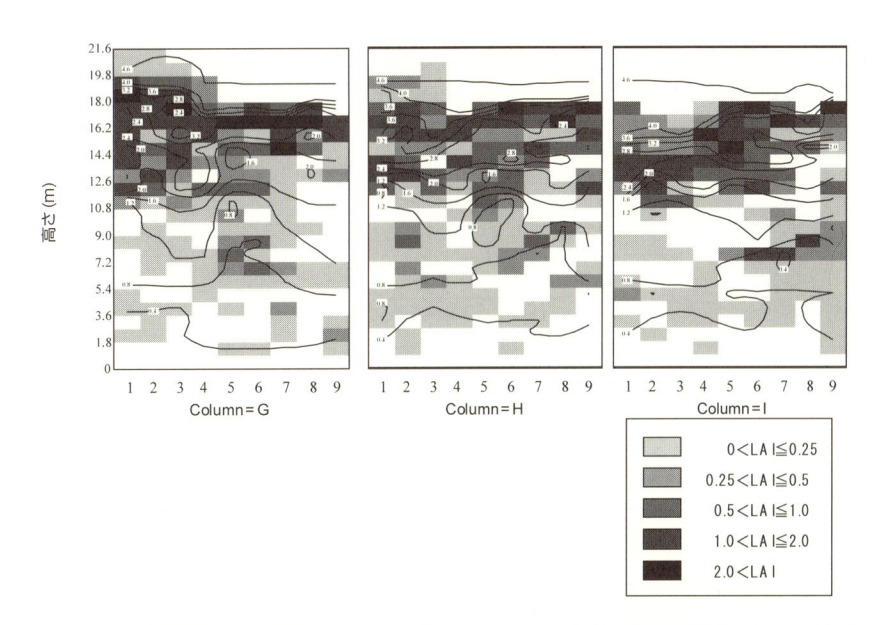

凡例：
- $0 < LAI \leq 0.25$
- $0.25 < LAI \leq 0.5$
- $0.5 < LAI \leq 1.0$
- $1.0 < LAI \leq 2.0$
- $2.0 < LAI$

図 2.2.4　落葉広葉樹成熟林に設置したジャングルジムにおける直接測定した葉群と光の 3 次元分布
16 m × 16 m の範囲のうち一部を示す（未発表データ）．

射・観測するライダー観測機器の小型化によって森林内に測定機器を持ち込んだり，航空機に搭載したりして短時間に莫大な量の距離測定を行うことにより，広範囲の葉群分布を精密に推定することが可能となった．

図2.2.5は1秒間に200ポイントを落とせるレーザーレンジファインダーを用いた観測によって推定した，落葉広葉樹林の葉群分布である．場所はジャングルジムのある成熟林と大型台風による攪乱跡に成立した50年生の二次林である．両者はほぼ平坦な場所で観測したものであるが，明らかな違いがいくつかあることがわかる．葉量と個体サイズの関係および個体数の情報があれば積算された葉群の垂直分布は再現できると先に述べたが，二次林の葉群構造はそれに近く，水平方向の異質性は少ない．しかし森林が発達すると，水平方向の異質性が高まり，そのように単純ではなくなる．構成個体のサイズが大きくなると林冠高が高くなるのは当然のことであるが，成熟林では林冠の凹凸が激しく「林冠面」そのものが曖昧になっている．また，小さな範囲でみた場合や二次林では認識できていた，単層・2層，といった「階層構造」が，成熟林で大きなスケールでみた場合には非常に認識しにくいことがわかる．このことは近年熱帯林でも明らかにされており，「階層構造」の概念そのものの有用性が問われている（Koike & Syahbuddin, 1993；Parker & Brown, 2000）．様々なリモートセンシング技術の急速な発達によって，葉群構造の他にも大面積で微細な森林の三次元構造の推定が可能になってきており，今後はこれらを積極的に用いた観測が主力となっていくだろう．

2.2.3 気象変動に対する直径成長の応答

ここまで同化器官である個葉の機能とその集合である葉群構造についてみてきた．葉は光合成を行うことで大気中の炭素を固定するが，寿命の短い葉に比べて長期間かつ大量に

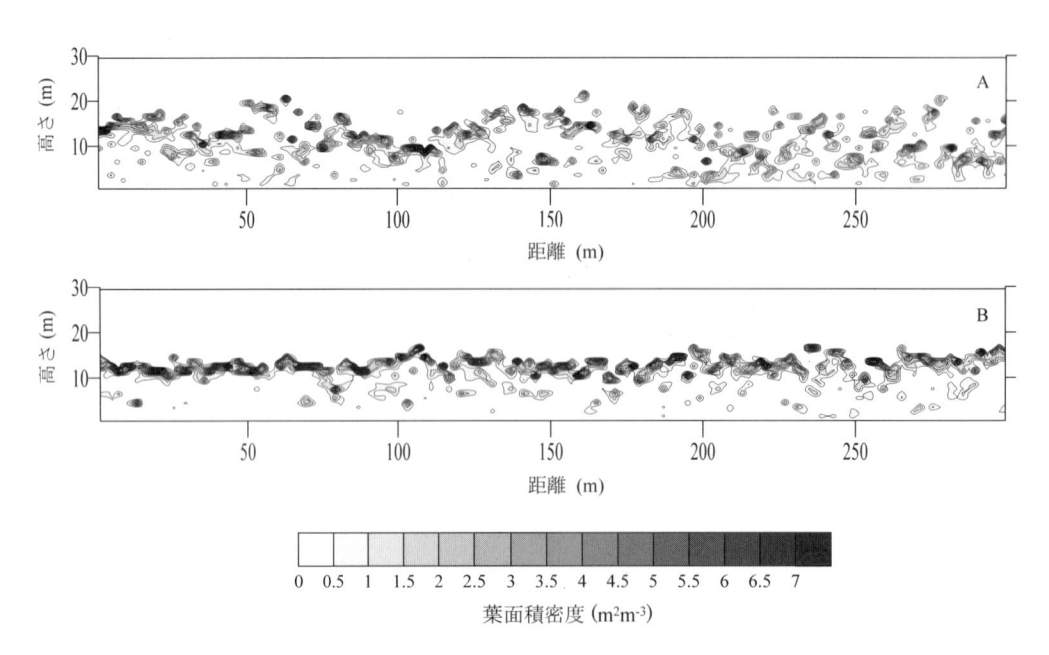

図2.2.5 長さ300 mのトランセクト上でライダー観測した苫小牧落葉広葉樹成熟林（上）と二次林（下）の葉群分布

（Parker，未発表データ）

炭素を蓄えるのが樹木の幹や枝などの木部である．木部は樹冠の支持機能や水分通導機能，養分貯蔵機能などをもっているが，環境条件が変動することでその成長量も変動する．このため環境条件と直径成長に代表される木部成長との関係を明らかにすることは，変動環境下にある森林生態系にどれだけ炭素がため込まれるかという生態系科学と直接関係するとともに，木材生産がどの程度見込めるかといった応用面でも重要となってくる．しかし，個体サイズに依存した木部成長の違いには様々なプロセスが複雑に関係しており，いまだ明らかになっていないことが多い．

肥大成長すなわち木材の生産量は木部細胞の生産期間や生産速度の違いにより決定される．個体サイズが小さく葉量の少ない個体は大きな個体に比べ生産速度が低いだけでなく，生産停止時期が早いため生産期間が短く，相乗的に生産量が低下する．2.2.1項では，個葉の重量あたりでの光合成速度は個体サイズの増加に伴って直線的に低下し，イタヤカエデの場合成木では稚樹の約半分の光合成速度になることを示した．また2.2.2項で示したように個体あたりの葉量は直径の2乗に比例する．個体あたりの光合成量は，葉量×個葉光合成速度なので，個体サイズの増大に伴う個体あたりの光合成量は葉量が増えるほどには増加しない．直径成長の場合はこれにさらに生産期間の違いが加わることになる．さらに気温や降水量といった気象パラメータの季節・年変動がサイズの異なる個体の肥大成長に異なった効果をもたらすことも十分考えられる．光合成機能に深くかかわる水分通導を考えた場合，樹種間の材構造の違いが引き起こすパターンにも大きな違いがある．材構造としては春材の最初に特に大きな道管がある環孔材（ミズナラやヤチダモなど）や道管の大きさに春材と秋材でほぼ等しい散孔材（ブナやイタヤカエデなど）などがある．たとえば落葉広葉樹環孔材の場合には，貯蔵養分を用いて春に拡大する孔圏道管が樹幹内の水分通導に特に重要で，孔圏道管が形成され当年の水分通導系が樹幹全体で確立された後に開葉が起こる．この孔圏道管は一成長期間のみ通導機能をもっており，翌年以降の水分通導には関与しない（Utsumi et al., 1996）．これに対し落葉広葉樹散孔材では，翌年の春にも多くの道管に再び水が充填し通導機能が回復するため，当年の道管が形成される前でも開葉が起こる（Utsumi et al., 1998）．したがって，樹種（材構造）の違いによって前年と当年の気象が木部成長に及ぼす効果がまったく異なり，ひいては環境変動が森林生態系の炭素貯留に及ぼす効果がその場の樹種構成によって大きく異なることが予想される．

年間の樹木の直径成長と気象変動との関係は古くから年輪年代学とよばれる分野で研究が発展してきており，気温や降水量の変動と直径成長の対応関係が様々な樹種で明らかにされてきている．たとえば，環孔材樹種であるヤチダモでは前年12月の降水量や当年5月の気温と直径成長との間に負の相関がみられ，当年7月の気温および降水量と正の相関が認められる（Yasue et al., 1996）．一方針葉樹エゾマツの直径成長の場合，前年9月および当年6月の気温との間に負の相関が，当年4月の気温との間に正の相関がみられる（Kobayashi et al., 1998）．このように樹種によって反応する気候条件や時期が異なる．しかし，古典的な年輪年代学的手法ではもともと過去の気候復元を目的としていたため，生物学的要因が排除される傾向にある．たとえば，気候と成長の関係は個体サイズと独立と仮定され，老齢樹木が利用される結果，個体サイズの変化に伴う成長の傾向や撹乱パルスの効果は除去されるのが通常である．また獲得した炭素の各器官への分配率は年変動しないことを仮定している．したがって，直径成長に与える生物学的要因を検討し，温暖化などの気候変動と植生の相互作用を明らかにするうえでも，長期間の気象パラメータ観測とともにサイズの異なった数多くの樹木個体に

ついてその成長やリターフォール量などの変動を細かくかつ長期間モニタリングしたうえでモデル解析を行う必要がある．

先に示した林冠観測用クレーンのある成熟林で，1 ha の範囲に生育する直径 10 cm 以上の樹木個体すべて約 530 個体にデンドロメータを設置し，これまで 6 年間毎月観測されている（未発表データ）．このデンドロメータとは 0.1 mm の精度で樹木の胸高周囲の増減が読みとれるアルミバンドである．また直径成長の観測と並行して樹種ごとのリターフォール量も測定している（**図 2.2.6**）．これまでの観測では群落全体で成長量が 30.7〜67.9 gC m^{-2} y^{-1} と 2 倍の変動幅を示した．枯損量は 33.9〜63.5 gC m^{-2} y^{-1}，葉のリター量は 86.0〜114.9 gC m^{-2} y^{-1} の年変動があった．そのうえで樹種ごとに，サイズの異なる個体の直径成長の季節・年変動を説明するためにモデルを組み立て，パラメータを推定している．直径成長は当年の気象効果だけではなく，光合成生産を通して前年の影響も受けると考えられるため，モデルには両年の気象要因を組み込んでいる．ここでの気象要因とは気温，光合成有効放射，降水量である．光合成速度は気温に対して一山型の関数，光合成有効放射に対しては頭打ちの増加関数，降水量に対しては頭打ちの増加関数でかつ数日間降水の効果が続くことを仮定し，これらをまとめてモデルに組み入れることによって光合成にとって適した条件が計算されることになる．これまでの予備的解析では，(1)前年の気象がよいほど直径成長がよい，(2)前年の影響はサイズが大きくなるほど成長に正に働く，(3)その効果は樹種ごとに異なる，という結果が得られている（**図 2.2.7**）．今後さらに解析を進める予定であるが，年輪解析による最近の報告でも，いくつかの樹種で樹齢の低い個体に比べて樹齢の高い個体のほうが気象の変化に対して敏感に応答することが明らかにされている（Szeicz & MacDonald, 1994；Carrer & Urbinati, 2004）．樹齢の違いはサイズの違いとほぼ対応するので，これらの結果はわれわれの予備的な解析結果と一致している．気候変動が森林動態や森林生態系への炭素蓄積にどの程度インパクトを与えるのか，また逆に植生が炭素蓄積を通して気

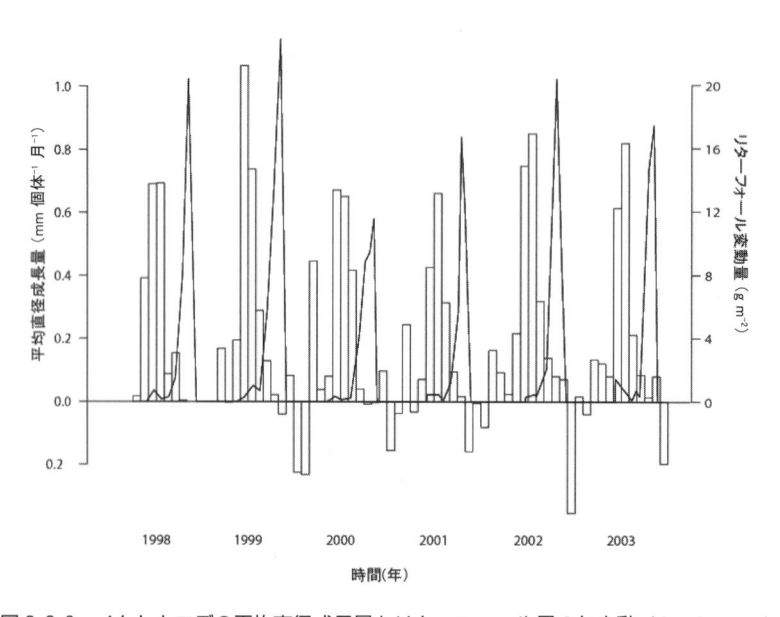

図 2.2.6 イタヤカエデの平均直径成長量とリターフォール量の年変動（未発表データ）

2.2 森林の構造と生産の応答

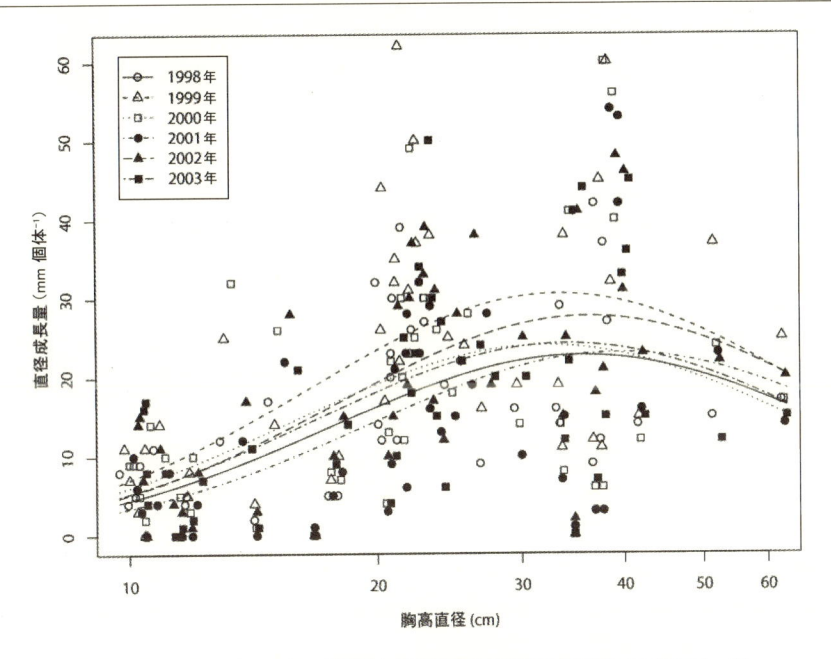

図2.2.7 イタヤカエデの成長量と胸高直径の関係の年変動（未発表データ）

候にどのような効果をもたらすのかといった気候変動と植生の相互作用を検討していくためには，地球上に広く分布している異なった材構造や成長様式をもつ樹種を用いて，特に個体サイズの違いに着目して気象変化と成長の関係を解析していく必要があるだろう．

2.2.4 景観スケールでの地上部現存量と純成長量

地上部現存量は森林生態系における炭素収支の各コンパートメントのうち最も重要なものの1つである（5.2節参照）．短期間の林分スケールで考えた場合，それは2.2.3項でみた直径成長量やリターフォール量の年変動のように2倍程度の比較的小さな変動幅で収まる．しかし，森林遷移のような長期スケールや景観などより広い空間スケールで考えた場合，地上部現存量やその変化量はもっと大きな変動幅を示す．撹乱を受けた後森林が発達するにつれ，土壌呼吸の卓越によってCO_2の放出側にあった森林は，やがて樹木の急速な成長によって吸収側に回り，最終的には放出と吸収のつり合った平衡状態となると考えられている．したがって，景観スケールで生態系の炭素収支を考える際には，このような発達段階の異なる森林パッチがモザイク状に配置されていることを考慮し，それぞれのパッチ面積とそこでの地上部現存量およびその変化量を知る必要がある．

地上部現存量とその変化量の推定には様々な方法が用いられているがそれぞれの方法には長所短所があり，広域の調査にはリモートセンシングが適している．しかし，林分の発達過程に伴う変化やその空間的異質性など比較的小さなスケールでの解析にはまだ改良の余地がある．また，これらのリモートセンシングデータは景観スケールで地上の真の値と比較されねばならない．個々の観測の長所を生かして組み合わせることでより正当な評価が可能になるだろう．それ以上に，地上部現存量やその変化量は基本的には樹木のサイズ分布によって規定されるので，樹木個体から景観へスケールアップするためには地上現

存量，その変化量と樹木サイズ分布によって代表される森林構造との関係を明らかにすることが重要であろう．苫小牧研究林では1980年代から天然林や人工林を問わず様々なタイプの森林に数多くの調査区を設け，毎木調査を定期的に行うことで地上部現存量とその変化量をモニタリングしてきている．このデータを用い，航空写真による植生タイプ分類を併用することで2500 ha以上の景観スケールでの空間的異質性を明らかにし，林分純成長量と個体のサイズ分布との関係を評価した例を紹介する（Hiura, 2005）．

まず航空写真を用い，優占種，個体密度，樹高，樹冠直径などを基準に林分を約60タイプに分け，ここに面積0.2 ha前後のプロットを142ヵ所設け，計17451本の毎木調査を行った．各個体の個体重は胸高直径から既報の相対成長式を用いて生活形ごとに（落葉広葉樹，常緑針葉樹，落葉針葉樹）推定し，現存量と8年のセンサス期間の林分純成長量を計算した．この毎木調査で得られたデータを用い，プロットごとに大きな個体から積算した個体重頻度分布にある分布密度関数（Hozumi et al., 1968）をあてはめ，パラメータを決定した．

苫小牧研究林の場合，森林タイプごとに分けた植生図から，比較的発達した森林，若齢二次林，人工林がそれぞれ面積のおよそ1/3ずつを占めることが明らかになった．推定された地上部現存量は総平均で3130 gC m^{-2}であった．北半球の冷温帯以北の森林でこれまで報告された，複数のプロットを比較した景観スケールでのバイオマス値は日本のブナ林で7645～18260 gC m^{-2}（Maruyama, 1977），中国の20～100年生カラマツ林で2325～11689 gC m^{-2}（Zhou et al., 2002），カナダの針広混交林で1650～8900 gC m^{-2}（Fournier et al., 2003），カナダの針葉樹林で4300 gC m^{-2}（Banfield et al., 2002）であり，苫小牧研究林の値はこれらと比べてかなり小さい．成熟した森林での森林構造の変異は，土壌条件や地形にその原因があると考えられている．しかし，苫小牧研究林は全域が樽前山由来の火山灰におおわれ明瞭な土壌条件の違いがなく，かつ地形にも大きな起伏はないため，天然林でのバイオマスやサイズ構造の違いはおもに撹乱履歴の違いを反映していると考えられる．対象地域の大部分が50年前の大型台風によって撹乱を受けた跡地に成立した，若齢の森林で構成されていることが平均バイオマスを低い値にしているのだろう．

林分純成長量は総平均で83 gC m^{-2} y^{-1}であったが，場所によって成長率の高い場所，低い場所が複雑に入り交じっていた．プロットレベルでみると，林分純成長量と現存量の相関は有意ではなかったが，林分最大個体重とは相関がみられ，ばらつきは大きいものの広葉樹林，針葉樹人工林を含め一本の線で近似できるようだ（**図2.2.8**）．この曲線から林分純成長量が0になる最大個体重を求めると2546 kgCで，これは胸高直径約120 cmの個体に相当し，この森林で観察された最大個体サイズと一致する．このことは地上部の成長と死亡のバランスが起こるのは森林が十分成熟してからであることを示して

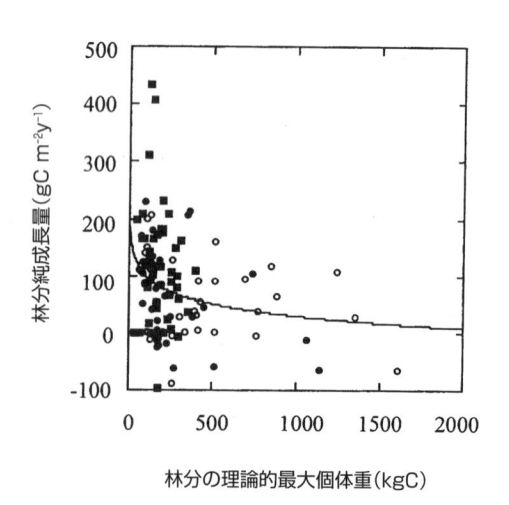

図2.2.8 林分純成長量と最大個体重の理論値の関係
○：無施業広葉樹林分，●：過去に施業履歴のある広葉樹林分，■：は人工林（Hiura, 2005を改変）

いる.これまで純生産量は林分の発達に伴って減少しやがて0に近づくと考えられてきた(Kira & Shidei, 1967)が,枯損は常に起こることから,純生産量は十分発達した林分でも決して0にはならないことを示している.林分純成長量は純生産量から死亡量を引いた値であるため,純生産量と直接比較はできない.しかし,本研究で得られた林分純成長量 $-85 \sim 230$ gC m^{-2} y^{-1}(平均 83 gC m^{-2} y^{-1})は日本のブナ林で得られた林分純成長量の値 $113 \sim 237$ gC m^{-2} y^{-1}(純生産量では $292 \sim 491$ gC m^{-2} y^{-1}, Maruyama, 1977)と比較可能な値である.

林分の現存量はライダー観測を行うことで得られる推定値と直接比較可能である.一方林分純成長量は,林分のバイオマスとは関係がなかったが,最大個体のサイズと負の相関がみられた.このことは1回のライダー観測によって林分純成長量を推定するためには,林分の最大個体から推定する方が精度高く推定できることを示している.この研究によって,景観スケールでも森林のサイズ構造が現存量や林分純成長量の推定にとって重要であることが示された.

森林のサイズ構造や林冠構造は,生産性だけでなく生物多様性とも非常に強いつながりをもっているため(Ishii *et al.*, 2004),生態系の保全の観点からも今後ますます重要な研究課題となるだろう.

北海道大学の鍋島絵里氏には図の作成協力と本稿の通読をして頂いた.またスミソニアン環境研究センターの G. Parker 氏には未発表データの使用を快諾頂いた.ここに感謝する.

(2.2節　日浦 勉)

2.3 環境変動への森林の応答

はじめに

　環境の変動には，通常の気象の年次変化に加え，台風などによる突発的・局所的撹乱に伴う地域・群落レベルの変動がある．また，森林内部では樹木の成長に従って，光やCO_2濃度など微環境が変化する．さらに，大気中のCO_2濃度の急増に伴う温暖化など地球レベルの変動があるが，これに加えて深刻さを増しているのは，酸性沈着物中の窒素酸化物による付加である．脱硫装置が開発され硫黄酸化物の排出は抑制されたが，北東アジア地域の経済活動の活発化に伴い大気中の窒素酸化物量は今も増加傾向にあって，局所的ではあるが農耕地からの供給量も増加している．このような窒素沈着は，一時的には窒素肥料の働きをするが，長期的には森林生態系における栄養の不均衡などに起因する成長不良などの影響を及ぼす．

　一方，森林では，上層木，下層に生育する更新稚樹，各種食葉性昆虫など，根系には各種共生微生物などが生息し，相互の関係を保ちながら生活している．このように複雑な構造によって，森林はその機能を発揮すると考えられる．巨大なサイズをもつ森林の環境応答を直接評価する空気力学的方法や衛星データから解析する試みもなされている．しかし，たとえば炭素収支だけを追跡しても，そこで営まれる生物間相互作用などの森林の生物共同体としての働きには言及できない．そこで，本節では，上記の各種環境変動に対する森林の応答を，個葉・個体・群集とスケールを変えて実験的にとらえ，生理生態的視点から紹介する．

2.3.1 葉の生物季節と微環境

　森林は発達するとともに自ずから環境を形成する．この過程として樹冠の発達がある．葉の開葉からシュートの伸長と停止，紅葉，落葉に伴う変化を枝レベルのフェノロジー（生物季節）として認識できるが，この現象により落葉樹林の林床の光環境とCO_2濃度は大きく変動する．この変化は様々な樹種によって構成される天然生林では同一樹種の人工林に比べると複雑である．構成樹種によるフェノロジーの違いは，階層間と林床の微環境にも大きく影響する．とりわけ林床に生育する更新稚樹にとっては光・CO_2ともに生存と成長に不可欠の環境資源でもある．ここでは，北海道中央部に成立した山火事後90年程度経過したシラカンバ，ヤチダモ，ハルニレなどの落葉広葉樹混交林とミズナラ，サワシバ，シウリザクラなどが混交する約50年生のカラマツ壮齢林を例に，微環境の変動を紹介する．

　葉のフェノロジーは樹種によって大きく異なった．シラカンバやケヤマハンノキのような先駆樹種では，開葉は4月下旬樹幹基部から順次始まり，落葉時期は11月上旬と他の落葉広葉樹に比べると遅かった．さらに詳しくみると，先駆樹種の中でもケヤマハンノキでは7月下旬から小型の緑葉が落葉し，林床で確認された．また，大部分の樹冠構成木の落葉が完了した秋季にも樹冠先端部に緑葉を残し，降霜によって枯死してから落葉した (Koike et al., 2001 ; 2004 ; Koike, 2004)．シラカンバでは9月中旬になって初めて樹冠内部の春一斉に開いた春葉から黄化し落葉し始

めたが，樹冠先端の葉はケヤマハンノキと同様に降霜にあってから一部は落葉した．北国の短い生育期間を満度に利用して光合成を営んでいるのであろう．一方，ギャップ依存種とされるヤチダモやオニグルミでは，開葉はシラカンバより約25日遅れ，落葉時期も15日程度早く，短い着葉期間内に効率よく光合成を営んでいることが推測できる．遷移後期樹種であるイタヤカエデやシナノキでは，開葉はシラカンバより約20日遅く，その年に展開する葉を一斉に出し，10月上旬には樹冠上部から黄化して落葉した．着葉期間は上記ギャップ依存種の中間であった．この葉のフェノロジーに対応した光とCO_2環境の変化は2.3.2項に紹介する．

開葉に伴って林床へ届く光合成有効放射（光合成に有効な400〜700 nmの光量子フラックス：photosynthetic photon flux：PPF）は，林分の葉の繁っている部分から急速に低下し，イタヤカエデやシナノキなどの開葉が進んだ時点では，林床ではrPPF（開放場所での測定値に対する相対的PPF）が約25％になった（**図2.3.1(A)**）．上層木の葉量が最も増加した8月では，林床のrPPF値は約8％まで低下し，落葉時期にはこの値が20％程度まで回復した（Koike et al., 2001）．一方，林床に到達する光量には大きな年変化のあることが確認された．林内に大小ギャップのあるカラマツと落葉広葉樹混交林で調べた結果を紹介する．葉が最も繁茂した夏季の林床の明るさは，林床でrPPFは約10％，ギャップ（直径約6 m）中央部では約18％であった．ここで上層木の開葉時期は気温に影響されて大きく変動したが，これを反映して，春先に林床へ到達するPPFも大きな年次変化を示した（Kitaoka & Koike, 2004；2005）．すなわち，気温の高い年には上層木の開葉が早くて葉が繁るため林冠部で光が吸収・遮断され，その結果，林床でのrPPFの低下も早いことが明らかになった．

次に，林内におけるCO_2濃度の変化を調べた（**図2.3.1(B)**）．無風日のCO_2濃度の垂直分布の測定例では，多くの樹種が高い光合成速度を示す午前中から正午頃に，樹冠位置の15〜20 m付近ではCO_2濃度が320 ppmv近くまで低下しており，夕方から明け方にかけては，林床50 cm高でのCO_2濃度は約560 ppmvまで上昇した．これらの結果から，風のない日では陽光のよく当たる樹冠位置の葉はCO_2不足に陥っており，一方，林

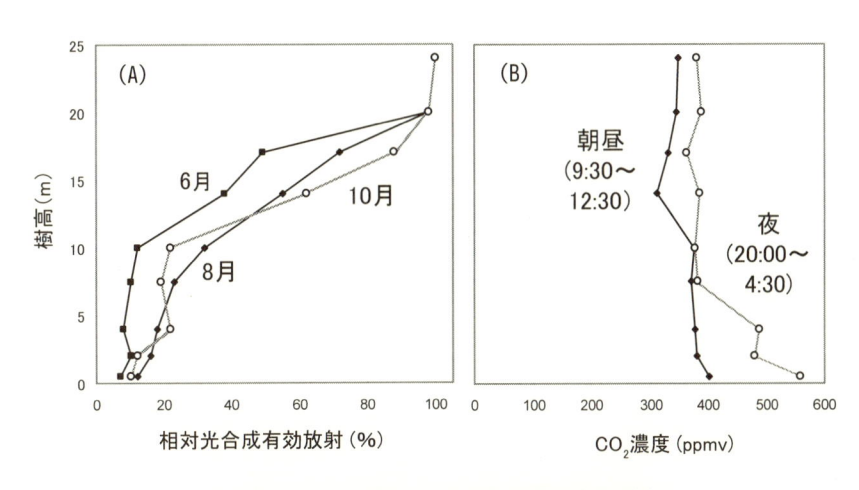

図2.3.1 光環境とCO_2濃度の垂直変化の例
(A) 光環境は相対光合成有効放射（rPPF）で測定した．
(B) CO_2濃度は30分間隔で計測し，その平均値を示した．

床近くに更新した更新稚樹は，木漏れ日とこの高CO_2濃度を利用して光合成を営むと考えられる．これらの傾向は，北海道の広葉樹混交林と属レベルで樹種が共通する北米の落葉広葉樹混交林（Ellsworth & Reich, 1993；Bazzaz, 1996）や欧州中部のナラ類が優占する森林（Elias et al., 1989）でも報告されている．

ここで林内のCO_2濃度の大きな日変化の原因は，林冠を構成する樹種を中心とした光合成生産活動が反映された結果といえる．そこで，森林樹木の機能について変動する環境資源の利用の仕方について，光合成に注目して解析した．

2.3.2 微環境変化と樹木の応答

(a) 年次変化

ギャップの形成されたカラマツと落葉広葉樹混交林の林床に生育する4樹種稚樹には，葉のフェノロジーに特徴があり（図 2.3.2），シュートあたりの葉の生存枚数の特性から，ホオノキはギャップ依存種，ミズナラは遷移中後期種，サワシバとシウリザクラは遷移後期種と位置づけられる（Kikuzawa, 1983）．データは示さないが，光飽和・大気CO_2（約360 ppmv）での光合成速度（P_{sat}）の季節変化にも樹種固有の特徴がみられた（Koike, 1988）．すなわちホオノキのP_{sat}は7月下旬から8月上旬に向かって最大値で

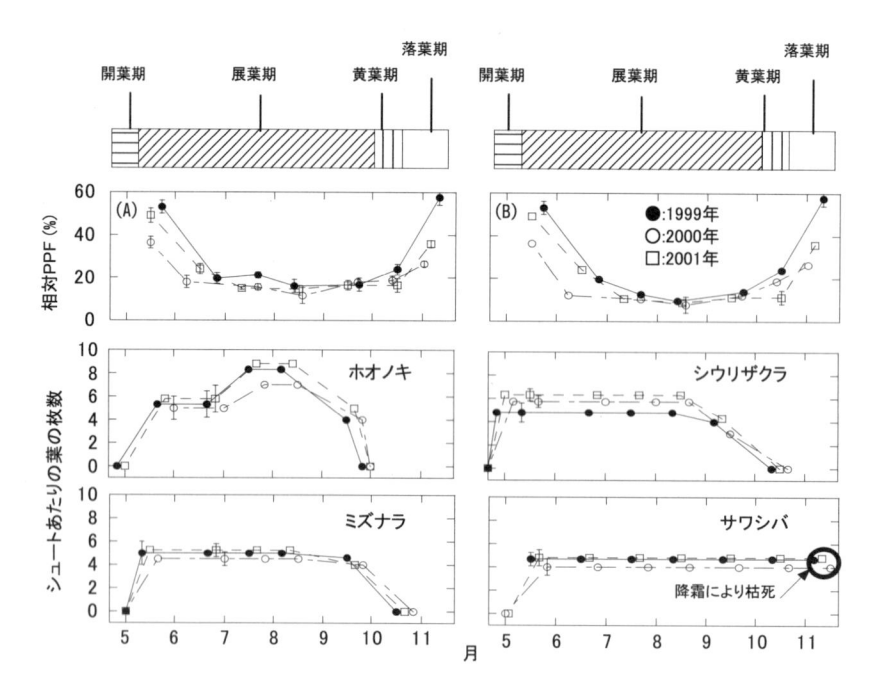

図2.3.2 上層木の葉の生物季節と林床の光環境ならびに対象樹種の葉の着葉数の季節変化（N=5）
(A) 閉鎖された林冠下．(B) 林冠ギャップ下．
上層木の葉の生物季節は平均値をフェノダイアグラムで表示した．この値は，気象要因に関連して林床の光環境の年次変化に反映されるが大きく年次変化した．更新稚樹のシュートあたりの着葉数には，大きな年次変化はなかった（Kitaoka & Koike, 2005）．サワシバの開葉は最も遅いが，落葉せず降霜によって枯死するが，翌春まで葉を付けている（マレッセントと呼ぶ，Koike (2004)）．

2.3 環境変動への森林の応答

ある約 8 $\mu mol.m^{-2}s^{-1}$ を示した後、急速に低下し、9月下旬までに落葉し終えた。しかし、夏季に低温日が続いた 2000 年では、ピーク時の P_{sat} 値は 4.3 $\mu mol.m^{-2}s^{-1}$ で、1999 年と 2001 年の値に比べる半分程度と低かった。ミズナラでは 2000 年の P_{sat} の値がやや低かったが、6〜9 月の値はほぼ一定の 4 $\mu mol.m^{-2}s^{-1}$ 付近の値を示した。シウリザクラとサワシバでは、1999 年 7〜8 月の P_{sat} 値は約 4 $\mu mol.m^{-2}s^{-1}$ と 3 年間では最も高い値を示したが、2000 年と 2001 年では平均すると約 2 $\mu mol.m^{-2}s^{-1}$ の値で推移した（Kitaoka & Koike, 2005）。

大きく変化する光環境のもとで、更新稚樹は葉の窒素分を炭素固定系や集光部位などへの分配を変えて機能を維持する。これは、葉の窒素含量の 70% 以上が光合成関連の器官に分布しているからである。たとえば、シウリザクラでは上層木の開葉前に展開し終え、窒素の多くは C3 植物（イネ、ダイズ、大部分の樹木など）の炭素固定をつかさどる酵素ルビスコ（ribulose-1,5-bisphosphate carboxylase/oxygenase: Rubisco）へ投資されるが（Evans, 1989）、上層木の開葉が進むと同時に集光性クロロフィル-タンパク質複合体（LHCP）へ多く分配された（Kitaoka & Koike, 2004）。ここで、葉の窒素の分配の季節変化をみると（**図 2.3.3**）、ギャップ依存種で開葉の遅いホオノキでは、開葉後、約 17% は集光部位、15% は Rubisco、3.3% は電子伝達系などへ分配されたが、光合成速度が高い夏季では、約 24% が集光部位、22% が Rubisco、15% は電子伝達系へ分配されており、開葉時期に比べると電子伝達系への分配が 5 倍近く増えていた。

これに対して開葉の早いシウリザクラでは、上層木の開葉前には集光部位へ約 8%、Rubisco へ 22%、電子伝達系へ 4.3% が分配されたが、上層樹冠が閉鎖してからは集光部位へ約 25%、Rubisco へ 18%、電子伝達

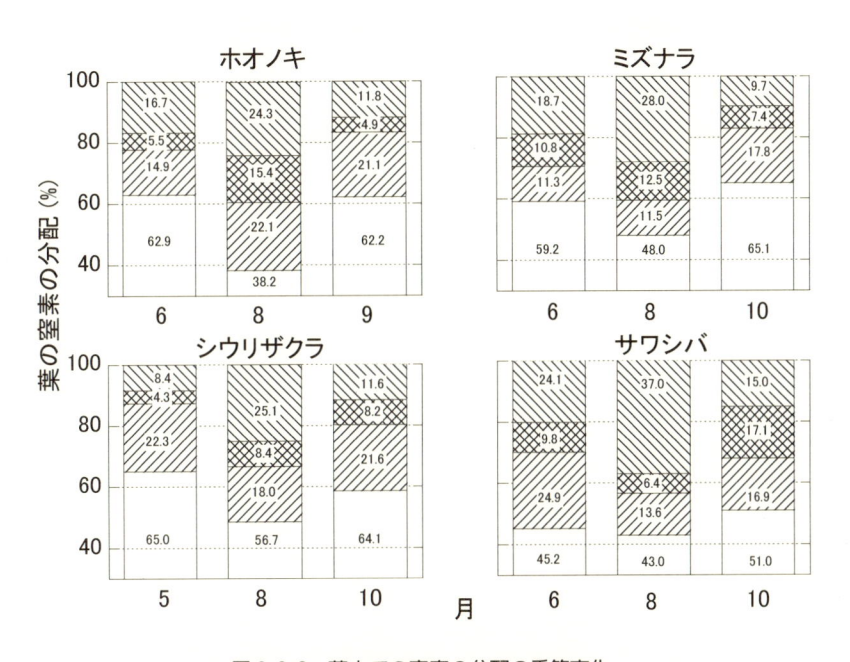

図 2.3.3 葉内での窒素の分配の季節変化

▨：集光・光化学反応（LHC, PSI, PSII）への窒素の投資、▩：電子伝達系と、Rubisco を除くカルビンサイクルのタンパク質への窒素の投資、▧：Rubisco への窒素の投資、☐：その他

(Kitaoka & Koike, 2004 より改作)

系へは8.4％が分配されていた．上層木閉鎖前と比べると集光部位へは約3倍量の窒素が分配され，電子伝達系へも2倍量が投資され，弱光を効率よく捕捉できるような分配を行っていた．このように光環境の変化に応じて更新稚樹は葉中の窒素を有効に分配していることがわかる．

葉の窒素含量とP_{sat}との関係は，従来の報告にあるような正の高い相関が認められたが(Evans, 1989)，ホオノキとミズナラではその関係が年ごとに明瞭に分離していた（**図2.3.4**）．これに対して，シウリザクラとサワシバでは年ごとの分離の程度は小さかった．図中の直線の傾きは瞬時的な窒素利用効率（photosynthetic nitrogen use efficiency; PNUE：窒素あたりの光合成速度）を表し，傾きが大きいほどPNUEが大きいことを表す．各樹種についてみると，サワシバのPNUEが最も高く，ついでホオノキ，ミズナラの順で，シウリザクラが最も低いという傾向を示した．ホオノキでは1999年のPNUEは2000年と2001年に比較するとやや低い傾向があったが，他の3樹種ではPNUEの年次変化は小さく，毎年類似の値を示した(Kitaoka & Koike, 2005)．

PNUEに年次変化が生じた原因を解明するために，屋外で光飽和・CO_2飽和（約1500 ppmv）での最大光合成速度（P_{max}）を測定した．CO_2飽和で測定すると気孔開閉の影響はほとんどなく，直接葉緑体の能力を評価することになる．その結果，ホオノキとミズナラでは窒素含量とP_{max}の間には年次間差はみられず，一本の直線で近似され，葉の窒素含量とP_{max}との間には高い正の相関がみられた(Kitaoka & Koike, 2005)．植物は一般にシュートレベルでも光合成生産量を最大にするように窒素を分配することが実証されているが(Field, 1983; Hirose & Werger, 1987; Schoettle & Smith, 1999)，ここで対象とした4樹種には，上記のようにPNUE

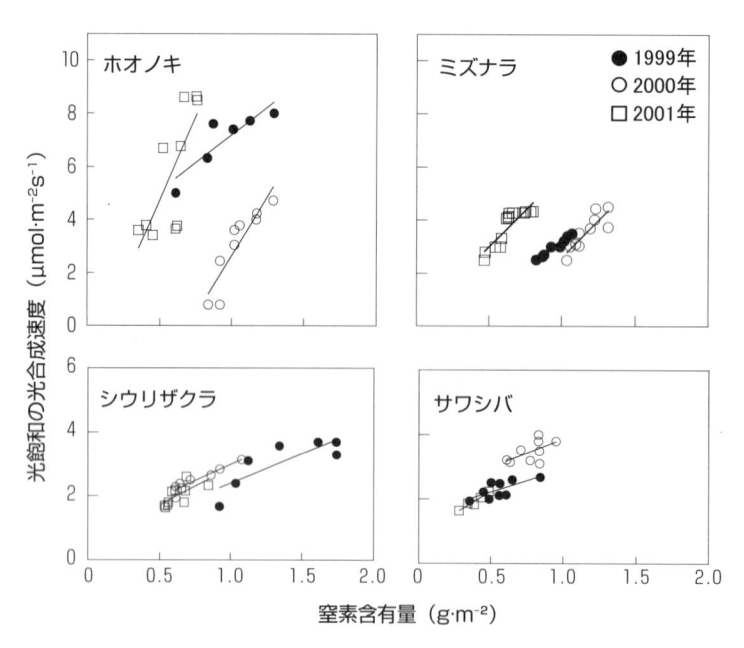

図2.3.4 葉の窒素含量と光飽和・大気CO_2条件での光合成速度の年次変化

直線の傾きが窒素利用効率（PNUE）を表す．ホオノキとミズナラでは，同一年次間の関係は一定であったが年ごとに分離していた．これに対して，シウリザクラとサワシバでは分離程度は小さかった（小池，2004b；Kitaoka & Koike, 2005を改作）．

2.3 環境変動への森林の応答

には種固有の値の存在することが示唆された．ここで，ホオノキやミズナラの窒素利用効率に年次変化を引き起こした原因として葉の形質に注目した．

ここで LMA (leaf mass per area；単位面積あたりの葉乾重，$g\cdot cm^{-2}$) は，開葉時期の乾燥や高温により葉が小型化し厚くなるため高い値を示す（Biscope & Gallagher, 1977；Ellsworth & Reich, 1993）．ここで LMA と葉の窒素含量には高い正の相関のあることが 4 樹種の幼樹で認められた（Kitaoka & Koike, 2005）．LMA が高いと窒素含量が高いだけではなく，たとえば葉緑体中でのデンプンの集積などに影響し，これが，葉中での CO_2 の拡散を阻害するため PNUE の年次間差を生じたことが示唆された．このような葉の特性変化が，ホオノキのような比較的光合成速度の高い樹種（図 2.3.4）で年次変化が明瞭にみられた原因と考えられる．

（b） 空間的変化

葉は環境条件に対する変化が大きく，その個体がおかれた環境で最大の光合成生産ができるように個葉サイズや厚さ，葉内部の構造や集光機能を発達させる（Kull & Kruijt, 1999；Evans & Poorter, 2001；Kitaoka & Koike, 2004；2005）．個葉の大きさは，イタヤカエデの最下層の個葉を除くと，林床に向かってサイズが大きくなる傾向があり，このような変化はハルニレやシナノキに顕著にみられた（図 2.3.5(A)）．葉の厚さは羽状複葉をもつオニグルミの小葉では垂直方向の変化は小さかったが，その他の 6 樹種では樹冠上層部の 0.28 mm から樹冠下部ではイタヤカエデでみられたように 0.07 mm まで薄くなった（図 2.3.5(B)）．すなわち弱い光を受け止められるように薄く広い葉を林床に向かって配列していた．これを反映して LMA は樹冠上部から下部に向かって減少した（図 2.3.5(C)）．一般的に，葉が弱光下で薄くなることのできる能力は，一生育期間の中でみると遷移前期種やギャップ依存樹種で高く，遷移後期種では低い傾向がある（Bazzaz & Carlson, 1982；Koike, 1986；Koike et al., 2001；Küppers, 1989）．ここでもギャップ依存樹種であるハルニレやヤチダモでは，この変化の程度が明瞭であった．

光合成の集光機能はクロロフィル（Chl）が担う．図は示さないが Chl 量は 6 月と 8 月には樹冠部の葉量の多い 15～18 m 位置でその含量が高かった．8 月に比べると 6 月では樹冠先端部の Chl 量は少なく，展開中の葉で

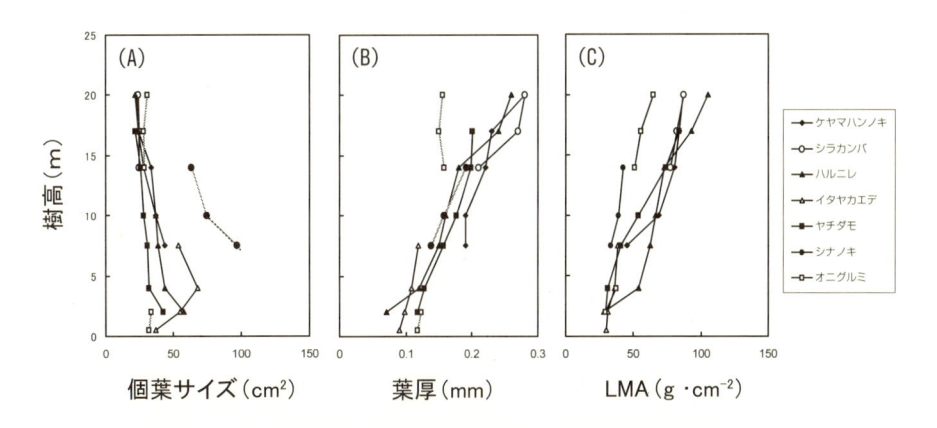

図 2.3.5 遷移系列上特徴のある落葉広葉樹 7 種の個葉形態の垂直変化
(A) 個葉の大きさ，(B) 葉の厚さ，(C) LMA（$g\cdot cm^{-2}$）．
（Koike et al., 2004a を改作）

あることを反映していた．ここでChl bは，先にも述べたように集光性クロロフィル-タンパク質複合体に結合しており集光機能を代表する．下層に向かうほどChl b量が多くなり，落葉期の10月になっても下層ではChl b量の減少が少なく，落葉直前まで集光機能を保持していたことがわかる（Koike et al., 2001；Larcher, 2003）．このような葉の構造とChl量の傾向は，北米のカエデやナラ類を中心とした欧州中部の森林でも確認されており（Elias & Masarovicova, 1980；Ellsworth & Reich, 1993），一般的傾向といえる．すなわち，森林全体をみると林冠上層は強光を，下層では弱光を利用するように個葉形態や集光機能が発達しており，個葉の内部では光環境の減衰に伴って葉表（向軸面）には陽葉緑体が，葉裏（背軸面）では陰葉緑体が発達するが，森林と個葉というスケールの違いはあっても光に対する機能分化は同じである．

光飽和・大気CO_2濃度（約360 ppmv）での光合成速度（P_{sat}）は，6月の測定ではオニグルミとヤチダモ以外，10月ではこれらに加えてハルニレ以外の樹種では樹冠上層部のP_{sat}が高い値を示した（**図2.3.6**）．しかし，8月の測定例をみると，どの樹種でも光環境のよい樹冠上層のP_{sat}は，その下層の葉のP_{sat}よりやや低い値を示した．この傾向はヤチダモ，ハルニレ，ケヤマハンノキで顕著にみられ，シラカンバでも確認された．ケヤマハンノキでは開葉後間もない葉が樹冠上層部位に存在し，Chlを十分に保持していても葉が構造的に未成熟であるためP_{sat}が高くならない可能性もあった．一方，ヤチダモとシラカンバではすでに葉は成熟しており，先端葉でのP_{sat}が低いのは，いわゆる強光阻害による可能性が示唆された．

P_{sat}の季節変化をみると，夏季に樹冠最上層ではなく，樹冠のやや内部の幹に近い場所に着生する葉でP_{sat}が高かったことが興味深い．この一因として，強光阻害も考えられるが，樹冠上部への給水の遅れや水不足によって樹高成長が制限されるという水力学的制限（hydraulic limitation）による水ストレスがあったことも否定できず，葉の浸透ポテンシャル（＝浸透圧：半透膜の両側に溶液と純粋な溶媒を置いたとき，両側に表れる圧力差．細胞内の電解質濃度などが上昇し圧が増加する現象）の順化の面からも検討を加える必要があろう（Schulze & Hall, 1982；Ryan & Yoder, 1997；Becker et al., 2000）．

一方，林床に生育する低木は，上記のように大きく日変化するCO_2濃度の中で，木漏

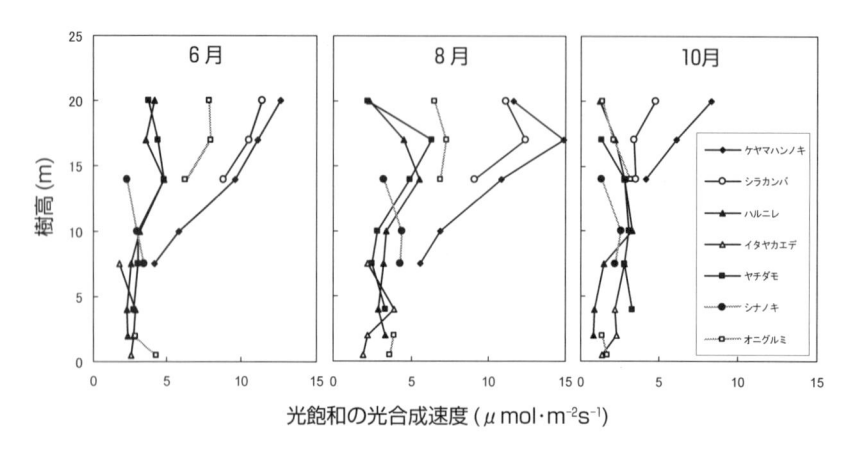

図2.3.6　樹種ごとの光飽和時の光合成速度の垂直変化と季節変化
光合成速度は，大気CO_2濃度（約360 ppmv）で測定した（Koike et al., 2001を改作）．

れ日と朝晩に側方から入り込む太陽光を利用して光合成を営み，生存し成長を行っている（Küppers & Schneider, 1993）．これを検証するために高CO_2環境での木漏れ日（サンフレック）の役割が熱帯樹を対象にシミュレートされた（Leakey et al., 2002）．制御環境下で自作の木漏れ日の発生装置を使って，下層植物の応答と成長量を推定した結果，高CO_2条件のみの場合では成長量が25％増加し，高CO_2条件に木漏れ日が加わると成長量が60％増加したという．もちろん，これらの値は木漏れ日の頻度に依存するが，明らかに高CO_2環境を林床に生育する植物が利用していることを示唆する．

このように生存と成長に重要な役割を演じるCO_2環境への森林樹木の応答を，地球レベルの環境変動の面からさらに検討する．

2.3.3　地球レベルの変動

CO_2は光合成作用の基質であるが，産業革命（19世紀後半）以降のCO_2濃度上昇が急速なため，植物を始め，各種生物がこの急激な変化にどの程度追随できるかが問題視されている．大気中のCO_2濃度はハワイ・マウナロアで50年以上にわたって観測されているが，毎年約1.5 ppmvずつ上昇し続け，現状では21世紀後半に現在の約2倍の700 ppmvに達すると予測されている．大気CO_2濃度の季節変化は高緯度ほど明瞭なノコギリ形を示し，北半球の生育時期はノコギリ刃の谷間と一致することから（図2.3.7），北方林のCO_2固定能力に期待が寄せられている．光合成により固定されたCO_2は，炭素化合物として幹・枝・根などに蓄えられ，一定期間後には林床に落葉落枝（リター）として供給されて分解し，CO_2として大気に戻り，光合成によって植物に一部分は再固定される．この循環過程も変動環境の中で大きく変化する可能性がある．さらに，森林生態系で不足しがちな養分とされ，炭素と並んで重要な窒素養分の植物影響を概観する．

CO_2放出量の増加は世界的な問題であるが，始めにも述べたように偏西風の風下に位

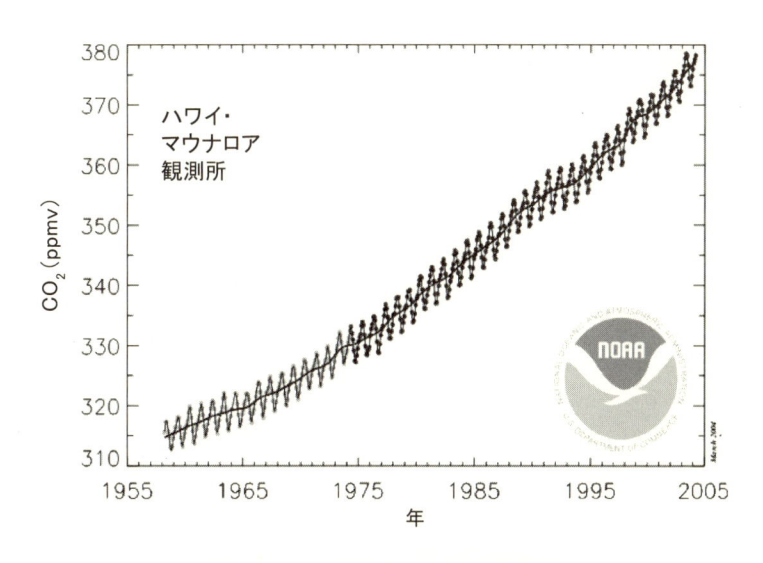

図2.3.7　大気中CO_2濃度の増加曲線

最新情報は，次のウェブ・サイトから入手可能．マウナロアのCO_2データ，http://cdiac.esd.ornl.gov/ftp/ndp001/maunaloa.CO2．NOAAのサイトからグラフとデータがダウンロードできる http://www.cmdl.noaa.gov/ccg/figures/figures.html．

置するわが国は，経済発展を急ぐ隣国の活動の影響を直接受ける．SOx, NOx やハロゲン化物などの，いわゆる大気汚染物質の影響も局所的には無視できない．脱硫装置の発達で SOx の放出量は減少したが，NOx など窒素沈着量には農耕地の肥料も関係しており年々増加傾向がある．窒素沈着量は，北海道の森林の平均で約 $5.5 kg\cdot ha^{-1}y^{-1}$，最も高い値は苫小牧での観測値の $11.0 kg\cdot ha^{-1}y^{-1}$ であった（柴田，2004）．ちなみに欧州での最大値は $30.0 kg\cdot ha^{-1}y^{-1}$ と推定されている（Hättenschwiler et al., 1996）．このような窒素沈着は，一時的には窒素肥料の効果をもたらすかもしれないが，長期的には土壌を富栄養化して，貧栄養土壌環境で活動の活発化な外生菌根菌の活性低下など，根圏に負の効果をもたらす可能性がある（小池ら，2002）．また，土壌条件によるが，土壌酸性化に伴いpH が 4.5 以下になるとアルミニウムの溶出が始まり，植物の根の分裂を抑制し成長減退をもたらす．このように，森林の種構成に対する上述のような CO_2 増加と窒素沈着量の増加などの環境変化の影響をどのように予測するか，深刻な課題といえよう．

次に，実際の樹木の環境応答を制御環境下で調べながら，窒素沈着などの影響を評価するための操作実験の結果もあわせて紹介する．

2.3.4　高 CO_2 への落葉広葉樹の応答

これまで紹介したように，地球レベルでは生育環境が確実に変化している．進行を続ける大気中 CO_2 濃度の増加は気温の上昇をもたらし，光合成作用の基質である CO_2 濃度が増加するので，一見すると低温によって生育期間が制限される北国では，植物の成長には好都合と考えられるが，現実には施設園芸の「CO_2 施肥」で確認されたように「Liebig（リービッヒ）の最小律の法則」の通り，特定の不足する養分が成長を制限する．事実，野外条件では植物は窒素やリン酸などの栄養不足に遭遇することが多い．この環境変化に対する森林の応答を，個葉・個体・群集レベルとスケーリングアップし，窒素沈着に対する応答も考慮しながら紹介する．

（a）　スケーリング

森林を特徴づけるのは上層木が重要な役割を担う．このわずか 20 m 程度の樹冠部の生理機能を調べることも，最近導入された林冠クレーンの登場までは（2.2節参照），建築現場さながらの足場を必要とする．そこで，「樹木は枝と葉を1つの単位としたシュート（＝モジュール；部材）の集合体であり，その集合体が森林である」という考え方を採用して，高 CO_2 への応答を本項では紹介する．これは，シュートレベルでの応答を解析することで，環境ストレスに対する森林への応答を推定しようという考え方である．ここでは，おもに稚幼樹を対象にした実験結果を紹介して，このような大気中の CO_2 濃度増加に対する森林の応答を予想する手がかりを提供したい．

（b）　個葉から個体

ⅰ）負の制御

人工気象室を利用した制御実験やアラスカの野外での操作実験の結果，特別に肥料を与えない通常の土壌栄養条件では，高 CO_2 処理開始後の 2〜3 週間は光合成能力が上昇する．しかし，その後，生育時の CO_2 濃度で測定すると，多くの場合に光合成速度の増加はなく，その種固有と思われる光合成速度しか示さなくなる．いわば「負の制御：down regulation」や光合成の恒常性維持機能（photosynthetic adjustment）とよぶ機作が働く（**図 2.3.8**）．これらは以下に紹介するように，根圏の制限が原因とする考え方がある．しかし，根系の制御をまったく受けない水耕栽培のイネ（水稲）に対する CO_2 付

2.3 環境変動への森林の応答

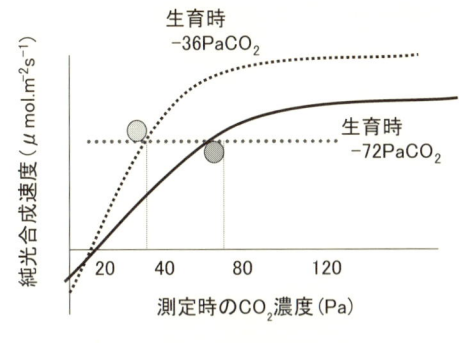

図2.3.8 負の制御の一例
生育環境でのCO_2濃度で測定すると，光合成速度は樹種による違いはあるが，高CO_2環境で生育した材料が高い光合成速度を示すことにはならない．

加実験でも，葉中の窒素含有量は低下して個葉の大きさがやや小型化した．さらに，葉鞘部分が肥大化する反応を示した．これらの結果は，ソース（光合成活性部分）とシンク（光合成産物の消費・利用活性）のバランスや蒸散能力が，高CO_2環境では酵素レベルだけでなく個体レベルで大きく変化することを意味している（Makino et al., 1997）.

「負の制御」の原因としては，(1)高CO_2によって個体の初期成長が促進されたため葉の窒素濃度が相対的に低下すること，(2)光合成産物が転流される根系などの器官が育成ポットのサイズによって抑制され，(3)葉には余剰のデンプンなど光合成産物が蓄積すること，(4)根端がポットに触れて成長が妨げられること，(5)養分欠乏に関係した成長不均衡などが原因と考えられている．このような「負の制御」はすべてポットサイズの効果であるという Arp (1991) の指摘によって，現在ではCO_2を風上から付加できる FACE (free air CO_2 enrichment；開放系CO_2増加) 実験が，高CO_2増加に対する森林の応答予測実験の主流になった（江口ら，2004；Nowak et al., 2004). 北半球 16 ヵ所での FACE 研究の結論としては，高CO_2濃度の成長促進効果は富栄養のときに明瞭に現れ，水利用効率が上昇したことである（Nowak et al., 2004).

世界最大規模の実験はアメリカ合衆国デューク大学演習林の砂質土壌に植栽されたロブロリーパイン（Pinus teada）人工林を対象にした FACE である．その結果は，CO_2付加後 3 年間は旺盛な成長を示したが，その後，4 年間は成長の一時停滞がみられた（Oren et al., 2001). それから再び成長が確認され，富栄養条件でのみ明瞭な成長増加が続いている．混交林を対象にした研究は，スイス・バーゼル大学（Körner, 2005）と北海道大学 mini-FACE (Eguchi et al., 2005) で行われている．この2ヵ所では属レベルでは同じ樹種を対象とし，その数はスイスが8種，北海道大学は11種であるが，バーゼルでは樹高 35 m に達する高木林に，北海道大学では樹高 3 m 程度の幼樹群落にCO_2付加実験を実施している．両方で共通した結論としては，高CO_2条件では気孔コンダクタンス（通導性）が低下し水利用効率が上昇していた．気孔コンダクタンスに関連した木部構造の発達については ii ）で述べる．

しかし，FACE 実験だけではCO_2増加と温度上昇の効果を検討できないため制御実験の結果を紹介する．ユーラシア大陸全域からわが国の冷温帯に広く分布するシラカンバ個体群（Betula platyphylla と B. platyphylla var. japonica）の光合成に及ぼすCO_2と温度上昇の影響を調べたところ，やはり，貧栄養条件では「負の制御」が確認された．同じ経度上（東経135度付近産）のシベリア産（北緯62度）のシラカンバの光合成速度は日本産のシラカンバ（北緯43度）に比べると高CO_2高温条件（720 ppmv，26/16℃）・富栄養条件で約1.5倍の値を示した（Koike et al., 1996). このように同種の個体群でも地域間・変種間差が示唆された．

一方，稚樹（ケヤマハンノキ，シラカンバ，イタヤカエデ）を用いた温度・CO_2・栄養塩（26/16 vs. 30/20 ℃：360 vs. 720 ppmv：140 mgN・週$^{-1}$ vs. 140 mgN・月$^{-1}$）の組み合わ

せ実験では、最終的な個体サイズや分枝数は高CO_2と富栄養条件において促進された。この場合、温度の効果は積算値として認められ、分枝開始時期や落葉時期が4℃の高温によって促進された（Koike, 1995）。なお、ケヤマハンノキでは高CO_2への分枝などの応答では、貧栄養と富栄養の違いがみられなかったが、この原因については後述する。

ii）木部構造

FACEの紹介でも触れたが、木部構造の変化は高CO_2環境で最も注目すべき樹木の応答である。なぜなら、温暖化低減に森林の生産力と炭素貯留能力が期待されているが、その炭素の蓄積場所は、おもに幹（＝木部）だからである。木部の比重の増加は、強度と単位面積あたりの炭素蓄積量を増加する（Ceulemens et al., 2002; Yazaki et al., 2005）。これまでの研究から、高CO_2濃度環境では、個葉レベルでは葉温はやや上昇するが、気孔コンダクタンスが低下して蒸散速度が低下し水利用効率は上昇する（図2.3.9）。ここで水分通導を担うのは、針葉樹では仮道管、広葉樹では木部道管である。

広葉樹材では木部の特長は大きく2つに分かれ、細い道管が木部全体に存在する散孔材と太い直径をもつ道管が年輪（春材部）の近くに存在する環孔材に大別される（図2.3.10）。

針葉樹での研究結果では、オランダで観測された最高の窒素沈着量（30 kg·ha^{-1}y^{-1}）を与えた高CO_2（560 ppmv）濃度で生育したヨーロッパトウヒのメバエの幹部の比重が対照とした産業革命前のCO_2濃度（280 ppmv）で生育した個体に比べると有意に増加した（Hättenschwiler et al., 1996）。しかし、カラマツ属稚樹の成長に及ぼすCO_2と窒素付加の影響を人工気象室で調べた結果、栄養が十分に存在する場合にのみ肥大成長が促進された。しかも、細胞壁の肥厚はみられず細胞内腔の肥大のみ確認された（Yazaki et al., 2005）。針葉樹を対象にしたモデル研究から、仮道管を通過する低水温は肥大成長を抑制し、高CO_2と栄養分は細胞内腔の肥厚と肥大成長を増加することが予測され（Roderick & Berry, 2001）、カラマツ属での実測値との対応がみられた。

広葉樹の場合、流水速度は道管の半径の4

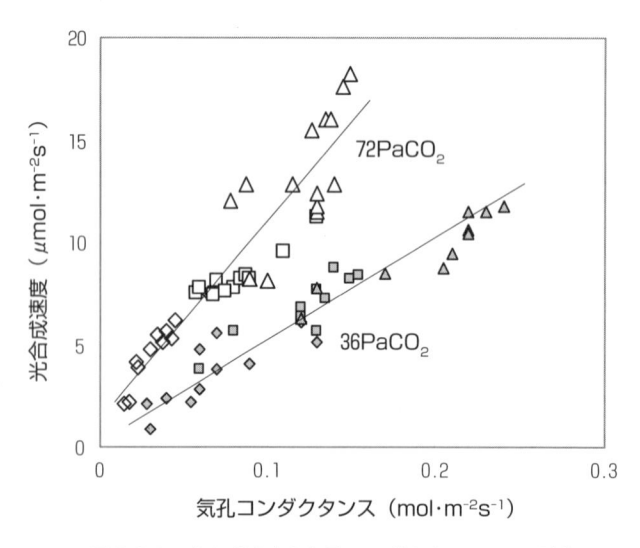

図2.3.9 光合成速度と気孔コンダクタンスとの関係
「負の制御」が生じていない個体での測定値（Lei & Koike, 未発表）。

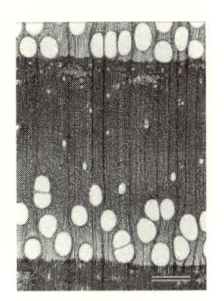

図 2.3.10 散孔材と環孔材の例
散孔材：イタヤカエデ，環孔材：ヤチダモ．
（佐野雄三博士提供）

乗に比例するので，太い道管は効率よく水を運ぶことができることを意味する（池田，2001）．したがって，高 CO_2 条件では，特に広葉樹では気孔コンダクタンスが低下して蒸散速度が抑制され，その結果，道管直径は細くなることが期待される．これは，材比重が増加することを意味し，上述のように林分レベルの炭素固定量の推定値にも影響が出る．事実，環孔材樹種のヤチダモ稚樹では，高 CO_2 条件下では道管直径は細くなる傾向があった（Yazaki et al., 2005）．しかし，散孔材のシラカンバでは，大きなポットサイズで生育した個体にのみ太い道管がみられることから，根系との関係も検討すべきであろう．ただし，パプリフェラカンバ（*Betula papyrifera*：カンバ類の中では耐陰性は中庸）稚樹の気孔コンダクタンスは，被陰下で行った CO_2 付加実験で大きく上昇した．これは，被陰条件では耐陰性がやや高いこの樹種の特長として地上部の成長が相対的に促進され，その結果，幹の木部が発達して通導組織が増え，気孔コンダクタンスが上昇したためと考えられる（Kubiske & Pregitzer, 1997）．ただし，個体レベルでの葉量にも留意せねばならない（Eguchi et al., 2005）．

これまでに研究された高 CO_2 と木部形成の関係について**表 2.3.1** にまとめた．特に広葉樹では，研究例がきわめて少なく，CO_2 付加の効果を統一的に論じることができないのが現状である．次に，個体から集団の反応を考察する．

（c） 個体から集団

森林群集の構成要素に注目して，それらの生物間相互作用に及ぼす CO_2 の影響として，まず，林分構造の変化に注目し，次いで樹木の成長を支える微生物の活動と成長抑制に関連する食葉性昆虫の活動に着目して紹介する．

i）更新と林分構造

高 CO_2 環境環境下における林分構造を推定するために，Oikawa（1986）は熱帯林でのバイオマス量データを用いたシミュレーション研究を行った．この結果，CO_2 濃度が約 560 ppmv に達すると，上層木の葉が繁茂して LAI（$m^2 \cdot m^{-2}$；葉面積指数．単位面積あたりの葉面積）が 4 付近になり，下層に届く光量が著しく低下して相対照度が 4 ％以下になると，後継の稚樹が生存できなくなることを予測した．ここで林内光環境と林内更新との関係をみると（**表 2.3.2**），耐陰性の高い樹種でも相対照度 5 ％以下では更新は困難とされる．したがって，高 CO_2 環境では更新稚樹は生存できなくなることから種多様性は低下することが指摘された．同様の傾向は，熱帯植物群落でのモデル試験（Körner & Arnone, 1992）や高 CO_2 で生育させたヤナギやカンバ類モミジバフウでも確認された（Koike, 1993, 1995；Koike et al., 1995；Norby, 2001b）．

一方，ヨーロッパトウヒ（*Picea abies*）を用いたモデル林では，CO_2 濃度を産業革命当時から 2050 年頃までを想定した 3 段階の CO_2 濃度（280, 420, 560 ppmv）で栽培した結果，CO_2 濃度が増加するほど LAI の増加程度は小さく，処理開始後，82 日には LAI 値は 5.2，4.1，3.7（$m^2 \cdot m^{-2}$）となった．この原因は低 CO_2 環境では葉が薄く大きく

表 2.3.1 CO$_2$処理と木部形成

樹種	学名	CO$_2$付加設備	CO$_2$濃度条件	樹齢	その他の条件	環境処理期間	木部密度	直径成長年輪幅	仮道管径(針葉樹)道管径(広葉樹)	細胞壁厚	備考	
ポンデローサパイン	Pinus ponderosa	GC	350 vs 550 vs 750 vs 1100 ppmv	6週間生	温度の組み合わせ	6ヵ月	0	n.a.	0	n.a.		Maherali & DeLucia (2000)
ラジアータマツ	Pinus radiata D. Don	GC	320 vs 540 ppmv	9ヵ月生		3ヵ月間	+	n.a.	0 (仮道管径)	n.a.		Donaldson et al. (1997)
ラジアータマツ	Pinus radiata D. Don	GC	340 vs 660 ppmv	0	栄養条件(リン酸)	2成長期	+(高栄養)	n.a.	0	n.a.		Conroy et al. 1990
ラジアータマツ	Pinus radiata D. Don	OTC	37 vs 65 Pa	4年生苗木クローン	栄養条件(窒素)	3成長期	+	+	n.a.	n.a.		Atwell et al. (2003)
ヨーロッパアカマツ	Pinus sylvestris L.	OTC	大気 vs 大気+400 ppmv	3年生	栄養条件(窒素)	3成長期	0	+	+	n.a. (推測で +)		Ceulemans et al. (2002)
テーダマツ	Pinus taeda L.	FACE	大気 vs 550 ppmv	25年生	栄養条件(窒素)	6年	−	+(高栄養)	0 (内腔面積)	n.a. (高栄養)		Oren et al. (2001)
テーダマツ	Pinus taeda L.	OTC	大気 vs 大気 +30 Pa	0		4成長期	0/+	0/+	n.a.	n.a.	加齢に伴い、高CO$_2$の影響は減少	Telewski et al. (1999)
ヨーロッパトウヒ	Picea abies	OTC	370 vs 590 ppmv	6~7ヵ月生	土質(酸性 vs 石灰質土壌)遺伝的系統	4成長期	0	n.a.	n.a.	n.a.		Beismann et al. (2002)
ヨーロッパトウヒ	Picea abies	OTC	280 vs 420 vs 560 ppmv	4年生	栄養条件(窒素)	3成長期	+	0	n.a.	n.a.		Hättenschwiler et al. (1996)
シベリアカラマツ	Larix sibirica	GC	360 vs 720 ppmv	0	栄養条件(窒素)	2生育期	+	+/−(高栄養)	0/−	n.a.	成長期初期に高CO$_2$の影響が顕著	Yazaki, et al. (2005)
ニホンカラマツ	Larix kaempferi	GC	360 vs 720 ppmv	1年生	栄養条件(窒素)	1生育期	+	0/+	0	n.a.		
ポプラ類(雑種を含む)	Populus nigra L. Populus euramericana	FACE	550	挿し木		3成長期	0	n.a.	n.a.	n.a.		Calfapietra et al. (2003)
ヨーロッパブナ	Fagus sylvatica	OTC	370 vs 590 ppmv	6~7ヵ月生	栄養条件(窒素)	4ヵ月	0	n.a.	+(内腔面積)	n.a.		
セイヨウヒイラギガシ	Quercus ilex	OTC		16~17年生	ボウ木の傾き(あて材形成)	4ヵ月	0	n.a.	0	n.a.		
セイヨウヒイラギガシ	Quercus ilex	CO$_2$-spring	350 vs 約 650 ppmv	22~39年生		30年	n.a.	+	n.a.	n.a.		環孔材	Gartner et al. (2003)
アカガシ	Quercus robur	GC	350 vs 700 ppmv	10ヵ月生		1成長期	n.a.	n.a.	n.a.	n.a.	環孔材、加齢に伴い、高CO$_2$の影響は減少	Atkinson & Taylor (1996)
モミジバフウ	Liquidambar styraciflua	FACE	大気 vs 530 ppmv	約10ヵ月生		2成長期	n.a.	0/+	n.a.	n.a.	環孔材、成長期初期に高CO$_2$の影響が顕著	Norby (2004)
イチゴノキ マンナノキ ナラ類 セイヨウヒイラギガシ ナラ類	Arbutus unedo Fraxinus ornus Quercus cerris Quercus ilex Quercus pubescens	CO$_2$-spring	大気 vs 約700 ppmv	数10年生		約10年	0	0	n.a.	n.a.		Tognetti (2000)
セイヨウミザクラ	Prunus avium L. × P. pseudocerasus Lind	GC	350 vs 700 ppmv	2ヵ月生		1成長期	0	0	n.a.	n.a.		

OTC:オープントップチェンバー、GC:人工気象室、FACE:開放系CO$_2$増加、CO$_2$-spring:CO$_2$噴出泉

(小池, 2004b; Yazaki et al., 2005 を改作)

2.3 環境変動への森林の応答

表2.3.2 林内光環境と更新稚樹の生存・成長との関係

相対照度（％）	前生稚樹の更新と成長
0〜5	大部分の樹種の更新ができない
5〜10	陰樹の前生稚樹の成長が始まる
10〜20	陽樹の前生稚樹の成長が始まる
20〜30	大部分の稚樹の成長が持続
30〜50	更新した稚樹が繁茂する

相対照度は，曇天の日の正午付近で，開放地と林床での光環境を同時に測定した照度（ミノルタ照度計）の相対値．素資料は，原田（1954）による．

なるので（Koike et al., 1997b），生育環境のCO$_2$濃度が低いほどLAIが増加した結果と考えられる．ただし，上述のようにLAIが高い値を維持することは，個体レベルでの相対成長関係の変化も関係しており（Norby et al., 2001b），この現象が恒常的かどうかさらに検討を要する．人工気象室を用いたCO$_2$制御環境で生育したオノエヤナギとエゾノカワヤナギのモデル群落（生育密度8000本・ha^{-1}）では，LAI値は開葉後50日程度で一時的に5.5に増加したが，下層へ到達する光量が減少し，その後1週間足らずで4.0へ低下して，最終的には4.4を越えなかった（Koike et al., 1995）．落葉広葉樹林では2〜3，常緑針葉樹林では6〜7と，森林群落タイプによってLAI値はほぼ一定の値を示すが（菊沢，1999b），これからの変動環境下では，この数値の変化を再度検討する必要がある．

森林の階層構造を考えると光補償点の変化は更新稚樹の生存を左右するパラメータである．高CO$_2$条件では呼吸速度が抑制気味になることが多く（Amthor, 1998），光補償点の低下が予測される．これは，光-光合成曲線の形状から暗呼吸速度の低下によって光補償点も低下するからである．事実，FACE内部に生育する各種広葉樹の光補償点は低下し，光合成誘導反応（暗所に置かれた葉に光を与え，光合成速度が上昇して一定の値に達するまでの時間をいう）の応答速度が上昇し，多くの広葉樹葉の炭素固定効率（CE）は増加していることから，林床に生育する更新稚樹の成長は極端に低下しない結果が報告されている（Naumburg & Ellsworth, 2000）．これらの結果から，Oikawaモデル（1986）では予測されていない林分下層植物の生理的応答能も，今後，さらに検討すべき課題である．

ii） 微生物

一般に，樹木を高CO$_2$条件で生育させると葉の窒素含量が低下し，葉色は黄味を帯びることが多い．しかし，ハンノキ類やイヌエンジュなどの窒素固定菌を共生する樹木の葉の色は，他の樹種に比べて緑色を保つことが多い．共生する菌類により葉色や成長の仕方は異なるが，高CO$_2$条件では，土壌の窒素養分が少ない場合に，根系の根粒数の増加，根粒菌や*Frankia* sp. のアセチレン還元能力の上昇などがみられる．つまり，大気中の窒素固定が促進されることがわかる．栄養塩類が成長の制限になりやすい高CO$_2$環境では，窒素固定菌を共生する樹種の植生や林分構造に及ぼす影響は大きいと考えられる．

北日本を代表する針葉樹であるアカエゾマツでは，高CO$_2$条件で根系の発達が促進され外生菌根菌の発達も明瞭であった．これは宿主であるアカエゾマツの光合成能力が増加すると光合成産物によって外生菌根菌の活動も増加し，宿主の不足するリン酸や窒素などの供給が順調に行われるためと考えられる（Quoreshi et al., 2003）．本州西南部や韓国に広がる花崗岩地帯は比較的貧栄養で，そこにはアカマツが優占する．このアカマツを含む多くのマツ科の樹種では外生菌根菌との共生

関係が生存と成長を左右する．マツ類と強い共生関係を示すコツブタケを接種したアカマツ苗木の成長を貧栄養・高 CO_2（720 ppmv）で生育させたところ，通常大気 CO_2 濃度と比較すると不足しがちな針葉中のリン酸濃度が非接種の対照個体に比べて高く，光合成の「負の制御」はみられず，気孔制限が緩和された（Choi *et al.*, 2005）．これは高 CO_2 濃度環境での外生菌根菌の活性上昇を裏付ける結果であった（**図 2.3.11**）．

一方，外生菌根菌のマツタケ属の活動は，pH4.5 付近の酸性環境で活発化するという．上述のコツブタケや酸性土壌でよくみられるシノコッカム・ゲフォルムは，pH が約 4.5 以下で溶出する Al には耐性がない．これらに対してカラマツ林でみかけるヌメリイグチは Al 耐性があるという（二井ら，1994）．ただ，現状では，多くの樹種の成長を支える外生菌根菌の研究例が依然乏しい．大気中の CO_2 濃度増加と酸性沈着物中の窒素酸化物による環境変動は，自国と隣国の経済活動に直結するだけに，今後も深刻さを増すと考えられ，変動環境に対する樹木の応答能力を十分考慮する必要がある（小池ら，2002；小池，2004a）．

「自己施肥」の用語があるように，森林では落葉落枝（リター）によって養分が還元され，再度，森林植物の成長に利用される．世界規模のリター分解過程が鋳型（テンプレート）の概念を利用して解析され，その概要が明らかになった（武田，1992）．しかし，現在，CO_2 濃度の上昇に加え，窒素沈着量も増加傾向になる．この影響をどのように評価するか，今後の課題といえる．一般的に葉の窒素濃度が低い（C：N 比が高い）と落葉の分解が遅れる傾向がある．落葉前の養分回収能力に種間差はあるが，高 CO_2 環境で生産された落葉の C：N 比は 100 にも達し，通常の CO_2 濃度で生産された落葉の 2〜4 倍近い大きな値を示す樹種がある．研究例は限られるが，これらでは明らかに分解の遅れる傾向があった（Norby *et al.*, 2001a）．

一方，CO_2 濃度の上昇に伴って気温の影響も予想されているので，分解にかかわる微生物活性の変化と落葉の性質との関連を解明する必要がある．このように栄養塩の供給を中心に炭素・窒素を中心とした物質循環がこれまでと異なることが予想されるが，上記のように高 CO_2 条件でも落葉中の窒素含量の高いハンノキ類やマメ科樹木（活物材料；道路法面の緑化など裸地に植え，土壌の肥沃化を図る植物として利用されてきた）の役割が注目される．

ハンノキ類では，貧栄養条件におかれたときに，高 CO_2（700 ppmv）で生育したときに比べると，通常大気条件（360 ppmv）で生育させた場合の約 2 倍量の根粒（*Frankia* sp. による）が形成され，宿主であるケヤマハンノキ（*Alnus hirsuta*）の成長が加速された（Koike *et al.*, 1997a）．しかし，富栄養

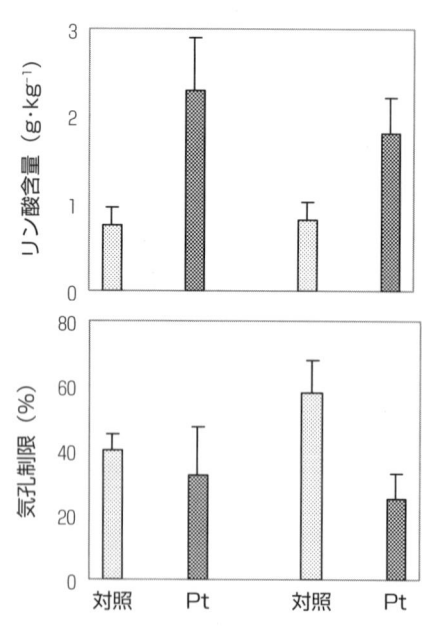

図2.3.11 高 CO_2 環境でのアカマツへの外生菌根菌接種の影響

特に，高 CO_2 環境での気孔制限が緩和されていた．
Pt：コツブタケ接種個体．

（Choi *et al.*, 2005 より改作）

では根粒の形成が抑制された．この傾向はレッドオルダー（*Alnus rubra*）実生でもみられ（Arnon & Gordon, 1990），ケヤマハンノキ苗木へ窒素肥料を付加した実験でも同様に根粒の形成が抑制された（Koike *et al.*, 1997a ; Tobita *et al.*, 2005）．しかし，宿主の光合成能力の上昇に伴って共生微生物の活動が活性化し，食葉性昆虫の活動にも影響が懸念される．以下では，群集レベルの応答のうち微生物を介した植食者の活動について触れる．

iii） **被食防衛**

1960年代には世界規模で生物生産力の測定が実施された（IBP：国際生物学事業）．虫などによる被食量は生態系の二次生産（消費）量であり，森林では全葉量の3～4％と推定された（古野，1974）．しかし，1990年代後半のテキストをみると，森林の二次生産量の割合は10～20％と増加している（Hartly & Jones, 1997）．この増加の原因はいろいろ考えられるが，1つには，この30～40年間に増加した大気中のCO_2濃度があげられる．高CO_2処理試験の結果では，大部分の樹種の葉中の炭素/窒素（C：N）比は増加する．これは，多くの鱗翅目の食葉性昆虫にとって食物としての葉の質が低下し，将来環境での食害の程度が変化することを意味する．このような視点の研究はカンバ類を中心にフィンランド（Riipi *et al.*, 2002）や北米中央部（Lincoln *et al.*, 1993 ; Lindroth, 1996），北海道の森林を構成する落葉広葉樹を対象に進展中である（Koike *et al.*, 2006a ; b）．

ここで，葉の被食防衛に関する一般的な特徴を紹介する．多くの草本種に比べると，樹木葉では着葉時間が長く，葉の硬さ，トリコーム（毛状体），リグニンやワックスなど消化されにくい物質による量的防御を行う．草本ではアブラナ科に典型的で樹木ではユーカリ類の一種にみられるが，アルカロイド（おもに高等植物に存在する窒素を含む複雑な塩基性有機化合物の総称．ニコチン，キニーネ，カフェインの類）などによる質的防御を行うことが多い．アルカロイドを生産する代謝コストは比較的小さいが，これらの防御物質に対する解毒能力を獲得されやすく，スペシャリストとされる植食者に集中的な食害を受ける．防御物質は樹種によって異なり，針葉樹ではメバロン酸合成系を経て生産されるテルペン類が，広葉樹類ではフェノール類や縮合タンニンが重要な働きを示す．特に，縮合タンニンと総称される物質では，タンパク質と結合し植食者の消化不良を起こす．なお，シキミ酸合成系から生成されるフェニールアラニンは，タンパク合成と広葉樹の主要防衛物質であるフェノール物質の合成に利用されるので，成長と防御の間には大まかには代謝レベルでのトレードオフ関係が成り立つ．

葉の防衛能力の指標の1つにC：N比があげられる．ここで，高CO_2環境では栄養分が十分あると光合成速度は増加し，葉の窒素含量はやや低下するのでC：N比は高くなる．北海道の落葉広葉樹に注目すると，先駆的なシラカンバやケヤマハンノキでは，遷移中後期種のミズナラやカエデ類に比べると，個葉の寿命は短くC：N（炭素：窒素）比の低い葉をもつ．この反対の特性をもつミズナラやカエデ類は防御能力が高いと予想される．そこで，これら4樹種を異なる栄養条件で生育させ，葉の硬さ，C：N比，被食防衛物質量などについて調べた．

縮合タンニンや総フェノールとして検出される化学的防御物質は，これまで対象にした12樹種の分析結果では，樹種特性が明確に存在した（Koike *et al.*, 2006a）．たとえば，ケヤマハンノキやヤチダモでは葉中の縮合タンニン量がきわめて少なく，これに対して総フェノール量は多い．多くの場合，縮合タンニン量が植食者に対する防御能力の指標にはなるが，葉の硬さや物理的防御であるトリコームが存在するなど，必ずしも樹種固有の被食防衛能力を代表することにならない．した

がって，特定の化学物質の定量だけでは，植物の被食防衛能力を総合的に評価することにならない．そこで，生物検定を用いて被食防衛能力を調べることにした．ハンノキ類を中心としてカバノキ科樹木はハンノキハムシ（*Agelastica coerulea*）がスペシャリストとして知られている．しかし，スペシャリストであれば特定の植物種を特異的に食し，結果に偏りが生じるので，通常では落葉広葉樹を餌にしないジェネラリストで，実験用に開発されたエリサン（*Samia cynthia ricini*）を検体に用いて摂食試験を行った（Koike *et al*., 2006b）．

その結果，シラカンバとケヤマハンノキを餌にすると，ミズナラとイタヤカエデを与えた場合よりエリサンの生存日数は長く，その成長量も約10～50倍に達した．特にケヤマハンノキを除くと，窒素付加を行った個体の葉を与えたエリサンの生存日数がCO_2濃度にかかわらず長かった．同じ栄養条件であれば高CO_2で生育した個体の葉のC：N比は高く，総フェノール・縮合タンニン量は通常大気CO_2濃度で生育した個体に比べ高い傾向があった（Koike *et al*., 2006b）．これは高CO_2で生産された光合成産物が防御物質に分配されたと結果と考えられる．また，生育時のCO_2濃度が同じであれば貧栄養で生育した個体の防御能力が高かった（Koike *et al*., 2003）．

ところが上記のように，対象とした4樹種の中では，ケヤマハンノキを餌にした場合のみエリサンの生存日数が高CO_2・貧栄養条件で富栄養条件の材料とほぼ同じ値を示した（図 2.3.12）（Koike *et al*., 2006b）．この樹種は上記のように窒素固定菌 *Frankia* sp. と共生するため，貧栄養でも旺盛な成長をする．高CO_2では宿主のケヤマハンノキの光合成速度が増加し，共生する *Frankia* sp. への光合成産物の分配が増えてその窒素固定活動が活性化し，ケヤマハンノキ葉中の窒素が増加し，この結果，エリサンの成長が維持されたと考えられる．しかし，検体に用いたエリサンは最終的にはすべて死亡したことから，ケヤマハンノキ葉中の縮合タンニン含量はきわめて少ないが，他の樹種と同じ程度に含まれる総フェノールとして検出された物質中に成

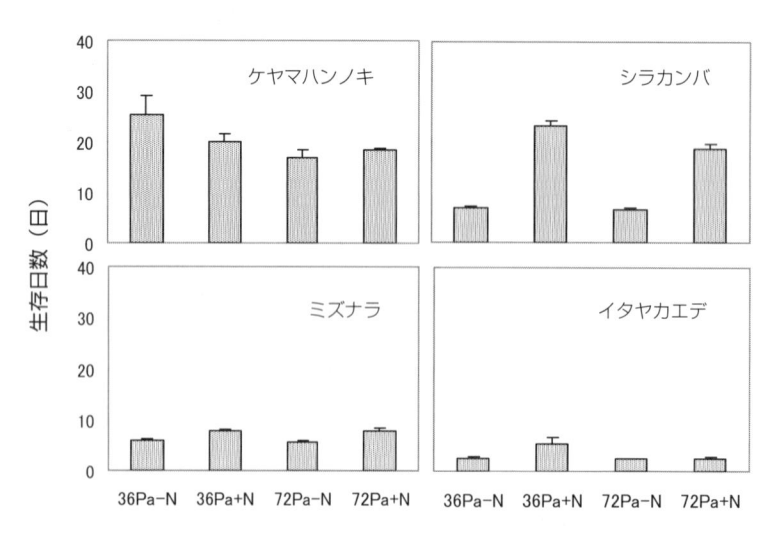

図 2.3.12　高CO_2と窒素養分の異なる環境で生育した広葉樹4樹種を食したエリサンの生存率
36Pa-N：大気CO_2濃度貧栄養，36Pa+N：大気CO_2濃度富栄養．
72Pa-N：高CO_2濃度貧栄養，72Pa+N：高CO_2濃度富栄養．

(Koike *et al*., 2006b より改作)

長阻害物質や蛹化を妨げる物質が存在している可能性もあり，これらの解析は今後の課題である．

マツ類では典型的であるが，常緑葉には貯蔵器官の働きがあるので，食害を受けると枯死に至る場合も多い（古野，1974）．これまで述べたように研究例は限られているが，種によって高 CO_2 環境で防御物質の合成が促進される種が異なり，さらにその物質種も異なる．これは，温暖化環境がさらに進行すれば食葉性昆虫（植食者）と植物の関係が大きく異なり，森林を構成する種組成にも影響が出ることが予想される．

これまでに紹介してきた結果から，将来の食害の程度の変化は以下のように予想される．すなわち「餌」の質の低下によって植食者の成長が抑制され生活環を終えることができないか，不足する栄養分を摂食するため採餌時間が延びて天敵に喰われる機会が増えるため，被食量（二次生産量）は減るという見方と，温暖化環境のもとで昆虫類の成長が促進され，被食量が増加するという考え方がある．高 CO_2 による温暖化現象が顕在化する中で，「宿主－共生微生物－食葉性昆虫－天敵」の活動という複雑な関係を生物間相互作用の視点からさらに解明する必要がある．

2.3.5 変動環境と森林樹木の成長

これまでに述べてきたことから，環境変動の中でも温度に対しては葉とシュートが反応し，その年の成長を左右することがわかった．個葉，シュートの統合体としての個体，そしてこれらが総合された森林群集とそこに生息する森林昆虫などの活動が温度環境によって制限される．温度によって葉が展開し生産活動が始まるが，これを担う光合成を左右するのは窒素である．自然界では一般には不足がちな養分とされるが，近年，酸性沈着として生態系に流入する窒素酸化物量が増加傾向にある．窒素沈着量は，増加し続ける大気中 CO_2 濃度との関係からも重要な環境資源である．

個葉の窒素は光環境の変化に鋭敏に反応して，炭素固定，電子伝達，集光機能などに関係した部位へ分配される．窒素利用特性は樹種の遷移上の特長と個葉の光環境に関連して大きく変化する．たとえば，多くの植物では葉の光環境の良好な部分へ窒素を分配する傾向がある（DeJong et al., 1989; LeRoux et al., 1999; Evans & Poorter, 2001）．しかし，遷移後期種に多くみられる一斉開葉型の樹種では，樹冠上層部から葉の老化が進行し，葉の窒素量が少なく光合成速度も低い傾向がある（Koike, 2004）．また，葉の構造も遷移上の生育特性を反映して大きく異なり，先駆種では葉が厚く後期種では薄い傾向がある（Koike, 1988）．この結果，葉の窒素量と P_{sat} の関係をみると（図 2.3.13），高 CO_2 環境で生育した葉では窒素利用効率が高かった．また，陽樹冠とギャップ依存種・遷移中後期種のグループと陰樹冠と遷移後期種のグループに大別され，陽樹冠の葉に比べると陰樹冠の葉では窒素利用効率が低かった．ただこれは落葉広葉樹高木層の構成種に成り立つ関係であり，常緑樹（広葉樹，針葉樹）では，葉自体が養分の貯蔵器官でもあるので落葉樹と同様の解釈はできない（Reich et al., 1995）．たとえば，常緑樹では，葉の寿命は最低でも 1 年以上であり，葉の強度を高めるために落葉樹と葉の構造（強度，細胞壁の構造，化学防衛の成分などへの光合成産物の投資が多い）が大きく異なる（Terashima et al., 2001）．

一方，陽樹冠の中でも樹冠上層部の 8 月の測定例でみられたが，光阻害を受けた材料では陰樹冠や遷移後期種と同じグループに属した．これらの結果は，葉に窒素がどれだけ含まれるかではなく，どのように分配されるか，また，分配された窒素が細胞内器官において正常に活動できるかどうか，に依存することを意味する．すなわち，光合成機能は葉中の

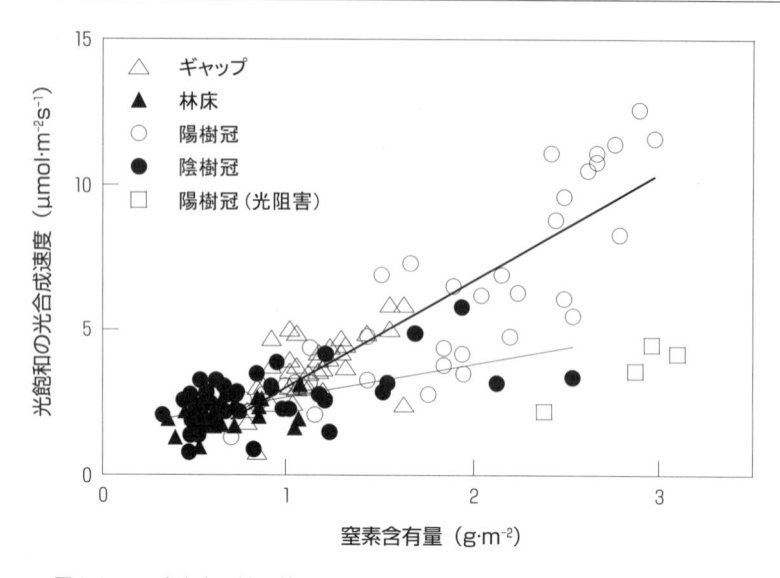

図 2.3.13 生育光環境に着目した葉の窒素と光飽和の光合成速度との関係
陽樹冠・陰樹冠の測定値は Koike *et al.* (2001), 稚樹の値は Kitaoka & Koike (2004) を利用した.

窒素がどのように分配されるかに依存し,その構造は個葉のおかれる場所の環境条件によって大きく変化することで,効率よく光合成生産を営むことができると考えられる.その葉群を支える木部の構造も水分通導を介して環境条件によって変化する可能性がある.

さらに,共生微生物類の活動や被食防衛などのいわば生物ストレスへの応答のために光合成産物が分配されるが,ケヤマハンノキの例のように,本来,貧栄養下で活動が促進される共生微生物 *Frankia* sp. の活性が,高CO_2環境での宿主の活動と連動して高まり,結果として被食防衛能力が低下する例もみられた.このように,変動環境下では他の生物間の相互作用による間接的効果も注目すべき課題といえる.

なお,木部形成に関する資料を提供頂いた矢崎健一博士と文献収集に協力頂いた北岡哲博士に感謝する.

(2.3節 小池孝良)

第2章 Exercise

(1) 冬季のある気候では，春の開葉は，同所に分布していても，落葉広葉樹の方が常緑広葉樹より早い．この現象は資源獲得の最適戦略という視点からどのように説明できるか．

(2) 京都近辺の森林では梅雨明けの8月に最も土壌が乾燥し，その乾燥は谷では緩やかで尾根では最も著しい．春の開葉時期を谷と尾根で常緑広葉樹同士，落葉広葉樹同士の同じ生活形で比べると谷と尾根のどちらが早いと考えられるか．

(3) 季節のない環境でいつでも開葉可能だとする．枝や個体で葉をどのタイミングで付け替えていくと枝や個体の資源獲得が最適になるかを考える．葉の稼ぎを時間的に追うと，開葉の初めは葉を付けるコストがかかるので稼ぎはマイナスである．光合成を始めると稼ぎは上昇し，ある時点でマイナスからプラスに転じる．純光合成速度は開葉とともに上昇するので葉の稼ぎは増加する．純光合成速度は最大に達してから減少するが，葉の稼ぎは光合成速度が低下して純生産がゼロになるまでは増加する．では，このように変化する葉の稼ぎのいつの時点で次の葉を付け替えると枝や個体としての資源獲得は最適になるかを説明せよ．

(4) シベリアのバイカル湖周辺の亜寒帯では，谷に5葉タイプのマツ属，トウヒ属，モミ属の常緑針葉樹，斜面にカラマツ属の落葉針葉樹，尾根に2葉タイプのマツ属の常緑針葉樹と谷から尾根にかけて常緑性，落葉性，常緑性というパターンがみられる．なぜこのようなパターンが成立しているかを説明せよ．

(5) 地球温暖化に伴って降水量も変化すると予測されている．乾季の存在によって落葉樹林帯が出現するように，降水量の季節変化も気温の季節変化同様に森林の常緑・落葉性に関係する．気温は変化しないとして，ある地域の年降水量が増加した場合，森林の常緑性と落葉性のどちらの分布に有利に働くかを説明せよ．

(6) 水分通導機能の観点からみた環孔材と散孔材の長所短所について考察せよ．

(7) 同じ地上部現存量でありながら，構成する樹木個体のサイズ構成が異なる2つの森林があるとする．これらの森林はサイズ構成の他にどのような点が異なる可能性があるかまとめよ．

第2章 引用文献

Amthor, J. (1998) Respiration of plant producitivity. Springer Verlag

Arnon III, J. A. & Gordon, J. C. (1990) Effect of nodulation, nitrogen fixation and CO_2 enrichment on the physiology, growth and dry mass allocation of seedlings of Alnus rubra Bong. *New Phytol.*, **116**, 55-66

Arp, W. J. (1991) Effects of source-sink relations on photosynthetic acclimation to elevated CO_2. *Plant Cell Environ.*, **14**, 869-875

Atkinson, C. J. & Taylor, J. M. (1996) Effects of elevated CO_2 on stem growth, vessel area and hydraulic conductivity of oak and cherry seedlings. *New Phytol.*, **133**, 617-626

Atwell, B. J., Henery, M. L. *et al.* (2003)

Sapwood development in Pinus radiata trees grown for three years at ambient and elevated carbon dioxide partial pressures. *Tree Physiol.*, **23**, 13-21

Banfield, G. E., Bhatti, J. S. et al. (2002) Variability in regional scale estimates of carbon stocks in boreal forest ecosystems: results from West-Central Alberta. *For. Ecol. Manage.*, **169**, 15-27

Bazzaz, F. A. (1996) Plants in changing environments. Cambridge Univ. Press, Cambridge, 320 pp.

Bazzaz, F. A. & Carlson, R. W. (1982) Photosynthetic acclimation to variability in the light environment of early and late successional plants. *Oecologia*, **54**, 313-316

Becker, P., Meinzer, F. C. et al. (2000) Hydraulic limitation of tree height: a critique. *Funct. Ecol.*, **14**, 4-11

Beismann, H., Schweingruber, F. et al. (2002) Mechanical properties of spruce and beech wood grown in elevated CO_2. *Trees*, **16**, 511-518

Biscope, P. V. & Gallagher, J. H. (1977) Weather, dry matter production and yield. *In* Environmental Effects on Crop Physiology. (Landsberg, J. J. & Cutting, C. V. eds.), Academic Press, New York, 75-100

Calfapietra, C., Gielen, B. et al. (2003) Free-air CO_2 enrichment (FACE) enhances biomass production in a short-rotation poplar plantation. *Tree Physiol.*, **23**, 805-814

Carrer, M. & Urbinati, C. (2004) Age-dependent tree-ring growth responses to climate in *Larix decidua* and *Pinus cembra*. *Ecology*, **85**, 730-740

Ceulemans, R., Jach, M. E. et al. (2002) Elevated atmospheric CO_2 alters wood production, wood quality and wood strength of Scots pine (*Pinus sylvestris* L) after three years of enrichment. *Global Change Biol.*, **8**, 153-162

Choi, D. S., Quoreshi, A. M. et al. (2005) Effect of ectomycorrhizal infection on growth and photosynthetic characteristics of *Pinus densiflora* seedlings grown under elevated CO_2 concentrations. *Photosynthetica*, **43**, 223-229

Conroy, J. P., Milham, P. J., et al. (1990) Growth, dry weight partitioning and wood properties of *Pinus radiata* D. Don after 2 years of CO_2 enrichment. *Plant Cell Environ.*, **13**, 329-337

DeJong, T. M., Day, K. R. et al. (1989) Partitioning of leaf nitrogen within canopy light exposure and nitrogen availability in peach (*Prunus persica*). *Trees*, **3**, 89-95

Donaldson, L. A., Hollinger, D., et al. (1997) Effect of CO_2 enrichment on wood structure in Pinus radiata D. Don. *IAWA Bulletin*, **8**, 285-289

Eguchi, N., Funada, R. et al. (2005) Soil moisture condition and growth of deciduous tree seedlings native to northern Japan raised under elevated CO_2 with a FACE system. *Phyton* (Horn, Austria), **45**, 133-138

江口則和・上田龍四郎 他 (2004) FACE (開放系大気 CO_2 増加) を用いた落葉樹への高 CO_2 付加実験, 北方林業, **56**, 4-7

Elias, P. & Masarovicova, E. (1980) Chlorophyll content in leaves of plants in an oak-hornbeam forest. 3. Trees. *Photosynthetica*, **14**, 604-610

Elias, P., Kratochvilova, I. et al. (1989) Stand microclimate and physiological activity of tree leaves in an oak-hornbeam forest. I. Stand microclimate. *Trees*, **4**, 227-233

Ellsworth, D. S. & Reich, P. B. (1993) Canopy structure and vertical patterns of photosynthesis and related leaf traits in deciduous forest. *Oecologia*, **96**, 169-178

Evans, J. R. (1989) Photosynthesis and nitrogen relationships in leaves of C_3 plants. *Oecologia*, **78**, 9-19

Evans, J. R. & Poorter, H. (2001) Photosynthetic acclimation of plants to growth irradiance: the relative importance of specific leaf area and nitrogen partitioning in maximizing carbon gain. *Plant Cell Environ.*, **24**, 755-767

Field, C. B. (1983) Allocating leaf nitrogen

for the maximization of carbon gain: Leaf age as a control on the allocation program. *Oecologia*, **56**, 341-347

Fournier, R. A., Luther, J. E., *et al.* (2003) Mapping aboveground tree biomass at the stand level from inventory information: test cases in Newfoundland and Quebec. *Can. J. For., Res.*, **33**, 1846-1863

古野東洲（1974）森の中の昆虫，森－そのしくみとはたらき－．只木良也・赤井龍男編著，共立出版，98-114

二井一禎・金子信博 他（1994）酸性降下物が森林の生物群集の相互作用に与える影響，2．酸性降下物が樹木と微生物の相互作用に及ぼす影響，日生態誌，**44**，339-352

Fukushima, Y., Hiura, T. *et al.* (1998) Accuracy of MacArther-Horn method for estimating a foliage profile. *Agr. For. Meteo.*, **93**, 203-210

Gartner, B. L., Roy, J. *et al.* (2003): Effects of tension wood on specific conductivity and vulnerability to embolism of *Quercus ilex* seedling grown at two atmospheric CO_2 concentration. *Tree Physiol.*, **23**, 387-395

Hartly, A. E. & Jones, C. G. (1997) Plant Ecology, (Crawley, M. J. ed.) Blackwell Sci. Pub., London, 284-324

原田泰（1954）改訂 森林と環境，北海道造林振興協会，159 pp.

Hättenschwiler, S., Miglietta, F. *et al.* (1997) Thirty years of in situ tree growth under elevated CO_2: a model for future forest responses? *Global Change Biol.*, **3**, 463-471

Hättenschwiler, S., Schweingruber, F. H. *et al.* (1996): Tree ring responses to elevated CO_2 and increased N deposition in *Picea abies*. *Plant Cell Environ.*, **19**, 1369-1378

彦坂幸毅（2001）環境応答の生理生態学，『環境応答』（寺島一郎編），朝倉書店，187-206

広瀬忠樹（2002）群落の光合成と物質生産，『光合成』（佐藤公行編），朝倉書店，150-162

Hirose, T. & Werger, M. J. A. (1987) Maximizing daily canopy photosynthesis with respect to the leaf nitrogen allocation pattern in the canopy. *Oecologia*, **72**, 520-526

Hiura, T. (2005) Estimation of aboveground biomass and net biomass increment in a cool temperate forest on a landscape scale. *Ecol. Res.*, **20**, 271-277

Hozumi, K., Shinozaki, K. *et al.* (1968) Studies on the frequency distribution of the weight of individual trees in a forest stand I. A new approach toward the analysis of the distribution function and the -3/2th power distribution. *Jpn. J. Ecol.*, **18**, 10-20

池田武文（2001）水分通導と木部，樹木環境生理学．佐々木恵彦・永田洋編著，文永堂，12-28

Ishii, H., Tanabe, S., *et al.* (2004) Exploring the relationship between canopy structure, stand productivity and biodiversity of natural forest ecosystems: Implications for conservation and management of canopy ecosystem functions. *For. Sci.*, **50**, 342-355

Kikuzawa, K. (1983) Leaf survival of woody plants in deciduous broad-leaved forests. 1. Tall trees. *Can. J. Bot.*, **61**, 2133-2139

菊沢喜八郎（1986）北の国の雑木林 ツリー・ウォッチング入門，蒼樹書房，220 pp.

菊沢喜八郎（1999a）地球変化と樹木フェノロジー，環境変動と生物集団．河野昭一・井村治編，海游舎，36-52

菊沢喜八郎（1999b）新・生態学への招待 森林の生態，共立出版，198 pp.

木村允・戸塚績（1973）植物の生産過程，共立出版，121 pp.

吉良龍夫（1945）東亜南方圏の新気候区分．京都帝国大学農学部園芸学研究室 昭和20年10月，1-24

吉良竜夫（1976）陸上生態系・概論，共立出版，166 pp.

Kira, T. & Shidei, T. (1967) Primary production and turnover of organic matter in different forest ecosystems of the western Pacific. *Jpn. J. Ecol.*, **17**, 70-87

吉良龍夫・四手井綱英 他（1976）日本の植生，科学，**46**，235-247

Kitaoka, S. & Koike, T. (2004) Invasion of broadleaf tree species into a larch plantation : Seasonal light environment, photosynthesis, and nitrogen allocation. *Physiol. Plant.*, **121**, 604-611

Kitaoka, S. & Koike, T. (2005) Seasonal and year-to-year variation in light use and nitrogen use of four deciduous broad-leaved tree seedlings invading larch plantations. *Tree Physiol.*, **25**, 467-475

Kobayashi, O., Funada, R. et al. (1998) Evaluation of the effects of climatic and nonclimatic factors on the radial growth of Yezo spruce (*Picea jezoensis* Carr) by dendrochronological methods. *Ann. Sci. For.*, **55**, 277-286

小池孝良（1985）弱い光，強い光を上手に利用する樹種　広葉樹の光合成特性，天然林を考える．札幌営林局，116-119

Koike, F. & Syahbuddin (1993) Canopy structure of a tropical rain forest and the nature of an unstratified upper layer. *Funct. Ecol.*, **7**, 230-235

Koike, T. (1986) Photosynthetic responses to light intensity of deciduous broad-leaved tree seedlings raised under various artificial shade. *Environ. Cont. Biol.*, **24**, 51-58

Koike, T. (1988) Leaf structure and photosynthetic performance as related to the forest succession of deciduous broad-leaved trees. *Plant Species Biol.*, **3**, 77-87

Koike, T. (1993) Ecophysiological responses of the northern tree species in Japan to elevated CO_2 concentrations and temperature. First IGBP Symposium (Oshima, Y. ed.), Japan Society of Promotion of Sciences, Tokyo, 425-430

Koike, T. (1995) Effects of CO_2 in interaction with temperature and soil fertility on the foliar phenology of alder, birch, and maple seedlings. *Can. J. Bot.*, **73**, 149-157

Koike, T., Kohda, H. et al. (1995) Growth responses of the cuttings of two willow species to elevated CO_2 and temperature. *Plant Species Biol.*, **10**, 95-101

Koike, T., Lei, T. T. et al. (1996) Comparison of the photosynthetic capacity of Siberian and Japanese birch seedlings grown in elevated CO_2 and temperature. *Tree Physiology*, **16**, 381-385

Koike, T., Izuta, T. et al. (1997a) Effects of high CO_2 on nodule formation in roots of Japanese mountain alder seedlings grown under two nutrient levels. *Plant Soil*, **195**, 887-888

Koike, T., Lei, T. T. et al. (1997b) Leaf structure and gas exchange responses of birch and maackia, a woody legume raised under CO_2 levels ranging from the pre-industrial period to a tripling. Int. Workshop on Global Change and Terrestrial Environment in Monsoon Asia. The University of Tsukuba Special Project for Global Change, 7-10

Koike, T., Kitao, M. et al. (2001) Leaf morphology and photosynthetic adjustments among deciduous broad-leaved trees within the vertical canopy profile. *Tree Physiol.*, **21**, 951-958

小池孝良・香山雅純 他（2002）変動環境下における冷温帯樹木の根系の発達と成長，根の研究，**11**，161-169

Koike, T., Matsuki, S. et al. (2003) : Bottom-up regulation for protection and conservation of forest ecosystems in northern Japan under changing environment. *Eurasian J. For. Res.*, **6**, 177-189

Koike, T., Kitaoka, S. et al. (2004) Photosynthetic characteristics of mixed broadleaf forests from leaf to stand. *In* Global Environmental Change in the Ocean and on Land (Shiomi, M. & Kawahata, H. eds.), TerraPub, Tokyo, 453-472

小池孝良（2004a）森林環境資源の修復に向けて，北方林業，**56**，17-20

小池孝良（2004b）温暖化への応答，樹木生理生態学．小池孝良編著，朝倉書店，288-292

Koike, T. (2004) Autumn coloration, carbon acquisition, and leaf senescence. *In* Plant Cell Death Processes (Nood, L. D. ed.), Elsevier-Academic Press, Amsterdam, San Diego, 245-258

Koike, T., Matsuki, S., et al. (2006a) Leaf

longevity and defense characteristics in trees of Betulaceae. IUFRO workshop (2-07) in Kanazawa. [in press]

Koike, T., Tobita, H., et al. (2006b) Defense characteristics of seral deciduous broad-leaved tree seedlings grown under differing levels of CO_2 and nitrogen. *Population Ecol.*, **48**, 23-29

Körner, Ch., Asshoff, R., et al. (2005) Carbon Flux and Growth in Mature Deciduous Forest Trees Exposed to Elevated CO_2. *Science*, **309**, 1360-1362

Körner, Ch. & Arnon III, J. A. (1992) Responses to elevated carbon dioxide in artificial tropical ecosystems. *Science*, **257**, 1672-1675

Kubiske, M. E. & Pregitzer, K. S. (1997) Ecophysioligical responses to simulated canopy gaps of two tree species of contrasting shade tolerance in elevated CO_2. *Funct. Ecol.*, **11**, 24-32

Kull, O. & Kruijt, B. (1999) Acclimation of photosynthesis to light : a mechanistic approach. *Funct. Ecol.*, **13**, 24-36

Küppers, M. & Schneider, H. (1993) Leaf gas exchange of beech (*Fagus sylvatica* L.) seedlings in lightflecks : effects of fleck length and leaf temperature in leaves grown in deep and partial shade. *Trees*, **7**, 160-168

Küppers. M. (1989) Ecological significance of aboveground architectural patterns in woody plants : a question of cost-benefit relationship. *Trend Ecol Evol.*, **4**, 375-379

Kusumoto, T. (1964) An ecological analysis of the distribution of broad-leaved evergreen trees, based on the dry matter production. *Japanese Journal of Botany*, **17**, 307-331

Larcher, W. (2003) Physiological plant ecology : Ecophysiology and stress physiology of functional groups (4th ed.). Springer, Berlin, 513 pp.

Leakey, A. D. B., Press, M. C. et al. (2002) Relative enhancement of photosynthesis and growth at elevated CO_2 is greater under sunfleckes thahn uniform irradiance in a tropical rain forest tree seedling. *Plant Cell Environ.*, **25**, 1701-1714

LeRoux, X., Sinoquet, H. et al. (1999) Spatial distribution of leaf dry weight per area and leaf nitrogen concentration in relation to local radiation regime within an isolated tree crown. *Tree Physiol.*, **19**, 181-188

Lincoln, D. E., Fajer E. D. et al. (1993) Plant -Insect herbivore interactions in elevated CO_2 environments. *Trend Ecol Evol.*, **8**, 64-68

Lindroth, R. L. (1996) CO_2-mediated changes in tree chemistry and tree-Lepidoptera interactions. *In* Carbon Dioxide and Terrestrial Ecosystems (Koch, G. W. & Mooney, H. A. eds.), Academic Press, San Diego, 105-120

Lockhart, J. A. (1983) Optimum growth initiation time for shoot buds of deciduous plants in a temperate climate. *Oecologia*, **60**, 34-37

MacArther, R. & MacArther, J. (1961) On bird species diversity. *Ecology*, **42**, 594-598

Maherali, H. & DeLucia, E. H. (2000) Interactive effects of elevated CO_2 and temperature on water transport in ponderosa pine. *Amer. J. Bot.*, **87**, 243-249

Makino, A., Harada, M. et al. (1997) Growth and N allocation in rice plants under CO_2 enrichment. *Plant Physiol.*, **115**, 199-203

Maruyama, K. (1977) Comparison of forest structure, biomass and net primary productivity between the upper and lower parts of beech forest zone. *In* Primary productivity of Japanese forests -productivity of terrestrial communities (Shidei, T. & Kira, T. eds.) University of Tokyo Press, Tokyo, 186-201

Monsi, M. & Saeki, T. (1953) Über den Lichtfactor in den Pflanzengesellschaften und seine Bedeutung für die Stoffproduktion. *Japanese Journal of Botany*, **14**, 22-52

Nabeshima, E. & Hiura, T. (2004) Size dependency of photosynthetic water and nitrogen use efficiency and hydraulic limitation in *Acer mono*. *Tree Physiol.*, **24**, 745-752

Naumburg, E. & Ellsworth, D. S. (2000) Photosynthetic sunfleck utilization potential of understory saplings growing under elevated CO_2 in FACE. *Oecologia*, **122**, 163-174

Norby R. J. (2004) Forest responses to a future CO_2-enriched atmosphere. *In* Global Change and the Earth System : A Planet Under Pressure (Steffen, W. *et al.* eds.), Springer, Berlin, 158-159

Norby, R. J., Cotrufo, M. F. *et al.* (2001a) Elevated CO_2, litter chemistry, and decomposition : a synthesis. *Oecologia*, **127**, 153-165

Norby, R. J., Todd, D. E. *et al.* (2001b) Allometric determination of tree growth in a CO_2-enriched sweetgum stand. *New Phytol.*, **150**, 477-487

Nowak, R. S, Ellsworth, D. S. *et al.* (2004) Functional responses of plants toelevated atmospheric CO_2- do phtosynthetic and productivity data from FACE experiments suport early predictions?- *New Phytol.*, **162**, 253-280

Oikawa, T. (1986) Simulation of forest carbon dynamics based on a dry-matter production model. III. Effects of increasing CO_2 upon a tropical rain forest ecosystem. *Bot. Mag. Tokyo*, **99**, 419-430

Oren, R., Ellsworth, D. S. *et al.* (2001) Soil fertility limits carbon sequestration by forest ecosystems in a CO_2-enriched atmosphere. *Nature*, **410**, 469-471

Parker, G. G. & Brown, M. J. (2000) Forest canopy stratification- Is it useful? *Am. Nat.*, **155**, 473-484

Quoreshi, A. M., Maruyama, Y. *et al.* (2003) The Role of mycorrhiza in forest ecosystems under CO_2-enriched atmosphere. *Eurasian J. For. Res.*, **6**, 171-176

Reich, P. B., Koike, T. *et al.* (1995) Causes and Consequences of variation in conifer leaf life-span. In : Ecophysiology of coniferous forests (Smith, W. K. & Hinckley, T. M. eds.), Academic Press, New York, 225-254

Riipi, M., Ossipov, V. *et al.* (2002) Seasonal changes in birch. leaf chemistry : Are there trade-offs between leaf growth and accumulation of phenolics ? *Oecologia*, **130**, 380-390

Roderick, M. L. & Berry, S. L. (2001) Linking wood density with tree growth and environment : a theoretical analysis based on the motion of water. *New Phytol.*, **149**, 473-485

Ryan, M. G., Binkley, D. *et al.* (1997) Age-related decline in forest productivity : pattern and process. *Adv. Ecol. Res.*, **27**, 213-262

Ryan, M. G. & Yoder, B. J. (1997) Hydraulic limitation to tree height and tree growth. *BioScience*, **47**, 235-242

Schoettle, A. W. & Smith, W. K. (1999) Interrelationships among light, photosynthesis and nitrogen in the crown of mature *Pinus contorta* ssp. latifolia. *Tree Physiol.*, **19**, 13-22

Schulze, E-D. & Hall, A. E. (1982) Stomatal responses, water loss and CO_2 assimilation rates of plants in contrasting environments. *In* Encyclopedia of plant Physiology, NS, Vol. 12B, Springer Verlag, Heidelberg, 181-230

柴田英昭（2004）大気－森林－河川系の窒素移動と循環，地球環境，**9**, 75-82

Shinozaki, K., Yoda, K. *et al.* (1964) A quantitative analysis of plant form-the pipe model theory. II Further evidence of the theory and its application in forest ecology. *Jpn. J. Ecol.*, **14**, 133-139

Szeicz, J. M. & MacDonald, G. M. (1994) Age-Dependent Tree-Ring Growth-Responses of Sub-Arctic White Spruce to Climate. *Can. J. For. Res.*, **23**, 120-132

武田博清（1992）森林生態系の機能や構造はどのように生物群集の多様性に関連しているのだろうか，地球共生系とは何か（東正彦，安部琢哉編），平凡社，101-123

Telewski, F. W., Swanson, R. T. *et al.* (1999) : Wood properties and ring width responses to long-term atmospheric CO_2 enrichment in field-grown loblolly pine (Pinus taeda L.).

Plant Cell Environ., **22**, 213-219

Terashima, I., Miyazawa, S. I. *et al.* (2001) Why are sun leaves thicker than shade leaves? - Consideration based on analyses of CO_2 diffusion in the leaf. *J. Plant Res.*, **114**, 93-105

寺島一郎 (2002) 個葉および個体レベルにおける光合成, 光合成. 佐藤公行編, 朝倉書店, 125-149

Thomas, S. C. & Winner, W. E. (2002) Photosynthetic differences between saplings and adult trees: an integration of field results by meta-analysis. *Tree Physiol.*, **22**, 117-127

Tobita, H., Kitao, M. *et al.* (2005) Effects of elevated CO_2 and nitrogen availability on nodulation of Alnus hirsuta (Turcz.). *Phyton* (Horn, Austria), **45**, 125-131

Tognetti, R., Cherubini, P. *et al.* (2000) Comparative stem-growth rates of mediterranean trees under background and naturally enhanced ambient CO_2 concentration. *New Phytol.*, **146**, 59-74

Utsumi, Y., Sano, Y. *et al.* (1996) Seasonal changes in the distribution of water in the outer growth rings of *Fraxinus mandshurica var japonica*: A study by cryo-scanning electron microscopy. *IAWA J.*, **17**, 113-124

Utsumi, Y., Sano, Y. *et al.* (1998) Visualization of Cavitated Vessels in Winter and Refilled Vessels in Spring in Diffuse-Porous Trees by Cryo-Scanning Electron Microscopy. *Plant Physiol.*, **117**, 1463-1471

Yasue, K., Funada, R. *et al.* (1996) The effect of climatic factors on the radial growth of Japanese ash in northern Hokkaido, Japan. *Can. J. For. Res.*, **26**, 2052-2055

Yazaki, K., Maruyama, Y. *et al.* (2005) Plant Responses to Air Pollution and Global Change (Omasa, K., Nouchi, I. *et al.* eds.), Springer Verlag, Tokyo Heidelberg, 89-97

依田恭二 (1971) 森林の生態学, 築地書館, 331 pp.

吉田静夫 (2001) 温度に対する生理応答, 環境応答. 寺島一郎編, 朝倉書店, 115-125

Zhou, G. S., Wang, Y. H. *et al.* (2002) Estimating biomass and net primary production from forest inventory data: a case study of China's *Larix* forests. *For. Ecol. Manage.*, **169**, 149-157

第3章
地球環境と森林の物質循環

この章のポイント

　森林生態系において，樹木は巨大な有機物の貯蔵庫（stock）を形成している．消費者系は，植食者，捕食者，寄生者などの動物から構成されており，その生活を植物の生産に依存している．樹木は，セルロースやリグニンなどで幹や枝などの構造をつくり出し，さらにタンニンなどの防御物質により，微生物や動物の利用しにくい資源となっている．その結果，地上部において消費者である植食性昆虫など植食動物（herbivorous animals）に食べられ，生食連鎖（grazing food chain）に流れる有機物の量は純生産量（net primary production）の数パーセントときわめて少ない．一方，海洋の生態系では小型の植物プランクトンが一次生産者となっており，動物プランクトンや魚類に摂食されることで純生産量の40％近くが生食連鎖に流れている．こうした地上部の植物体における養分や有機物蓄積の高さは，陸上生態系の特徴となっている．

　地上部で生産された植物体の落葉や落枝などの枯死した部分，動物の死体や糞などは，最終的に土壌分解系に供給される．土壌分解系においてこれら有機物は，腐植連鎖系（detritus food web）を通じて微生物により分解され，その過程で有機物の無機化（mineralization）と腐植化（humification）が生じる．しかし，リグニンやセルロースなどから構成された有機物の分解は遅く，また分解の過程で二次的な分解産物が生産される．その結果，森林生態系において土壌にも多量の有機物が蓄積している．陸上生態系は，海洋の生態系と比較して，(1)生食連鎖に比べて腐植連鎖が卓越していること，(2)現存量に比べて循環量の少ないこと，(3)土壌における腐植形成作用が特徴となっている．

　3.1節において森林生態系を題材として，土壌分解系の有機物分解の機構，森林生態系における物質循環の機構を説明する．まず土壌分解系の構造と機能を，(1)土壌分解系への有機物の供給，(2)土壌分解系における有機物分解過程，(3)分解者群集の働きから説明し，さらに(4)人為の効果が，土壌分解系に与える影響について紹介する．3.2節において，(1)森林生態系における物質循環の様式を説明し，さらに(2)物質循環の機構を，主要養分である窒素について紹介していき，終わりに人間と物質循環の関係を紹介する．

3.1 森林生態系における分解系の働き

はじめに

図3.1.1に示すように，森林生態系は，植物系（plant system），消費者系（herbivore system），分解者系（decomposer system）から構成されている．植物系は，樹木を中心とした独立栄養生物（autotrophic organism）である緑色植物から構成されており，光合成活動（photosynthesis）により葉，枝，幹，根などの器官を形成し成長していく．このように陸上の生態系では，地上部と土壌における有機物蓄積を利用して，植物－分解者系間による養分物質のリサイクルシステムが形成されている（図3.1.1の⑦）．さらに，土壌の有機物は，土壌の微生物や動

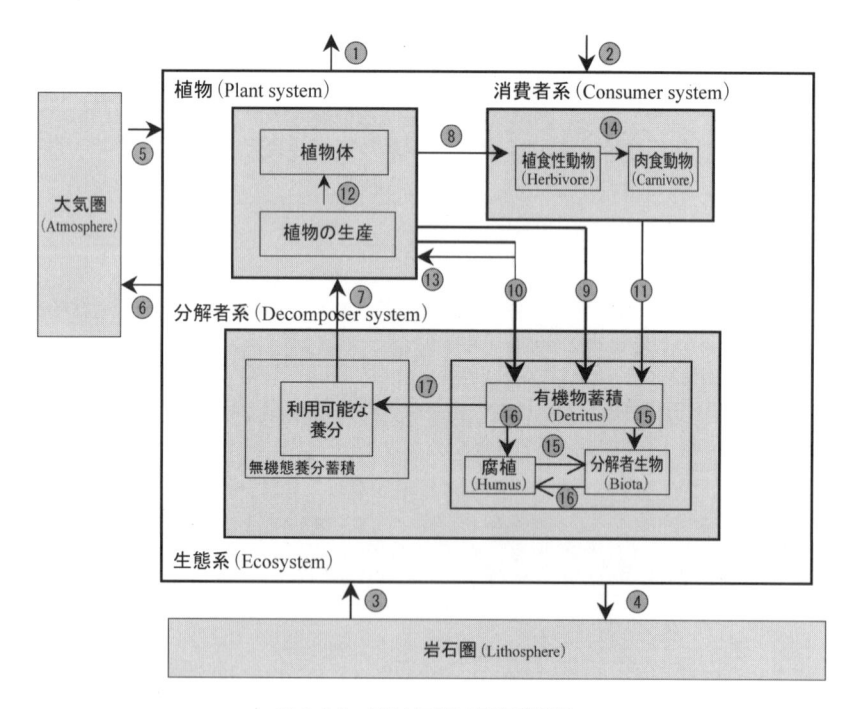

図3.1.1 森林における物質循環

生態系における物質循環は，物質蓄積とその流れとして表される．生態系の内部において，物質は，植物，消費者，分解者のボックス間での物質の流れにより表される．また，生態系間での物質の流れは，①と②で表される．岩石圏，大気圏，生物圏の物質の流れも示されている．図において，蓄積は四角のボックス，流れは矢印で表されている．物質の蓄積の場所は，ボックスに示されている．循環する物質の流れは，①と②他の生態系からの加入と移出，③，④は，生物圏と岩石圏間での物質の流出と加入，⑤空気中の窒素固定などによる大気圏から生態系への物質の流入，⑥CO_2，窒素の揮散など生態系から大気圏への物質の放出，⑦植物による養分物質などの吸収，⑧植物の有機物が，植食動物により生食連鎖に流入，⑨リターの分解系への供給，⑩溶脱により土壌に供給，⑪消費者の糞や死体の土壌分解系への供給，⑫植物の生産物の幹などへの蓄積，⑬落葉などからの養分物質の植物体への引き戻し，⑭植食性の動物から肉食動物への生食連鎖，⑮微生物による養分物質の不動化，⑯有機物の分解による腐植形成．(Swift et al., 1979)

物により利用されるが，その枯死遺体や死体は，再度，土壌の有機物系に加入する．分解系内での分解者生物の間でのリサイクルが成り立っている（図3.1.1の⑮，⑯）．これら2つのリサイクルの機能により，生態系における養分物質が系内に効率的に維持されている（図3.1.1）．

これまで生態系の研究においては，図3.1.1に示される植物体と土壌の蓄積間でのエネルギー，物質の流れ（flow）や，循環量（cycle）に着目した研究が進められてきているが，土壌の腐植形成作用が，どのように物質の蓄積や循環に寄与しているかはあまり注目されてきていない．一方，土壌学では，土壌における腐植形成作用や養分物質の蓄積作用について着目した研究が進められてきているが，生態系における物質動態における腐植の役割についての研究は少ない．最近になって，土壌における物質循環研究とこれまでの土壌学における研究成果の融合がなされ，分解や物質循環の機構が明らかにされつつある．

3.1.1 土壌分解系の構造と機能

(a) 土壌への有機物供給

森林生態系の物質循研究において，土壌分解系に供給される有機物供給量の時空間的な特徴を知ることは重要である．土壌の分解系に供給される落葉，落枝，枯死根，動物遺体，動物の糞などの有機物を総称してリター（litter）とよぶ．各種のリターは幹，枝，葉など器官の形態を反映し，有機物の割合や炭素/養分（窒素，リンなど）の比率（carbon-to-nutrient ratio）の異なる資源を分解者に提供している．リターとして供給される有機物は，分解系において土壌微生物や動物の分解者に資源として利用される．資源（resources）としてのリターは，葉，枝，幹など形態的，化学的に大きく異なっており，分解者に質的に多様な資源を提供している．

森林生態系において供給されるリターの大部分は，植物遺体から成り立っている．さらに，リター量の70％近くは植物の落葉や枝などのリターにより占められている．落葉や小型の枝などの供給量は，リタートラップを用いて測定されている．調査地に通常，数十個のトラップが用いられる．統計的には，小型のトラップをより多く配置するほど，落葉などの推定精度は高くなる．実際には，落葉などのリターのサイズに応じた，0.5〜1 m^2 程度の円形もしくは正方形のリタートラップが用いられている．

材などの大型のリターは，調査地において一定の面積の枠を設定し，一定期間に落下した枝の量を測る．この場合も，少数の調査枠を多くとるほど推定精度は高くなる．しかし，大きな枝などでは，枝の長さに対応した大きさの枠が必要となる．一定の面積に落ちている枯死材木の年間の変化，固定調査地における樹木の枯死率（mortality rate）などから推定される．幹などのリター供給量は，森林の樹木の枯死量から推定することができる．森林生態系では，落葉などのリター供給量は，1 ha あたり1年間に供給される有機物量や炭素量（ton/ha）として表される．

以上のようなリタートラップ法を用いて，世界の森林について落葉供給量が測定されてきている．図3.1.2に示すように，森林におけるリター生産量は，北方の針葉樹林（boreal forest）から熱帯多雨林（tropical rain forest）に向けて増加している．このように落葉量の変動の52％は，緯度の関数として表すことができるが，残りの同じ緯度帯における落葉量の変動は，降水量や土壌の条件を反映している．その結果，熱帯での落葉量は，乾燥熱帯と熱帯降雨林を含んでおり，変動が大きい．リター供給量は，植物器官の枯死量を表している．リター供給量は，各々の器官の枯死率における季節的，年次的な変化に対応して時間−空間的に異なる．温帯の

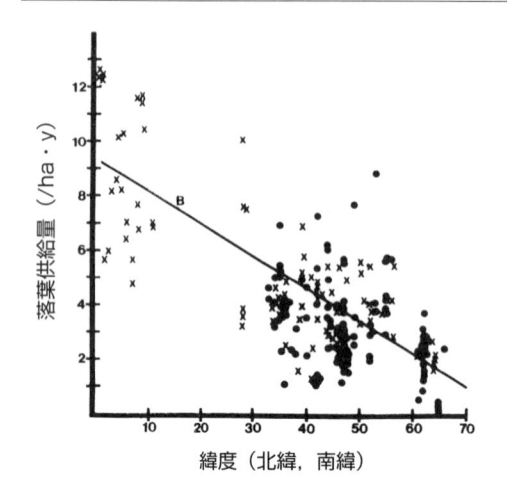

図 3.1.2　緯度系列に沿っての落葉供給量

緯度系列に沿っての落葉量の変化．熱帯から寒帯に向かって落葉量は減少する．熱帯地域では、地域間での落葉供給量の変動が高い (Vogt et al., 1986)．

落葉樹林では，毎年秋から冬に規則的に落葉の供給期間がみられるが，熱帯の常緑広葉樹林でのリター供給は，乾燥などに対応した季節性を示している．したがって，生態系における落葉供給量の測定には，数年間での平均と変動量を測定しておく必要がある．

材リター (wood litter) は，樹木の枯死により供給されるので，その供給量は森林の年齢構成や枯死木の空間分布を反映して時空間的な異質性が高い．材などのリター生産は，森林の更新に関連している．比較的若い森林では，材のリターは，被圧されて枯死木の供給から成り立っている．また，長期間にわたって安定した極相の森林では，森林において台風などの撹乱により枯死した木により一時的に多量の材が供給されている．このように，材の供給速度は，林齢などに依存して異なっている．したがって，材リターの供給量は，同じ森林においても林齢が高いほど大きい傾向が認められる．さらに，材リターの供給量は，緯度的な傾向 (latitudinal gradient) は認められない．

これまでの研究では，地上部の落葉や落枝などのリターの測定が多く行われてきている

が，根の枯死による地下部でのリター供給量についてはデータが少なく，また緯度系列での傾向も検討されていない．植物の一次生産量は，幹の肥大成長，葉などの生産，根の生産に 33 %ずつ配分されている．したがって，これまでの多くの研究では，落葉を中心に研究が進められてきており，生態系の有機物動態は，システムに流れる総量の 30〜60 %の有機物をもとにして考察されている．今後，地下部での根の生産，枯死材の動態へ寄与の推定が重要な研究課題となっている．

(b) 土壌における有機物の分解過程

図 3.1.3 に示すように，分解過程は，3 つの作用から成り立っている．土壌の表面にリターとして供給された有機物 (R1) は，土壌における有機物の物理的溶脱 (RL)，土壌動物などの分解者による粉砕 (RC)，さらに微生物による異化の作用を通じて，分解産物 (DO) と腐植物質 (HU) に変化し，最終的には無機化される．また，土壌動物などにより有機物が粉砕化されていく過程は，有機物の消失 (litter disappearance, fragmentation) とよばれる．土壌での有機物の異化作用はおもに土壌のバクテリア

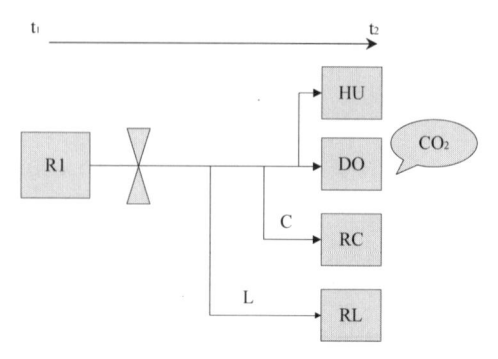

図 3.1.3　分解過程

分解過程での有機物資源 (R1) の変化．有機物は，分解過程で異化作用を受けて (DO)，腐植形成作用により (HU)，溶脱作用により (RL)，さらに土壌動物などにより砕片化される (RC)．

(bacteria)，糸状菌（fungi）などの微生物の生産する細胞外酵素により行われる．この異化作用（catabolism）により，無機物と分解産物（腐植など）が生成される．このように，土壌における分解過程において，有機物をエネルギー源とした微生物の分解活動により養分物質は無機化される．最終的に，有機物は水やCO_2，養分物質，その他の無機物質に変化する．

図3.1.3からわかるように，土壌に供給された有機物は，分解過程を経ることで重量の減少や有機物の組成変化を示し，有機物は分解産物と分解残渣から構成される．毎年，一定量の落葉が土壌に供給される場合，落葉は分解過程を経て変化する．その結果，新鮮な落葉から古い分解産物まで異なる分解段階の有機物が，土壌の表面と土壌に蓄積することになる．その結果，それらの落葉などの有機物を起源とした有機物の蓄積量は，供給量と分解量により定常状態に至る．これまでの多くの森林生態系の物質循環の研究において，有機物の供給と分解の平衡を前提にして，物質の循環図が記述されてきている．土壌に供給された有機物の分解過程での変化から，有機物から供給される養分物質の動態を知ることができる．土壌における分解過程において有機物は，分解者により無機化される．したがって，養分の循環を内部循環に依存した森林生態系において，植物の成長は有機物の分解に伴う無機養分の供給（nutrient supply rate）により決定されている．生態系研究では，分解過程を通じての養分の無機化と炭素の放出量に着目した研究がなされてきている．

陸上の生態系において，土壌生物による有機物の分解様式は，鉱物質の土壌の表面に発達する土壌有機物の堆積様式に反映されている．森林生態系における土壌の有機物蓄積の様式は，ムル型とモル型を典型として2つの様式に分けられる．有機物の分解の様式と土壌の堆積腐植層の様式に密接な関係がみられ

ている．最近では，堆積腐植の肉眼的な形態をもとにして，土壌堆積腐植層を細かく分類することも試みられている．図3.1.4に，モル型とムル型の土壌堆積腐植の形態特徴を示す．

土壌堆積腐植層は，A層とよばれる鉱物質土壌の上に堆積する有機物の層として定義される．土壌堆積腐植層は，A_0層とよばれ，L，F，H層から成り立つ．モル型の土壌堆積腐植層は，亜高山針葉樹林，斜面の上部の乾燥した土壌に発達している．モーダーやモル型の土壌堆積腐植層は，明瞭な有機物の堆積構造を示し，上部から新鮮落葉からなるL層，さらに分解の進んだ植物遺体とそれをおおう土壌動物の糞などの堆積物，細かな吸収根からなるF層，その下には植物の形態が認められないH層がみられる．H層は，ヒメミミズやササラダニなどの土壌動物の糞などが集積した有機物の集積層となっている．ムル型の土壌においても，落葉がフナムシやヤスデにより分解され，その糞などはA層の表面に堆積し，さらに重力により土壌の下に移動しな

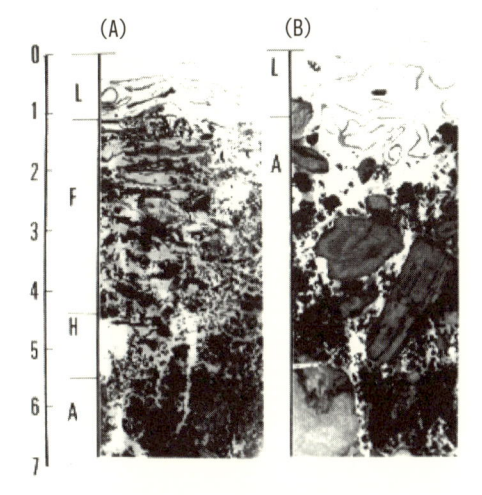

図3.1.4　土壌堆積腐植層

土壌堆積腐植は，L，F，H層から成り立っている．土壌堆積腐植は，分解様式の結果を表している．有機物の分解において，分解速度の高い場所では，ムル型(B)，分解速度の遅い場所ではモル型(A)の土壌堆積腐植が形成されている．

がら，分解者の作用により変化していく．

土壌堆積腐植層を顕微鏡で観察することにより，土壌における分解の様子を知ることができる．L層では，菌類の分解作用を受け，組織が白色化した分解葉や褐色に変化した落葉がみつかる．葉の表面は，菌糸におおわれている．また，葉の表面にはトビムシやヒメミミズなどの小型の菌類食の土壌動物の糞がみられる．土壌に供給される落葉などの有機物は，分解に伴い形態的な変化を示す，さらに分解が遅いと次の年の落葉がさらにその上に堆積していく．このようにして土壌の表面には，厚い土壌堆積腐植層が発達することになる．土壌の堆積腐植層は，一見には静的であるがその構造は，落葉の供給と分解のうえに動的に維持されている．

一方，ムル型の土壌では，土壌に落ちた落葉は1年以内に土壌からの養分を利用して速やかに分解が進む．その結果，土壌にはL層を主とした薄い有機物の堆積層ができあがっている．ヨーロッパの森林では，こうした土壌堆積はミミズ類（Lumbricus terrestrias）の働きによることが知られている．一方，日本の森林では，ヒメフナムシ（Isopoda）やキシャヤスデ（Diplopoda）などの節足動物によりムル型の土壌堆積が形成されている．こうした土壌では，落葉の分解速度が速い．さらにA層は，団粒の構造から成り立っており，団粒を取り囲む水膜に住む微生物，原生動物，団粒間の空隙を利用して土壌動物が生活している．鉱物質の団粒の発達する土壌では，水界的な環境が発達している．その結果，ムル型の土壌での窒素は，アンモニア態を経て硝酸態として植物に供給されている．一方のモルではそうした水界的な環境の発達は乏しく，窒素などはアンモニア態として供給されている．その結果，微生物と植物の窒素利用をめぐる競争により，植物の利用可能な窒素は制限されている（表3.1.1）（武田，1994）．

（c） 分解速度の測定方法

森林生態系は，有機物蓄積量に比べて，循環量の少ない生態系である．したがって，物質の循環量（フラックス）と蓄積する有機物量の相互関係を知ることが重要となる．森林生態系における物質の循環を記述するために，土壌における有機物蓄積量，有機物分解

表3.1.1 ムルとモルの植物－土壌系の特徴

	鉱物質土壌蓄積型（ムル型）
（窒素の供給）	窒素は，鉱物質土壌に蓄積されている．植物は，土壌溶液に溶け込んだ硝酸態窒素を利用している．
（植物の窒素利用）	植物の無機態窒素の利用速度は，植物の根からの土壌水の吸収速度に依存している．
（植物の資源利用の様式）	単位時間あたりに多量の窒素を利用できる，成長の速い樹木が資源利用競争に有利である．資源獲得の効率の高い樹木．大型のモジュールを展開して成長するトチノキ，サワグルミやミズキなどの森林が成立する．
	土壌堆積腐植蓄積型（モル，モーダー型）
（窒素の供給）	窒素の供給速度は，微生物の分解過程での純無機化量に依存している．供給速度は，共生関係で促進される．
（植物の窒素利用）	植物の無機態窒素の利用速度は，分解者の無機態窒素の供給速度に依存している．
（植物の資源利用の様式）	資源の供給量が分解者の微生物の高い不動化により限られている．こうした，資源の限られた情況では，少量の養分物質で植物体を成長させる資源利用の効率の高い樹木が有利である． 資源利用効率の高い種類は，たとえば植物体のC：N，C：Pなどの比率で評価できる．また，菌根との共生関係で，養分の利用効率を高めることのできる樹種が有利である． 針葉樹のスギ，ヒノキ，アカマツなどの樹木．

3.1 森林生態系における分解系の働き

の速度が測定されてきている．土壌の分解系における有機物の動態は，(1)有機物の分解速度（decomposition rate），(2)有機物蓄積量の2つのパラメータを用いて表すことができる．さらに，2つのパラメータから，有機物や養分物質の滞在時間（residence time）や回転速度（turnover rate）を求めることができる．これらの4つのパラメータを測定する方法として，これまで(a)土壌呼吸量（soil respiration），(b)土壌の有機物堆積量に対するリター供給量の比率，(c)リターバック法（litter bag method）が用いられている．

土壌で無機化される炭素は，一部は炭酸として系外に流れ出すが，大部分は土壌からCO_2として放出される．また，湿原などでは，無機化された炭素は，メタンとして放出される．土壌からのCO_2の放出量は，土壌呼吸（soil respiration）として測定されてきている．最近のガス分析装置の発達により，連続的に土壌からのCO_2の放出量が測定可能になってきている．森林生態系において，一次生産による有機物の供給と分解による炭素の放出が等しい場合，有機物の供給量と分解による放出量は等しい．したがって，土壌からのCO_2の放出量から分解量を知ることができる．土壌呼吸は，土壌有機物の分解に伴うCO_2の放出と植物の根の呼吸による量からなるので，これらの2つが土壌呼吸に占める相対的な割合を分離して測定することが難しい．さらに，土壌中の植物根から供給される易分解性の有機物の分解も，土壌呼吸として評価されるが，この有機物の供給量は推定が困難である．この点がこの方法を用いた分解量測定

の問題点となっている．森林生態系における炭素収支を炭素フラックスから測定する研究が行われてきており，そこでは土壌からの土壌呼吸による炭素供給量は，重要なパラメータとなっている．

森林生態系における物質循環への分解の寄与は，有機物堆積量と落葉量からの分解率をもとに計算されている．森林生態系において毎年Ltの落葉が供給され，一定の分解率（r）で分解していく場合，落葉量（L）と土壌に堆積する有機物の量（M）には，次の式が成り立つ．

$$M = \frac{L}{r}(1 - e^{-rt}) \qquad (1)$$

時間が十分に経過すると土壌での有機物の蓄積量（M）は，定常状態となり，分解により失われる有機物量（rM）は落葉の供給量に等しくなる．

この方法を用いることで，林床に堆積する有機物量（M）と落葉量（L）の比率から分解率（r）を求めることができる．また，分解率の逆数は，落葉の土壌での平均滞在時間を表す．森林生態系での，物質循環の研究において有機物や養分の回転速度を測定する場合，この式(1)が用いられる．表3.1.2に各種の森林生態系での有機物や窒素，リンについての回転速度を示す．この式で求められる分解率や滞在時間は，生態系での有機物や物質の循環を測定するときに有効な方法である．問題点として，(1)落葉の供給と分解のバランスを仮定している点，さらに(2)落葉量の測定では，年間での変動がある場合には

表3.1.2 有機物や養分の回転速度

森林タイプ	有機物滞在時間	窒素の滞在時間	リンの滞在時間
熱帯林	2.4	1.9	1.3
暖帯林	3.1	1.0	2.2
冷温帯広葉樹林	10.2	19.1	11.1
冷温帯常緑針葉樹林	17.9	32.8	22.1
亜寒帯常緑針葉樹林	59.8	138.2	22.5

(Vogt et al., 1986)

表 3.1.3 　落葉の分解速度

樹木の属名		種類数	平均値	分散値	調査件数
Abies	モミ	2	0.404	0.09	3
Acer	カエデ	5	0.708	0.358	7
Aesculus	トチ	1	0.478	−	2
Alnus	ハンノキ	2	2.742	3.201	4
Betula	カンバ	3	0.545	0.249	5
Carpinus	シデ	2	0.67		2
Chamaecyparis	ヒノキ	1	0.31		2
Cornus	ミズキ	2	2.072	1.072	4
Corylus	ハシバミ	1	1.224	0.952	13
Cryptomeria	スギ	1	0.111		1
Cyclobalonapsis	シイ	1	0.75		2
Eucaryptus	ユーカリ	2	0.291		2
Fagus	ブナ	3	0.408	0.148	20
Fraxinus	アオダモ	2	3.741	2.618	5
Larix	カラマツ	1	0.2722		1
Lyonia	ネジキ	1	0.45		2
Magnolia	ホウノキ	2	1.777	0.869	3
Picea	トウヒ	2	0.454	0.134	7
Pinus	マツ	8	0.393	0.144	22
Platanus	プラタナス	1	0.15		1
Populus	ポプラ	2	0.786		2
Pseudotsuga	ダグラスモミ	1	0.499	0.146	10
Quercus	ナラ	9	0.671	0.413	25
Rhododendron	ツツジ	1	1.118		1
Salix	ヤナギ	2	0.602		2
Sorbus	ナナカマド	2	0.485	0.076	4
Tsuga	ツガ	1	0.485	0.077	4
Ulmus	ニレ	1	0.54		1
					157

誤差，(3)有機物の分解が指数減少を前提としている点で問題を生じる．また，有機物層の調査地点間での変動が大きい場合にも，少数の測定から得られた有機物（M）量を用いることでの測定上の問題をもっている．しかし，後で紹介するリターバック方法，土壌呼吸法などの微分的な測定に比べて，長期間の有機物蓄積を推定のパラメータにしている点において，森林生態系における有機物，養分物質の回転，循環量を表す方法として広く用いられてきている．

分解過程を実験的に調べる方法として，リターバックによる実験方法が一般的に利用されてきている．これまで，世界の各地の森林において落葉の分解がリターバック法により測定され，重量の変化に指数分解式を用いて分解率（速度）が測定されている．表3.1.3に各種の森林の樹木について測定された分解率を示す．分解速度は，分解期間を通じて一定の場合，初期の重量（Wo）の落葉が分解する速度（r）は，式(2)で表される．

$$Wt = Woe^{-rt} \qquad (2)$$

ただし，Wt は時間 t 後の落葉の重量である．森林生態系での落葉などの有機物の分解に伴っての変化は，一定量の落葉をサランネットなどの 1～2 mm の網の袋に封入し，その後の時間経過に伴っての落葉の重量，養分量の変化から測定可能である．リターバックのサイズ，そこに入れる落葉などの量は，分

解速度に影響を与えることが知られている．通常，10×10 cm〜20×20 cm のリターバックに，その調査地での年間の落葉供給量に対応した量の落葉を用いている．この方法は，イギリスにおいて1年内に落葉が分解するムル型の土壌での落葉分解の実験に利用されたが，現在では，広く落葉の分解に利用されている．1年内に落葉が分解しないシステムでの，リターバックでの重量減少についての結果の解釈には問題を生じている．

この方法は，リターバック内の落葉に定着した，微生物や土壌動物の個体数を測定することで，分解過程での分解者の寄与を測定することができる．リターバックでの網目の大きさを変えることで，分解に寄与する土壌動物，土壌微生物などの相対的な役割が測定されている．この方法の欠点は，リターバックに封入した有機物の変化を知ることができるが，リターバックから系外に放出される物質を特定できない点にある．

3.1.2 有機物の分解要因

土壌における有機物分解過程は，腐植連鎖系の微生物，土壌動物の有機物資源利用により進行している．したがって，土壌分解系は，地理的には気候条件，地域的に土壌や立地環境，さらに地域内での土壌分解者群集により特徴づけられる．土壌における有機物の分解過程は，分解基質の質，土壌微生物，土壌動物の相互作用により進行していく．最終的には，有機物は無機化され一部分は難分解性の腐植物質（humus）として土壌に長い期間滞在し土壌の養分を維持している．

分解過程は，土壌に供給された有機物を食物や住み場所資源として利用する土壌生物の働きによって進行していく．したがって，分解の過程は，(1) **無機的な環境条件**：土壌の生物の生活にかかわる無機的な温度や湿度条件，(2) **分解基質**：土壌生物のエネルギー養分資源の供給量を決めている落葉の炭素や養分の割合などの資源質，(3) **分解阻害物質**：落葉に含まれる分解者の活動を阻害するタンニンやリグニンなど物質の割合によって異なる．3つの要因は，相互に関係しており，この要因の分解への寄与率を推定する試みがなされているが，3つの要因は非線形であり個々の寄与率推定をすることが困難であるが，3者の相互関係の程度から，資源として供給される有機物や土壌の分解者が，気候条件を変えるほど大きな影響をもたないと考えることができる．その場合，分解は，気候などの無機環境下において分解基質と分解者の相互関係のもとに生じている．

(a) 気候条件と分解速度

世界的な規模での，気候条件と分解についての関係が，野外において測定された分解速度をもとにして研究されてきている．さらに，最近では広域な地域に規格化された共通種類の落葉を実験的に設置し分解の地域間差を検討するプロジェクトが，北米，カナダ，ヨーロッパにおいて実行されてきている．

分解の速度は温度や湿度などの気候条件の影響を受ける．Meentemeyer (1978) は世界各地の20地点での落葉の分解速度と実発散量が高い相関関係にあることを示している．しかし，環境条件があまりきびしくない地域では，同じ気候帯においても分解速度は，森林の構成種，土壌の条件などの影響を受けて異なっている．Vogt et al. (1986) は，世界での分解の調査地点数を増加させると Meentemeyer (1978) が示したように分解と緯度との間には明瞭な関係が認められないことを報告している．このように，おもに気候条件により決定されている落葉の供給量に比べて，分解速度は地域的な土壌や環境の条件を反映して変異が大きい．このことは，落葉量が植物の純生産量を反映しているのに対して，分解は土壌における水分条件を反映した微生物の分解活性に依存していることを示している．

異なる気候帯における有機物分解の速度と気候要因（降水量や温度）の関係が研究されているが，分解に用いられた材料が調査地ごとに異なっていることが問題であった．最近になって，規格化された統一的な分解材料の分解を，異なる生態系において実験的に調べるプロジェクトが実行されてきている．カナダの地域間の分解実験（Canadian Intersite Decomposition Experiment：CIDET）では，樹木の葉，針葉，草本や材といった11種類の有機物を共通の実験材料として，極地から森林，プレーリーまでの17の調査地において分解の実験を行っている（Moore et al., 1999）．分解の要因として，気候要因（温度，降水量），有機物の質（リグニン）の影響が調べられた．11種の有機物の残存量は，初期量を100％としたとき，3年の分解で43〜87％であり，分解は北の極地から南の森林に向かって増加している．この研究では，有機物の残存率は平均温度と降水量などの気候要因により72〜87％の変動が説明されている．図3.1.5に有機物残存量と降水量の関係を示す．アメリカでの分解のプロジェクトではカナダの場合より，広範囲の極地ツンドラから熱帯降雨林までの28調査地において27種の共通したリターを分解材料にして実験が行われている．Ghloz et al. (2000) は，28調査地においてマツ（Pinus spp）と熱帯の樹木（Dyrypetes glauca）の落葉と根の5年間の分解実験から，リター分解速度と気候要因の関係を明らかにしている．分解速度は，0.032〜3.734の範囲で変化することを示している．4種のリターの分解速度と気候要因には密接な関係が見出されている．

（b）　資源の質と分解速度

落葉などの有機物の分解は，土壌の微生物や動物の代謝活動によっている．したがって，分解の速度は土壌生物の有機物資源利用の速度を表している．微生物は，有機物からの炭素と養分物質を利用して成長する．その場合，炭素は，代謝のエネルギー源，養分物質は原形質の形成に利用されている．これまでに，落葉の分解速度が炭素と養分の割合としてC：N（窒素）比やC：P（リン）比との関係で説明されている．単純に考えると，Cは生物にとって利用可能なエネルギーの割合，NやPなどの養分物質は微生物の体をつくるのに必要な養分の割合である．微生物体の炭素と窒素の比は，15程度である．炭素と窒素比率が，15以上である有機物は，炭素をエネルギー源として微生物の体を構成していくことができる．したがって，微生物の代謝速度は，それらが利用する有機物の炭素と養分物質の割合によって制御されている（表3.1.4）．植物の提供する，枝，幹，葉などのリターは，C：N比が大きく異なっており，これらの器官の分解速度はC：N比と密接に関係している．

アメリカやカナダのプロジェクトでは，分解に及ぼす気候条件と有機物の質の影響が検討されている．これらの研究において，古くMeentemeyer (1978) が，リグニンと分解速度に有意な相関を見出したように，リグニンとの相関が見出されている．

しかし，樹木の葉では，種間の分解速度は，養分比率だけでなく，葉の堅さなどの物理的な要因と関係している．また，落葉に含まれるタンニンやリグニンは，微生物の分解活動

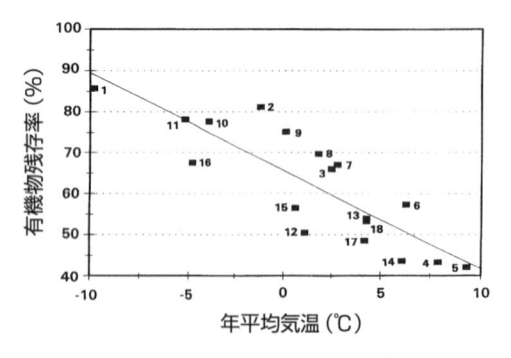

図3.1.5　年平均気温と分解速度

カナダの分解トランセクト研究での，年平均気温と有機物の残存量の関係．

表 3.1.4 腐食食物連鎖を通じての養分の濃縮過程

	C:N	C:P	C/K	C/Ca	C/Mg
一次資源（材）	157	1424	224	147	1022
菌類の分解者	26	94	136	11	346
濃縮	6	15	2	13	3
動物分解者	6	51	66	157	235
濃縮（材から）	26	28	3	1	4
濃縮（菌から）	4	2	2	-	2

分解過程での炭素の濃度は，材（47%），菌類（49%），動物（46%）．

を阻害する物質として働いている．その場合，こうした炭素と窒素などの養分比率から分解活動を考察する場合，重要なことは，(1) 炭素やリンなどの養分物質は再度無機化の後に微生物により利用可能となること，(2) 炭素は，CO_2 として系外に放出され再利用できないこと，(3) 炭素が，すべて微生物に容易に利用できる炭素源でないこと，の3点に注意する必要がある．

(c) 分解者群集と分解速度

次に，分解速度の要因として，分解者の分解能力が検討されている．Aerts (1997) は，寒帯，温帯，熱帯の落葉分解を検討し，熱帯での分解速度が，寒帯から熱帯へと直線的に増加するのではなく，温帯の6倍と高いことに着目している．Takeda (1998) も熱帯と温帯の落葉分解速度を検討し，熱帯での分解が温帯の2倍近いことを示している．これらの比較研究から，気候条件が明らかに，分解速度の主要な要因となっていることを示している．Aerts (1997) は，熱帯での高い分解率が，熱帯での落葉の養分と関係していることを明らかにし，気候条件が植物の栄養状態に影響し，それが間接的に分解速度に影響していることを示している．この解析では，気候と植物の落葉の質の間に，相互関係が見出されている．Takeda (1998) は，気候条件と微生物群集の特徴に相互関係があることを示している（図 3.1.6）．寒帯から，温帯までは，落葉分解過程においてセルロースの選択的な分解が先行しリグニンが窒素と結合し残渣として残る結果，分解が遅れることを示している．一方，熱帯では，同じ質の落葉においても，リグニンとセルロースが同時に微生物により分解されることで，リグニン起源の残渣が少ない．気候帯による微生物の分解効率の違いを指摘している．Aerts (1997) の指摘は，気候帯による植物の資源利用の相違を指摘している．一方，Takeda (1998) は，緯度系列に沿っての微生物の有機物利用効率の変化を指摘している．

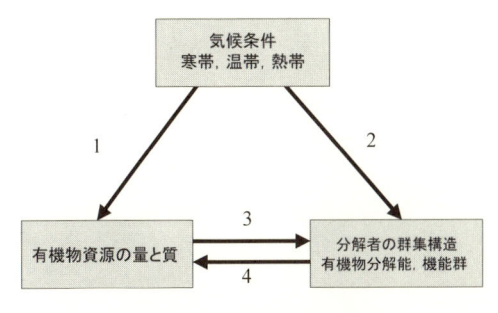

図 3.1.6 気候と分解過程
分解過程は，気候条件下における有機物資源とそれを利用する分解者群集の相互作用による．気候条件は，植物の種類を介して，有機物の資源の質と量に関係している．また，気候条件は，分解者の群集にも関係している．

3.1.3 分解過程の炭素と養分の動態

リター分解は，微生物がリター中の有機物（炭素）や養分を資源として利用することで，また物理的な溶脱や細片化などにより進行する．分解速度や分解に伴う炭素と養分の動態

は，微生物の資源利用様式，化合物や元素の特性，および環境条件により特徴づけられる．炭素は微生物のエネルギー源として，利用しやすさの異なる様々な有機物として存在している．また養分は微生物細胞や，微生物細胞から分泌され炭素化合物の無機化にかかわる細胞外酵素（extracellular enzyme）の生産に利用される．

微生物はリター分解活動を通じて，分解系の機能を決定する重要な生物群となっている．微生物は限られた窒素などの養分を効率的に再利用（リサイクル）しながら炭素を無機化するが，炭素は無機化に伴ってリターから失われるため再利用できない．ある環境条件下では，微生物の成長や分解活性は有機物組成や養分濃度により規定されており，リター化学性が分解に伴う炭素と養分の動態を規定している．本項では，リター分解がいくつかの段階からなること，段階ごとに分解の律速要因が変化することを紹介する．続いて，分解に伴う有機物，養分動態，および腐植の形成と分解について述べる．供給パターンの時間的，空間的な規則性が比較的高く，分解の過程がこれまでに詳しく調べられている落葉に注目する．

（a）　分解段階と分解律速要因

林床に供給されたリターが，分解に伴って腐植へと変化する一連の分解過程は，リター全体の重量減少速度，有機物分解パターン，養分動態などに基づいて，いくつかの分解段階に区分される（図3.1.7）．

落葉の分解過程は，分解を律速する有機物の組成変化に基づいて，初期段階（early stage）と後期段階（late stage）の2段階に区別されている．初期段階には，セルロースなどの炭水化物ポリマーや水溶性物質の分解により，リター重量が時間に伴って直線的に減少する．後期段階には，これらの易分解性有機物が消費される一方で，難分解性のリグノセルロースが残存するため，リター重量減少速度は緩やかになる．

さらに分解過程は，重量減少がほとんど認められない（きわめて遅い）段階，腐植前段階（humus-near stage）に達する（Berg & McClaugherty, 2003）．重量減少がある平衡値に達すると仮定し，平衡関数を重量減少データにあてはめることで，重量減少の限界値（limit value）が推定されている．このため腐植前段階は，限界値段階（limit-value stage）ともよばれる．腐植前段階のリターと腐植との違いは明瞭でなく，両者の化学性，分解特性は類似している．

分解過程は窒素動態からも，溶脱期，不動化期，無機化期の3段階に区分される（武田, 1994）．窒素不動化期と初期段階，無機化期と後期段階は多くのリターでおおむね一致するが，一致しない場合もある．これは窒素動態と有機物動態が異なるパラメータにより規定されているためであり，たとえば先駆的な（pioneer）樹木のリターでは窒素濃度が高くてリグニン濃度が低いが，このリターでは窒素の不動化ポテンシャルが低く，窒素は分解開始時から無機化されるが，リター重量はセルロース分解に伴い速やかに減少する．

リター分解を律速する化学成分は，分解に伴って変化し，分解段階ごとに異なる（図

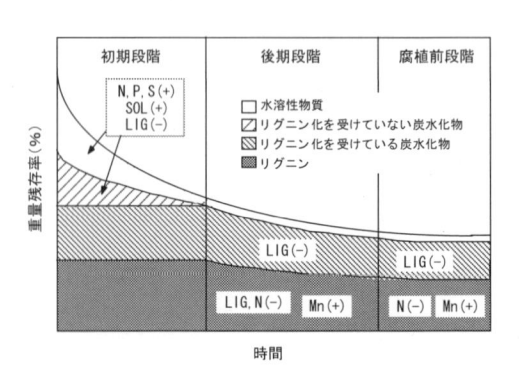

図3.1.7 リター分解に伴う化学性変化と分解律速要因のモデル

N, 窒素；P, リン；S, 硫黄；Mn, マンガン；LIG, リグニン；SOL, 水溶性物質．＋は促進効果，－は抑制効果を示す（Berg & McClaugherty, 2003を一部改変）．

3.1.7).リター分解の律速要因となる指標として,有機物,養分濃度や,それらを組み合わせた指数が用いられる.野外におけるリター分解実験では,各分解段階の開始時点でのリターの化学性と,分解段階におけるリターや構成成分の重量減少速度との相関関係の有意性が検討されている.初期段階には,窒素,リン,硫黄などの養分濃度が高いほど,またリグニン濃度が低いほど,炭水化物の分解は速い.しかし反対に,リグニンがリター分解を律速する後期段階には,窒素濃度が低いほど,またマンガン濃度が高いほど,リグニン分解は速い.

(b) 有機物動態

リターには各種の有機物が含まれるが,それらの濃度は樹種ごとに異なる(**表3.1.5**).物質によって,分解が始まる時期も異なる.物質ごとの分解パターンの差は,微生物にとってのエネルギー源としての利用しやすさの違いや,植物繊維内での配列の違いによる.

単糖,アミノ酸,ペプチドなどの水溶性物質(water-soluble substances)は,落葉中に30〜250 mg g^{-1}含まれており,微生物にとって利用しやすい基質である.落葉直後に落葉内で速やかに分解されるとともに,溶脱も受ける.低分子量のフェノール化合物などのエタノール可溶性物質(ethanol-soluble substances)は,落葉中に30〜100 mg g^{-1}含まれる.水溶性物質と同様に,微生物に速やかに利用されるとともに溶脱を受けるが,その重量減少速度は水溶性物質より遅いのが普通である.これらの水溶性物質,エタノール可溶性物質は,構造性有機物である炭水化物ポリマーやリグニンの分解産物としても生成する.

セルロースは落葉中に100〜300 mg g^{-1},ヘミセルロースは120〜220 mg g^{-1}含まれる.セルロースとヘミセルロースを合わせてホロセルロース(holocellulose)とよぶ.これら炭水化物ポリマーは,リグニン化(lignification)を受けているものと,受けていないものとに大別される.リグニン化を受けていないセルロースやヘミセルロースは,初期段階に微生物に利用され,重量が大きく減少する.後期段階には,リグニン化を受けている炭水化物がリグニンとともに分解されるため,炭水化物の分解速度は低下し,リグニン分解速度とほぼ等しくなる.

表3.1.5 本邦冷温帯林に見出される様々な樹種の落葉の有機物組成

(単位:乾燥落葉1gあたりの重量mg)

樹種	リグニン	ホロセルロース	ポリフェノール	可溶性糖類
アカメガシワ	157	253	134	65
ミズキ	163	212	56	39
オオバアサガラ	300	193	20	39
アカシデ	176	198	120	62
クリ	323	253	71	44
ホオノキ	290	245	22	40
ミズナラ	390	264	92	67
イタヤカエデ	323	186	53	61
ミズメ	416	270	27	29
ウリハダカエデ	464	161	42	73
スギ	342	208	47	54
サワグルミ	462	178	23	38
ブナ	437	364	31	35
トチノキ	501	183	21	35

(Osono & Takeda, 2005 より作成)

落葉中のリグニン濃度は，150～400 mg g^{-1} と樹種ごとに大きく異なる．分解研究では，リグニンは硫酸に不溶性の残渣（acid-insoluble residues）として定量されるのが一般的である．しかしこの方法で定量された残渣には，植物由来のリグニンだけでなく，タンニン，酸化・縮合などの腐植化（humification）を受けた有機物や，微生物分解を部分的に受けたリグニンや炭水化物に窒素などの養分が結合して再合成された有機物，さらには菌糸体に含まれるキチン（chitin）やメラニン（melanin）なども含まれる．このため酸に不溶性の物質はまとめて，リグニン様物質（lignin-like substances），腐植様物質（humus-like substances）などとよばれる．このように「リグニン」という用語は曖昧であり，「リグニン」画分には分解に伴って様々な化合物が含まれるようになるが，この「リグニン様物質」は植物由来のリグニンと同様に微生物が利用しにくい有機物であり，リター分解の抑制要因として，特に後期段階において重要である．

分解過程に伴うリター重量減少とリグニン濃度増加との間には，正の直線関係が認められる（**図 3.1.8**）．Berg & McClaugherty (2003) はこの直線的な濃度増加を，リグニン濃度増加率（lignin concentration increase rate：LCIR）と定義した．この直線関係は広範な植物リターで認められており，一般的である．リターの初期リグニン濃度が低いほど，また初期窒素濃度が高いほど，リター分解に伴うリグニン濃度増加率は大きい．

リターに含まれるホロセルロースとリグニンとの相対量は，分解に伴って変化する．その変化パターンがリグノセルロース指数（lignocellulose index：LCI）を指標として記述されている．

$$LCI = HC/(L+HC) \qquad (3)$$

HC はホロセルロース濃度，L はリグニン濃度である．温帯林では，初期段階にホロセルロースがリグニンより選択的に分解されるため，分解に伴って LCI は減少傾向を示すが，ホロセルロースとリグニンの分解速度がほぼ等しくなる後期段階には，LCI は平衡値に達する．

（c） 養分動態

養分物質はリター分解に伴う変化パターンから3群に分けられる．窒素，リン，硫黄やいくつかの重金属は，落葉からすぐに放出されず，分解に伴ってリター中に保持されたり，環境中から落葉内に取り込まれる．カルシウムなどリターの構造性有機物と結合している元素は，リター全体の重量減少に伴ってリターから放出される．カリウム，マグネシウムなど移動性の高い元素は，分解開始直後に速やかに溶脱を受ける．

窒素は植物や微生物の生命活動に必須の元素であり，植物や，微生物の成長の律速要因となることから，分解に伴う動態が詳しく調べられている．リター分解に伴う窒素動態は，溶脱期，不動化期，無機化期の3段階に区分される．分解開始直後の溶脱期には，水溶性の窒素化合物がリターから溶脱される．不動

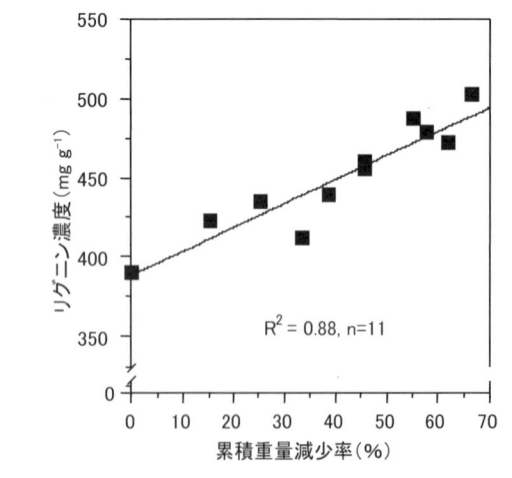

図 3.1.8 重量減少とリグニンとの直線関係
ミズナラ落葉の分解過程を，冷温帯ブナ天然林で3年間にわたって調べた（Osono & Takeda, 2005 より作成）．

化期には，窒素は微生物の成長に伴って落葉中に保持されたり，落葉の外部から落葉内に取り込まれ，リターの窒素濃度が増加する．後者の場合には，窒素の現存量の純増加が認められる．無機化期には分解に伴って窒素の現存量の純減少が認められる．このような窒素動態は微生物のエネルギー利用と関連づけられており，炭素率（C：N比）やリグニン－窒素比（L：N比）が窒素動態の指標として用いられる．C：N比，L：N比の初期値は樹種ごとに様々であるが，窒素の不動化から無機化に転じる臨界値（critical value）は樹種によらず，C：N比，L：N比ともに20〜30，平均25に収斂する傾向が認められている（Takeda, 1998；図3.1.9）．C：N比，L：N比の初期値がこの臨界値より低いリターでは，窒素の不動化期が認められない．

分解過程に伴うリター重量残存率と窒素濃度増加との間には，負の直線関係が認められる．窒素濃度（％）を横軸にとり，リター重量残存率を縦軸にとることで，この直線関係は以下の式により表される．

$$OM_t = \text{intercept} + (\text{slope} \times N_t) \quad (4)$$

OM_tは時間tにおけるリター重量残存率（初期重量に対する％），N_tは時間tにおけるリターの窒素濃度である．intercept, slopeは両者の回帰直線の切片と傾きである．この直線関係は一般的であり，広範な植物リターで認められている．図3.1.10に例を示す．なおBerg & McClaugherty（2003）では同様の現象について，横軸にリター重量減少率，縦軸に窒素濃度（mg g^{-1}）をとり，両者の直線関係の傾きを窒素濃度増加率（nitrogen concentration increase rate：NCIR）と定義している．

式(4)のinterceptとslopeから，分解に伴ってリターに取り込まれる窒素量（純不動化量：N_{max}）を以下の式により推定できる（Melillo & Aber, 1984）．

$$N_{max} = ((\text{intercept}^2 / -4 \times \text{slope}) - 100 \times N_0) \times 0.1 \quad (5)$$

N_0はリターの初期窒素濃度である．N_{max}は初期リター1gに不動化される窒素量（mg）として表される．窒素の現存量が最大値に達する（N_{max}）時点でのリター重量残存率はintercept×0.5である．これを先述の一次指数モデル式(2)に代入することで，不動化期の期間t（年）をこの直線関係の切片と分解速度定数kから以下の式により推定できる（Melillo & Aber, 1984）．

$$t = \ln((\text{intercept} \times 0.5) \times 0.01) / -k \quad (6)$$

このリター重量残存率と窒素濃度との負の

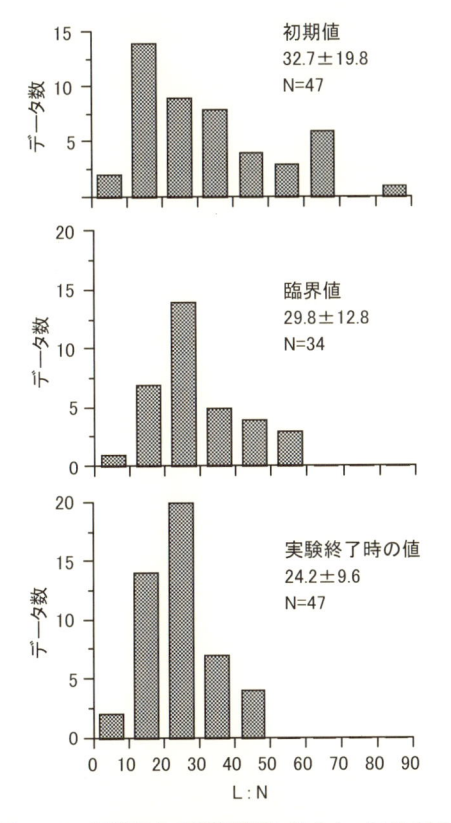

図3.1.9 温帯樹木の落葉分解に伴うL：N比の変化
15文献のべ47樹種のデータ．値は平均±標準偏差．
（Osono & Takeda, 2004より作成）

直線関係は，リターの初期リグニン濃度や，分解が調べられている立地の土壌養分の利用可能性や酸素分圧により変化する．**表3.1.6**にN_{max}と不動化期の期間の推定例を示す．窒素と同様の不動化パターンを示すリンや硫黄でも，同様の計算によりP_{max}，S_{max}や不動化期の期間が推定可能である．

以上のように，リター分解に伴う窒素の動態は，炭素やリグニンの動態と密接に関連している．窒素動態は，窒素と炭素やリグニン（ないしリグニン様物質）との相対的な比率により規定されている．窒素は，微生物による炭水化物やリグニンの分解に伴って，難分解性の「リグニン様物質」などとしてリターに不動化される（不動化期）．C：N比，L：N比が臨界値に達している，あるいは不動化に伴い臨界値に達したリターでは，窒素が炭素やリグニンに対して「飽和」しており，窒素をそれ以上リターに不動化できないため，有機物の分解に伴って窒素は無機化される．

（d） 腐植の形成，分解と腐植からの養分放出

腐植の定義は一定していない．土壌学の分野では，土壌の有機物の中でアルカリ溶液や中性塩溶液によって抽出される黄褐色～黒褐色の非晶質の高分子有機物で，動植物遺体の分解により生成される物質を指す．しかし広義には，未分解な，あるいは分解途上にある動植物遺体も含めて用いられることもある．森林土壌のA_0層を構成している有機物に対しては，堆積腐植の語が用いられてきた．

表3.1.6 リター分解に伴う窒素動態の計算例

滋賀県近江八幡市の琵琶湖岸，伊崎半島のカワウの集団営巣林（営巣区）と営巣のない林分（対照区）．ヒノキ針葉リターと小枝リターの分解を2年間にわたって調べた（**図3.1.10**も参照）．(Osono *et al.*, 2006より作成)

		針葉リター		小枝リター	
		対照区	営巣区	対照区	営巣区
	〈リター重量減少〉				
(1)	分解速度定数（k）[*1]	0.49	0.27	0.12	0.03
(2)	半減期（年）[*2]	1.4	2.6	5.8	23.1
	〈窒素動態〉				
(3)	初期窒素濃度（%）	1.1	1.1	0.4	0.4
(4)	回帰直線の切片（intercept）	200	120	141	110
(5)	回帰直線の傾き（slope）	−89	−20	−127	−24
(6)	Nmax（mgN/g initial litter）	−0.2	6.8	−0.1	8.9
(7)	2年間の分解期間における窒素不動化量の実測値（mgN/g dry litter）	0	7.4	0	2.1
(8)	不動化期の期間（年）	0	1.9	0	19.9
	〈林分レベルでの窒素不動化（営巣区）〉				
(9)	リターフォール量（kg/ha/月）		1560		840
(10)	リターフォールに不動化され得る潜在的な窒素量（kgN/ha/月）		10.6		7.5
(11)	糞供給（kgN/ha/月）		240		240
(12)	リターに不動化される窒素が糞による窒素供給量に占める割合（%）		4.4		3.1
	〈潜在的な腐植形成の推定（針葉リター）〉				
(13)	リター重量減少の限界値（%）		47.6		28.8
(14)	2年間の分解期間におけるリター重量減少の実測値（%）		52.1		27.0
(15)	限界値における窒素濃度（%）		1.7		2.4
(16)	潜在的な腐植の窒素貯蔵能力（mgN/g initial litter）		8.7		17.4

[*1] 一次指数モデルから推定 式(2)
[*2] リター重量の半減期＝0.693/分解速度定数k(1)

ここでは腐植を，未分解の動植物組織や土壌微生物バイオマスを除いた，生物遺体の分解産物に由来するすべての土壌有機物と定義する．腐植は難分解性であり，長期的に安定な有機物として土壌に滞留する．森林土壌に供給されるすべての有機物が腐植へと変化し得るが，植物遺体，特に落葉が量的に重要である．褐色腐朽材や細根なども腐植に変化すると考えられている．リターを構成するリグニンやポリフェノールの分解産物だけでなく，炭水化物やタンパク質なども生物作用と酸化的濃縮を受けて腐植に変化すると考えられている．菌糸細胞壁に含まれるメラニンや「腐植酸様物質」と，土壌から抽出される腐植酸との化学構造の類似性も指摘されている（Martin & Haider, 1980；Insam, 1996）．ここでは腐植形成の化学，生化学には触れず，森林の腐植集積について，生態学的な点から述べる．

落葉から形成される腐植量は，分解に伴うリター重量減少の変化データをもとに，重量減少の限界値として平衡モデルから推定することができる（図3.1.10）．ある林分において，リター分解の結果として毎年残存，集積する面積あたりの腐植量は次の式で求められる（Berg & McClaugherty, 2003）．

$$腐植集積量 = リターフォール量 \times ((100-限界値)/100) \quad (7)$$

腐植前段階に達したリターの限界値はリターフォール時点でのリター化学性と関連している．限界値は初期リグニン，窒素濃度が高いほど低く，マンガン，カルシウム濃度が高いほど高い（Berg & McClaugherty, 2003）．リターフォールの量と質（化学性）が，腐植集積量を規定するといえる．

分解過程のリター重量残存率と窒素濃度との間の負の直線関係（式(4)）に，リター重量減少の限界値を代入することで，腐植前段

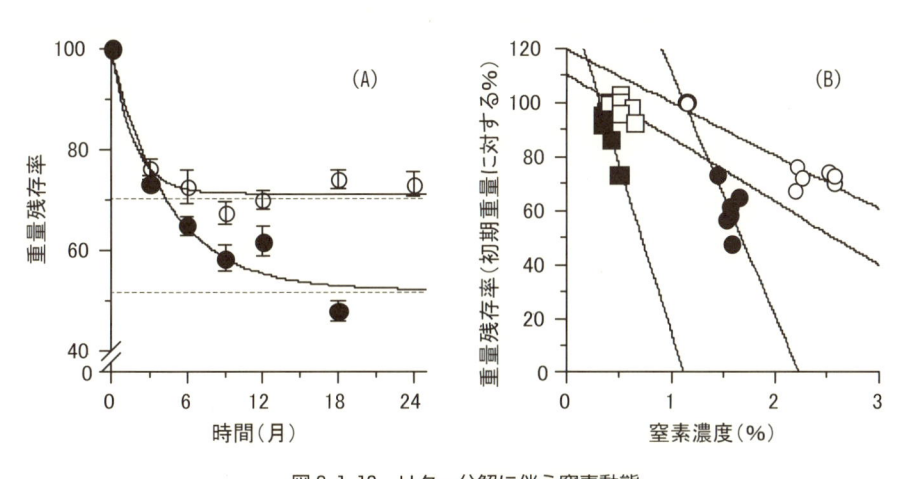

図3.1.10 リター分解に伴う窒素動態

(A) ヒノキ針葉リターの分解に伴う重量残存率の変化と平衡関数から推定した限界値．初期重量を100％とした．点線は100−限界値（％）．
(B) 分解に伴うヒノキ針葉リター，小枝リターの重量残存率と窒素濃度との直線関係．
滋賀県近江八幡市の伊崎半島のヒノキ林．大型の水鳥カワウの集団営巣林（営巣区）と営巣のない林分（対照区）で，ヒノキの針葉，小枝の分解に伴う窒素動態を2年間にわたって調べた．営巣区ではカワウは糞として大量の窒素を林床に供給しており，繁殖期（4〜8月）の糞量は2.2 t/ha/month，糞の窒素濃度は11％，糞として供給される窒素の量は0.24 t/ha/monthと推定されている．これは通常の降水による森林への窒素の供給速度の10000倍に相当する（表3.1.6も参照）．これにより営巣区では窒素飽和の徴候が認められている（Osono et al., 2006より作成）．
●：対照区・針葉，○：営巣区・針葉，■：対照区・小枝，□：営巣区・小枝．

階に達したリターの窒素濃度を外挿により推定できる．また，この重量減少の限界値と限界値における窒素濃度から，初期リター1gから形成される，長期的に安定な腐植前段階リター中に保持される窒素量を推定できる（Berg & McClaugherty, 2003）．このように推定されたリターの潜在的な窒素貯蔵能力（potential N storage capacity）は，初期窒素濃度が高いほど高い傾向が認められている．腐植前段階に達したリターの窒素濃度の推定値と，同じ林分に堆積している腐植層の窒素濃度の実測値（灰分を除いた有機物量に対する窒素濃度）は，ほぼ等しい値をとることが確かめられている．**表 3.1.6** にリター分解の限界値と，潜在的な窒素貯蔵能力の推定例を示す．

腐植の分解速度と窒素無機化速度は，室内培養に伴う CO_2 の放出速度と無機態窒素の純生成速度として測定されている．腐植から発生する CO_2 は，微生物呼吸だけでなく植物根や土壌動物の呼吸にも由来するが，腐植の有機物代謝を反映するのは従属栄養性の微生物と土壌動物の呼吸である．腐植は難分解性画分の含有率が高く，分解に抵抗的であり分解速度も遅い．たとえばアカマツ林の堆積腐植の80〜85％を占める難分解性画分は，重量が1％減少するのに30〜300年かかると推定されている．

リグニン分解性の担子菌類が定着すると腐植分解が促進される．落葉分解性担子菌類の定着に伴って腐植が白色化することがあり，漂白腐植（bleached humus）とよばれる（Hintikka, 1970）．漂白腐植では周囲の漂白を受けていない腐植に比べて，CO_2 放出速度と純窒素無機化速度が高い．宿主である樹木の養分ストレスが引き金となって，菌根性の担子菌類が腐植分解を促進する例も報告されている（Griffith *et al.*, 1990）．ただし，菌根の存在下ではリター分解が抑制されるという報告例もある（Gadgil 効果，Gadgil & Gadgil, 1975）．土壌動物も腐植分解にかかわっており，土壌動物の活性が高い土壌ではリター分解が平衡に達しないので，限界値が推定できない場合がある．これら生物的な要因以外にも，腐植分解は易分解性炭素源の供給（Insam, 1996），火災，土壌攪乱，排水（Berg & McClaugherty, 2003）により促進される．

3.1.4　分解系における分解者生物の機能

土壌分解系において，微生物と動物の役割は大きく異なっている．有機物の異化作用はおもに菌類，細菌類などの微生物により行われる．微生物は細胞外酵素の働きにより低分子化した有機物を利用する．この過程で有機物は無機化され CO_2 や無機養分が放出されたり，化学的に変化して水溶性物質として溶脱したり，難分解性の腐植が形成される．リター上では様々な微生物が競争などの生態的相互作用を介して微生物群集を形成している．微生物は分泌や細胞融解によって細胞外酵素を環境中に放出する．細胞外酵素は物質の代謝と分解を直接的に担っており，セルロースやヘミセルロース，リグニンの分解や，窒素やリンの無機化に関与する．細胞外酵素活性が，微生物群集の分解機能を反映する重要なパラメータとなっている．トビムシやミミズといった土壌動物は微生物や有機物を摂食することにより，微生物の異化作用を直接的，間接的に調整する働きを担っている．

したがって，土壌分解系における腐植連鎖は，このような土壌微生物－有機物系と，それを利用する腐植連鎖系を構成する土壌動物群集から形成されているといえる（武田・大園，2003）．**図 3.1.11** に，土壌微生物－有機物系と腐植連鎖系のモデルを示す．腐植連鎖（detritus food chain）は土壌微生物－有機物系を一次資源として利用する動物被食者－捕食者関係による生物間のつながりを指す．このように考えることで，地上部における生食連鎖と土壌の腐植連鎖が比較可能となる．地

3.1 森林生態系における分解系の働き

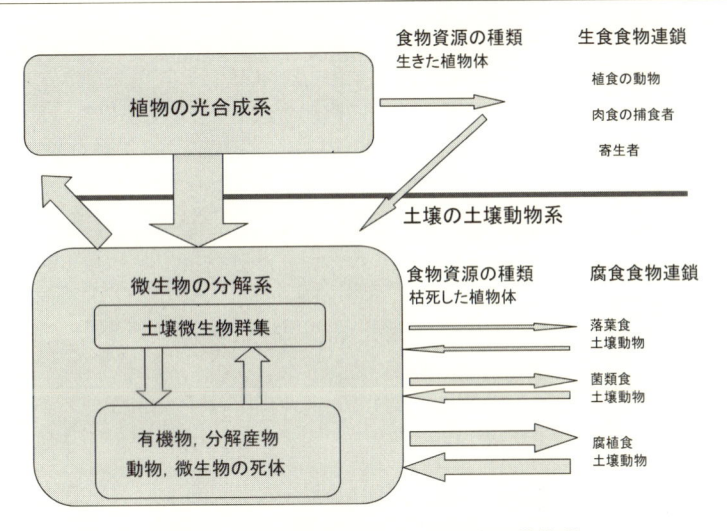

図3.1.11 分解系における土壌生物の機能群

土壌分解系における分解者群集は，その機能により，有機物−微生物分解系：有機物分解能をもつ微生物とその利用資源から成り立つ，と微生物分解系に依存した腐植連鎖に属する土壌動物群から構成されている．土壌動物群集は，有機物−微生物分解系から，新鮮な落葉などを食べる落葉食性，菌類を食べる菌食，腐植物質を食べる腐植食性，さらにそれらをえさ源とする捕食者の機能群から成り立っている．

上部では，葉などの植物が，植食性に食べられ，生食物連鎖に流れる量は，純生産量の1〜10％程度である．同様に，土壌分解系において，微生物−有機物系を食物源として始まる腐植連鎖に流れるエネルギー量は，土壌動物の呼吸量から推定して温帯での土壌では，エネルギー代謝の5〜20％程度である．微生物−有機物系は，地上部の葉，幹，枝といった器官の形態を反映した形態的な多様性に乏しい．しかし，土壌微生物−有機物系は，新鮮な落葉や菌糸から分解の二次産物まで多様な資源を土壌動物に提供している．この土壌微生物−有機物系の資源利用の様式により，土壌動物は，(1)比較的新鮮なリターをえさ源とする一部のシロアリなどの動物はリター食として機能している．また，(2)落葉の菌類をえさ源としているトビムシやササラダニの種類は，菌類のグレーザとして菌食群を構成する．(3)さらに土壌微生物−有機物系において多量な分解産物に依存した腐植食性の土壌動物群が卓越している．特に，土壌有機物の堆積した寒帯や温帯の土壌では，(3)の腐植食性の土壌動物群が個体数，バイオマスにおいて卓越している．

(a) 有機物−微生物分解系

リター分解は，細胞外酵素が物質の代謝と分解を直接的に担うことで進行する．細胞外酵素は，分泌や細胞融解によって微生物細胞から環境中に放出され，セルロースやヘミセルロース，リグニンの分解や，窒素やリンの無機化に関与する．細胞外酵素活性が，微生物群集の分解機能を反映する重要なパラメータとなっている．

しかし植物リターは，セルロースやリグニンといった単一の有機物からなるのではなく，異なる種類の有機物が，化学的，構造的に組み合わされた複合的な資源である．微生物は種ごとに，異なる有機物を様々な割合で利用しており，微生物種レベルにおいて，リター分解タイプの多様性は高い．

さらにリターは，単一の微生物種により分解されるわけではない．リター上では様々な分解タイプをもつ微生物が，競争などの生態

的な相互作用を介して微生物群集を形成している．リター分解は，多様な微生物が生態的相互作用を介して推進する群集レベルでのプロセスである．微生物の基質利用によりリター化学性が変化することで，異なる分解タイプをもつ微生物間の相互作用が変化し，微生物群集が遷移する．土壌分解系における腐植連鎖は，このような土壌微生物－有機物系と，それを利用する土壌動物群集から形成されているといえる（武田・大園，2003）．

（b）　微生物の有機物分解能力

水溶性物質の分解

ほとんどすべての微生物が，グルコースなどの単糖，アミノ酸，ペプチドなどの水溶性物質を利用できる．野外で水溶性物質を利用している微生物は，成長が速いのが特徴である．

ホロセルロース分解

セルロースはグルコースがβ1-4結合により直鎖状に重合化した高分子の多糖類である．セルロース分子が植物の細胞壁内で平行に並んでミクロフィブリルを形成しており，ミクロフィブリルはさらに集まってマクロフィブリルを形成している．植物繊維中のセルロースは一部が結晶化しており分解しにくいが，非晶質のセルロースはそれより分解しやすい．

セルロースは，セルラーゼ（cellulase）とよばれる一連の加水分解酵素が協調的に作用することで分解される．様々な菌類で，セルラーゼ活性とセルロース分解機構が調べられているが，木材腐朽性の担子菌類・子嚢菌類，落葉分解性の子嚢菌類を材料とした研究例が多い．セルラーゼには主要な3酵素が認められている．エンド-1,4-β-グルカナーゼ（endo-1,4-β-glucanase）は，セルロース鎖中のグルコシド結合をランダムに切断する．これによりオリゴ糖が生成する．エキソ-1,4-β-グルカナーゼ（exo-1,4-β-glucanase）は，セルロース鎖の非還元末端からセロビオースやグルコースを切り離す．そして最後に，1,4-β-グルコシダーゼ（1,4-β-glucosidase）が，セロビオースやトリオース，テトラオースといったオリゴ糖を加水分解し，グルコースを生成する．セロビオースデヒドロゲナーゼは，リグニン分解だけでなく，セルロース分解にも関与する．褐色腐朽菌はエキソグルカナーゼをもたず，多機能的なエンドグルカナーゼの作用や，非酵素的な機構の存在が示唆されている．軟腐朽菌のセルロース分解機構は，白色腐朽菌と同様と考えられている．細菌類の多くがセルロースを分解する．

セルラーゼは誘導性酵素であり，セルロースやセロビオースの存在下で合成され，グルコースの存在下で合成は抑制される．いくつかの種では，窒素の存在下でセルロース分解が促進される．異なる種由来の特異性の異なるセルラーゼが，セルロース分解に協調的に作用する例も知られている．セルラーゼはリグニン化していない，あるいは脱リグニン化（delignification）を受けたセルロースには作用するが，リグニン化を受けたセルロースに作用できない．

ヘミセルロースは分枝をもつ炭水化物ポリマーであり，様々な単糖からなる．このため，ヘミセルロース分解にはセルロース加水分解よりも複雑な酵素系が必要である．

リグニン分解

リグニンはグアイアシルプロパン，シリンギルプロパン，ヒドロキシフェニルプロパンが炭素－炭素結合，エーテル結合でランダムに重縮合して形成された複雑な芳香族高分子化合物である．リグニンは生物的に安定な複雑な結合様式を含むため，微生物による分解を受けにくい．

リグニン分解の生化学的な機構とそれにかかわる酵素は，木材の白色腐朽菌で詳しく調べられている．木材中のリグニンは，ラッカ

ーゼ（laccase）やマンガンペルオキシダーゼ（Mn-peroxidase），リグニンペルオキシダーゼ（lignin peroxidase）などの酸化酵素，セロビオースデヒドロゲナーゼ（cellobiose dehydrogenase）といったキノン還元酵素の働きにより分解される．リグニンはおもに酸化的に分解され，この過程には酸素と，酸素の還元により得られる過酸化水素の存在が不可欠である．メトキシル基の除去，ヒドロキシル化と脱メチル化，芳香環の酸化的開裂へと進行する．この過程で様々な分解産物が生成し，その一部はさらに分解されてCO_2へと無機化される．落葉分解菌でもラッカーゼ，マンガンペルオキシダーゼの生産が確認されているが，リグニンペルオキシダーゼは今のところ認められていない．褐色腐朽菌と軟腐朽菌によるリグニン分解ではメトキシル基が除去されるため，分解機構は白色腐朽菌と一部類似している．しかし，褐色腐朽菌ではマンガンペルオキシダーゼ活性が認められておらず，リグニンを部分的に変化させるにとどまる．軟腐朽菌のリグニン分解活性は褐色腐朽菌よりも強く，また針葉樹材より広葉樹材で高い．グラム陽性細菌である放線菌類（actinomycetes）はリグニンを可溶化するが，CO_2にまで無機化する能力は白色腐朽菌より低い．

菌類のリグニン分解酵素活性は通常，リグニン化を受けていない炭素源の存在により促進される．高分子で分解しにくい炭水化物ほど促進効果が高く，たとえばグルコースよりセルロースで促進効果が高い．選択的リグニン分解菌に対する炭素源添加の促進効果は認められない．木材の白色腐朽菌の多くで，リグニン分解酵素系は二次代謝系（secondary metabolism）であり，窒素飢餓（nitrogen starvation）が引き金となって発現し，また窒素源の添加はリグニン分解酵素活性を抑制する．抑制の強さや抑制が認められる窒素濃度は菌類種ごとに異なる．無機態窒素やアミノ酸では抑制作用が認められるが，高分子量のタンパク質では促進作用があるといったように，添加する窒素源の形態によっても影響が異なる．マンガンの存在は木材腐朽菌，落葉分解菌のマンガンペルオキシダーゼ活性を増大させる．マンガンはラッカーゼやリグニンペルオキシダーゼの生成にも関与している．

腐植分解

腐植の主成分である腐植酸（humic acid）の漂白・分解活性は，様々な落葉分解性の担子菌類，子嚢菌類および細菌類で認められている．腐植分解にはリグニン分解と同じ酵素系がおもに関与すると考えられており，リグニン分解性の担子菌類において強力な腐植酸の分解，無機化活性が認められている．これら担子菌類は，後期から腐植前段階に達した葉リターをおもに分解する．

（c） 有機物分解の様式

リター分解にかかわる微生物の分解特性は，木材腐朽菌で詳しく調べられている（Eriksson et al., 1990）．木材腐朽菌はリグニン分解パターンと定着した材の色調，形状の変化から，白色腐朽菌（white rot fungi），褐色腐朽菌（brown rot fungi），軟腐朽菌（soft rot fungi）に大別される．最近の研究から，これらの菌類間でセルロース，ヘミセルロースの分解機構も異なることが示されている．これらの構造性有機物を利用する菌類以外にも，低分子化合物や水溶性物質，構造性有機物の分解産物などを利用する菌類が木材に定着しており，変色菌（stain fungi）や二次定着菌（secondary fungi）とよばれる．

白色腐朽菌，褐色腐朽菌は，おもに担子菌類（basidiomycetes）である．白色腐朽菌はリグニンとホロセルロースの両方を様々な割合で分解する．白色腐朽は両構成物の利用比率に基づいて，同時分解（simultaneous rot）と選択的リグニン分解（selective delignification）に区別される．褐色腐朽菌

はホロセルロースを選択的に分解することができる．リグニンは化学的に変化して反応性が増大するが，CO_2にまで無機化されない．軟腐朽菌はおもに子嚢菌類（ascomycetes）であり，リグニンとホロセルロースを分解する．軟腐朽菌は担子菌類の成長に不適な環境条件下（乾燥，過湿，富栄養条件下など）にみられる．

落葉分解菌の分解特性に関する報告は少ないが，分解機能と分類群がおおむね対応する傾向が認められている（Osono & Takeda, 2002）．担子菌類は広範な有機物分解酵素活性を有しており，強力なリグニン分解菌が多い．木材腐朽菌に匹敵するリグニン分解活性を示す種もいる．リグニンとホロセルロースの分解比率は種間で大きく異なる．構造性有機物を利用できない担子菌類もいる．子嚢菌類の一部はリグニン分解活性（たとえばクロサイワイタケ科 Xylariaceae 菌類，リチズマ科 Rhytismataceae 菌類）やセルロース分解活性を示すが，植物由来の水溶性物質や構造性有機物の分解産物などに依存する種も多い．接合菌類（zygomycetes）は分解の進んだ落葉から頻繁に分離されるが，リグニンやセルロースの分解力を欠く糖依存菌（sugar fungi）である．

温帯樹木の落葉では，子嚢菌類による選択的ホロセルロース分解に伴ってリグニンが残存するため，落葉は褐色化するのが一般的だが，一部は担子菌類，子嚢菌類によるリグニン分解を受けて漂白（bleaching）され白色化する（Osono & Takeda, 2001）．

（d） 菌類遷移と分解

リター分解は微生物群集の成長と遷移に伴って進行する．微生物群集の生成する細胞外酵素の活性が，リターの分解速度や化学性変化を規定している．リターに含まれる細胞外酵素の活性は，微生物群集の機能的側面を反映する指標であるといえる（Sinsabaugh, 1994）．細胞外酵素の活性は，水分条件や温度といった環境条件と，基質の化学性による調整を受ける．落葉や材片の分解に伴うセルラーゼ，フェノールオキシダーゼ活性の変化は変動が大きいものの，リター重量減少との間に正の直線関係が認められている．また酵素ごとに分解に伴う活性の変化パターンが異なる．デンプンを加水分解するアミラーゼの活性は，分解開始直後に高いがすぐに低下する．分解初期段階におけるセルラーゼ活性はリター水分条件の季節的な変動に対応して変動するが，ラッカーゼやペルオキシダーゼ活性には水分条件はあまり影響せず，分解に伴って増加する傾向が認められる．

リター分解に伴う細胞外酵素活性の変化は，微生物群集の遷移（succession）とも深くかかわっている．菌類（fungi）は微生物による有機物代謝の7～9割を担う主要な分解者である（Kjøller & Struwe, 1982）．様々な樹種の落葉について，分解に伴う菌類遷移が調べられており，樹種間で共通する一般パターンが認められる（Hudson, 1968）．初期段階に定着するのは易分解性の資源を利用する子嚢菌類であり，水溶性物質を利用する第一次糖依存菌類（primary saprophytes）や，リグニン化を受けていないセルロースを利用する菌類である．初期リグニン濃度の高い落葉では，これらの菌類は速やかに姿を消し，クロサイワイタケ科などのリグノセルロース分解性子嚢菌類に置き換わる．初期段階には菌類群集の菌糸成長も速やかであり，菌糸成長はリター化学性よりむしろ水分条件や温度などの環境条件に制限されている．しかし，易分解性有機物が減少しリグニンが律速する後期段階に達すると，菌糸成長はリグニンに制限されるようになり，環境条件の影響は小さくなる．後期段階には第一次糖依存菌類やセルロース分解菌類は姿を消し，代わって選択的リグニン分解や腐植分解の活性をもつ担子菌類，構造性有機物の分解産物である水溶性物質を利用する，第二次糖依存菌類（secondary sugar fungi）とよばれる子嚢菌

類や接合菌類が優占する.

　このように，落葉分解の初期段階と後期段階における化学性変化のパターンは，菌類遷移に伴う細胞外酵素活性の変化からよく説明されている．反対に菌類が遷移するメカニズムも，落葉分解に伴う有機物組成の変化から説明されてきた．菌類が利用するエネルギー源が易分解性有機物から難分解性有機物へと変化することが菌類遷移の主要因であるとする考え方は，菌類遷移の栄養仮説（nutritional hypothesis of fungal succession）とよばれる（Swift et al., 1979）．しかし，最近の落葉分解菌や木材腐朽菌の遷移に関する詳細な研究では，菌類種の置き換わりは必ずしも利用可能な有機物資源の枯渇に対応しない．たとえば生葉に感染して落葉に優先的に定着する内生菌（endophytes）が選択的なリグニン分解にかかわっており，脱リグニン化によりセルロース分解が促進される例（Koide et al., 2005）や，菌糸間の相互作用により菌類が遷移する例が報告されている（たとえばBoddy, 1992）．これらの事例は，菌類種の生活史や，競争や協調などの生態的な種間相互作用も，リター分解過程に影響する可能性を示唆している．

3.1.5　人間活動と分解系の変化

　人間活動（human activities）は全地球的，地域的にリター分解に影響を及ぼす．地球温暖化（global warming）と大気中のCO_2の濃度増加（increased atmospheric CO_2 level）は，森林生態系に影響する地球的規模の人為的要因の2例である．このような気候，環境条件の変化はリター分解に影響する．産業活動に由来する窒素，硫黄降下物（atmospheric nitrogen and sulfur deposition）が酸性雨や酸性霧，乾性降下物として森林に供給されている．また木材の生産性を上げるために窒素などの養分が林床に施肥（fertilization）される．これらの富栄養化（eutrophication）は森林生態系に地域的に影響し，リター分解を変化させる．人間活動がリター分解に及ぼす影響は，分解にかかわる微生物群集や細胞外酵素活性を変化させる直接的影響と，植物リターの化学性を変化させることで分解過程を変化させる間接的影響とに区別される．人間活動がリター分解に及ぼす影響については不明点が多く，今後も研究が必要なテーマである．

(a)　地球温暖化

　地球温暖化のシナリオによると，中緯度地域では気温が平均で5℃上昇すると予測されている（IPCC, 2001）．地球温暖化に伴い地温が上昇すると分解が活発になり，森林土壌に蓄積している有機物中の炭素がCO_2として大気中に放出されるため，地球温暖化がさらに促進されると予想されている．

　しかし，最近の分解研究では，地球温暖化に伴い必ずしも有機物分解が促進されるとは限らず，むしろ腐植の集積量が増加するという正反対の結果も予想されている．Berg & McClaugherty（2003）はヨーロッパ全域の森林においてリターの化学性と分解過程を調べ，環境条件との関連を明らかにした．環境条件の指標として実蒸発散量（actual evapotranspiration：AET）が用いられている．AETの高い（より温暖で湿潤）環境では，AETの低い（より冷涼で乾燥）環境よりも落葉の初期窒素濃度が高く，また分解に伴う窒素濃度増加率（NCIR）も高いため，リター重量減少の限界値が低い．この初期窒素濃度の増加という間接的効果と，窒素濃度増加率の増加という直接的効果により，地球温暖化に伴って腐植の集積速度は現在の2倍に増加すると予測されている．地球温暖化に伴うリターフォール量の増加も考慮すると，腐植の集積速度は現在の3倍に達する．この研究では，温度上昇とリター窒素濃度の増加に伴って，初期段階における易分解性物質の分解は促進されるが，腐植の分解が促進され

るとは限らず，窒素濃度の増加はむしろ腐植分解に抑制的であり，限界値の低下に伴って腐植形成が促進される可能性が示されている．腐植分解速度は化学性など環境条件以外の要因に制限されているため，温度上昇は腐植分解に影響しないと考えられている（Berg & McClaugherty, 2003）．

リター分解にかかわる菌類群集も地球温暖化に伴って変化すると予想される．本邦域245地点（北緯24～45度）のマツ林A_0層上部の落葉分解菌類群集を比較した研究では，種多様性や構造と年平均気温（0℃以下～24℃）との関連性は低いが，種構成は南から北へ向かって変化していた（徳増，1996）．このような気候条件に伴う種構成の生物地理的な変化は，地球温暖化に伴って菌類群集の組成が変化し，リター分解に影響する可能性を示唆している．

（b） CO_2濃度の上昇

大気中のCO_2濃度は増加し続けており，2100年までに産業革命以前の2倍に達すると予測されている（Watson et al., 1992）．CO_2の濃度増加は菌類の菌糸成長にあまり影響せず（Tabak & Cooke, 1968），また分解は腐植層や材の内部など，CO_2濃度の高い条件下で進行することから，CO_2濃度の上昇が微生物群集に及ぼす直接的な影響はほとんどないといえる．このためリター分解への影響は，植物リター化学性への間接的影響の面から詳しく調べられている．高CO_2条件下で生育させると，多くの樹種でリターの窒素濃度が低下し，C：N比が増加する．リグニンの濃度増加が認められる場合もある．窒素濃度の低下とリグニン濃度の増加に伴って，高二酸化炭素条件下で生育した植物のリターの初期分解は遅くなると予想される．しかし最近のレビューによると，リターの化学性変化が分解に及ぼす影響はあまり大きくない．また分解は必ずしも抑制されるわけではなく，促進される場合もあり一貫した傾向は認められない（Norby et al., 2001）．CO_2の増加に伴う地球温暖化もリター分解に及ぼす間接的影響の1つといえる．

（c） 窒素降下物，窒素肥料の添加に伴う富栄養化

近年，化石燃料の燃焼に伴う窒素降下物の増加や施肥により森林生態系に供給される窒素量が増加している．過剰な人為起源の窒素供給に伴って窒素飽和（nitrogen saturation）の徴候が認められる（Aber et al., 1998）．窒素に富む糞が大量に供給される水鳥類の集団営巣林でも局所的な窒素飽和が認められる（**図3.1.10**，**表3.1.6**）．窒素供給に伴う富栄養化がリター分解に及ぼし得る影響は，リター化学性の変化（間接的効果）と微生物群集の分解機能の変化（直接的効果）に区別される．腐植形成パターンにも変化が認められる．

窒素添加に伴って，樹木が供給する葉リターの窒素濃度が増加する．同時にリン，硫黄，カリウムなどの濃度も増加する場合がある．窒素添加によりリグニン濃度が増加ないし減少する樹種もある．リター化学性は同一樹種内で変化するだけでなく，土壌の窒素利用可能性の変化に伴ってより窒素濃度の高いリターを生産する樹種に置き換わることでも変化する．このようなリター窒素濃度の増加により，初期段階における分解速度が促進され，後期段階におけるリグニン分解が抑制されると予想される．

窒素添加がリター分解過程に及ぼす作用は，リターの有機物組成によって，また分解段階ごとに異なる．窒素添加に伴い菌類の生産するセルラーゼ活性が促進され，リグニン分解酵素活性は抑制される（Carreiro et al., 2000）．リグニン濃度が低いリターではセルロースの多くがリグニン化を受けていないため，セルラーゼがセルロースに作用しやすい．このため窒素添加により初期段階におけるセルロース分解が促進され，リター全体の分解

も促進される．一方でリグニン濃度の高いリターでは，セルロースの多くがリグニン化している．このため窒素添加に伴うセルロース分解の促進は認められず，初期段階には窒素のリグニン分解抑制効果によりリター分解が抑制される．添加された窒素はリグニンや炭水化物の分解産物に結合して難分解性物質へと変化するため，初期リグニン濃度によらず，分解に伴ってリターに多くの窒素が不動化される．しかし分解後期には，この難分解性物質がリグニンとともにセルロース分解の障壁となるため，また難分解性物質の分解にかかわるリグニン分解酵素活性が抑制されるため，リター分解は抑制される．窒素添加に伴ってリター分解性菌類群集も変化する．菌類の種多様性は窒素添加に伴って増加する場合と減少する場合とがあり，一定の傾向は認められない（Osono et al., 2002）．しかし種構成には変化がみられ，リグニン分解菌の菌糸量が減少し，好窒素性の種に置き換わる．窒素添加に伴う細胞外酵素活性の変化は，このような微生物群集の種構成の変化と関連している．

窒素添加により初期窒素濃度が増加し，また分解に伴って窒素を含む難分解性物質が再合成されると，リター重量減少の限界値が低下して集積する腐植量が増加する．また不動化される窒素量が増加するため，腐植中に含まれる窒素量も増加する．腐植分解は窒素添加により抑制されるが，これは腐植が非特異的な酵素系によりリグニンと同じメカニズムで分解されるためと考えられている（Fog, 1988）．

（3.1節　大園享司・武田博清）

3.2 森林生態系をめぐる物質循環

はじめに

　土壌における有機物分解過程は，有機物の無機化過程，すなわち有機化された養分物質の再可給化過程であり，その速度は植物に対する養分物質の可給性（availability）と密接な関係にある．そのため，土壌分解系は森林生態系の一次生産力を支える重要な機能を果たしている．しかしながら，植物に対する養分物質の可給性は，単純に分解速度の遅速によってのみ決定されるわけではない．その理由は，分解者の炭素と養分物質の利用性の違いにより，炭素の分解と窒素を始めとする養分物質の無機化が必ずしも同時・同程度に行われないことによる．多種の養分物質の中でも特に窒素は，多くの森林生態系で植物を含む生物群集の成長を規定する要因となりやすい．すなわち，窒素可給性は森林生態系の一次生産を始めとする様々な過程を規定し，地球温暖化などの環境変動に対する森林生態系の応答を決定する．そこで，ここでは森林の物質循環において，おもに窒素を例にあげて循環機構と要因について紹介する．

3.2.1 森林生態系における物質の蓄積と循環

(a) 森林生態系の物質集積

　森林生態系にとって必要な物質には，光合成によって固定され樹体の骨格を形成する炭素を始めとし，窒素，リン，カリウム，カルシウム，マグネシウム，硫黄など多くの元素がある．炭素は大気中にCO_2として含まれ，ガス態で樹体に取り込まれて固定され，枯死後は微生物の分解作用により大気へ還元される．窒素については，通常は土壌から樹体に取り込まれたものが枯死後に土壌で分解・無機化されて再循環する．しかし，窒素固定樹種は大気中の窒素分子を直接利用し，また，脱窒菌の作用により生態系内の化合態窒素の一部は大気へ還元される．これらの物質の循環には大気が介在するため，広い地球規模で循環している．一方，土壌の風化産物として供給され樹体に吸収されるカリウム・カルシウムなどは水を媒体として移動・循環・系外へ流亡する．それぞれ循環を，炭素に代表されるガス態を通じた生態系外とのやりとりを含む開放系循環，窒素にみられるガス態を介した循環の小さい半開放系循環，その他のミネラルにおける系外とのやりとりのない閉鎖系循環とよぶことがある（図3.2.1）．あるいは，森林生態系の物質の循環を，森林生態系内の土壌を集積・循環の場として土壌−植物系でおもに行われる内部循環と，森林生態系外の大気圏・岩石圏を介した外部循環とに分ける場合がある．

　森林生態系の物質循環は，生態系以内における物質の蓄積量と生態系内での植物，消費者，分解者系間での物質の流れにより記述される．森林生態系の機動力は，植物の光合成による有機物の生産である．森林における植物の有機物生産を純一次生産とよぶ．

　ある期間の植物による純一次生産（net primary production：ΔP）は，

$$\Delta P = \Delta Y + \Delta L + \Delta G \qquad (1)$$

と表すことができる．それぞれある期間のΔY：樹体増分（成長量），ΔL：枯死・脱落

3.2 森林生態系をめぐる物質循環

量（リターフォール量），ΔG：被食量である．このうち被食量（ΔG）については，データは少ないが森林生態系では純一次生産に占める割合が通常1％以下と考えられる．

植物の一次生産によって生産された有機物は，森林生態系においておもに樹体（植物バイオマス）および土壌有機物として蓄積される．純一次生産のおもな行き先である樹体増分に関しては，1960年代のIBP（International Biological Program）以降，多数の森林生態系を対象にして測定が行われた（**表3.2.1**；堤, 1973；河田, 1989）．その結果，樹体地上部の各部位の重量と直径や樹高の間に相対成長関係がみられることが明らかになった（依田, 1971）．すなわち，樹体への蓄積量は樹体の様々な部分を測定することによって，重量と各部位の直径・長さとの関係により推定可能である．

樹体の物理的支持や養分吸収に欠かすことのできない地下部（根系）については，地上部に比較して現存量や枯死量の推定が非常に困難である．また，近年地下部現存量およびR/S（root/shoot ratio；地下部/地上部重量比）の世界的な傾向をまとめたCairns et al.（1997）によると，R/Sと地上部現存量，緯度，気温，降水量，気温：降水量比，単子葉・双子葉，土性，および林齢のいずれにも明瞭な関係はみられないが，地下部現存量の推定には地上部現存量，林齢，および緯度的分類が重要でその84％を説明できることを示した．また，支持根は全根重量の約40％を占め相対成長が成立するが（Karizumi, 1974），細根についてはその生産量や消長のサイクルなど不明な点が多い（Vogt et al., 1996）．細根は葉と同程度の窒素濃度をもち，生産量も地上部の枯死・脱落量と同程度と見積もられている．そのため，細根は吸収への寄与と同時に分解を通じて窒素可給性に大きな影響を与える（Hendricks et al., 1993）．現在ライゾトロンや^{15}N, N budget法（後述）などを用いてその情報収集が進められている（Hendricks et al., 1997；Vogt et al., 1998）．

森林土壌の大きな特徴の1つとして，地表に蓄積した有機物層（A_0層）の存在があげられる．純一次生産のうち枯死・脱落した部分は，土壌に供給されて林床に蓄積し，A_0層を形成する．また，鉱物質土壌層に含まれる有機物を土壌有機物といい，A_0層・土壌

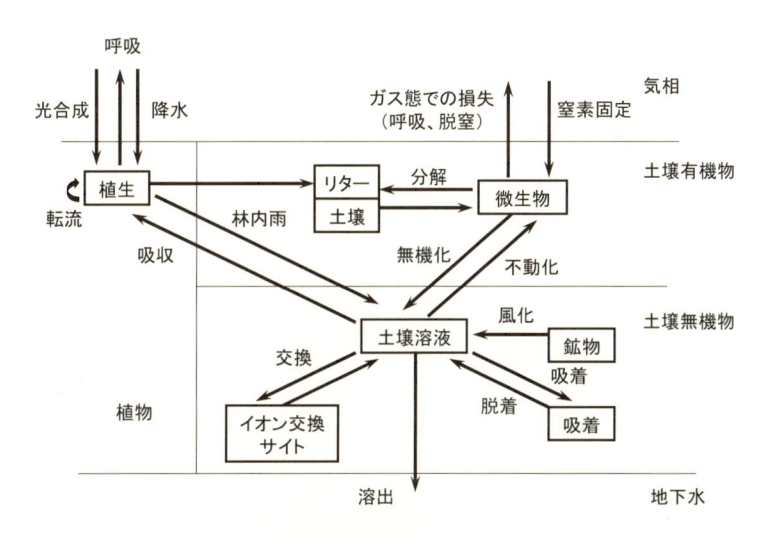

図3.2.1 森林生態系における物質循環過程
個々の物質によって主要な循環経路が異なる（Aber & Melillo, 2001より）．

表3.2.1 森林生態系の物質蓄積量

(Vogt et al., 1996 ; Cairns et al., 1997 より作成)

気候帯（緯度）	集積量（Mg m^{-2}）			
	地上部	地下部	有機物層	土壌層
寒帯（>50°）	25-324	6-126	19-113	41-127
温帯（25-50°）	12-982	3-206	6-99	111-173
熱帯（<25°）	32-513	17-128	2-34	41-300

林齢は20年以上のみ.

表3.2.2 森林生態系の物質循環量

(Vogt et al., 1996 ; Vitousek, 1984 ; 堤, 1989 より作成)

気候帯	純生産量（g m^{-2} y^{-1}）		リター量（g m^{-2} y^{-1}）		集積量（Mg m^{-2}）	
	地上部	地下部	地上部	地下部	有機物層	土壌層
寒 帯	131-602	43-238	32-256	—	19-113	41-127
冷温帯	332-1267	264-498	185-657	310-823	6-99	139-773
暖温帯	1008-2156	59-409	453-757	110-692	7-27	111-130
地中海	710	—	384-697	—	11	—
亜熱帯	690-1910	110-1317	649-1250	250	5-11	90-250
熱 帯	761-2802	111-619	289-1070	—	2-34	41-300

地下部細根は<2mmの場合と<5mmの場合がある.

層は有機物蓄積の場としてだけでなく，内部循環の場としても森林生態系で重要な役割を占める．特に，有機物層は他の陸域生態系から森林生態系を特徴づける重要な物質集積場所の1つである．林床の有機物の集積量は収入（枯死・脱落）と支出（分解）の速度によって決まり，どちらも温度・水分に依存している．その結果，表3.2.2に示したように，有機物層への集積量は寒帯で大きく，熱帯で小さい値となる．窒素も有機物・炭素と同様の傾向を示す．土壌層へは有機物層からの分解・移動速度に従って，集積が行われる．土壌層での集積量は，有機物層とほぼ同様の寒帯で大きく熱帯で小さい傾向を示すが，土壌粒子との反応性によって物質ごとにやや異なった傾向がみられる．

(b) 森林生態系の物質収支

窒素を始めとして，様々な物質は水をおもな移動の媒体としている．森林生態系においては，そのような物質の収支が1960年代から集水域法によって把握されるようになった．この方法は，不透水層とみなされる基岩の上に成り立つ集水域において，水のインプットとアウトプットが降水と渓流水によって比較的正確に把握できることを利用して養分の収支を測定する方法である．その長期研究サイトの代表として，ニューハンプシャー州のハバードブルック森林試験地（Hubbard Brook Experimental Forest, Likens et al., 1977, http://www.hubbardbrook.org/）やノースカロライナ州のコウィータ水文試験地（Coweeta Hydrologic Laboratory, http://coweeta.ecology.uga.edu/）をあげることができる．これらの長期研究サイトでは降水観測網と，試験地内に設定された比較可能な複数の集水域出口に設置された量水堰によって，降水流入量と渓流水流出量がモニタリングされ，水収支が計算されている．

わが国においても1960年代より集水域研

究が盛んになり，水収支とともに物質収支が測定された（Fukushima, 1988；岩坪・堤, 1967）. **図3.2.2**にわが国における集水域法を用いた森林生態系の年間物質収支を示す（堤, 1987）. これによると，窒素やリンなどの物質では流入量が流出量を上回り，森林生態系に取り込まれていくことが示される. 一方，カリウムやカルシウムのような物質では，風化による森林生態系の内部での供給があり，流出量が流入量を上回る. 特に，窒素については，森林生態系に対する流入量および流出量は数 kg ha^{-1} y^{-1} 程度であり，年間の樹木の窒素吸収量（20〜80 kg ha^{-1} y^{-1}）に比べかなり小さい. すなわち，窒素の循環の場がおもに森林生態系内部であることが示される.

（c） 森林生態系内部の物質循環

系内部での物質の循環は，樹木による養分吸収と樹体への蓄積，根葉枝幹の枯死・脱落とその土壌への還元を指す. これらはすなわち森林生態系での物質の再循環過程（リサイクル）であり，森林生態系を維持していくための最も基本的な機構である.

樹木によるある期間の物質吸収量（ΔU）は

$$\Delta U = \Delta Y + \Delta L + \Delta R \qquad (2)$$

と表すことができる. それぞれある期間の ΔY：樹体増分，ΔL：枯死・脱落量，ΔR：雨水による溶脱量である. 前述のように ΔY と ΔL（地上部）の推定については IBP を通じてデータの蓄積が進んでいるが（**表3.2.2**），雨水による溶脱量の測定は，葉面からの吸収と同時に生じているため困難である.

養分蓄積量や吸収量は各部位の重量と養分濃度を掛けあわせて推定されるが，枯死・脱落前に葉から養分の回収（樹体内転流：retranslocation, resorption）を行うので，生育期間に葉の形成に使われた養分量と枯死・脱落して土壌に還元された養分量の間には違いが生じる. 落葉落枝の最終的な窒素濃度は分解基質の質を示すおもな指標の1つであり，分解速度の制御要因となって窒素の循環に大きな影響を与えるため，樹体内転流の有無や程度は考慮する必要がある.

土壌の養分状態によって落葉からの養分回収の割合は異なり，落葉中の単位養分（たとえば窒素）あたりの炭素固定量を養分利用効

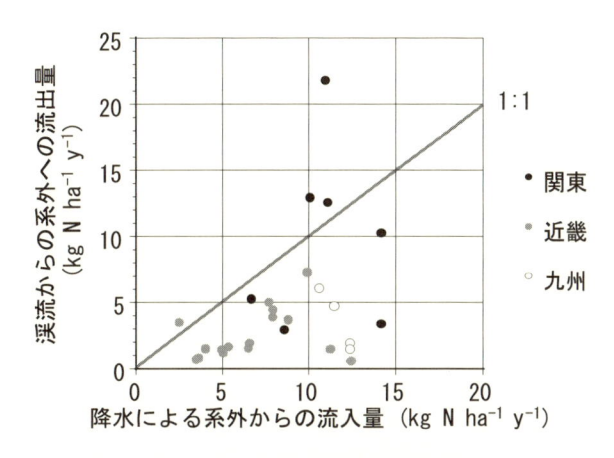

図3.2.2 森林生態系の窒素の収支

多くの森林生態系で窒素の収支（流入量−流出量）は正であり，森林生態系に窒素が蓄積されていることがわかる. ただ，一部の地域で例外（負）がみられ，窒素飽和（後述）の可能性が示唆される（堤, 1989；Ohrui & Mitchell, 1997；Tokuchi et al., 1999 より作成）.

率（nutrient use efficiency）としてその樹木の養分状態や養分への適応性を示すことがある（Vitousek, 1982）．窒素が回収されたリターフォール中の窒素濃度と生葉の窒素濃度の差を「回収効率（resorption efficiency）」とよび，これは貧栄養な土壌ほど高いとされている．また，最終的な落葉中の窒素濃度そのものを「回収熟達度（resorption proficiency）」とよび，遺伝的に獲得した形質と考えられる（May & Killingbeck, 1992; Killingbeck, 1996）．回収効率のみならず回収熟達度を用いることにより，土壌条件などの影響を考慮した種間比較が可能になり，これらの指標を組み合わせることにより，より詳細な窒素利用効率についての考察が可能になる．

3.2.2　森林土壌における窒素の循環

（a）　窒素循環の機構

土壌中には有機態，無機態の多様な形態の窒素を含む．しかしながら，それらのうち樹木にとっての可給態は，通常アンモニア態窒素や硝酸態窒素などの無機態窒素である．多くの森林生態系で窒素は成長の制限要因となっているため，植物が直接吸収利用可能な形態の窒素は土壌中にはほとんど存在しない．すなわち，土壌中の無機態窒素は常に有機態窒素の数パーセント以下であり，土壌微生物による有機態窒素から無機態窒素への変換過程（窒素無機化過程）が重要となる（**図 3.2.3**）．土壌微生物による窒素無機化過程を経て生成されたアンモニア態窒素は，好気的条件では独立栄養性硝化菌の硝化作用により亜硝酸態窒素，さらに硝酸態窒素へと形態が変化することもある．しかし，これらの無機態窒素のうち亜硝酸態窒素は，反応速度の関係で通常ほとんど土壌中にはみられない．
アンモニア態窒素（NH_4^+-N）と硝酸態窒

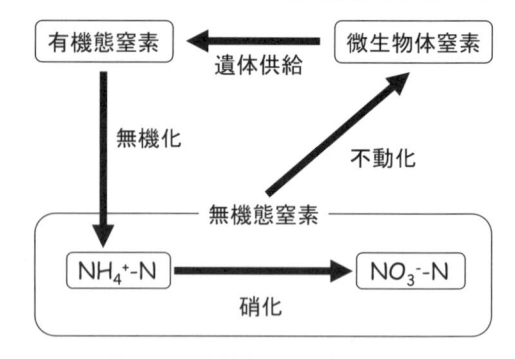

図 3.2.3　森林土壌での窒素の動態

森林土壌中には窒素はほとんどが有機態で存在する．その一部が土壌微生物による分解作用を受けてアンモニア態になり，さらに硝酸態になる．これらの無機態窒素は再び土壌微生物や植物によって吸収され，多くの場合土壌中の窒素全体の数パーセント以下にとどまっている．

素（NO_3^--N）は，それぞれの荷電特性が正と負と異なっているため土壌中での挙動が大きく異なる．一般にわが国の土壌粒子は負に帯電しており，また，土壌中の有機物も負に帯電する（**図 3.2.4**）．そのため，正電荷を帯びるアンモニア態窒素は土壌粒子や土壌有機物と吸着・溶脱を繰り返すので移動しにくい．一方，負に帯電している硝酸態窒素は土壌粒子などと反発しあい，土壌水の移動に伴って流亡しやすい．すなわち，土壌中で生成される無機態窒素がどのような形態をとるかは，森林生態系の窒素経済に重要な意味をもっている．主要な無機態窒素の形態の違いは1つの森林生態系内・1つの斜面上でもみられ，森林生態系内部で異なる窒素物質循環機構がモザイク状に存在していることが示唆される（Hirobe *et al.*, 1998）．
土壌中に存在する無機態窒素の形態は，前述の土壌粒子との親和性により通常アンモニア態窒素が主体となっている．しかし，土壌における単位時間あたりの無機態窒素の純生成能（純窒素無機化速度：net N mineralization rate）および硝酸態窒素の純生成能（純硝化速度：net nitrification rate）は，土壌の性質や肥沃度によって大きく異なる．一般に，土壌の全炭素/全窒素比（C：N

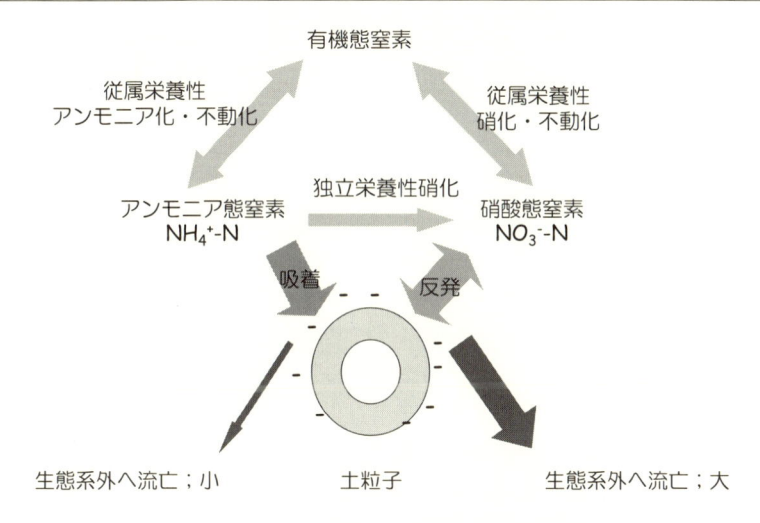

図3.2.4 森林土壌における無機態窒素の動態
窒素が微生物によって無機化された結果,価数のみならず荷電特性の異なる場合が生じる.そのため形態変化に伴って,負に帯電している土壌粒子との吸着性が変わり,流亡の程度や他の養分元素の循環に大きな影響を与える.

ratio)が15前後をしきい値として,それより低い土壌では硝酸態窒素が主体となり,高い土壌ではアンモニア態窒素がおもに生成されることが経験的に示されている(Aber & Melillo, 2001).これは窒素無機化細菌(アンモニア化成菌)が従属栄養性であるのに対し,森林土壌で通常みられる硝化細菌が独立栄養性であることによる.すなわち,C:N比が高く炭素源が豊富にある場合従属栄養性の反応が進むのに対し,C:N比が低く単位窒素に対して炭素源が少ない場合,独立栄養性の硝化反応が進む(Hodge et al., 2000).また,1990年頃から森林土壌を対象として,15Nを利用した同位体希釈法により総窒素無機化速度(gross N mineralization rate)および総硝化速度(gross nitrification rate)が測定されるようになった(Davidson et al., 1991; Davidson et al., 1992; Hart et al., 1994; Stark & Hart, 1997).これまで測定されていた純速度においては,培養期間の無機態窒素の差をもって無機化速度とし,再不動化された無機態窒素が含まれなかった.一方,総窒素無機化速度では,添加された^{15}Nの各窒素プールへの分配から算出されるの

で,一定期間に無機化された無機態窒素は無機化後に不動化されても考慮することができる.このような研究により,純硝化速度が純窒素無機化速度と比較して非常に小さい場合でも,総硝化速度は総窒素無機化速度と同程度であり,当時は重要視されていなかった硝酸態窒素の微生物による再有機化(不動化)は土壌内窒素循環において無視できない過程であることが示された.加えて,硝酸態窒素の不動化が,微生物に対する炭素資源と窒素資源の相対的な利用のしやすさによって影響を受けることが示唆されている(Hart et al., 1994; Hirobe et al., 2003).

(b) 森林生態系の窒素可給性

森林生態系では,系外から粉塵などの乾性降下物や降水・降雪の湿性降下物として,あるいは窒素固定過程を通じて流入する窒素量は少なく,土壌中で生成される無機態窒素量が植物の成長を規定することが多い.そのため,土壌における無機態窒素の生成量は,ある生態系での植物に対する窒素の可給性(nitrogen availability)を示す指標として重要である.土壌における無機態窒素の生

成量を推定する方法には様々なものが考案されているが，よく用いられている方法にポリエチレンバッグ法（Buried Bag法），イオン交換樹脂円筒を用いた方法がある（Eno, 1960；Di Stefano & Gholz, 1986；Binkley & Hart, 1989）．Buried Bag法は，採取後ポリエチレン製の袋に入れた土壌を採取場所に埋め戻して一定期間野外培養し，培養期間中の無機態窒素量の変化量から土壌における無機態窒素の生成量を推定する．イオン交換樹脂法は，円筒により採取した非撹乱土壌の上下にイオン交換樹脂を取り付け，採取場所に埋め戻して一定期間野外培養し，培養期間中の土壌中の無機態窒素量の変化量と円筒下部に取り付けたイオン交換樹脂に吸着された無機態窒素量から，土壌における無機態窒素の生成量を推定する．どちらの方法も野外環境条件の影響を考慮しているが，Buried Bag法では温度条件だけしか反映できないのに対し，イオン交換樹脂法では温度条件と湿度条件の両方を反映できるとされている．これらの方法により推定された土壌における無機態窒素の生成量は，温帯の可給態窒素量は数十～100 kg ha^{-1} y^{-1} の範囲にあり，樹木を伐採して各部位の重量と窒素濃度から求める積み上げ法から推定される樹木の窒素吸収量にほぼ等しい．土壌における無機態窒素の生成量を植生による窒素吸収量とみなして，樹体の各部位の窒素濃度から純生産量を求める方法を窒素収支法（Nitrogen Budget）といい，これらによる地下部の推定なども行われている（Nadelhoffer et al., 1985）．

（c） 森林流出水（渓流水）の水質形成過程

森林流出水（渓流水）の水質ならびに集水域を単位とした物質収支は，生態系内部の様々な反応を反映して形成されるため，森林生態系内部の状態や系外からの影響を把握する適当な指標となる．渓流水の水質は，大きく分けて植物層・土壌層・母材層の3つの場において形成され，それぞれの段階ではおもに以下のような反応が生じる（Ohte & Tokuchi, 1999）．

植物層；葉面に付着した乾性降下物の洗脱，葉面および樹体からの溶脱，葉面および樹体からの養分吸収

土壌層；リターの分解に伴う溶脱，微生物活動による各種養分の形態変化，土壌粒子表面でのイオン交換

母 材；化学的風化，イオン交換

生物的な起源をもつ窒素に関していえば，3つの場のうち植物－土壌系を主要な循環の場として，水質が形成される．

渓流水質はある集水域内でモザイク状に分布する異質な局所的物質循環系の統合された結果ともいえる．わが国では斜面に沿って，上部にみられるアンモニア態窒素を主体とする窒素循環系，下部に代表される硝酸態窒素を主体とする窒素循環系がみられる場合が多い（Tokuchi et al., 1999）．上述のように窒素はこれらの植物－土壌間の内部循環系でほぼ閉鎖した循環を行っているため，隣接する系の間の土壌溶液による移動量は非常に小さく保たれており，それらが地形によって連結された結果である渓流水からの流出量もごくわずかである．

（d） 熱帯における窒素の循環

これまで多くの窒素循環に関する研究が温帯地域を中心になされてきたが，近年面積的に非常に重要な熱帯，特に乾燥熱帯の物質循環が注目されている．熱帯・亜熱帯地域の陸域生態系のうち約40％は閉鎖・非閉鎖の森林で占められており，それらの森林のうちHoldridge (1967) のライフゾーン区分によって定義される乾燥林（年平均生活気温：17℃以上，年平均降水量：250～2000 mm，年間可能蒸発散量/年間降水量比：1以上）の割合は42％である（Murphy & Lugo, 1986）．すなわち，乾燥林は熱帯・亜熱帯陸

域の約17％を占める代表的な生態系タイプであり，そこでの物質循環は地球全体での物質循環に大きな影響をもつ．

　温帯地域や北方の森林では窒素が最も頻繁に一次生産力の制限要因となるとされている（Vitousek et al., 1982）．一方，熱帯・亜熱帯地域では，Vitousek（1984）が62ヵ所の熱帯林でのリターフォールによる土壌への養分還元量を比較して示したように，窒素以上にリンが不足しがちな養分であり，一次生産のおもな制限要因となることが知られている．この理由には，(1)熱帯地域では風化によるリンの供給が小さく，植物に利用可能なリン量が少ないこと，および(2)生物に利用可能な形態のリンは熱帯地域によくみられるoxisolsやultisols（Soil Survey Staff, 1992）では強く土壌に吸着されてしまうこと，が考えられている（Vitousek & Sanford, 1986）．しかしながら，熱帯の季節林や砂質土壌に成立する森林では温帯林や北方林と同様に窒素が一次生産力の制限要因となることが知られている（Vitousek & Sanford, 1986）．また，乾燥熱帯林では可能蒸発散量が降水量を上回る乾燥した気候条件と人間活動のために，しばしば火災が発生する．窒素は揮発温度が200℃と低いのに対し，リンや主要な栄養塩類は700～1200℃であるため，火災の種類（地中火：ground fire，地表火：surface fire，樹冠火：crown fire）や強度によって影響を受けるものの，火災に伴う生態系からの養分損失は窒素で顕著である（Grier, 1975；Raison et al., 1985）．また，Hirobe et al.（2003b）がタイ王国の乾燥熱帯林において火災履歴が異なる3つの隣接林分で調べたところによると，火災に伴う窒素損失によって土壌中の植物に利用可能な窒素が減少するだけでなく，その空間パターンも影響を受けることがわかった．このように，火災の頻発する生態系では，火災に伴う窒素損失によって窒素による一次生産力の制限が維持されており（Vitousek & Howarth, 1991），そのような生態系の1つである乾燥熱帯林における窒素の循環を理解することは非常に重要である．

　森林生態系内における窒素の蓄積量は炭素の蓄積量のように緯度に沿った傾向が明瞭でなく，乾燥熱帯林の中でもばらつきがあるが，おもな集積場所は，温帯を始めとするその他地域の森林と同様に大部分（90％以上）は土壌である（Murphy & Lugo, 1986；堤, 1987）．また，系内の窒素循環量にもばらつきがみられ，乾燥熱帯林における系内のリターフォールによる年間の窒素循環量は30～130 kgN ha^{-1} y^{-1}程度であり，湿潤熱帯林における循環量（50～220 kgN ha^{-1} y^{-1}）に比べると小さく，どちらかといえば温帯の広葉樹林における循環量（20～80 kgN ha^{-1} y^{-1}）に近い（Vitousek & Sanford, 1986；Vogt et al., 1986；堤, 1987；Reich et al., 1997）．

　乾燥熱帯林では乾季と雨季が存在するため，窒素の循環には明瞭な季節性がみられる．乾燥熱帯林では落葉広葉樹が多く，植物は雨季に生育期を，乾季に落葉期をもつ場合が多いが，乾季における落葉の始まりは雨季の降水状況が悪いと早く，よいと遅くなる傾向がある（Murphy & Lugo, 1986）．土壌における無機態窒素（アンモニア態・硝酸態）の現存量は，特に鉱物質土壌の表層で植物の活発な吸収と溶脱，表面流去水に伴う流出によって雨季の中期から後期に最も低くなり，植物の吸収がほとんどない乾季の間に徐々に増加する（Roy & Singh, 1995）．乾季における土壌表層における無機態窒素現存量の増加は，植物の吸収量が低下するためだけでなく，表層より下層に含まれていたか下層で新たに生成されたものが表層へと上方移動するためとも考えられている．乾季が終了し，雨季の最初の雨によって短期間でアンモニア態窒素の現存量はやや減少し，硝酸態窒素の現存量は大幅に増大するが，雨季の継続とともに植物の吸収が活発となり急速に減少する．一方，土壌中で微生物体として存在する窒素は乾季に多く，雨季に少ないことが報告されている

(Singh et al., 1989; Roy & Singh, 1994). 無機態窒素の生成速度（窒素無機化速度・硝化速度）は，乾季の間は低く，雨季の始まりとともに急速に高まり，雨季の終了と同時に再び急速に低くなる．これらのことから，Singh et al. (1989) は乾燥林の土壌微生物体は，(1)乾季には乾燥のため植物が吸収利用できない窒素を蓄積・保持する窒素シンクとなり，(2)雨季には蓄積・保持した窒素を放出する窒素ソースとなる，そのため養分に乏しい乾燥熱帯林の窒素循環においてきわめて重要な機能を果たしていると議論している．

3.2.3 人間活動と窒素循環

（a） 森林伐採などの生態系撹乱と物質循環

アメリカ合衆国ニューハンプシャー州のハバードブルック森林試験地では，森林を伐採した際に生じる渓流水質の変化を把握する目的で，1960年代初めから森林伐採実験が行われた（たとえばLikens et al., 1977; Bormann & Likens, 1967, 1979など）．この一連の実験によって森林を伐採すると地上部が収奪されるだけでなく，炭素・窒素の蓄積の場として重要な土壌有機物層が大きく減少することが示された（Covington, 1981）．伐採による樹冠消失のため地表面温度が上昇して有機物分解速度が加速されること，およびリター供給量が減少することによるとされている．しかし，近年多くの研究により林床有機物層の有機物が施業によって鉱物質土壌中に混入することも指摘されており，伐採による土壌有機物量の変化に関しては今後の研究が必要である（Yanai et al., 2003）．

また，森林伐採などの撹乱は森林からの渓流水の水質に大きな変化をもたらす（図3.2.5）．ニューハンプシャー州のハバードブルック森林試験地では伐採に伴い，森林流出水中に高濃度の硝酸態窒素が検出され，伐採（窒素内部循環系の破壊）により生態系から硝酸態窒素として多量の窒素が流出

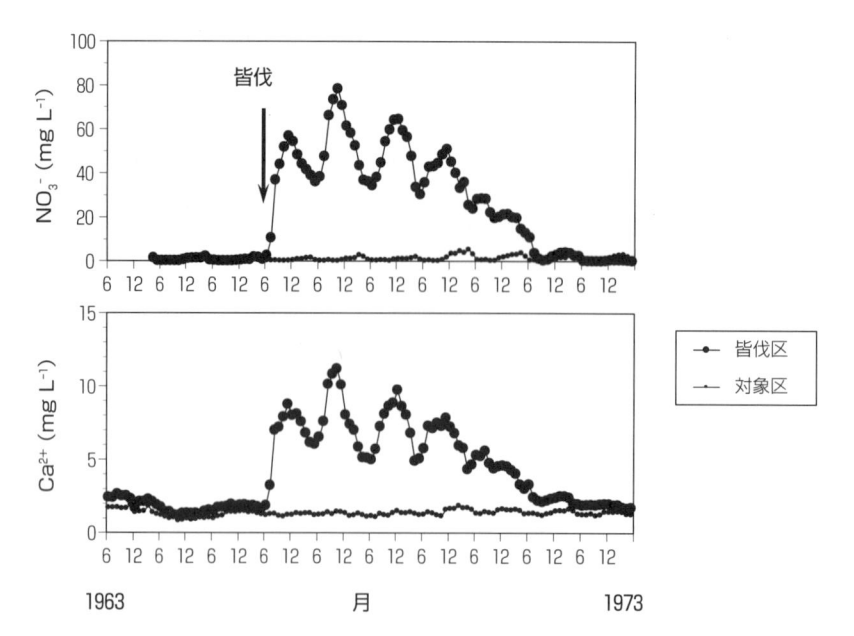

図3.2.5 ハバードブルック森林試験地における伐採に伴う渓流水質の変化
皆伐区は1966年に伐採され，その後2年間植生の回復を抑える目的で除草剤が施用された．

することが示された（Bormann & Likens, 1967；1979）．この現象は，伐採前から土壌中で無機態窒素として硝酸態窒素がおもに生成されていた場所（たとえば斜面の下部）だけでなく，伐採前には無機態窒素としてアンモニア態窒素がおもに生成されていた場所（たとえば斜面の上部）においても硝酸態窒素の生成が生じるためと考えられている．伐採により植物による窒素の吸収がなくなると，硝酸態窒素が主体であった場所ではすぐに余剰となった土壌中の硝酸態窒素が溶脱・流亡する．一方，アンモニア態窒素が主体であった場所では，伐採前には植物，従属栄養性の微生物，および独立栄養性の硝化菌の3者により窒素資源としてアンモニア態窒素が奪い合われていた．伐採により，植物の吸収がなくなることに加え，前述の土壌への有機物供給の減少と地温上昇による分解速度の加速によって土壌中の利用しやすい炭素資源が減少し，従属栄養性の微生物は窒素資源ではなく炭素資源による成長制限を受ける．従属栄養性の微生物によるアンモニア態窒素の利用（不動化）が減少するため，余剰となったアンモニア態窒素は独立栄養性の硝化菌に多く利用（硝化）されるとともに，従属栄養性の微生物による硝酸態窒素の利用（不動化）も少ないので，純硝化速度が増大し，生成された硝酸態窒素は溶脱・流亡する．したがって，アンモニア態窒素が主体であった場所でも，硝酸態窒素が主体であった場所でも，時間的な違いはみられるものの硝酸態窒素の流亡が生じることになる（Vitousek et al., 1979；Vitousek & Matson, 1984）．また，これらのことは生態系の窒素保持機構が，植物による吸収，土壌微生物による不動化，および土壌有機物への吸着など，有機態窒素へ転換することによって行われ，無機態窒素不動化の核となる土壌中の有機態炭素が伐採に伴う生態系からの窒素流出に重要な役割を果たすことを示す．台風による森林の倒壊や病害虫による樹木の枯死などの自然撹乱も，樹木による吸収が失われる点で伐採と同様の影響を及ぼすが，林地から材が搬出されない点で伐採とは異なる（Eshleman et al., 1998；Hobara et al., 2001）．

さらに，森林伐採時には渓流水からカルシウムイオンも同時に流亡することがわかる（**図3.2.5**）．この機構として，硝酸態窒素はアンモニア態窒素を経て生成され，そのときプロトンを放出し，このプロトンが土壌粒子に吸着されているカチオンと交換して渓流から流亡することが知られている（Vitousek et al., 1979；Vitousek & Matson, 1984）．すなわち，森林伐採によって窒素の内部循環系が断たれると，渓流水の水質は窒素のみならず大きく変化するといえる．また，伐採など内部循環の破壊だけでなく，近年では内部循環の飽和（本項(b)参照）による森林流出水質の変化も問題となっている．

（b）窒素飽和

前述のように森林生態系における窒素の循環は，系外部とのやりとりもあるが系内部での土壌－植物間の内部循環を中心にした半開放系循環である．しかしながら，乾性・湿性降下物として，あるいは窒素固定により系外から流入する窒素量，および森林流出水として，あるいは脱窒により系外へと流出する窒素量が小さく，平衡状態にある森林生態系は，窒素に関してほぼ閉鎖的な内部循環をしているとみなすことができた．ところが，近年では酸性降下物などに多量に含まれる窒素が，森林生態系の窒素循環が大きく変わっていることが指摘されている（Aber et al., 1989）．従来窒素は森林生態系において不足しがちであり成長の制限要因になることが多かったが，工業化や過度の酪農に伴い，酸性降下物を始めとする乾性・湿性降下物中にNH_4^+やNO_xなどの生物に利用しやすい化合態窒素が多量に含まれ，系外部から継続的に森林生態系へ供給されるようになった（van Breemen, 1982）．その結果，積算効果により

窒素が植物による吸収量・土壌の保持量を上回り，森林生態系において窒素が生物の要求量を越えた過剰な状態，すなわち「窒素飽和 (Nitrogen Saturation)」現象が生じる事態となった (Aber et al., 1989)．窒素飽和にはいくつかの定義があるが，ここでは，森林生態系への生物的窒素要求量（吸収量）を上回ったことを指す．森林生態系の窒素飽和現象は，わが国においても一部の地域で生じていることが指摘されている (Ohrui & Mitchell, 1997)．

系外からの継続的な窒素供給に伴い，生態系内の窒素循環量が生態系の生物的窒素要求量を上回ると，生態系内にそれまでみられなかった余剰の窒素が存在し始める．余剰の窒素は微生物的に硝化作用を受けて硝酸態窒素となる．土壌粒子との親和性が低い硝酸態窒素は土壌溶液中に存在し，水の移動に伴って渓流水として系外へ流亡する．窒素飽和現象に伴う森林からの硝酸態窒素流出機構も，基本的には先述の森林伐採における硝酸態窒素流亡の機構と同じものであり，窒素飽和に可給態炭素量が大きく影響していることが推察されている．

Stoddard (1994) がアメリカ北東部の森林生態系を対象として流出水中の硝酸態窒素濃度の季節変動を調べたところ，これまでは植物の生育期である夏季には濃度が低く，生育期でない冬季には高まる顕著な季節変動を示していた．しかし，近年では降水中の窒素濃度の上昇とともに流出水中の硝酸態窒素濃度の季節変動が失われ，最終的には1年を通じて流出水中の硝酸態窒素が高く維持されていることを示した．そこで，Stoddard (1994) は流出水中の硝酸態窒素濃度の季節変動パターンから窒素飽和の段階を定義している．しかし，流出水の水質は水文過程も反映しているため，アメリカ北東部とは異なり夏季に降水量が多いわが国では，夏季に硝酸態窒素濃度の高い表層土壌溶液の影響を受けて流出水の硝酸態窒素濃度が高まるため，Stoddardの定義はあてはまらない (Ohte et al., 2001)．

最近，窒素降下量の多い北米北東部において，一部が窒素飽和を指摘されているにもかかわらず，その近隣地域全域が窒素飽和に至らない原因として，自然撹乱による窒素の一時的な流亡が示唆されている (Houlton et al., 2003)．すなわち，凍害などの自然撹乱が森林の一部にダメージを与え，窒素吸収を妨げることにより一時的な窒素流亡が生じ，それまで系内に蓄積されてきた窒素が流亡して元の状態に戻る．これを「窒素制限仮説 (nitrogen limiting theory)」とよんでいる．

森林伐採による影響は地域も限られ，その後の植生の回復によって一応収束に向かう．しかし，窒素化合物を含んだ乾性・湿性降下物による影響は広範囲にわたり，しかも継続的であるため森林衰退の原因として認識されるまでに時間がかかり，影響の把握は困難である．さらに温暖化など環境変動との相互作用などがより問題を複雑にするものと思われる．

おわりに

この節では物質循環について，窒素の循環に注目して，その地形による循環機構の違いおよび森林伐採，酸性降下物の影響について論じた．しかし，森林生態系における個々の物質の循環機構は互いに密接に関連しあっており，その物質だけを取り上げて論じることは困難である．このことは酸性降下物などによるある物質の過剰な供給が他の物質の循環にも影響を及ぼすことを示し，今後の影響予測などが早急に必要であることを確認させるものであると考える．また，森林生態系を取り巻く物質循環のみならず，すべての生態系は水や大気による外部循環系を通じて，複合した地球生態系を形成していることを忘れてはならない．

(3.2節　徳地直子・廣部　宗)

第3章 Exercise

(1) リター分解の初期段階と窒素不動化期，後期段階と窒素無機化期が必ずしも一致しない理由を，LCIとL：N比から説明せよ．

(2) リター分解に伴う化学性の変化と菌類遷移との関連性について，有機物－細胞外酵素－菌類群集の3者関係から考察せよ．

(3) 土壌分解系に供給される有機物の量は，緯度系列に沿って極地から熱帯に向かって増加する．一方，有機物分解速度は，有機物供給量に比べて，緯度系列に沿っての変動が高い原因を述べよ．

(4) 森林における炭素，窒素，およびミネラル（リン，カリウム，カルシウムなど）の循環について，共通点と相違点を説明せよ．

(5) 人間活動が森林の物質循環に及ぼす影響について具体例を1つあげ，どのようにすれば人間活動の影響をなるべく少なくすることが可能かを述べよ．

第3章 引用文献

Aber, J. D., Nadelhoffer, K. J. et al. (1989) Nitrogen saturation in northern forest ecosystems. *Bioscience*, **39**, 378-386

Aber, J. D., McDowell, W. H. et al. (1998) Nitrogen saturation in temperate forest ecosystems: revisited. *BioScience*, **48**, 921-934

Aber, J. D. & Melillo, J. (2001) Terrestrial ecosystems (2nd Ed.). Academic Press, 556 pp.

Aerts, R. (1997) Climate, leaf litter chemistry and leaf litter decomposition in terrestrial ecosystems; a triangular relationship. *Oikos*, **79**, 439-449

Berg, B. & McClaugherty, C. (2003) Plant Litter, Decomposition, Humus Formation, Carbon Sequestration. Springer-Verlag, 286 pp. ［大園享司訳．2004．森林生態系，落葉分解と腐植形成，シュプリンガー・フェアラーク東京］

Binkley, D. & Hart, S. C. (1989) The components of nitrogen availability assessments in forest soils. *Adv. Soil Sci.*, **10**, 57-112

Boddy, L. (1992) Development and function of fungal communities in decomposing wood. In The Fungal Community, second edition (Carroll, G. C., Wicklow, D. T. eds.), Marcel Dekker, New York, 749-782

Bormann, F. H. & Likens, G. E. (1967) Nutrient cycling. *Science*, **155**, 424-429

Bormann, F. H. & Likens, G. E. (1979) Pattern and process in a forested ecosystem. Springer-Verlag, 253 pp.

Cairns, M. A., Brown, S. et al. (1997) Root biomass allocation in the world's upland forests. *Oecologia*, **111**, 1-11

Carreiro, M. M., Sinsabaugh, R. L. et al. (2000) Microbial enzyme shifts explain litter decay responses to simulated nitrogen deposition. *Ecology*, **81**, 2359-2365

Covington, W. W. (1981) Changes in the forest floor organic matter and nutrient content following clear cutting in northern hardwoods. *Ecology*, **62**, 41-48

Davidson, E. A., Hart, S. C. et al. (1991) Measuring gross nitrogen mineralization, immobilization, and nitrification by 15N isotopic pool dilution in intact soil cores. *J. Soil Sci.*, **42**, 335-349

Davidson, E. A., Hart, S. C. et al. (1992) Internal cycling of nitrate in soils of a mature coniferous forest. *Ecology*, **73**, 1148-1156

DiStefano, J. & Gholz, H. L. (1986) A proposed use of ion exchange resin to measure nitrogen mineralization and nitrification in intact soil cores. *Commun. Soil Sci. Plant Anal.*, **17**, 989-998

Eno, C. F. (1960) Nitrate production in the field by incubating the soil in polyethylene bags. *Soil Sci. Soc. Am. Proc.*, **24**, 277-299

Eriksson, K. E. L., Blanchette, R. A. et al. (1990) Microbial and Enzymatic Degradation of Wood and Wood Components. Springer Verlag, 407 pp.

Eshleman, K. N., Morgan II, R. P. et al. (1998) Temporal patterns of nitrogen leakage from mid-Appalachian forested watersheds: Role of insect defoliation. *Water Resour. Res.*, **34**, 2005-2116

Fog, K. (1988) The effects of added nitrogen on the rate of decomposition of organic matter. *Biol. Rev.*, **63**, 433-462

Fukushima, M. (1988) A model of river flow forecasting for a small forested mountaincatchment. *Hydrol. Process.*, **2**, 167-185

Gadgil, R. L. & Gadgil, P. D. (1975) Suppression of litter decomposition By mycorrhizal roots of *Pinus radiata*. *N. Z. J. Sci.*, **5**, 33-41

Gholz, H. L., Wedin, D. et al. (2000) Long-term dynamics of pine and hardwood litter in contrasting environments: toward a global model of decomposition. *Global Change Biology*, **6**, 751-765

Grier, C. C. (1975) Wildfire effects on nutrient distribution and leaching in a coniferous ecosystem. *Can. J. For. Res.*, **5**, 599-607

Griffith, R., Caldwell, B. A. et al. (1990) Douglas-fir forest soils colonized by ectomycorrhizal mats. 1. Seasonal variation in nitrogen chemistry and nitrogn transformation rates. *Can. J. For. Res.*, **20**, 211-218

Hart, S. C., Nason, G. E. et al. (1994) Dynamics of gross nitrogen transformations in an old-growth forest: the carbon connection. *Ecology*, **75**, 880-891

Hendricks, J. J., Nadelhoffer, K. J. et al. (1993) Assessing the role of fine roots in carbon and nutrient cycling. *Trend. Ecol. Evol.*, **8**, 174-178

Hendricks, J. J., Nadelhoffer, K. J. et al. (1997) A ^{15}N tracer technique for assessing fine root production and mortality. *Oecologia*, **112**, 300-304

Hintikka, V. (1970) Studes on white-rot humus formed by higher fungi in forest soils. *Commun. Inst. For. Fenn.*, **69**, 1-68

Hirobe, M., Tokuchi, N. et al. (1998) Spatial variability of soil nitrogen transformation patterns along a forest slope in a *Cryptomeria japonica* D. Don plantation. *Eur. J. Soil Biol.*, **34**, 123-131

Hirobe, M., Koba, K. et al. (2003) Dynamics of the internal soil nitrogen cycles under moder and mull forest floor types on a slope in a *Cryptomeria japonica* D. Don plantation. *Ecol. Res.*, **18**, 53-64

Hirobe, M., Tokuchi, N. et al. (2003) Fire history influences on the spatial heterogeneity of soil nitrogen transformations in three adjacent stands in a dry tropical forest in Thailand. *Plant Soil*, **249**, 309-318

Hobara, S., Tokuchi, N. et al. (2001) Mechanism of nitrate loss from a forested catchment following a small-scale, natural disturbance. *Can. J. For. Res.*, **31**, 1326-1335

Hodge, A., Robinson, D. et al. (2000) Are microorganisms more effective than plants at competing for nitrogen? *Trend. Plant Sci.*, **5**, 304-308

Holdridge, L. R. (1967) Life Zone Ecology. Tropical Science Center, 206 pp.

Houlton, B. J., Driscoll, C. T. et al. (2003)

Nitrogen dynamics in ice storm-damaged forest ecosystems: implications for nitrogen limitation theory. *Ecosystems*, **6**, 431-443

Hudson, H. J. (1968) The ecology of fungi on plant remains above the soil. *New Phytol.*, **67**, 837-874

Insam, H. (1996) Microorganisms and humus in soils. *In* Humic Substances in Terrestrial Ecosystems (Piccolo, A. ed.), Elsevier Science, Amsterdam, 265-292

IPCC (Intergovernmental Panel on Climate Change) (2001) Climate change 2001: the scientific basis. Contribution of working group I to the third assessment report. Cambridge Univ. Press, Cambridge, 881 pp.

岩坪五郎・堤利夫 (1967) 森林内外の降水中の養分量について (第2報). 京都大学農学部演習林報告, **39**, 110-124

河田弘 (1989) 森林土壌学概論. 博友社, 399 pp.

Karizumi, N. (1974) The mechanism and function of tree root in the process of forest production I. Method of investigation and estimation of the root biomass. *Bull. Gov. For. Exp. Sta.*, **259**, 1-99

Killingbeck, K. T. (1996) Nutrients in senesced leaves: Keys to the search potential resorption and resorption proficienct. *Ecology*, **77**, 1716-1727

Kjøller, A. & Struwe, S. (1982) Microfungi in ecosystems: fungal occurrence and activity in litter and soil. *Oikos*, **39**, 389-422

Koide, K., Osono, T. *et al.* (2005) Fungal succession and decomposition of *Camellia japonica* leaf litter. *Ecol. Res.*, **20**, 599-609

Likens, G. E., Bormann, F. H. *et al.* (1977) Biogeochemistry of a Forested Ecosystem. Springer-Verlag, 146 pp.

Martin, J. P. & Haider, K. (1980) Microbial degradation and stabilization of ^{14}C-labelled lignins, phenols, and phenolic polymers in relation to soil humus formation. *In* Lignin Biodegradation: Microbiology, Chemistry, and Potential Application (Kirk, T. K. *et al.* eds.), CRC Press, Boca Raton, 77-100

May, J. D. & Killingbeck, K. T. (1992) Effects of preventing nutrinent resorption on plant fitness and foliar nutrient dynamics. *Ecology*, **73**, 1868-1878

Meentemeyer, V. (1978) Macroclimate and lignin control of litter decomposition. *Ecology*, **59**, 465-472

Mellilo, J. M. & Aber, J. D. (1984) Nutrient immobilization in decaying litter: an example of carbon-nutrient interactions. *In* Trends in Ecological Research for the 1980s (Cooley, J. H. & Golley, F. B. eds.), Plenum Press, New York, 193-215

Moore, T. R., Trofymow, J. A. *et al.* (1999) Rates of litter decomposition in Canadian forests. *Global Change Biology*, **5**, 75-82

Murphy, P. G. & Lugo, A. E. (1986) Ecology of tropical dry forest. *Annu. Rev. Ecol. Syst.*, **17**, 67-88

Nadelhoffer, K. J., Aber, J. D. *et al.* (1985) Fine roots, net primary production, and soil nitrogen availability: a new hypothesis. *Ecology*, **66**, 1377-1390

Norby, R. J., Cotrufo, M. F. *et al.* (2001) Elevated CO_2, litter chemistry, and decomposition: a synthesis. *Oecologia*, **127**, 153-165

Ohte, N. & Tokuchi, N. (1999) Geographical variation of acid buffering of vegetated catchment: Factors determining the bicarbonate leaching. *Global Biogeochem. Cycle.*, **13**, 969-996

Ohte, N., Mitchell, M. J. *et al.* (2001) Conparative evalation on nitrogen saturation of forest catchment in Japan and northeastern United States. *Water Air Soil Poll.*, **130**, 649-654

Osono, T., Hobara, S. *et al.* (2002) Abundance, diversity, and species composition of fungal communities in a temperate forest affected by the Great Cormorant *Phalacrocorax carbo*. *Soil Biol. Biochem.*, **34**, 1537-1547

Osono, T., Hobara, S., *et al.* (2006) Immobilization of avian excreta-derived nutrients and reduced lignin decomposition in needle and twig litter in a temperate coniferous forest. *Soil Biol. Biochem.*, **38**, 517-525

Ohrui, K. & Mitchell, M. J. (1997) Nitrogen saturation in Japanese forested watersheds. *Ecological Applications*, **7**, 391-401

Osono, T. & Takeda, H. (2001) Effects of organic chemical quality and mineral nitrogen addition on lignin and holocellulose decomposition of beech leaf litter by *Xylaria* sp. *Eur. J. Soi Biol.*, **37**, 17-23

Osono, T. & Takeda, H. (2002) Comparison of litter decomposing ability among diverse fungi in a cool temperate deciduous forest in Japan. *Mycologia*, **94**, 421-427

Osono, T. & Takeda, H. (2004) Accumulation and release of nitrogen and phosphorus in relation to lignin decomposition in leaf litter of 14 tree species in a cool temperate forest. *Ecol. Res.*, **19**, 593-602

Osono, T. & Takeda, H. (2005) Decomposition of lignin, holocellulose, polyphenol and soluble carbohydrate in leaf litter of 14 tree species in a cool temperate forest. *Ecol. Res.*, **20**, 41-49

Raison, R. J., Khanna, P. K. *et al.* (1985) Transfer of elements to the atmosphere during low-intensity prescribed fires in three Australian subalpine eucalypt forests. *Can. J. For. Res.*, **15**, 657-664

Reich, P. B., Grigal, D. F. *et al.* (1997) Nitrogen mineralization and productivity in 50 hardwood and conifer stands on diverse soils. *Ecology*, **78**, 335-347

Roy, S. & Singh, J. S. (1994) Consequences of habitat heterogeneity for availability of nutrients in a dry tropical forest. *J. Ecol.*, **82**, 503-509

Roy, S. & Singh, J. S. (1995) Seasonal and spatial dynamics of plant-available N and P pools and N-mineralization in relation to fine roots in a dry tropical forest habitat. *Soil Biol. Biochem.*, **27**, 33-40

Singh, J. S., Raghubanshi, A. S. *et al.* (1989) Microbial biomass acts as a source of plant nutrients in dry tropical forest and savanna. *Nature*, **338**, 499-500

Sinsabaugh, L. R. (1994) Enzymic analysis of microbial pattern and process. *Biol. Fertil. Soils*, **17**, 69-74

Soil Survey Staff (1992) Keys to Soil Taxonomy (SMSS Technical Monograph No. 19). Pocahontas Press, Inc., 556 pp.

Stark, J. M. & Hart, S. C. (1997) High rates of nitrification and nitrate turnover in undisturbed coniferous forests. *Nature*, **385**, 61-64

Stoddard, J. L. (1994) Long-term changes in watershed retention of nitrogen. Its causes and aquatic consequences. *In* Environmental chemistry of lakes and reservoirs (Baker, L. A. ed.), American Chemistry Society, 223-284

Swift, M. J., Heal, O. W. *et al.* (1979) Decomposition in terrestrial ecosystems. Oxford, Blackwell Scientific Publications

Tabak, H. H. & Cooke, W. M. B. (1968) The effects of gaseous environments on the growth and metabolism of fungi. *Bot. Rev.*, **34**, 126-252

武田博清 (1994) 森林生態系において植物－土壌系の相互作用が作り出す物多様性. 日生誌, **44**, 211-222

Takeda, H. (1998) Decomposition processes of litter along a latitudinal gradient. *In* Environmental Forest Science (Sassa, K. ed.), Kluwer Academic Press, Dordrecht, 197-206

武田博清・大園享司 (2003) 有機物の分解をめぐる微生物と土壌動物の関係, 土壌微生物生態学. 二井一禎・掘越孝雄編, 朝倉書店, 97-113

徳増征二 (1996) 菌類と地球環境：地球温暖化の腐生性微小菌類群集への影響. 日菌報, **37**, 105-110

Tokuchi, N., Takeda, H. *et al.* (1999) Topographical variations in plant-soil system along a slope on Mt. Ryuoh, Japan. *Ecol. Res.*, **14**, 361-369

堤利夫 (1973) 陸上植物群落の物質生産 Ib (生

態学講座 7 巻),共立出版,60 pp.

堤利夫(1987)森林の物質循環(UP バイオロジーシリーズ 67),東京大学出版会,124 pp.

van Breemen, N. (1982) Soil acidification from atmospheric ammonium sulphate in forest canopy throughfall. *Nature*, **299**, 548-550

Vitousek, P. M., Gosz, J. R. *et al.* (1979) Nitrate losses from disturbed ecosystems. *Science*, **204**, 469-475

Vitousek, P. M., Gosz J. R. *et al.* (1982) A comparative analysis of potential nitrification and nitrate mobility in forest ecosystems. *Ecol. Monogr.*, **52**, 155-177

Vitousek, P. M. (1984) Litterfall, nutrient cycling, and nutrient limitation in tropical forests. *Ecology*, **65**, 285-298

Vitousek, P. M. & Matson, P. A. (1984) Disturbance, nitrogen availability, and nitrogen losses in an intensively managed loblolly pine plantation. *Ecology*, **66**, 1360-1376

Vitousek, P. M. & Sanford, R. L. (1986) Nutrient cycling in moist tropical forest. *Annu. Rev. Ecol. Syst.*, **17**, 137-167

Vitousek, P. M. & Howarth, R. W. (1991) Nitrogen limitation on land and in the sea: how can it occur? *Biogeochemistry*, **13**, 87-115

Vogt, K. A., Grier, C. C. *et al.* (1986) Production, turnover, and nutrient dynamics of above-and belowground detritus of world forests. *Adv. Ecol. Res.*, **15**, 303-367

Vogt, K. A., Vogt, D. J. *et al.* (1996) Review of root dynamics in forest ecosystems grouped by climate, climatic forest type and species. *Plant Soil*, **187**, 159-219

Vogt, K. A., Vogt, D. J. *et al.* (1998) Analysis of some direct and indirect methods for estimating root biomass and production of forests at an ecosystem level. *Plant Soil*, **200**, 71-89

Watson, R. T., Meira Filho, L. G. *et al.* (1992) Greenhouse gases: sources and sinks. *In* Climate Change 1992. The supplementary report to the IPCC scientific assessment. Cambridge Univ. Press, Cambridge, 25-46

Yanai, R. D., William, S. C. *et al.* (2003) Soil carbon dynamics after forest harvest: An ecosystem paradigm reconsidered. *Ecosystems*, **6**, 197-212

依田恭二(1971)森林の生態学(沼田真監修),築地書館,331 pp.

第4章
陸水生態系の構造と機能

この章のポイント

　森林で固定された有機物の一部は，水系へ流出し，河川や湖沼で生物活動の作用を受ける．本章では，まず，森林からの炭素の流出過程と河川での動態について紹介し（4.1節），次いで湖沼生態系での陸上起源炭素の機能と消長について述べる（4.2節）．各節では，具体例として琵琶湖およびその集水域の研究を取り上げながら，炭素代謝過程について解説していく．

　森林から流出する炭素には，粒子状の有機態炭素と溶存の有機態・無機態炭素がある．粒子状の有機態炭素はリターやその分解物であり，溶存の有機態炭素は植物の同化産物を起源とし根圏で生成される．溶存の無機態炭素は，植物由来の有機物が土壌中で分解され CO_2 となって水に溶解したものがおもな起源であるが，風化による下層の基岩・鉱物を起源とするものもある．こうした炭素の流出は，森林の水文過程や微気象学的環境に左右される．このため森林からの炭素流出は，地理的に異なり，一般に温帯森林流域よりも寒帯森林流域のほうが多い．

　窒素は炭素とともに森林生態系を構成する主要な元素であるため，その流出は炭素流出と密接な関係があり河川水質に反映される．また，人間によって流域外部から持ち込まれた様々な物質（肥料など）は，土地利用を通じて最終的に河川水質に反映されることになる．このため，河川水質は森林だけでなく，集水域の人間活動にも強く影響されている．

　水が滞留する湖沼では，春から秋にかけて水温躍層が発達するため，生物活動による炭素の代謝と循環は水体の物理構造とその季節変化に強く左右される．湖沼では，プランクトンによる光合成由来の自生性有機物と陸上から流入する外来性有機物が負荷されるが，その識別には安定同位体や蛍光特性を用いる方法が有効である．湖沼の生物群集は，これら自生性および外来性有機物に支えられているため，群集全体の呼吸量が一次生産を上回ることは稀ではない．このため，多くの湖では CO_2 分圧が大気に対して過飽和となる．また，湖底や深水層で生成された CO_2 は，水が鉛直混合する冬季に湖面に持ち上げられ大気へ放出する．その一方で自生性・外来性有機物の一部は分解・消費されず，湖底に堆積する．このように，湖沼は炭素のシンクとソースの2つの側面をもっており，陸域生態系の炭素循環において重要なアクティブサイトであると考えることができる．

4.1　森林から河川への炭素と窒素の流出

はじめに

　森林生態系における物質循環の中で，炭素と窒素の循環はともに系内の生物学的なダイナミクスの根幹を支える物質の流れである．また，同時に今日的な環境問題の中で取り上げられる気候変動と大気中の温室効果気体濃度の上昇というリンクを介してかかわりをもっているといわれている．

　地球規模での大気 CO_2 濃度の上昇が問題視され始めた 1980 年代以降，森林の炭素固定に関する研究は，陸域生態系の物質循環研究の中で大きな比重を占めるようになった．森林植生が CO_2 を吸収する現象の機構解明のための研究は世界各国で行われ，様々なタイプの森林における吸収量の定量化が進められている（Oakridge National Laboratory, 2003）．IPCC による全球の陸上における炭素吸収量の推定値は，1980 年代の $0.2\,PgC\,y^{-1}$ から 1990 年代には $1.4\,PgC\,y^{-1}$ へと大きく増加している（Houghton et al., 2001）．しかしながら，これらは大気中の CO_2 と酸素の測定に基づくものであり，陸上のどの部分にどれくらい蓄積しているかに関しては，依然正確な推定はなされていない．

　森林内部では光合成によって固定された炭素は地上部（植物体）に蓄積されるばかりでなく，地下部にも根系と有機物として蓄えられる．また，湿潤地域では，森林から渓流 - 河川からなる表流水を介してリターやその分解物である粒子状の有機態炭素（particulate organic carbon : POC）が水系に流出していく．さらに，根圏からは溶存態有機炭素（dissolved organic carbon : DOC）や土壌空気中の CO_2 が溶解して生じる溶存態無機炭素（dissolved inorganic carbon : DIC）が水とともに流出し，根圏より下の土層や基岩層からも DIC が流出する．こうした森林生態系からの炭素流出量も 1980 年代から地球規模の炭素循環の中で重要な要素の 1 つとしてその推定が試みられてきている（たとえば，Schlesinger & Melack, 1981 ; Meybeck, 1982）．生態系における物質循環が維持されるメカニズムを理解するためには，地下部（土壌中）における有機物の分解過程の解析が不可欠である（武田，1996，第 3 章）．さらに，こうした地表より下で生じている炭素の形態変化と流出のプロセスを把握することは，森林生態系内での物質循環を考えるうえで大事であるばかりでなく，渓流を通して連続している下流の生態系，つまり河川や湖沼の生態系への養分供給のダイナミクスを理解するうえでも重要となる．流域からの水系を通じた炭素流出量（フラックス）に関する研究は，これまでにも種々のタイプの森林について進められてきており，Hope et al. (1994) が網羅的なレビューを行っている．

　しかしながら，上に述べたようなプロセスの研究は，現実には物質循環研究の中でも難点の 1 つであり続けている．その原因の一端は，地表下で分解が生じる場や，水によって運ばれる溶存物質の移動経路が，時空間的にきわめて不均質であることにある．また，Richter & Markewitz (1995) が述べているように，従来地下部における炭素ダイナミクスの場と考えられてきた植物や土壌微生物の影響範囲としての根圏は，実際にはその一部をとらえているに過ぎないことも指摘しておかなければならない．根圏以下の下層土壌も，

有機物分解や表層近くの根系の呼吸で供給された土壌CO_2に由来する酸によって化学的風化を受けており，従来考えられているよりも深い部分での炭素のダイナミクスを抜きに流域レベルの炭素循環の議論を進めることはできない．対象をDOCに限ったとしても，土壌での形態や量の変化に関するプロセススタディは数多いが（Neff & Asner, 2001），地下水帯への流動，渓流への流出など，一連の水文過程を連続的に取り扱った研究例は，たとえばMcDowell & Likens (1988)，Moore (1989)，Moore & Jackson (1989) などがあげられるがまだ数少なく，DOCと土壌空気中のCO_2，DICの3者のダイナミクスを統合的に扱う研究はほとんどなされていないに等しい．

森林流域からの炭素の流出の時間的な変動は，その生態系内での炭素や他の養分循環に強く影響を受ける（Bormann & Likens, 1981）．植物が光合成によって生産した有機物の一部は，落葉・落枝として地表に供給され，土壌動物や微生物の活動によって土壌中で分解される．微生物の活動は炭素だけでなく，窒素やリンなどの養分物質の形態を変化させ，それらの一部は土壌内を移動する水に溶存して運ばれる．溶存した窒素やリンは，植物によって吸収され再び利用される．こうした植物と土壌の間で成立している養分の循環は内部循環（"intrasystem cycle", Bormann & Likens, 1967；Likens & Bormann, 1972による）とよばれる．

一般には，これらの過程を含む生態系の物質循環は，生物活動によって駆動されている側面が強調されることが多い．しかしながら，ここで考える集水域レベルの物質の循環は，空間的な物質の移動を考慮することなしに語ることはできず，生態系を通過する水や空気とともに物質が移動しているということを念頭に，そのメカニズムを認識しなければならない．また，森林流域という空間は開放系であり，様々な物質が降水や大気の移動によってもたらされ，渓流・河川に流出して森林から出ていく．こうした物質の流れはまた，さらに大きなスケールの水や大気の循環に動かされていると考えられる（この循環を外部循環とよぶこともある）．これまでに述べたような，大気中のCO_2濃度の上昇や，それに伴う平均気温の上昇に対する生態系としての応答は，森林生態系がもっている水文過程や微気象に制御された水や空気の輸送などの，物理的環境にも強くに左右されることになる．

このような問題を背景として，本節の前半では森林流域からの炭素の流出プロセスと，それが流域内の水文環境の時空間変動からどのような影響を受けるかについて焦点を絞り解説する．また後半では，下流の陸水生態系に重要となる窒素の流出と，溶存態有機炭素（DOC）の流出との連関について観測事例を示しながら解説する．さらに，こうした物質を森林生態系から湖沼生態系まで輸送する河川の機能と役割について琵琶湖集水域を例にとりながら解説する．

4.1.1 森林流域の水文プロセス

この章で取り扱う空間は，森林樹冠から斜面土層を経て渓流まで至る水の通り道にあたる．流出する炭素には，上述のように植物によって大気のCO_2から固定されてつくられた有機物やそれが分解された無機態炭素（DIC）に，地質学的に基岩から溶出する無機態炭素が加わる．前者は，主として植物体や土壌表層近くで水に付加され，後者は土壌深部や基岩中で水に多く溶解する．炭素に限らず生態系内で循環している栄養塩は，いずれにしても植物－土壌－基岩系での水の移動とともに流域内を移動し渓流に到達する．炭素の流出ダイナミクスを語る前に，本項ではまず，流出に至るまでの流域内部での水文環境についてケーススタディをもとに解説する．

図4.1.1は，渓流が始まる斜面を含む森林流域の水文素過程を模式的に示している．こうした谷は地形学的には0次谷とよばれ（塚本ら，1973），斜面に成立した森林植生と土壌との間に成立している物質の内部循環の状態と，流出してくる物質の量や質を関連付けて観察したり考察したりするうえで最も重要な単位空間である．

降水で森林にもたらされた水はまず樹冠を通過する．この際，無降雨時に樹冠に付着した乾性降下物が洗脱される．また，葉や樹皮から有機酸などが溶脱されることもあり，降水よりも樹冠通過雨（through fall）のほうが，溶存態の炭素や窒素の濃度が高いことが多い（Reuss & Johnson, 1986）．地表に到達した降水は，森林土壌が一般に高い浸透能をもっているので，土壌表面を流れることは少なく，多くは土壌内に浸透する．地表近くでは雨水は土粒子，土壌有機物，土壌空気などと接触しながら浸透し，地下水帯に達する．谷地形斜面部の集水しやすい部位では，降雨中や終了後しばらくの間，基岩などの不透水層上に一次的な地下水帯が形成されることがある．図4.1.1が示すように，恒常的な地下水帯は斜面部から湧水点までの間に形成されることが多い．地下水帯が土壌層の深部や基岩層内に形成される場合，空気の供給が乏しいので還元的な環境が成立しやすい．こうした場合，無機態窒素の脱窒やメタンの生成など，表層土壌中とは異なる炭素や窒素の形態変化が生じることがある．無降雨時には，渓流へは主として地下水帯から水が供給されている．湧水点では，それまで土壌層あるいは基岩層中にあった水が大気に開放されるので，溶存ガス濃度がこの過程で変化することがある．たとえば，CO_2濃度は一般に地下のほうが大気中よりも濃度が高いので，地下水が湧出する際には溶存CO_2濃度は急激に低下する（Ohte et al., 1995）．

降雨時には地下水位が上昇し，湧水点近傍では土壌が表層近くまで飽和し，地表流（復帰流：return flow あるいは飽和地表流：saturated overland flow）が発生する．この流れは，土壌表層近くを通過するので，リターに起源をもつDOCや無機態窒素などの溶存物質が洗脱されやすい．このため渓流水中のこうした物質の濃度は，渓流の流量が増加するに従って上昇することが多い（Muraoka & Hirata, 1988）．

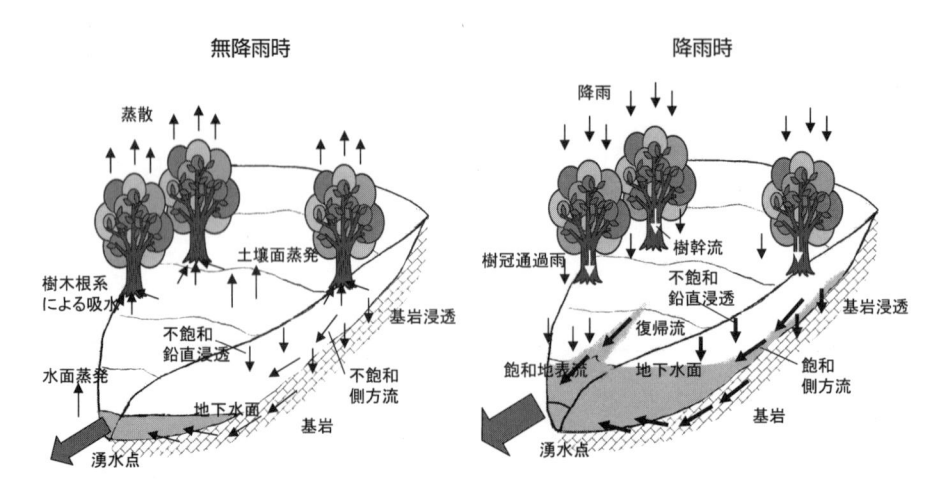

図4.1.1 渓流が始まる斜面を含む森林流域の水文素過程の模式図

4.1.2 流出炭素の生成機構

(a) DICの生成と流出

　流出DICの生成は，植物の生理生態学的な営みと鉱物の化学的風化という地球化学的な過程の接点であり，文字通り生物地球化学的なプロセスである．光合成によって有機物に固定された炭素は，根系から，あるいはリターを経て土壌に有機酸を供給したり，根の呼吸でCO_2を供給したりする．地中での化学的風化は，こうした主として炭素を含んだ酸によって進み，炭酸水素イオン（HCO_3^-）を生成する．このHCO_3^-は水系を介して森林生態系から流出する．Berner (1992) は，地質年代に沿った地球上のCO_2レベルの変動に及ぼす化学的風化の役割を植生が関与する炭素循環を介して検討し，大気CO_2濃度の長期間の変動に鉱物の化学的風化が重要な役割を果たしていたことを明らかにしている．

　森林が成立する温帯から冷帯の湿潤地域では，渓流水のpHは多くの場合5.5から8.5の範囲に入る（Drever, 1988）．この範囲ではDICの大部分は炭酸（H_2CO_3）か炭酸水素イオン（HCO_3^-）の形態で溶存する（4.2.4項(a)参照）．一般に，自然条件では，CO_2の溶解とHCO_3^-濃度の上昇は土壌中や基岩中での化学的風化反応に強く支配され，化学的風化の反応の進みやすさは，地質と種々の環境条件に左右される（たとえば，Berner & Berner, 1996; Schlesinger, 1996）．こうした炭酸の起源は，石灰岩やドロマイトなどの炭酸塩岩の化学的風化と土壌中の植物根や動物，微生物の呼吸である．呼吸によって土壌中で放出されるCO_2の大部分は，いわゆる土壌呼吸として大気に放出されるが，残余は土壌空気中に拡散する．図4.1.2は琵琶湖集水域に位置する暖温帯森林（桐生水文試験地）における土壌空気中のCO_2濃度の鉛直

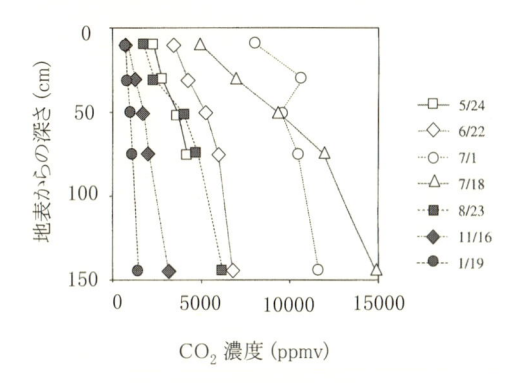

図4.1.2 琵琶湖集水域に位置する暖温帯森林（桐生水文試験地）における土壌空気中のCO_2濃度の鉛直プロファイル
源頭部斜面中腹で測定（浜田ら，1996）．

プロファイルであるが，これによれば，根圏では夏季にCO_2濃度が10000 ppmv以上に達し，大気のCO_2濃度の数十倍を超える（浜田ら，1996）．土壌水や地下水の移動は比較的緩慢なので，こうした土壌空気中のCO_2を平衡状態まで溶解し流動する．図4.1.3は図4.1.2と同じサイトにおける地下水中の溶存CO_2分圧（pCO_2）と水温の季節変動を示している．降水のpCO_2は大気のそれとほとんど同じレベルだが，地下水中で2オーダー高まり，湧水に至る．湧水と大気CO_2の分圧に近い渓流水の差は，湧出後直ちにCO_2の脱気が生じたことを物語っている．地中の高CO_2環境で化学的風化は進み，HCO_3^-濃度は同様に深部ほど高くなる傾向がある．図4.1.4は同様に流域内のHCO_3^-濃度の空間分布を示している．浅い部分の一次的な地下水よりも恒常的な地下水のHCO_3^-濃度が高く，その濃度が湧水点まで保存されていることがわかる．この流域での観測例では，このように地下水を経由して渓流へと輸送される無機態の炭素量は，流出水量の多寡によって年々の変動があるが，2.4〜9.4 kg ha^{-1} y^{-1}（0.24〜0.94 g m^{-2} y^{-1}）と見積もられており（岡崎，2001；川崎，2002），この値は，年間のこの森林の炭素固定量の約0.1〜0.4 %に相当する．

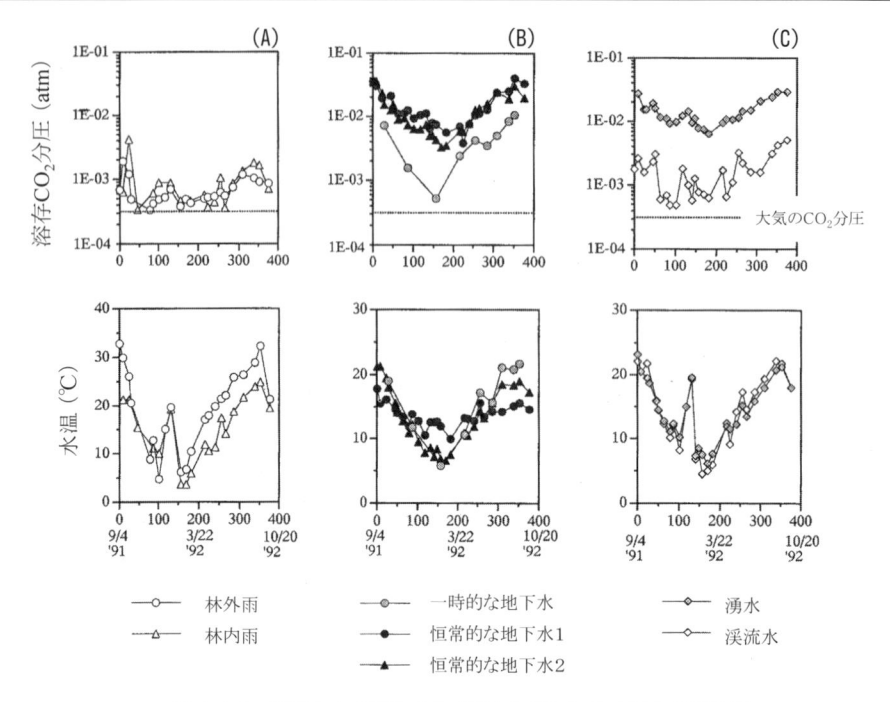

図 4.1.3　地下水中の溶存 CO_2 分圧（pCO_2）と水温の季節変動
(A) 林外雨，林内雨．(B) 一時的な地下水，恒常的な地下水 1：(斜面上部)，2：(斜面下部)．(C) 湧水，渓流水．
(Ohte et al., 1995)

（b）　HCO_3^- 濃度の地理的相違

いうまでもなく，HCO_3^- の地下水への負荷は，気候や降水量ばかりでなく基岩地質にも影響される．化学的風化に関する地理的な多様性に関しては，たとえば，White & Blum（1995）が，花崗岩質の種々の流域について気温と降水量の風化速度への影響を検討し，おおむねこの2要素の関数で風化量が予測できると主張している．同様に Ohte & Tokuchi（1999）は風化生成物である HCO_3^- の流域からの流出量の地理的相違が，どのような環境条件の違いによって説明できるかを，石灰岩などの炭酸塩岩を含む地質をもつ地域を除いた種々の流域に関して検討している．図 4.1.5 はそれら，世界の植生のある流域における渓流水の HCO_3^- 濃度と pH の関係を示している．渓流水中の HCO_3^- 濃度はその流域がもつ酸緩衝能（アルカリ度：

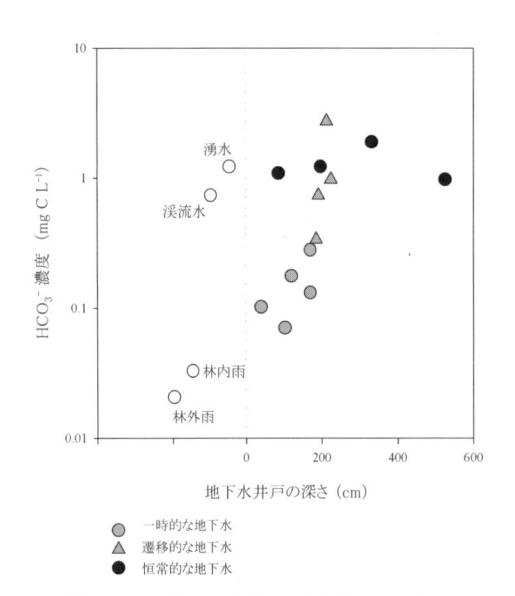

図 4.1.4　流域内の HCO_3^- 濃度の空間分布

遷移的な地下水とは，乾燥した時期には降雨ごとに一次的な地下水が生じるが，湿潤な時期には連続的に地下水が存在する部位での地下水を示す（Ohte et al., 1995）．地下水の区分については Ohte et al.（1995）に詳述されている．

4.2.4項 (a) 参照) の指標とみることができる.

日本を含むアジアの温暖で降水量の多い地域の流域での HCO_3^- 濃度は比較的高い. 一方, いわゆる酸性雨被害の顕著であった北東アメリカや北欧の流域は, これらに比べて寒冷であるため, HCO_3^- 濃度と pH が低くなる. こうした地理的なコントラストについて, Ohte & Tokuchi (1999) は, White & Blum (1995) が指摘したような気候条件 (気温・降水量) に加えて, 対象地域が造山活動の活発な場所であるかどうかという地形形成上の条件が, 風化速度に影響しているのではないかという仮説を提示した. すなわち, DIC の流出の地理的相違には気候条件と生物活動という連関以外の要因が影響するとする主張である.

以上のような地域より石灰岩やドロマイトなどの炭酸塩岩を基岩地質に含む地域では流出水により高濃度の HCO_3^- が含まれることが多い (Drever, 1988). 表 4.1.1 はフロリダとペンシルベニアにおける炭酸塩岩で構成

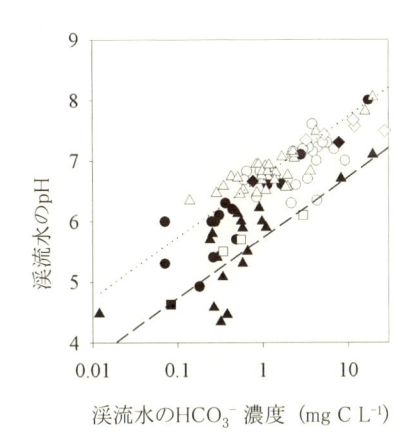

図 4.1.5 世界の植生のある流域における渓流水の HCO_3^- 濃度と pH の関係

地域の区分は, アジア, 南部ブルーリッジ地方を除く北アメリカ, 南部ブルーリッジ地方, スペイン地中海地方を除くヨーロッパ, スペイン地中海地方, オーストラリア, アフリカ, 南米 (Ohte & Tokuchi, 1999). 区分ごとの地理的特徴は Ohte & Tokuchi (1999) に詳述されている.

表 4.1.1 炭酸塩岩で構成された帯水層における地下水中の溶存無機イオンの濃度 (mg L^{-1}) と pH を, 前出の森林の地下水と比較

	フロリダ (Back & Hanshaw, 1970)	ペンシルベニア (Langmuir, 1971)	桐生 (大手・徳地, 1997)
Ca^{2+}	34	83	0.65
Mg^{2+}	5.6	17	0.23
Na^+	3.2	8.5	8.1
K^+	0.5	6.3	0.67
HCO_3^-	124	279	6.1
SO_4^{2-}	2.4	27	6.6
Cl^-	4.5	17	3.4
NO_3^-	0.1	38	3.3
pH	8.00	7.4	6.0

(Drever, 1988 を一部改変)

された帯水層における地下水中の溶存無機イオンの濃度とpHを，前出の桐生水文試験地における森林の地下水と比較して示している．この桐生の基岩地質は風化花崗岩で，炭酸塩岩は含まれていない．フロリダとペンシルベニアの地下水にはカルサイト（$CaCO_3$）の溶解によってHCO_3^-が負荷されるので桐生に比べて2オーダー高い濃度のHCO_3^-が溶存している．島嶼国であるわが国にも石灰岩を含む堆積岩は，個々の岩体の規模は小さいが，北海道から沖縄，小笠原まで広く分布しており（木村ら，1993），これの影響でHCO_3^-濃度が高い渓流はそこここでみられる．

（c） DOCの生産・消費のダイナミクスと流出

　地下水帯で，最も濃度が高くなるDICと異なり，リターや腐植物質の分解によって生成されるDOCは，降水が樹体表面，表層土壌などを通過するときに供給されるので，流域における雨水流出過程の初期に最も濃度が高くなる．**図4.1.6**は前章でDIC（HCO_3^-）の濃度分布を示した桐生水文試験地の異なる3つの地点における林外雨，林内雨，土壌水，地下水，渓流水中のDOCの濃度分布を示している．サイトにかかわらず，A_0層（落葉・落枝の堆積層）を通過した水で最もDOC濃度が高く，土壌深に従ってほぼ単調に減少していることがわかる．この鉛直分布は，最も表層で付加されたDOCが，鉛直に土壌溶液が浸透していく過程において，深さ30cmという比較的に浅い層で大半が溶存態でなくなってしまうことを示している．**表4.1.2**は様々なタイプの土壌別に相位ごとの平均的なDOC濃度をまとめたものである．いずれの土壌タイプでも，上記のケースと同様，O層（有機物層）やA層（有機物に富む鉱質土壌層）などを含む表層で最も濃度が高く，下層に減少している．**図4.1.7**は，一般的な森林土壌における降雨浸透に沿って考

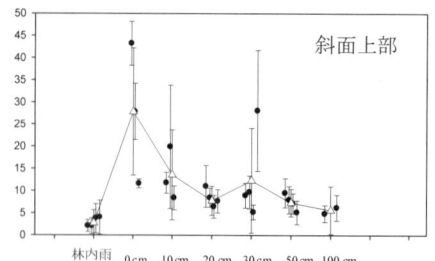

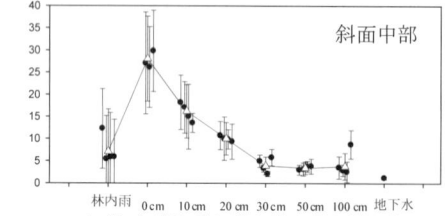

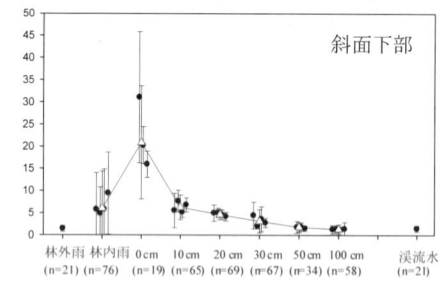

図4.1.6 流域内の異なる3つの地点における林外雨，林内雨，土壌水，地下水，渓流水中のDOCの濃度分布

斜面中部から下部にかけての土壌下層部には地下水帯が存在する（川崎ら，2002）．

えられる溶存有機物の土壌中での変性のプロセスとDOC濃度の減少のレンジを示している（Herbert & Bertsch, 1995）．この図に示されているように，土壌層中での濃度減少のメカニズムとしては一般に，土壌（有機物を含む）表面に吸着されるプロセスと微生物によって分解されるプロセスが考えられる．土壌に吸着される場合，たとえば，疎水結合，分子間力による吸着，配位子交換結合，静電気結合などがそのおもなメカニズムである考えられている（Jardine *et al.*, 1989 ; Nambu & Yonebayashi, 2000）．微生物による分解と

表 4.1.2 様々なタイプの土壌別における相位ごとの平均的な DOC 濃度

(Herbert & Bertsch, 1995 を一部改変)

土壌タイプ	層位	DOC 濃度 (mg L^{-1})	採取方法*	出　典
スポドソル	A, B	10-53	T	Cronan & Aiken (1985)
	B, C	2-12		
スポドソル	<50 cm	15-69	T, P	Wallis et al. (1981)
	地下水	2-16		
	渓流水	2.2		
スポドソル	A	28.1	T	McDowell & Wood (1984)
	Bs	5.91		
	B	2.96		
	渓流水	2.16		
スポドソル	O	14.0	O	Cronan et al. (1990)
	B	7.4		
	BC	2.8		
	渓流水	3.8		
アルティソル	O	36	T	Dawson et al. (1981)
	BA	22		
	B	10		
	地下水	7		
アルティソル	B	2-13	T	Meyer & Tate (1983)
	地下水	0.2-0.7		
アルティソル	O	13.7	O	Cronan et al. (1990)
	Bt	2.1	T	
	C	0.78		
	渓流水	1.38		
アンディソル	O	22	T	Dawson et al. (1981)
	A	23		
	B	11		
	渓流水	7		
インセプティソル	O1	32.5	O	Qualls et al. (1991)
	Oa	32.5		

*採取方法，T はテンションライシメーター，P はピエゾメーター，O はゼロテンションライシメーターを用いて土壌水を採取したことを示す．

は，微生物が溶存有機物中の炭素をエネルギー源として呼吸を行う現象のことであるが，不飽和土壌層中や溶存酸素濃度が高い地下水中では酸素を使い，地下水中で非常に還元的な状態においては硝酸，マンガン，鉄などを還元することによって DOC を CO_2 にまで酸化する（Bolts & Bruggenwert, 1980）。硝酸を還元し DOC を消費する過程は，脱窒（denitrification）とよばれ，還元環境で DOC の消費と窒素の動態が微生物の活動を介して直接連関する重要なプロセスである。土壌中での DOC の減少は，有機物の代謝による CO_2 の放出（土壌呼吸）と，地下部で

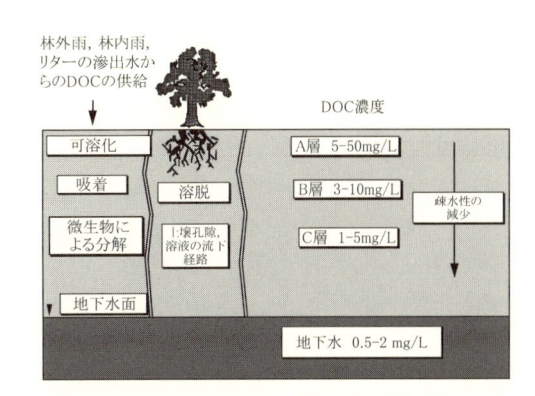

図 4.1.7 一般的な森林土壌中の降雨浸透における溶存有機物の土壌中での変性のプロセスと DOC 濃度の減少

(Herbert & Bertsch, 1995)

の炭素蓄積の増加という2つの面において，流域レベルの炭素循環を考えるうえで重要な素過程であるといえる．

　これらに加えて，土壌水中のDOCが浸透中に除去されていく過程には，同じく土壌水中に溶存している金属イオンと溶存有機物との錯体の形成が強く関与することが多くの研究で論じられている (Dawson *et al.*, 1978; Cronan *et al.*, 1978; Cronan & Aiken, 1985). これについて，以下に前出の桐生水文試験地の例を用いて詳細に説明する．**図4.1.8**は図4.1.6でDOC濃度の鉛直分布を示した地点における土壌溶液中のDOC濃度と全Al（アルミニウム）濃度の関係**(A)** とpHと全Al濃度の関係**(B)** を示している．**図4.1.8(B)** における曲線は，非晶質のAl(OH)$_3$のpHに対する理論的な溶解度曲線を示している．平衡定数はBolt & Bruggenwert (1980) に従っている．
図4.1.8(A) は，土壌溶液中のDOC濃度と全Al濃度が強い相関をもっていることを示している．土壌溶液中の無機態のAlは様々な形態で溶存しているが，溶存有機物が少ない場合，その濃度はおおむね，非晶質Al(OH)$_3$の溶解度に規定される (Bolt & Bruggenwert, 1980). そうした場合，溶存Alの濃度測定値は，溶解度曲線の下側にプロットされる．しかしながら，この観測の場合，ほとんどの全Al濃度の測定値は非晶質Al(OH)$_3$の溶解度を越えており，このことは溶存しているAlの形態が，Al^{3+}や無機錯体でないことを示している．DOC濃度と全Al濃度との強い相関を考慮すると，溶存しているほとんどのAlが溶存有機物と錯体を形成していると推測することができる．同様の傾向は全Fe（鉄）濃度とDOC濃度の関係でもみられる（川崎ら，2002）．

　以上のような溶存有機物とAlやFeとの有機錯体の形成は，分子の巨大化を生じさせ，結果として溶解度を越えて沈殿を生じさせやすい．Bolt & Bruggenwert (1980) は，土壌溶液中の代表的な有機酸であるフルボ酸がつくる錯体について，次のようなメカニズムを提示している．土壌溶液中のフルボ酸とAlやFeが豊富な場合，フルボ酸の分子の周囲にAlやFeが次々と配位し，金属とフルボ酸のモル比が増加するに従って溶解度が低下する．ある一定のモル比に達すると沈殿を生じ始める．**図4.1.9**は，同じサイトにおける土壌溶液の単位DOC量あたりの紫外線吸光度(UV/DOC値)の鉛直分布を示している．UV/DOC値は，一般に溶存有機物の腐植化の進行度を示す指標とみることができ，この値が高いほど腐植様物質に富むことを意味する（今井ら，1998）．**図4.1.9**から，DOC濃度の減少と同様に浅い層でのUV/DOC値の減少は著しいことがわかる．このことは，フルボ酸などの易溶性の腐植様物質が表層に近い部位で急激減少していることを示していて，これまでに述べてきたような金属との有機錯体の形成と，その後の沈殿がDOC濃度の減少に寄与していることを示唆している．

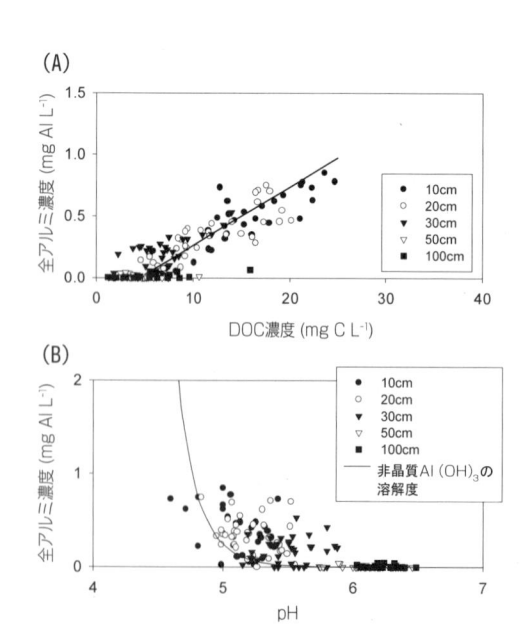

図4.1.8　土壌溶液中の (A) DOC濃度と全Al濃度の関係，(B) pHと全Al濃度の関係

（川崎ら，2002）

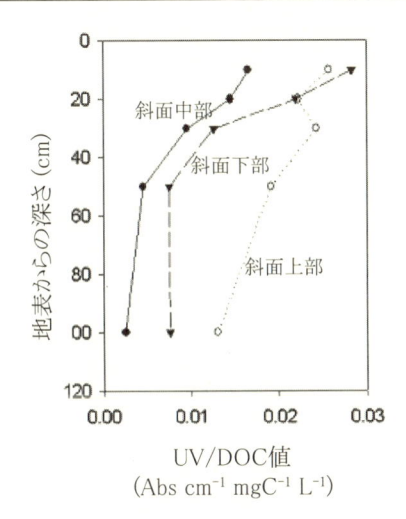

図4.1.9 UV/DOC値（単位DOC濃度あたりの紫外線吸光度）の土壌中での鉛直分布

(大手ら，2002)

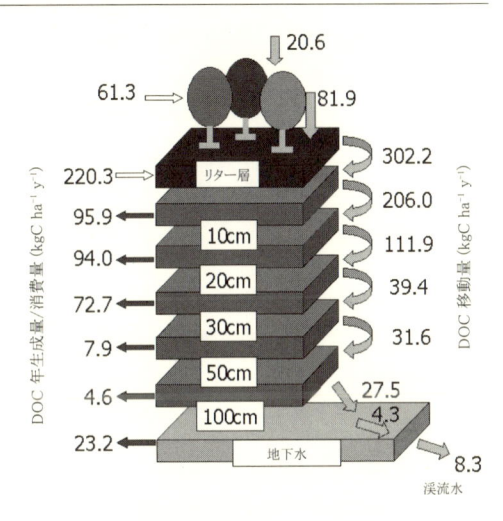

図4.1.10 流出過程の各部位でのDOCのフラックス，年間生成量・消費量の観測例

(大手ら，2002)

4.1.3 土壌中のDOCフラックスと炭素の蓄積

流出過程の各部位でのDOCのフラックスと年間生成量・消費量の観測例を図4.1.10に示す（大手ら，2002）．まず，樹冠通過によって1 haあたり61.3 kgのDOCが降水に負荷される．地表に到達した雨水には，深さ10 cmまでの表層土壌中を浸透する間にさらに220.3 kgの有機態炭素が負荷される．これが深さ30 cmまでに大幅に減少し，それ以降地下水帯に到達するまでに数キログラムの減少が見積もられた．渓流水による流出が地下水流動に伴うDOC移動量よりも約4 kg増加しているのは，実際の渓流水が地下水のみで構成されるのではなく，常に流域の下端近くにおいて，表層を通過して直接渓流に流入する成分が混合するためである．土壌中でのDOCのフラックスは欧米の森林では，しばしば測定されており（たとえば，Moore, 1989；Michalzik & Matzner, 1999；Nielsen et al., 1999），Neff & Ansner (2001) に要約が記載されている．これによると，温帯森林の表層（0〜20 cm）におけるDOCフラックスは20-840 kgC ha^{-1}y^{-1}，下層（20〜100 cm）では20-180 kgC ha^{-1}y^{-1}と地域によって大きく異なっている．これらの例からみると，上述した琵琶湖集水域内の森林流域でのDOCフラックスは平均的な値ということができる．

ここで求められたDOCの除去量が，他の形態の炭素量（固体の土壌有機物，土壌水中の溶存無機態炭素（DIC），気相（CO_2）の炭素量）に対し，どの程度の割合を占めるかを図4.1.11に示す．図4.1.10で示したように，土壌水中から除去されたDOCが0〜30 cmの深さでは土壌に吸着されるとすると，その量は，この森林における土壌0〜30 cmの深さにおける，土壌中の固体有機態炭素量（32550 kgC ha^{-1}：Hobara et al., 2001）に対しては1％以下となる．しかしながら，この吸着量は同じ森林の樹冠上で観測された大気から生態系への正味炭素フラックス（2400 kgC ha^{-1} y^{-1}：田中，1999）の約11％を占めることになる．また，30 cm以深に達したDOCが微生物分解により消費され，DICおよびCO_2ガスになるとすると，土壌0〜

生態系純交換量: 2400
(Tanaka, 1999)

単位: kg-C ha^{-1} y^{-1}

土壌呼吸量: 8321

土壌中の炭素含有量 (kgC ha^{-1})
(Hobara et al., 2001)

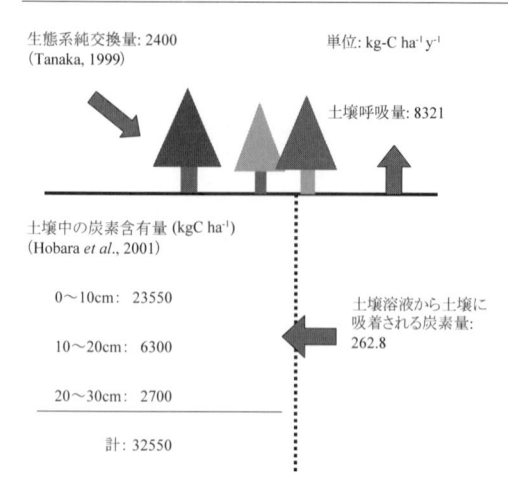

0〜10cm: 23550
10〜20cm: 6300
20〜30cm: 2700
計: 32550

土壌溶液から土壌に吸着される炭素量: 262.8

図4.1.11 森林樹冠に置ける純炭素固定量，土壌中の炭素蓄積量，土壌溶液を経て土壌に吸着される炭素量の比較

(大手ら，2002)

30 cm深で吸着されるDOC量は，それ以深でのDIC・CO_2ガス生成量（530.7 kgC ha^{-1}）の約6.5％に相当することになる．つまり，1年間に土壌層に負荷されるDOCとしての炭素量は土壌層の現存の炭素蓄積量と比較するとそれほど大きな量ではないが，大気から生態系に固定される正味炭素フラックスに対しては無視できない量となる．

4.1.4 流域流出量の変動と流出炭素量の関係

降雨によって生じる一時的な流量の増加に対してDICやDOCの濃度がどのように変化するかは，これまで述べてきたそれぞれの炭素の空間的な濃度分布からおおむねうまく説明することができる．DIC（HCO_3^-）濃度は表層に近い土壌水で低く，地下水のほうが高い．降雨がないときには通常，渓流水の大部分は地下水帯から供給されているが，雨が降っているときや，止んでからしばらくは，渓流近くの浅層の土壌水が直接流出として加わる．この流出成分が加わることによって地下水帯からの流出水は希釈され，

渓流水のDIC濃度は無降雨時よりも低下する．DOC濃度は逆に土壌表層で最も高く地下水で低いので，浅層の土壌水からの流出が増加する降雨時に，流量増加に対応して濃度が上昇する（Katsuyama & Ohte, 2002；川崎，2002）．**図4.1.12**は北海道南部の落葉広葉樹林の流域において観測された結果をもとに描かれた散布図であり，この傾向がみられる（Shibata et al., 2001）．北米でも同様の傾向がBoyer et al.（1996）やFrank et al.（2000）などによって示されている．これに対し，渓流水の季節変化の時間スケールでの濃度変動には，これまで述べてきたようにDICにもDOCにも土壌中での植物根系や微生物の活動季節変動と，水文条件の季節ごとの変動（湿潤月，乾燥月）などの両方が関与し，一般化することは容易ではない．たとえば，Mulholland & Hill（1997）は，地中水の移動経路の季節的な変動のほうがより強い制御要因になっていることを示しているが，どちらの制御が渓流水のDIC, DOC濃度に強く反映されるかは，流域の基底流量と直接流量の割合とその季節変動によって変わる．川崎ら（2002）は，渇水年と湿潤年の夏季における渓流水中のDOC濃度を比較し，表層土

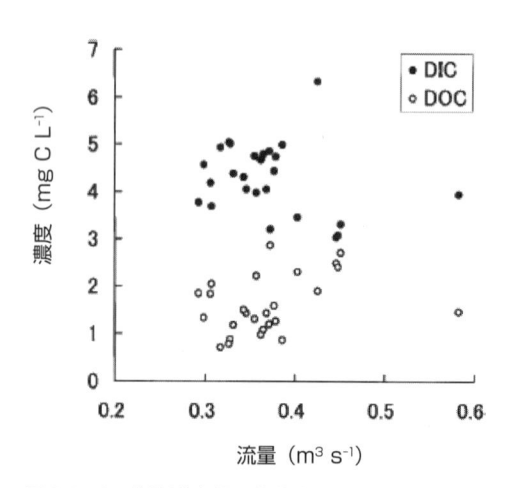

図4.1.12 北海道南部の落葉広葉樹林の渓流水における流量とDIC, DOC濃度の関係

(Shibata et al., 2001)

壌中での土壌水のDOC濃度は両年とも上昇していたが，渇水年には表層土壌水の直接流出への寄与が少なかったために，夏季の渓流水中ではDOC濃度の上昇がみられなかったことを示している．また，表4.1.3はわが国でのPOC，DIC，DOC濃度の観測事例である（Shibata et al., 2001）．北海道にある幌内川ではDICが高く，DIC/DOCも大きい．Shibata et al.（2001）は，その原因を，基底流量（地下水流出量）の多さによるものと結論づけている．このことは，溶存態炭素の形態ごとの流出量が，流域の水文過程上の特徴に影響を受けることを示している．

源流域における渓流内のPOCの大部分は植物遺体であり，渓流に直接落下したり，降雨時の地表流によって近傍の林床から渓流に輸送されたりしたリターの分解物がほとんどである．これまで述べてきた琵琶湖集水域内の森林流域での観測では，POCの流出量は渓流の流量の増加に従って増大することが示され，一次的な地表流の発生と渓流の流量の増大がPOC流出量増加に寄与していることが示されている（岡崎，2001）．

表4.1.3に示すように，POCとしての炭素流出は全炭素流出量に対して数パーセントから29％あり，決して無視できる量ではない．しかしながら，わが国ではPOCの流出量まで含めた観測事例がきわめて限られているのが現状である．このため，それぞれの形態の流出炭素について流出量の地理的相違に関する一般則を導くことは現状では困難であるといわざるを得ない．また，Hope et al.（1994）は，ヨーロッパ，北米，ニュージーランドの事例を紹介しているが，ここでもPOCの流出に関する情報の不足を指摘している．DOCやDICに比較して，POCはサンプリングの技術的な困難さゆえに，観測事例が不足している．しかし，森林からの下流生態系への炭素供給という面からも，今後その量，質ともに情報を増やす必要がある．

4.1.5 森林と湖沼・海洋をつなぐ河川

森林において固定された炭素の一部分は河川を通して，海洋にまで運ばれており，そのフラックスは0.8 PgC y^{-1}と推定され，風化による無機態炭素と有機態炭素がそれぞれ0.4 PgC y^{-1}と推定されている．世界の大河川の流量とPOCおよびDOC濃度から推定された有機態炭素の輸送量は，0.38 PgC y^{-1}である（Ludwig et al., 1996）．この値は，地球全体の陸上植生の純一次生産量，60 PgC y^{-1}に比べるとわずかなものでしかないが，陸上の炭素蓄積量1.4 PgC y^{-1}に比べると大きなものであることがわかる．しかし，水系に供給された有機態炭素は，湿地・湖沼や河川さらには海洋において，堆積物となり，また一部は分解され，CO_2として大気に放出されている．この部分を無視することによって，北極圏ツンドラでは陸上の一次生産による炭素蓄積量を20％も過大評価する可能性が指摘されている（Kling et al., 1991）．

大河川を流下する有機態炭素に占めるDOC

表4.1.3 日本の3つの温帯森林流域におけるDIC，DOC，POCフラックス

流域	年平均気温（℃）	濃度（gC m^{-2} y^{-1}）			合計	DIC/DOC	出典
		DIC	DOC	POC			
桐生	13	1.6	4.3	0.5	6.4	0.4	岡崎（2001）
定山渓	8	1.9	3.3	2.1	7.3	0.6	坂本ら（1998）
幌内川	6	3.9	1.5	0.3	5.7	2.6	Shibata et al.(2001)

(Shibata et al., 2001)

の割合は，平均すると約50％であるが，濃度やDOCとPOCの比率は河川によってまちまちである．Ludwig et al. (1996) がまとめたデータによれば，DOCは1～14 mg L^{-1}，POCは0.3～190 mg L^{-1}，DOC/POC比は0.03～23となっている．POCは，先に述べたように（4.1.4項）降雨時や融雪時期に濃度が高くなるが，DOC濃度の時間変化は通常小さいという違いがある．

森林から渓流へのDOC流出量は，流域の地形，集水面積，降水量，気温などによって異なる (Clair & Ehrman, 1994)．また，Eckhardt & Moore (1990) は，流域内の湿地面積によって渓流のDOC濃度の違いを説明している．このようにDOCの流出に関与する要因は多く，一般化されていない．しかし，Christ & David (1996) が土壌内の温度，水分が異なれば，DOC生成量が異なることを実験的に示したように，渓流へのDOCの流出に土壌内の生物的なものが関与していることは明らかである．

森林から流出する栄養塩としては，窒素では硝酸態窒素（NO_3^--N）が大半を占め，土壌粒子に吸着しやすいアンモニア態窒素（NH_4^+-N）の流出はほとんどみられない．また，リン酸の流出はわずかであるが，溶存態よりも粒子に吸着した形で流出する．窒素栄養塩の森林からの流出には，森林および土壌における有機物分解・無機化過程がかかわっている．近年，NO_3^- が渓流へ多量に流出するなど，森林生態系内が窒素過剰の状態であることは「窒素飽和」とよばれ (Gundersen & Bushkin, 1992)，精力的な研究が北欧を中心に行われている．森林が窒素飽和という状態になるのは，おもに大気からの窒素負荷の影響であるが，森林内の物質循環との関係でみると，土壌有機物のC:N比と関連がみられる (Gundersen et al., 1998)．大気からの窒素負荷は，世界平均で7.43 kg N ha^{-1} y^{-1}（0.74 g N m^{-2}y^{-1}）と推定されており (Caraco & Cole, 1999)，森林生態系内のC:N比を低下させることにより，森林生態系は窒素飽和という状態となっていくと考えられる．

4.1.6 渓流水におけるDOCとNO_3^-濃度の関連

DOCと硝酸イオン（NO_3^-）は，河川水中に存在する炭素と窒素のおもな形態であり，水域の環境を決める重要な物質である．上流の森林域で人間活動の影響のない渓流水では，DOCとNO_3^-はともに森林内の土壌有機物がその起源となっているため，両者の間には密接な関係があるとする仮説が提示されている (Aber, 1992)．また，近年，Aitkenhead & McDowell (2000) は，地球規模でDOCの流出量を解析した結果，DOC流出量がその流域土壌のC:N比で説明できることを示している．この結果は，炭素の一形態であるDOCの挙動が，炭素循環だけでなく窒素循環とも深く関連することを示唆するものである．このように，河川水中のDOCとNO_3^-の濃度は，陸上における炭素と窒素の動態に対応して変動しているものと考えることができる．

琵琶湖集水域の34渓流について測定したDOCおよびNO_3^-濃度の関係を図4.1.13に示した．渓流水中のDOC濃度とNO_3^-濃度の間には逆相関の関係が認められる．これは，渓流にDOCが多く流出する流域環境下では，NO_3^-は渓流へ流出しないこと，反対に渓流にDOCが流出しない環境で，NO_3^-が流出していることを示している．DOCとNO_3^-は，二者択一的に森林から下流へ負荷されているわけで，琵琶湖など下流水域の環境を森林とのつながりで考えるうえで重要である．

このようなDOCとNO_3^-濃度が逆相関となる関係は，イギリスにおける渓流観測結果でも報告されている (Harriman et al., 1998)．そこでは，渓流の高いDOC濃度は，湿地など流域の炭素蓄積量が多く，流域内で炭素が豊富であることを示唆する環境の指標

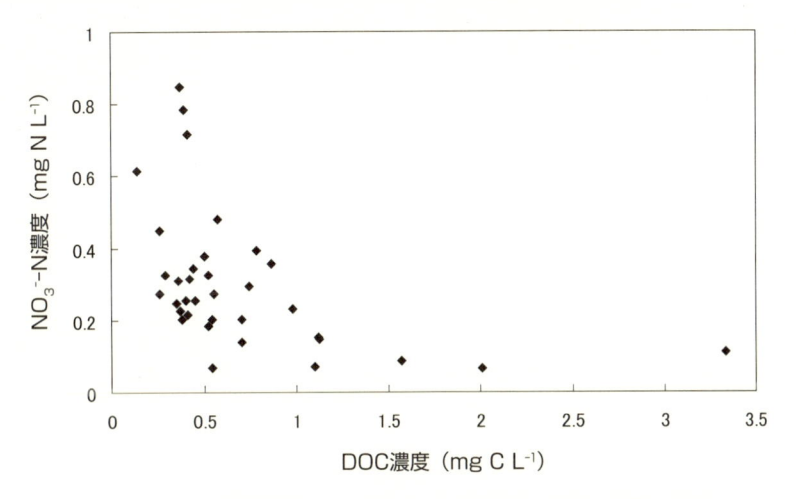

図4.1.13 琵琶湖集水域，渓流水のDOC濃度とNO$_3^-$濃度の関係
(Konohira & Yoshioka, 2005)

として考察されている．土壌内に炭素が潤沢にある場合は，NO$_3^-$を含む土壌中の無機態窒素は豊富な炭素とともに生物に取り込まれるので（有機化），その現存量は低く抑えられる（Hart et al., 1994）．したがって，高DOC，低NO$_3^-$の流域は，窒素に比べて炭素が相対的に潤沢に利用できる環境であると考えられる．反対に，低DOC，高NO$_3^-$の流域は，窒素が潤沢に利用でき，同時に炭素が欠乏する状態である．また，NO$_3^-$とDOCともに濃度の高い渓流が存在しないことは，炭素，窒素とも過剰に存在する場合はなく，炭素と窒素の過剰・欠乏というものが，炭素-窒素のバランスとして相対的に決まっていることを示唆している．このように，渓流のNO$_3^-$とDOC濃度は，それぞれ流域内の窒素と炭素の欠乏，過剰と対応した濃度レベルを示すと考えられ，流域スケールでの炭素，窒素循環の指標として，有用である．ただし，森林内に人工的に窒素を負荷し，DOCの挙動に及ぼす影響を調べた実験の結果では，いずれもDOC濃度に大きな変動はなかった（Gundersen et al., 1998；McDowell et al., 1998, David et al., 1999）．また，窒素過剰な状態でDOCの消費が起きると考えることは，微生物による生物的なDOCの消費（分解）を想定しており，DOCが微生物にとって利用可能な有機物であることを前提にしている．DOCが微生物にとって利用可能かという知見は多くはないが，土壌内や渓流のDOCの大部分は生物が利用できないとする報告もある（Yano et al., 2000；Buffam et al., 2001）．渓流のNO$_3^-$濃度が流域の窒素循環の指標であることは間違いないが，DOC濃度を流域の炭素循環の指標として一般化できるかどうかは，今後さらに検討が必要である．

4.1.7 人間活動と河川水質

前項まで，おもに森林におおわれた自然状態の流域を対象に，炭素と窒素の循環，河川への流出について述べた．しかし，実際には人間が住んでいない流域は稀であり，人間活動の影響は河川水質に大きな影響を及ぼしている．地球規模でみた場合，河川への窒素負荷量は，その流域の人口密度とよい相関を示している（Caraco & Cole, 1999；Howarth et al., 1996）．気候や植生など自然環境の違いよりも，人間活動の大小が河川水質を決定するうえで主要な要因となっているのである．人

口密度は，流域の人間活動の大小を示す指標であるが，生活廃水や工業排水としての負荷，さらに農地を介しての負荷の影響をすべて含んだものである．したがって，流域の規模が小さくなると，人口密度だけでは，河川への窒素の負荷量の推定が難しい（Caraco et al., 2003）．地域スケールでは，その流域でどのような人間活動が行われ，河川への負荷が起きているか，地域による特性が色濃く反映される．

琵琶湖集水域の中で最大の流域面積をもつ野洲川は，人口が多く，水田が広がる人間活動が盛んな流域である．その流域内におけるDOC濃度の分布を図4.1.14に示す．大きな支流である杣川で濃度が高いのに対し，本流で濃度が低いのがわかる．この濃度分布は，杣川流域で水田が多いことと対応しており，流域内の水田面積率とDOC濃度の間には，正の相関が認められる．野洲川流域では，水田がDOCの負荷源として重要である．このDOC濃度の分布を定量的に評価するために，河川のDOC濃度について，人口密度，水田面積率，茶畑面積率などを因子にして重回帰分析を行った．その結果，以下のDOC濃度の予測式を得た（$R^2=0.71$）．

$$\mathrm{DOC（mg\ L^{-1}）} = 0.29 + 0.001 \times X_1 \\ + 0.07 \times X_2 - 0.001 \times X_3 + 0.03 \times X_4 \quad (1)$$

X_1：人口密度（人 km^{-2}），X_2：水田面積率（％），X_3：前7日間降水量（mm），X_4：日平均気温（℃）

この他に，茶畑面積率も説明変数として分析したが，茶畑面積率はDOC濃度に影響を及ぼさない．この予測式において，X_1，X_2は流域間のDOC濃度の変動を，X_3，X_4は同じ流域でもDOC濃度が季節的に変動することを示している．X_2の係数が＋0.07であることは，流域内の水田面積率が1％上昇すれば，DOC濃度が0.07 mg L^{-1}上昇することを意味している．一方，この式に，$X_1=X_2=0$，X_3とX_4に年間の平均的な気温と降水量を代入すると，流域内すべてが森林の場合（自然起源）のDOC濃度（0.64 mg L^{-1}）推定値が得られる．もし森林だけであった流域のうち，10％が水田となった場合には，その影響でDOC濃度は0.7 mg L^{-1}上昇し，自然状態のDOC濃度を倍加させることになる．このように，河川のDOC濃度に対して水田の寄与はきわめて大きいことがわかる．

同様の解析を他の水質成分にも行った結

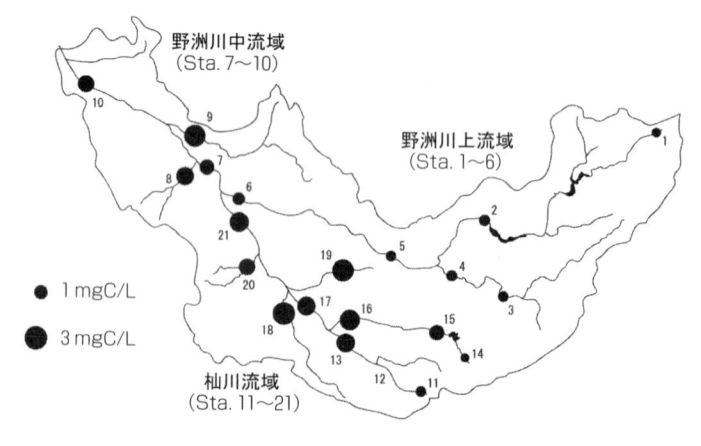

図4.1.14 野洲川流域河川水のDOC濃度の分布

（大塚，2003）

果，Mg^{2+}，T-P（全リン），PO_4-P（リン酸態リン），K^+ は，DOC と同様に水田がおもな負荷源であった．NO_3^- と SO_4^{2-} については茶畑がおもな負荷源，Na^+，Cl^-，Ca^{2+} については，人口密度（生活廃水）がおもな負荷源となる（大塚，2003）．水田からの T-P，PO_4-P，K^+ の負荷は，水田に施用される P，K 肥料，茶畑からの NO_3^- と SO_4^{2-} も硫酸アンモニウム肥料，生活廃水からの Na^+，Cl^- については食事に使う食塩が負荷の原因であろう．このように人間活動の影響は，人間が流域外部から様々な物質を持ち込むことが原因となって，各生態系を通じて最終的には河川水質に反映されることになると考えられる．

4.1.8 集水域から湖沼への炭素と窒素の流入

集水域から供給される物質は，下流に位置する湖沼や海洋の物質循環を駆動する原材料として重要である．日本では，高度経済成長が始まった1960年代後半から現在に至るまで，人間活動による栄養塩類の過度の供給が水系の富栄養化を招き，陸水および沿岸環境の劣化を引き起こしてきたことは周知の事実である．しかしながら，下水道の整備や集水域の住民による環境負荷低減活動などにより，水系環境の改善が図られ，たとえば，諏訪湖ではラン藻（シアノバクテリア）のミクロキスティスによるアオコの発生が軽減し，夏季の平均透明度が1970年代の40cm程度から，1999年以降100cmへと大幅によくなっている（花里ら，2003）．また，琵琶湖においても，無リン洗剤使用の推進や下水道整備により，生物化学的酸素要求量（BOD）が低下しているが，化学的酸素要求量（COD）は横ばいから増加の傾向がみられており，有機物の質的変化が示唆されている（早川・高橋，2002）．

琵琶湖への流入負荷に関しては，多くの研究（たとえば，国松・宮川，1979；吉岡，1985）がなされてきているが，溶存有機物に関するものは少ない．そこで筆者らは，琵琶湖への流入量の大きい5河川（姉川，天野川，愛知川，野洲川，安曇川）とその中の1つ姉川の上流域に位置する2渓流（東俣谷川，西俣谷川）において，有機成分を含む水質を調査した（**表4.1.4**）．すでに述べたように（4.1.2項(b)），石灰岩を基岩地質とする流域では流出水の HCO_3^- 濃度が高い．石灰岩質古生層からなる伊吹山系を源流とする天野川では，アルカリ度（およびこれより計算されたDIC濃度）が他に比べて非常に高い．また，支流の一部に伊吹山系を含む姉川も高い傾向があるが，草野川（東・西俣谷川の下流）や高時川の影響で天野川ほどDIC濃度は高くない．琵琶湖集水域で最大の流域面積をもつ野洲川は，電気伝導度が天野川に匹敵するほど高いにもかかわらず，アルカリ度が低い

表4.1.4 琵琶湖流入河川の水質

	pH	EC (mSm⁻¹)	Alkalinity (μeqL⁻¹)	DIC (mgL⁻¹)	風化DIC (mgL⁻¹)	CO_{2aq} (mgL⁻¹)	HCO_3^- (mgL⁻¹)	CO_3^{2-} (mgL⁻¹)	DOC (mgL⁻¹)	POC (mgL⁻¹)	TOC (mgL⁻¹)	TOC 風化DIC	DOC POC	PON (mgL⁻¹)	POC PON	$δ^{13}C(POC)$ ‰	$δ^{15}N(POC)$ ‰	NO_3^--N (mgL⁻¹)	SO_4^{2-}-S (mgL⁻¹)	Cl^- (mgL⁻¹)	TDP (mgL⁻¹)
東俣谷川	7.6	7.6	421	5.39		0.36	5.02	0.01	0.40	0.48	0.87		0.8	0.03	14.6	-26.4	-0.3	0.47	1.90	3.33	0.021
西俣谷川	7.5	6.1	310	4.0		0.32	3.71	0.01	0.42	0.35	0.77		1.2	0.03	13.2	-26.6		0.42	1.23	3.63	0.024
姉川	7.4	11	686	11.1	4.1	2.92	8.15	0.03	0.68	0.79	1.48	0.35	0.9	0.07	11.3	-23.8	2.5	0.53	2.34	5.03	0.021
天野川	8.0	28	1645	20.3	9.0	0.71	19.50	0.14	1.05	0.36	1.41	0.16	2.9	0.05	8.0	-24.5	5.1	1.13	3.95	15.92	0.036
愛知川	8.6	10	494	5.5	2.3	0.16	5.05	0.30	0.86	0.37	1.24	0.53	2.3	0.05	7.7	-21.8	2.5	0.49	2.55	6.41	0.017
野洲川	8.7	27	655	7.5	2.1	0.18	6.95	0.32	1.70	0.73	2.44	1.17	2.3	0.10	7.2	-22.8	5.8	1.00	11.58	18.90	0.029
安曇川	7.2		288	4.4	2.0	0.91	3.44	0.01	0.47	0.14	0.61	0.31	3.3	0.02	7.8			0.31	1.60	4.36	0.018
平均*	7.7	11.4	629	8.8	3.4	1.39	7.30	0.10	0.81	0.49	1.30	0.38	1.7	0.05	9.2			0.58	3.66	8.10	0.022

*）東・西俣谷川を除く．

ためDIC濃度は低い．アルカリ度から求めたこれら河川のDICは，その86〜97％が，HCO_3^-およびCO_3^{2-}の形で存在している．これは，鉱物の風化によって生じたものである．なお，風化によって生じるHCO_3^-の中には大気に由来する炭素（CO_2）だけではなく，$CaCO_3$などの炭酸塩の溶解に由来する炭素も含まれている（$CaCO_3 + CO_2 + H_2O \rightarrow Ca^{2+} + 2HCO_3^-$）．したがって，DICは大気から水へ溶け込んだ炭素量を必ずしも反映しているわけではない．そこで，吉岡（1985）が測定した河川のCa^{2+}濃度をもとに，HCO_3^-に占める大気由来の風化固定炭素の比を見積もると，野洲川で0.3，愛知川・天野川で0.45〜0.47，姉川で0.5，安曇川では0.57であった．この値と今回の調査の調査で得られた**表4.1.4**に示したHCO_3^-の平均値から，風化固定由来のHCO_3^-濃度を推定すると，安曇川2.0 mgC L^{-1}，野洲川2.1 mgC L^{-1}，愛知川2.3 mgC L^{-1}，姉川4.1 mgC L^{-1}，天野川9.0 mgC L^{-1}となる．このように，同じ集水域内にある河川でも基岩地質が異なれば，風化による大気からの炭素の溶け込み量は大きく異なっている．

陸上生態系から水系にもたらされる有機物も，陸域における炭素のシンクとして機能していると考えられる．姉川上流にある東俣谷川，西俣谷川と，琵琶湖に流入する河川の中で流量の多い安曇川，野洲川，姉川，愛知川，天野川の下流地点での観測結果から年間平均の水質を推定すると，上流域の東・西俣谷川では，DOCは0.40〜0.42 mgC L^{-1}と低く，POC，PON（粒子状の有機態窒素）もそれぞれ，0.35〜0.48 mgC L^{-1}，0.03 mgN L^{-1}と低い値であった（**表4.1.4**）．安曇川の下流でもこれらの濃度は低く，特にPOC，PONは，それぞれ0.14 mgC L^{-1}，0.02 mgN L^{-1}と調査した河川で最も低い値であった．これに対して，下流域での人間活動が大きいと考えられる野洲川では，DOCが1.70 mgC L^{-1}と最も高く，POCも0.73 mgC L^{-1}であった．

各河川の流入量で重み付けして求めた平均のDOC濃度は，0.81 mgC L^{-1}であり，琵琶湖北湖のDOC濃度の季節変動のベースラインあるいは深水層のレベル（約0.96 mgC L^{-1}：4.2.6項(a)）に近い値であった．POC/PON比（重量比）は，東・西俣谷川で13〜15と最も高く，野洲川では7.2と最も低かった．風化由来のHCO_3^-に対する有機態炭素の比は，天野川0.16，姉川0.35，安曇川0.31，愛知川0.53，野洲川1.17であった．各河川の流量で重み付けしたこれらの河川から琵琶湖に流入する河川水の平均値としては，0.38という値が得られる．したがって，琵琶湖に流入する陸上由来の有機態炭素量は，風化由来の無機態炭素量の約3分の1に相当するということになる．

5河川（姉川，安曇川，天野川，愛知川，野洲川）の各流量で重み付けした平均濃度と琵琶湖への流入河川水量（4.5×10^9 m^3 y^{-1}．吉岡，1991）から，琵琶湖への炭素の流入負荷量を試算してみると，無機態炭素で4.0×10^{10} g y^{-1}（そのうち約40％は，風化によって固定された大気CO_2と推定される），有機態炭素では5.9×10^9 g y^{-1}（このうちDOCは$=3.7 \times 10^9$ g y^{-1}，POCは$=2.2 \times 10^9$ g y^{-1}）と見積もられる．野洲川などでは，人間生活関連の廃水の寄与も考えられるため，すべてが森林の炭素固定に由来するものとはいえないが，琵琶湖集水域から水系に放出される炭素の形態としては，風化由来のHCO_3^-と並んで，有機態炭素が有意な比較的大きな量を占めていることが伺われる．粒子状の有機態炭素（POC）は，降雨などのイベントに伴って輸送される．したがって，出水を考慮すると，集水域から水系に運び出される炭素に占める有機態炭素の割合は，実際には上記の見積もりよりもさらに大きいものと考えられる．また，ここで考慮しなかった中小河川は，農業・家庭排水の影響を強く受けており，平均流量は少ないが高濃度の有機態炭素を含んでいるものもある．したがって，主要河川だ

けを考慮した見積もりは，ここで求めた水系への有機態炭素の流入負荷量を過小評価している可能性も指摘しておきたい．

琵琶湖に流入するおもな河川の窒素についてみると，硝酸イオン濃度（NO_3^-）は，天野川と野洲川で1.0〜1.1 mgN L^{-1}であり，東・西俣谷川，姉川，愛知川では0.5 mgN L^{-1}程度である（表4.1.4）．安曇川のデータはあまりないが，集水域全体でNO_3^-は少なく，0.3 mgN L^{-1}程度と考えられる．これらの値から，琵琶湖に流入する主要河川の平均のNO_3^-濃度は，約0.58 mgN L^{-1}と推定される．これは，1977〜1978年に調査された琵琶湖流入128河川で調査された際の河川水中の平均濃度0.49 mgN L^{-1}とほぼ同じレベルである（国松・宮川，1979）．この硝酸態窒素濃度と河川流入量から，琵琶湖に流入する硝酸態の窒素量を推定すると，約2.6×10^9 g y^{-1}となる．この値は，吉岡(1985)による河川から琵琶湖への窒素負荷推定値1.6-3.0×10^9 y^{-1}とよく合っている．このことは，吉岡(1985)による琵琶湖へ負荷される窒素の多くが硝酸態であるとの推測を裏付けるものである．

4.1.9 森林からの炭素流出の制御要因

Hope et al. (1994) によると，欧米の温帯と寒帯の森林からの炭素流出は，多くの場所でDOCが大きな割合を占め，10〜100 kg C ha^{-1} y^{-1}で，無機態の炭素も同じレベルの流出量である．POCを含む有機態炭素は，温帯森林流域よりも寒帯森林流域からの流出が多く，地理的な相異は明らかである．前項で述べた琵琶湖集水域の場合，琵琶湖への流入炭素量を流域面積（3174 km^2）で除して，単位面積あたりの炭素流出量を算定すると，DOCは12 kgC ha^{-1} y^{-1}，POCは6.9 kgC ha^{-1} y^{-1}となり，DOCの流出量は欧米の観測値の下限程度と低い値を示す．気候帯の違いが流出DOCの多少に反映するメカニズムは単純ではないが，Hope et al. (1994)はこの地理的な相異から，水系への流出炭素量の制御要因（regulating process）を定性的に検討している．DOCの流出については，植生や土壌中での生成過程と土壌中での物理化学的な反応（physio-chemical interaction）が最も有力な制御要因であると述べている．流出していくDOCの大半の起源はリターであり，林床や土壌中での分解速度が影響を及ぼしていることは想像に難くない．温帯と寒帯の森林からのDOC流出が大きく異なるのはこの違いを強く反映しているものといえよう．また，本節前半で，DOCの減少過程の大部分が土壌表層近くで起こる吸着や金属イオンとの共沈などによることを示したが，吸着のような物理化学的な反応が強い制御要因であることは琵琶湖集水域の森林でも共通しているようである．さらに，POCの流出には輸送能力を左右する水文過程が，これらより強い制御要因となる．

このように，森林流域からの炭素流出の時空間変動には，生物学的な生成・分解のプロセスに加えて，水文過程や地球化学的な諸要因が関与する．つまり，気候の変動が炭素流出に影響する場合，植生の変化を経て水系に影響が及ぶ経路と，水文環境や土壌中の物理化学的な環境の変化を経る経路の両方が関与していることを認識する必要がある．

（4.1節　大手信人・川崎雅俊・
木平英一・吉岡崇仁）

4.2 炭素代謝からみた湖沼生態系の機能

はじめに

　湖沼の生物を取り巻く環境は，陸上とは大きく異なっている．地上ではCO_2は周囲から供給され枯渇することはないが，湖沼ではCO_2供給が大気と水面とのガス交換速度などに律速されるので，水中CO_2濃度は生物活動によって大きく変動する．陸上では，土壌から栄養塩を吸収するため植物は地に根を張るが，同時に光合成に必要な光を獲得せねばならないので，上方に向かって伸張する．このため，陸上植物は大型化へと向かう．一方，湖沼では生物の周囲に栄養塩が存在するが，植物は水という媒質に逆らって体を定位することが困難となるため，光合成に必要な光を獲得するために浮遊することが適応的となる．したがって，植物は小型化する．陸上では，植物を食べる生物，すなわち植食者に比べると植物個体ははるかにサイズが大きく，植物個体の一部しか摂食されない．一方，湖沼沖帯では植物サイズが小さいので，植物個体の全部が植食者に摂食される．その結果，湖沼の一次生産は，栄養塩供給量などに加え，食物網などの生物群集の構造変化にも影響されやすい．このように陸上と水界では空間構造や生物に対する物理的な制約条件が大きく異なっており，それに伴って物質循環に果たす生物過程も湖沼と陸上では異なっている（Hairston & Hairston, 1993）．

　湖沼は地球表面積の0.4％を占めるに過ぎないが，より大きな面積をもつ集水域から陸上で生産された有機物が流入し，滞留する場である．近年，このような陸上から流入する有機物が，湖沼の生物群集の維持成立や物質代謝，大気とのガス交換に大きな影響を及ぼしていることが明らかとなってきた．陸上植物により生産され湖沼へ流入する有機物の一部は湖底に堆積するが，他は生物群集に取り込まれ食物連鎖を通じてCO_2へと無機化される．湖沼は陸上で生産された有機物の行方を決めるホットスポットの1つであり，特有の物理構造と生物過程がその行方を支配している．

　この節では，まず湖沼の物質循環を特徴づける物理構造や生物群集について概観し，次いで湖沼生物群集による炭素代謝と，大気に対するCO_2バランスについて解説する．また，わが国最大の湖沼である琵琶湖の炭素収支を紹介するとともに，陸域生態系におけるマクロスケールでの湖沼の生態系機能について述べる．

4.2.1 湖沼の物理環境

（a） 温度と成層

　湖沼の物理構造を最も特徴づけるのは，水温の季節変化と鉛直分布である（図4.2.1）．春，気温が上昇すると湖水は表面から暖められる．水の密度は温度に伴って減少するので，やがて湖水は鉛直的に暖かい表水層と冷たい深水層に分離し成層構造がみられるようになる．表水層と深水層は急激に温度が変化する水温躍層（又は変水層）によって分離される．湖沼研究では，一般に深度1mにつき温度がおよそ1℃変化する水層を水温躍層と定義する場合が多い．表水層および深水層内部では，温度変化は小さく，等温であれば鉛直的に混合している証拠である．水温

躍層は夏季に最も発達し，躍層内部の温度差が最も大きくなる．水温躍層が発達する深さは，湖沼が位置する緯度や昼夜の温度差，天候，透明度，湖沼の大きさなどによって決まるが，その中でも重要なのは湖の大きさと形態である．湖面を風が横切ることのできる距離をフェッチとよぶが，フェッチが長いほど風による水の攪拌が深くまで及ぶ．このため，大きな湖ほど水温躍層が深い深度に形成される傾向があり，夏季の水温躍層上部（表水層）は1 ha程の湖沼では深度2～5 mに，琵琶湖のような大型湖沼では10 m以深に達する（**図4.2.2**）．

秋季に気温が下がると，表面から湖水が冷却されるため，水温躍層は温度差を小さくしながら冬季に向かって徐々に深度を深め，やがて消滅する．なお，水の密度は4℃で最も重くなるので，冬季に結氷するような温帯・寒帯湖では，再び躍層が発達することがある．この場合，表水層では0℃に近く，深水層では4℃と，成層パターンは夏季と逆向きになる．

水温躍層がなくなる時期は，湖水が表面から湖底まで鉛直的に混合するので，循環期とよぶ．これに対し，水温躍層により表水層と深水層が物理的に分離される時期を成層期とよぶ．後述するように，表水層では植物プランクトンによって栄養塩が取り込まれるが，光量の乏しい深水層では光合成よりも有機物の分解が卓越する．このため，成層期には，

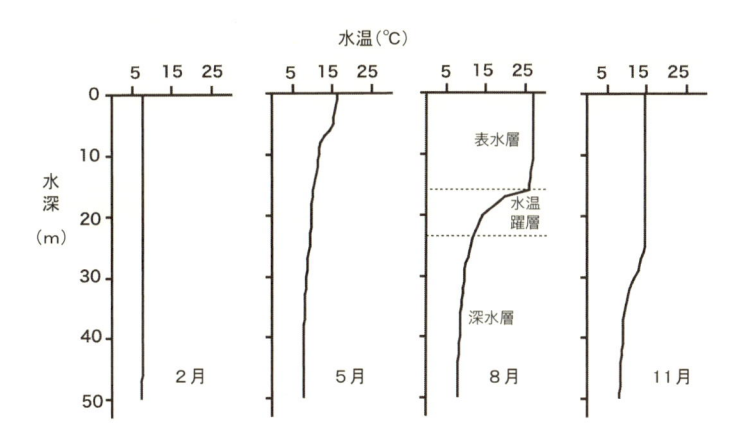

図4.2.1　琵琶湖北湖における水温の鉛直変化
(Gurung et al., 2001を改変)

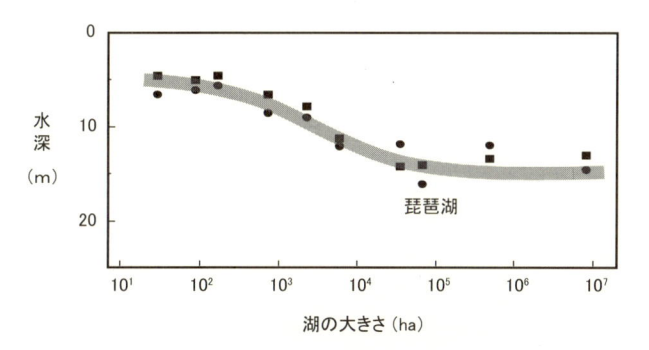

図4.2.2　湖の大きさと表水層の厚の関係
(Fee & Hecky, 1992を改変)

表水層では栄養塩が枯渇し，一方，深水層では有機物の分解により栄養塩が回帰する．この栄養塩は，表水層と深水層が物理的に分離する成層期は湖底や深層に蓄積し，循環期になって湖表面まで持ち上げられる．このため，水温による湖水の成層パターンは，湖沼における生物過程の季節性や物質循環を決める最も基本的な要素である．なお，水深の浅い湖沼では夏季でも風などによる鉛直混合が湖底まで及ぶので明瞭な成層期はなく，一方熱帯などには通年水温躍層が形成され循環期のない湖沼もある．

（b） 有光層

湖沼に透過する光量は，水面での反射などにより，湖面直上光量のおよそ50％に過ぎない．さらに，湖水を透過する光は，懸濁している粒子や溶存物質および水分子自身により吸収されるので，深度に伴って指数関数的に減衰する．このため，植物の単位生物量あたり光合成速度は深度に伴って減少する．独立栄養生物（植物）の光合成速度（総生産速度）と呼吸がつり合う深さ，すなわち純生産速度がゼロとなるような光量の水深を補償深度とよび，経験的に水深0 mの可視光量が1％となる深度に相当する．補償深度より浅い層が有光層，深い層は無光層と定義される．夜間は呼吸だけしか行われないので，植物の生存を補償する深度はこれより浅い．このような，1日を通じてみた場合の光合成と呼吸がつり合う深度が日補償深度である（**図4.2.3**）．なお，陸水学では，直径25～30 cm程度の白色円盤を水中に沈め，水上から見て円盤が見えなくなる深度を透明度とよんでいるが，可視光量が水面の1％となる深度は，透明度の2～3倍程度である．

陸上と異なって，水中では水という媒質に逆らって植物が空間的に定位することが困難である．このため，プランクトン生活をする植物は鉛直的に混合し，平均受光量は鉛直混合が深く及ぶほど，減少する．冬季は光量が

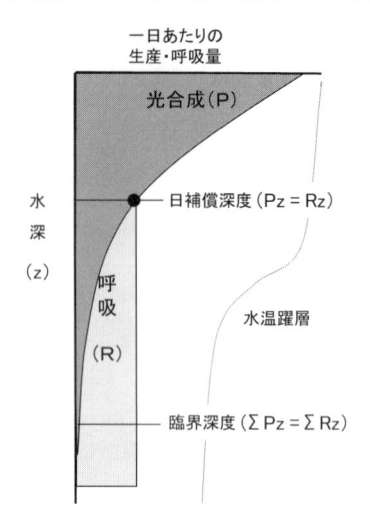

図4.2.3 光量の減衰に伴う光合成と呼吸速度の鉛直構造モデル
ここでは，群集呼吸速度は水深にかかわらず一定と仮定しており，臨界深度は水温躍層よりも深く描かれている（パーソンズ・高橋，1974より）．

低下するばかりでなく，鉛直混合が湖底まで及ぶので，弱光適応した植物プランクトンが有利となる．一方，夏季は光量が増加し，鉛直混合が表水層内に限られるため，植物プランクトンの平均受光量も多くなる．ただし，大きな湖では表水層が深い深度にまで及ぶので，植物プランクトンの平均受光量は，小さな湖沼に比べると低い．

植物プランクトン自身の呼吸を表層から積算し，その総計が水柱あたりの総生産の総計と等しくなるまでの水深を臨界深度というが，鉛直混合がこれ以深まで及ぶ場合には，理論的には独立栄養生物は生存できないことになる．しかし，ほとんどの湖沼では，臨界深度は水温躍層より深いので，栄養塩が極端に枯渇する時期を除いて，表水層全体で純生産量がゼロ以下になることはない．一方，深水層では，そのほとんどあるいはすべてが無光層となるので光合成は行われず，生物は表水層から沈降してくる有機物を利用して生活している．深水層は，生物による有機物の消費・分解が卓越するので，分解層とよばれる

こともある.

4.2.2 生物群集

(a) 沿岸帯と沖帯の群集構造

湖沼沿岸には水草がみられるが，水草が分布できるのは有光層に限られる．そこで，湖底までが有光層に含まれる沿岸を沿岸帯 (littoral zone)，それより沖で湖底が無光層となっている所を沖帯（pelagic zone）とよぶ．沿岸帯は浅い湖でよく発達しているが，深く大きな湖では沖帯がほとんどの面積を占める．沿岸帯の一次生産者は，水草と付着藻類であり，巻貝，甲殻類，水生昆虫，魚類など多様な分類群からなる生物群集が形成される．一般に，水草が繁茂する沿岸帯は，陸から負荷される栄養塩や有機物のフィルターとして機能しており，一次生産力が高く分解速度も速い．沿岸帯では陸域から負荷される有機物に相当する量が分解・無機化され，一方で，純生産に相当する有機物が沿岸帯から沖帯に流出するという例もある (Larmola et al., 2003).

沖帯では，一次生産者である植物プランクトン（藻類）を起点とし，植食者である動物プランクトンおよびその捕食者である魚類によって生食連鎖が形成されている．魚を食べる魚食性の魚を加えると，湖沼の生食連鎖は4栄養段階で構成されていることになる (Hairston & Hairston, 1993)．ただし，わが国の湖沼では在来の魚食魚は少ないため，オオクチバス（ブラックバス）などの魚食性外来魚のいない湖沼では，プランクトン食魚類までの3栄養段階により構成されているとみてよい．

植物プランクトンの成長は光の他に窒素やリンなどの栄養塩供給量に依存しており，栄養塩の豊富な富栄養湖沼ほどその生物量は増加する．しかし，栄養塩供給量が同じであっても，湖沼によって植物プランクトン生物量は10倍以上異なることも稀ではない（図4.2.4）．動物プランクトン群集による摂食（グレージング）のためである．ミジンコ類など大型の動物プランクトンは食物幅が広く摂食速度も速い．このため，大型動物プランクトンが卓越する湖沼では動物プランクトン群集全体のグレージング速度が一次生産速度にほぼ匹敵することもある．このように，植物プランクトン生物量は栄養塩供給（ボトムアップ要因）と動物プランクトンによるグレージング圧（トップダウン要因）の両者に強く影響されている．

動物プランクトンの主たる捕食者はプランクトン食魚類であるが，湖沼に生息するプランクトン食魚類の多くは視覚によって餌を探すので，大型の動物プランクトンを選択的に摂食する (Urabe & Maruyama, 1986)．このため，プランクトン食魚類が豊富な湖沼ではプランクトン食魚類に捕食されにくいワムシやゾウミジンコなど小型種が動物プランクトンとして卓越することになる (Sommer, 1989)．これら小型動物プランクトンの食物

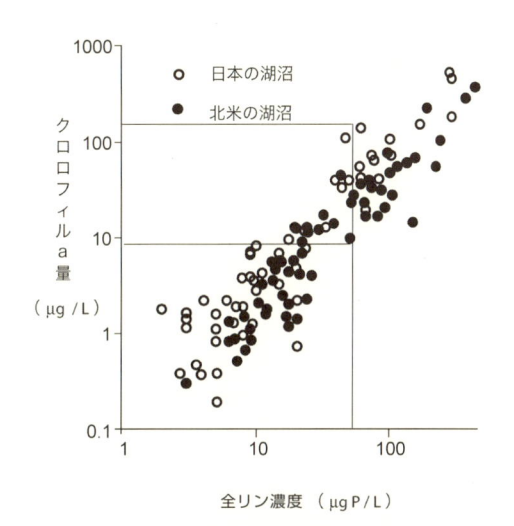

図4.2.4 日本および北米湖沼における湖沼の全リン濃度とクロロフィルa量の関係

全リン濃度が同じでも，植物プランクトン生物量を反映するクロロフィルa量は湖沼間で10倍異なっている (Aizaki et al., 1981; Kalff, 2002のデータによる).

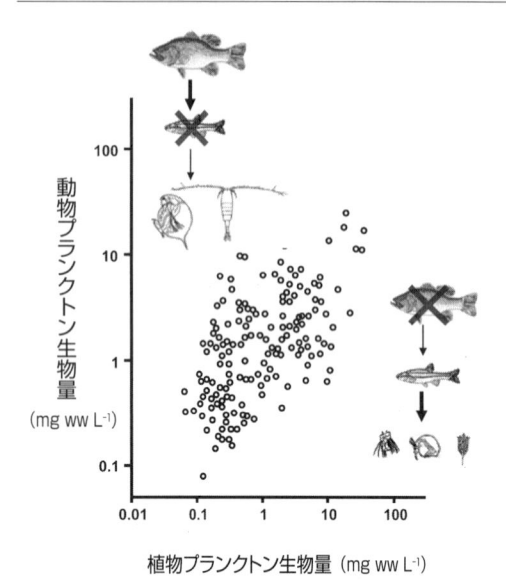

図4.2.5 植物プランクトン生物量と動物プランクトン生物量の関係

図中の矢印は，栄養塩負荷が同じであることを示している（McCauley & Kalff, 1981をもとに改変）．

幅は狭いので，植物プランクトンに対する摂食圧はさほど大きくない．様々な湖沼を比較すると，植物プランクトン生物量の増加に伴って動物プランクトン生物量も増加する傾向がある．しかし，栄養塩供給量が同じでも魚食性魚類の豊富な湖沼ではプランクトン食魚類が少なく，大型動物プランクトンが卓越するので植物プランクトン生物量は低く抑えられている（**図4.2.5**）．そのような湖では，栄養塩供給の割には透明度が高い．一方，プランクトン食魚類が豊富な湖沼では，動物プランクトンによる摂食圧が低くなるので，植物プランクトン生物量は高くなる．このように，魚類など上位栄養段階（捕食者）の生物量の多寡が直下の栄養段階（植食者）のみならずさらに下位の栄養段階（一次生産者）の生物量に支配的な影響を及ぼすことを，栄養段階カスケードとよんでいる（Carpenter & Kitchel, 1993）．

（b） 微生物ループ

湖沼には，生食連鎖の他に，細菌を起点とする連鎖が形成されている（**図4.2.6**）．細菌は動植物プランクトンが排出する代謝産物や死骸・糞などの有機物を無機化する分解者としての機能の他に，自らが他の生物の餌となることで上位栄養段階へとエネルギーや物質を転移する消費者としての役割も担っている．沖帯の細菌密度は，湖沼の栄養状態によって異なるものの，およそ10^6〜10^7細胞/mlである．細菌は，植物プランクトンと同様に，あるいはそれ以上に成長速度が速い．それにもかかわらず湖沼の生物群集の中では，最も生物量の季節的変動が小さい生物群である（Gurung et al., 2001）．これは，1日に増加する細菌とほぼ匹敵する量が，鞭毛虫や繊毛虫などの原生動物による捕食や（Gurung et al., 2000），ウイルス感染（Vrede et al., 2003）により死滅させられるためである．

細菌を摂食する鞭毛虫や繊毛虫は植物プランクトンとほぼ同じサイズなので，ワムシやミジンコなどの動物プランクトンに摂食される．すなわち，細菌を起点とする連鎖は，動植物プランクトンから出される有機物を再び

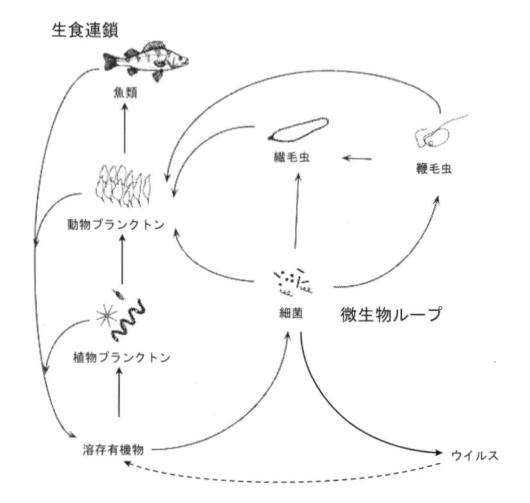

図4.2.6 湖沼の生食連鎖と微生物ループ
（Brönmark & Hannson, 2005より）

動物プランクトンを経由する連鎖へ戻すループとなる．このため細菌を起点とする連鎖を，微生物ループ（microbial loop）とよんでいる．植物プランクトンから排出される代謝産物も純生産の一部と考えると，微生物ループは植物プランクトンと動物プランクトンの間に，1〜3栄養段階が介在すること意味している．仮に生物に取り込まれた有機物の50％が呼吸により無機化され，残りが上位栄養段階に流れるとすれば，3栄養段階目では当初あった有機物の87％が無機化されることになる．微生物ループは，生物から出された有機物を再び上位栄養段階へと戻す導管の役割をしているが，同時にこのループそのものが有機物の無機化，すなわち分解を行っているとみることができる．

生食連鎖では，プランクトン食魚類の密度変化が植物プランクトン生物量に大きな影響を及ぼすが，このような栄養段階カスケードは微生物ループでは明瞭ではない．これは湖沼の生食連鎖が「はしご状」であるのに対し，微生物ループは「網目状」の連鎖を形成しているためである．「網目状」の連鎖では，上位栄養段階生物の変化は下位栄養段階の生物に，正・負両方の効果を及ぼす．たとえば，ミジンコ類は藻類ばかりでなく細菌も捕食するが，同時に藻類と同じサイズ範囲にある鞭毛虫や繊毛虫も摂食する．このため，プランクトン食魚類の増加伴うミジンコ類の減少は，細菌への直接的な捕食圧を低減する一方，細菌食の鞭毛虫や繊毛虫を増加させることになる（Yoshida et al., 2001）．

（c） 成長律速要因

生物の成長を律速する要因を明らかにすることは，群集構造のみならず物質循環とその駆動機構を理解するうえで不可欠である．植物プランクトンの成長を律速するおもな要因は，光，温度，栄養塩である．植物プランクトン群集全体を考えた場合，湖沼では栄養塩の中でも特にリンに律速されることが多い（Elser et al., 1990）．しかし，種レベルでみた場合，律速要因は一様ではなく，そのこと自体が多様な植物プランクトン種の共存を導いている（Tilman et al., 1982）．植物プランクトンでは，一般に細胞サイズの小さい種ほど栄養塩の取り込み速度が速い．これは細胞サイズが小さくなるほど，細胞容積に対する表面積比が増大するためである．したがって，小さい植物プランクトン種ほど成長速度が大きくなる傾向がある（図4.2.7）．しかし，大きい植物プランクトンの中にも豊富な栄養塩下では比較的高い成長速度を維持できる種や，細胞内に栄養塩を相対的に多く貯蔵し栄養塩が枯渇してもなお成長できる種などもいる．このため植物プランクトンの成長は，栄養塩の供給量や供給量比のみならず，供給量の時間変動にも影響される．

細菌は有機物を基質（エネルギー源）として利用するが，植物プランクトンのように栄養塩，すなわち無機態の窒素やリンも利用している．様々な湖沼を比較すると，細菌の現存量は植物プランクトンの増加に伴って増加する（図4.2.8）．この関係から，細菌は植物プランクトンの細胞外代謝産物や死骸をおもな基質として利用していることが示唆される．しかし，植物プランクトンが多いことは栄養塩の供給量が多いことを意味しており，両者間でみられる強い相関関係は栄養塩の供

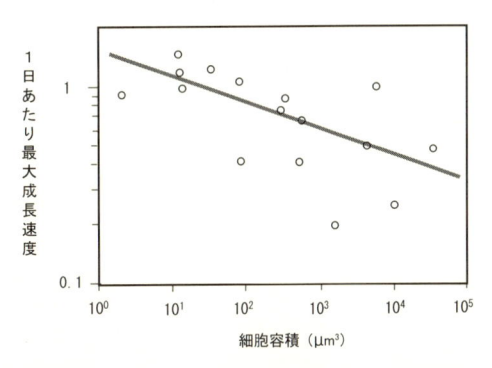

図4.2.7 植物プランクトンの細胞サイズと日最大成長速度

(Kagami & Urabe, 2001を改変)

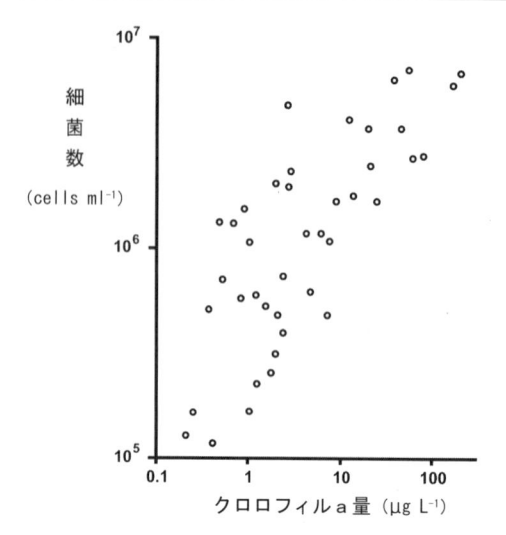

図4.2.8 日本湖沼におけるクロロフィルa量と細菌密度の関係
(Aizaki et al., 1981 と Urabe et al., 未発表データより)

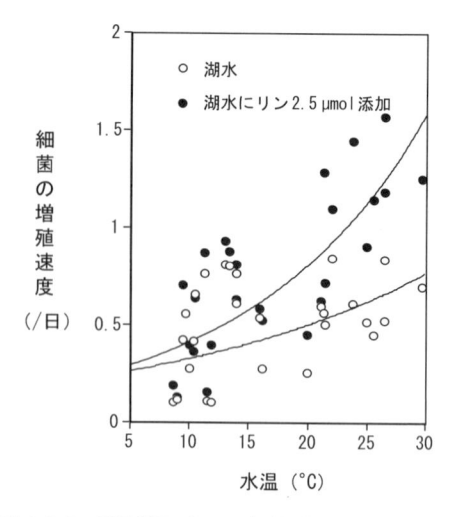

図4.2.9 琵琶湖における細菌プランクトンの増殖速度と水温の関係
水温上昇に伴う細菌プランクトンの増殖速度は、リンを添加した場合に顕著になる (Gurung & Urabe, 1999より).

給量を反映したものとみることもできる。両者の量的関係が植物プランクトンからの基質の提供によるものであるなら、植物プランクトンと細菌は片利共生関係であり、栄養塩を仲立ちとするものであるなら競争関係にあることになる (Currie, 1990). 希釈湖水を用いて現場培養実験を行うと、細菌群集の成長速度はグルコースなどの有機態炭素を添加しても増加しないが、無機態のリンや窒素を添加すると増加する湖沼が多い。この結果は、細菌群集の成長が、植物プランクトンと同様に無機態の栄養塩に律速されていることを意味している。Gurung & Urabe (1999) は琵琶湖沖帯の細菌群集を対象に、種々の季節・水深で現場培養実験を行っている。それによれば、湖水にリンを添加した実験では水温が高い季節・場所ほど細菌群集の成長速度は高くなるが、リンを添加しない実験では成長速度と水温との間には明瞭な関係がみられなかったという (**図4.2.9**). これは、細菌群集の成長速度は基本的には水温に依存しているが、栄養塩が枯渇する表水層では、リン不足なため水温が高くても速い成長速度は実現されないことを示唆している。

細菌のサイズは1μm以下と、植物プランクトンより小さい。このため低い栄養塩濃度下では、植物プランクトンに比べて細菌のほうが単位重量あたりの栄養塩取り込み速度は速く、栄養塩をめぐる消費型競争で有利となる (Vadstein, 2000). しかし、細菌群集が植物プランクトンを駆逐することはほとんどない。植物プランクトンが生産する有機物は、直接・間接的に細菌の主要なエネルギー源であること (Gurung et al., 1999)、細菌群集の密度が微生物ループ上の細菌食者により低く抑えられること (Gurung et al., 2000)、などのためである。

(d) 生物の化学量

窒素やリン供給が十分である場合、植物プランクトン各種の炭素：窒素：リン比 (C：N：P比) は、いわゆるレッドフィールド比 (106:16:1 モル比) に近い値をとる (Sterner & Elser, 2002). また、栄養塩が枯渇気味であったとしても、光量が乏しければやはり植物プランクトン各種のC：N：P比は、レッ

ドフィールド比に近くなる．しかし，光量が十分で栄養塩が枯渇する場合，植物プランクトン種のC:N:P比は大きく変化し，たとえばC:P比が500を越えることもある（**図4.2.10**）．このような化学量の変化は，植物プランクトン群集組成などの変化よりもむしろ植物プランクトン種内での生理的応答によるものである．同種であっても環境によって化学量が大きく変化するのは，栄養塩供給量に応じて細胞内に窒素やリンを蓄積できる能力を有しているためである．この能力の大小は種によって異なっているが，一般に，栄養塩供給量が多いと植物プランクトン種は高い成長速度（分裂速度）を維持しつつ細胞内に栄養塩を蓄積するためC:N比やC:P比は低くなり，一方栄養塩が枯渇すると成長速度は低下しC:N比やC:P比は高くなる．このため，湖沼から植物プランクトンを採集し，そのC:N:P比をみれば，成長を律速している栄養塩の種類を推測することができると考えられている（Healey & Hendzel, 1980）．しかし，湖水から植物プランクトンだけを抽出することは困難であるため，一般的にはセストン（Seston）のC:N:P比を測定して植物プランクトンの化学量として代用する場合が多い．セストンとは，水中に浮遊している粒子状の有機物であり，粒子状のデトリタスの他，細菌，動植物プランクトンが含まれる．したがって，セストンに占める植物プランクトンの割合が低い場合，そのC:N:P比の解釈には注意が必要である．

植物プランクトンとは対象的に，動物プランクトンや細菌などの従属栄養生物では，C:N:P比は，種によって異なるものの，種内では餌条件など環境条件にほとんど影響されない．ただし，まったく影響されないわけではなく，餌の窒素やリン含量によって，体のC:N:P比は多少変化する．しかし，その化学量比の変化幅は植物プランクトンに比べてきわめて小さい（**図4.2.11**）（Sterner & Elser, 2002）．

動物プランクトンなどの従属栄養生物では，植物プランクトンに比べて炭素に対する窒素やリン含量は高い．このため，従属栄養生物の成長速度は，餌量だけでなく，その化学量にも影響される．湖沼の動物プランクトンとして代表的なミジンコでは，餌となる植物プランクトンのC:P比が150〜300を越えると，成長速度が餌に含まれるリン含量に律速されるようになる（Urabe et al., 1997）．このため，栄養塩供給が少なくセストンC:P比が高い湖沼では，動物プランクトンの成長が餌の質によって制限されるので，プランクトン食魚類を取り除いても動

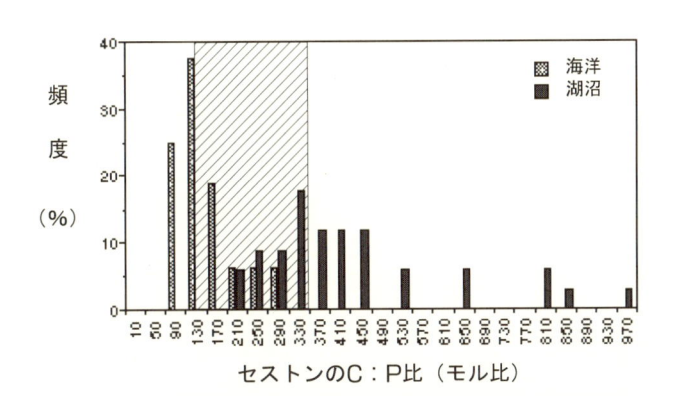

図4.2.10 北米湖沼と海洋におけるセストンC:P比と観察頻度
斜線部は，ミジンコ類などの動物プランクトンの成長が餌量ではなく，餌に含まれるリン含量に律速され始める領域を示している（Elser & Hassett, 1994より）．

物プランクトン生物量は増加せず，栄養段階カスケードは起こりにくい（Urabe et al., 2002）．なお，植物プランクトンのリンや窒素含量は動物プランクトンに対する餌としての質を決める要素の1つに過ぎず，動物プランクトンの成長速度は植物プランクトンに含まれる脂肪酸や二次代謝産物など有機物の組成や量にも影響されることが知られている．

（e）生物による栄養塩循環の駆動

植物プランクトンのC：N比やC：P比が高い場合，動物プランクトンは，自身の化学量を維持しつつ成長するために，摂食した植物プランクトンから窒素やリンを濃縮せねばならない．このため，動物プランクトン単位重量あたりの窒素やリンの排泄量は減少する一方，過剰に摂取した炭素は呼吸や糞により排出することになる．実際，動物プランクトンの栄養塩回帰量は，摂食量だけでなく，摂食する餌と自身の化学量比の違いに強く依存することが知られている（図4.2.12）．このような傾向は，細菌食の原生動物でも知られている（Nakano, 1994）．すでに述べたように，動物プランクトンなど従属栄養生物のC：N比やC：P比の変化幅は，独立栄養生物に比べると遥かに小さいため（図4.2.10，

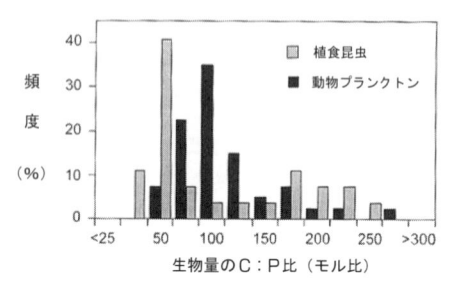

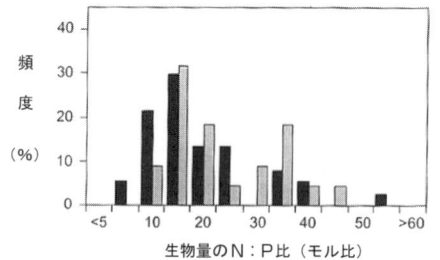

図4.2.11 動物プランクトンおよび陸上昆虫における体のC：P比とN：P比の観察頻度

食植者のN：P比は陸上昆虫と動物プランクトンであまり変わらないが，C：P比は動物プランクトンのほうが低い傾向にある（Sterner & Elser, 2002 より）．

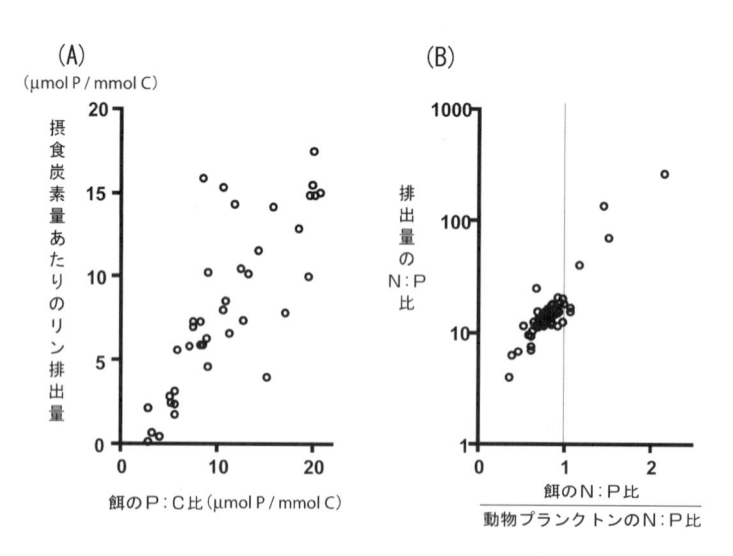

図4.2.12 動物プランクトンの栄養塩排出量
(A) 餌のP：C比と動物プランクトンの炭素摂食量あたりのリン排出量．
(B) 動物プランクトンのN：P比に対する餌のN：P比と動物プランクトンの排出量のN：P比の関係．
(Elser & Urabe, 1999 を改変)

4.2.11),栄養塩が枯渇する環境では植物プランクトンを餌とする動物プランクトンは窒素やリン不足に陥りやすい.一方,細菌を餌とする原生動物の場合は,窒素やリン不足に陥ることはあまりないだろう.というのは,細菌も原生動物も従属栄養生物であり,化学量に大きな違いがないからである.したがって,植食者よりも細菌食者のほうが摂食量あたりの栄養塩排出量,すなわち回帰効率は高く安定していると考えられる.すでに述べたように,細菌は栄養塩供給量が少ない環境下でも植物プランクトンに比べれば栄養塩を効率よく取り込める.このため,栄養塩が枯渇する環境では,植食者はリンや窒素を濃縮し生物量として蓄積するのに対し,微生物ループの構成員は植物の成長に必要な栄養塩を循環させることになる.化学量からみた場合,栄養塩が枯渇し植物プランクトンのC:N比やC:P比が大きくなる環境では,微生物ループ上での被食-捕食関係が栄養塩循環の駆動に重要であると考えられる.

4.2.3　湖沼の炭素代謝

(a) 有機物と栄養塩の起源と行方

図4.2.13は,生物過程を中心とした湖沼の炭素フローの素過程を示したものである.湖沼では水草や植物プランクトンによる光合成により有機物が生産されるが,湖沼内部で生産される有機物は自生性有機物(autochthonous organic matters)とよばれる.自生性有機物の生産量は植物による総生産量と呼吸量の差額すなわち純生産量であり,大気から湖水への炭素純輸送量とみることができる.陸上植物の光合成により生産された有機物の一部も,河川などを経由して湖沼へ流入するが,このような他の場所で生産された有機物を外来性有機物(allochthonous organic matters)とよぶ.自生性および外来性有機物は,生食連鎖や微生物ループを通じて高次栄養段階の生物生産を支えながら,呼吸により無機化される.また,これら有機物の一部は河川を経由して湖沼から流出したり,直接あるいは生物の死骸や糞などとなって,湖底へ沈降したりする.沈降した有機物の一部は深水層や湖底の生物活動に利用され,その過程でも呼吸により無機化される.深水層や湖底で有機物が無機化されたCO_2は,循環期に表層へ運ばれ,大気へと放出される.沈降した有機物のうち無機化されなかったものは湖底に堆積する.すなわち,湖沼の有機物には2つの負荷源(自生性・外来性)と,3つの行方(無機化・堆積・流出)がある.

先にみたように,湖沼では植物プランクトンの成長は窒素やリンなどの栄養塩に律速さ

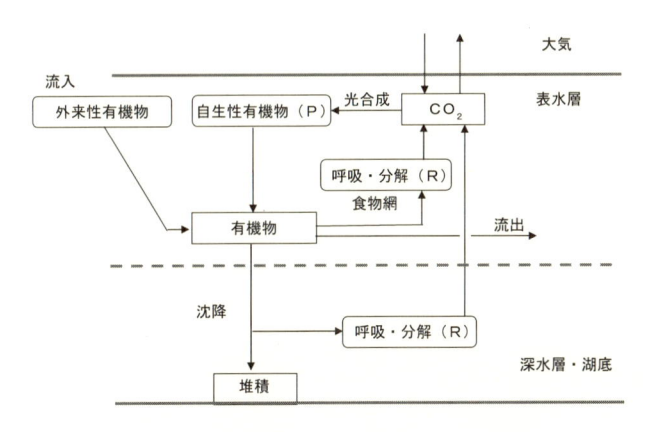

図4.2.13　湖沼における炭素フローの素過程

れていることが多い．このことは，窒素やリンの負荷量の増加に伴って植物プランクトンが CO_2 を固定する速度，すなわち自生性有機態炭素の生産速度が増加することを意味している．窒素やリンは，無機態（栄養塩）あるいは有機物として，集水域から河川などを経由して流入し，最終的には流出したり生物に取り込まれて湖底に沈降したりする．リンが余り，窒素が不足する環境では，空中窒素の固定を行えるラン藻（シアノバクテリア）が出現することがある．このプロセスにより有機態窒素に固定された窒素は，湖沼が大気から取り込んだ窒素ガス（N_2）に相当する．一方，有機態窒素は，水中や湖底泥中で分解・無機化され，アンモニウムイオン（NH_4^+）となる．しかし，酸素が存在する好気的環境では，NH_4^+ は硝化作用によって亜硝酸イオン（NO_2^-）を経て硝酸イオン（NO_3^-）へと酸化される．ところが，有機物の分解に伴って溶存酸素が消費され，嫌気的条件になると，NO_2^- や NO_3^- は脱窒作用によって一酸化二窒素（N_2O）や N_2 に還元される．これらはガス態であるため，湖の循環期には大気へと放出される．このように，湖沼は，大気に対して炭素ばかりでなく窒素についてもシンクとソースの役割を果たしている．

植物プランクトンに取り込まれた窒素やリンは，表水層の被食−捕食関係や湖底での生物活動を通じて無機態の栄養塩として再生産され，湖沼内部で繰り返し生物に利用される．また，深水層や湖底へ沈降した有機物が無機化される際，窒素やリンが栄養塩として回帰してくるが，これらの栄養塩も循環期に湖表層へと持ち上げられ，再び植物プランクトンに利用される．従属栄養生物によって回帰される栄養塩，すなわち生物により再生産された栄養塩を利用して生産される一次生産を再生産，新たに流入した栄養塩により生産される一次生産を新生産とよぶことがある．栄養塩の中でも特にリンに一次生産が律速されている琵琶湖では，植物プランクトンが利用するリンのうち，従属栄養生物により再生産されたリンは5割程度であり，残りは集水域から直接負荷されるリンを利用している（Yoshimizu et al., 2002）．琵琶湖集水域では1994年夏季に渇水となり，河川からの流入が途絶えた．例年，琵琶湖の植物プランクトンは夏季に表水層で増加するが，渇水となっ

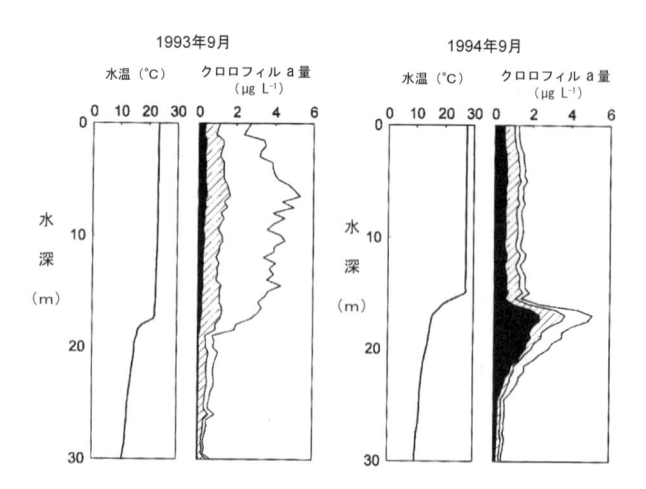

図 4.2.14　琵琶湖における1993年（通常年）9月と1994年（渇水年）9月の水温およびサイズ別クロロフィルa量の鉛直プロファイル

クロロフィルa量は植物プランクトンのサイズごとに表してある：黒，2 μm以下；斜線，2〜20 μm；白，20 μm以上（Nakanishi et al., 1999 より）．

た1994年に限っては植物プランクトンの増加は表水層でみられなかった（**図4.2.14**）．これは，琵琶湖の自生性有機物の生産が，集水域からの栄養塩供給量に強く依存していることを示すものである（Nakanishi et al., 1999）．

（b） P：R比と生物群集

ある生態系において，植物全体の総生産速度と群集全体の呼吸速度の比を，生産（production）と呼吸（respiration）の頭文字をとってP：R比とよぶ．P：R比は，生態系における物質循環の炭素流や食物網の栄養基盤を理解するための最も基本的な枠組みを与える．無機物であるCO_2は光合成により有機態炭素に変換され，その有機物は呼吸によって消費され再びCO_2に戻る．したがって，炭素レベルでみた場合，P：R比＞1は，単位時間あたりに植物全体が光合成によって生産する有機態炭素量のほうが，群集全体が呼吸によって消費する有機態炭素量よりも上回っていること，すなわち食物網を支える十分な有機物がその場の植物によって生産されていることを意味する．もし，生物に消費されない余剰の有機物がその場にとどまるのであれば，大気中のCO_2から光合成によって変換された有機物が蓄積することになるので，その生態系は炭素のシンクとして機能していることになる．一方，P：R比＜1となる生態系は，呼吸によるCO_2の放出が光合成による吸収を上回るので，大気にCO_2を放出する炭素ソースとして機能しており，食物網は自生性有機物だけでなく外来性有機物にも依存して成立していることを意味する．その生物群集は，炭素バランスのうえで他の生態系に依存していることから，純従属栄養生物群集（net heterotrophy）とよぶことができる．これに対し，P：R比＞1の生態系の生物群集は，炭素バランス上，自生性有機物だけでも維持できることから，純独立栄養生物群集（net autotrophy）といえる．ただし，純独立栄養生物群集であったとしても，そこに成立している食物網が外来性有機物にまったく依存していないとは限らない．たとえば，自生性有機物に比べて，外来性有機物のほうが消費・分解しやすいものであるなら，食物網は外来性有機物に依存しているかもしれないからである．

生態系のP：R比は，食物網を構成する個々の従属栄養生物がどこからエネルギーを獲得しているかは何も語らない．しかし，ある生態系のP：R比が1より大きく下回る場合，隣接する生態系からの外来性有機物がそこの食物網の成立と物質循環に大きな役割を担っていることを必然的に意味する．P：R比は，注目している生態系が，他の生態系にどの程度に依存しているか，また大気に対する炭素収支にどのような役割を担っているかを知る重要な手がかりとなる（Urabe et al., 2005）．

（c） 湖沼沖帯のP：R比

湖沼のP：R比は過去50年にわたって種々の方法で散発的に調べられてきたが，湖沼横断的な比較調査を初めて行ったのはdel Giorgio et al. (1994) である．彼らは，成層の発達する春から夏にかけ，貧栄養から富栄養に至る様々な湖の表水層を対象に，植物プランクトンによる生産速度とプランクトン群集全体の呼吸速度を調べP：R比を算出した．その結果，P：R比は植物プランクトン現存量が多くなる富栄養湖ほど高くなるが，ほとんどの湖で1以下であることを見出した（**図4.2.15**）．これまでにも，湖沼の食物網は周囲から流入する陸域起源の外来性有機物に少なからず依存しているとの指摘はあった．たとえば山間部にみられる腐植栄養湖では，一次生産が低い割には動物プランクトンが多く，食物網は周囲の森林から流入する外来性の有機物により支えられている（Hessen & Tranvik, 1998）．しかし，たとえば生態学の理論研究などで閉鎖生態系のモデルとして

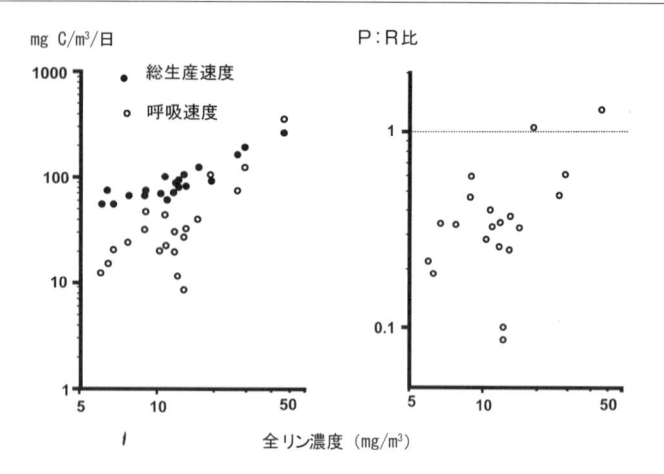

図 4.2.15　del Giorgio et al.（1994）による北米湖沼の全リン濃度と
総生産速度，群集呼吸速度および P：R 比の関係
総生産量の測定は ^{14}C 標識法による．

しばしば用いられてきたように，湖沼の食物網は基本的には植物プランクトンを起点とし構築され，自生性有機物により成立しているとの認識が支配的であった．ところが，del Giorgio et al.（1994）の研究では，貧栄養から中栄養にいたる湖沼プランクトンの群集呼吸速度は，植物プランクトンによる生産速度を 2〜8 倍上回るものであった．これは，ほとんどすべての湖沼生態系が自生性有機物よりも外来性有機物に強く依存しており，湖沼沖帯の食物網は植物プランクトンを起点として成立しているという従来の認識を根幹から覆すものである．さらに重要なことは，P：R 比が 1 以下の湖沼生態系は，集水域から流入する陸上起源の有機物を分解し，CO_2 として大気へ放出する道管としての役割を担っていることを示唆していることである．

しかし，del Giorgio et al.（1994）による P：R 比の算定に誤りはなかったのだろうか？彼らの結論を受け入れる前に，P：R 比の算定に用いた方法について論じる．

（d）　P：R 比測定の問題点

del Giorgio et al.（1994）の研究では，群集呼吸速度と総生産速度を，陸水学や海洋学で最も一般的に用いられてきた方法——プランクトンを含む湖水をガラスビンに詰め現場と同じ環境条件でインキュベーションする方法——で求めている．群集呼吸速度は，ガラスビンを暗条件におき溶存酸素の減少量から求めるが，通常のウインクラー法による溶存酸素分析を用いる場合，溶存酸素濃度の変化を検出するには湖水を数時間〜1 日間インキュベーションする必要がある．ビンに湖水を詰めると，内部での水の流動がなくなり，細菌や植物プランクトンなど遊泳能力のない生物はデトリタスとともに凝集し，ビン底に沈殿しやすくなる．また，外部からの栄養塩や有機物の供給も遮断されている．このような状況に数時間にわたっておかれた場合，群集呼吸で大きな割合を占める細菌は飢餓状態になりやすい．さらに，ビン内部では動物プランクトンによる藻類や細菌の捕食があるので，生物量そのものも減ることになる．したがって，このようなビン詰め法で求めた群集呼吸速度は過小評価となる．このこと自体は，P：R 比を過大評価することになるので，純従属栄養生態系か否かを判別するにあたって大きな問題とはならない．

むしろ問題は総生産速度の測定である．

del Giorgio et al. (1994) は，放射性炭素（^{14}C）で標識した無機炭素をビンに少量加えることで植物プランクトンの生産速度を求めている．放射性炭素の検出感度は非常に高く，比較的短いインキュベーション時間で炭素取り込み量を求めることができるため，この標識法は植物プランクトンの生産速度測定に広く用いられている（近年では安定同位体の分析技術が向上したため，湖沼研究などでは安全性の高い安定同位体炭素（^{13}C）を標識に用いる場合が多い）．しかし，植物プランクトンに取り込まれた標識炭素量が何を反映しているか，生物学的にはきわめて曖昧である．^{14}Cを添加し，現場と同じ光条件でインキュベーションをしている間にも，植物プランクトンは光合成と同時に呼吸もしている．また，植物プランクトンは光合成で固定した有機炭素の10～30％（最大50％）に相当する量を代謝産物として細胞外に排出することが知られている（たとえば，Simon et al., 1998）．もし，呼吸基質や細胞外に排出される代謝産物がインキュベーション前に取り込んだ炭素だけに由来しているなら，インキュベーションの間に取り込んだ標識炭素は総生産速度を反映するだろう．しかし，光合成で取り込んだ炭素を即座に呼吸や代謝産物に回しているのであれば，標識炭素の取り込み量は総生産速度を過小評価することになる．どの程度過小評価なのかは，インキュベーション時間の他，水温・光・栄養塩など環境条件や実験時の植物プランクトンの生理的状態に依存すると考えられる．条件によっては，標識炭素の取り込み量はむしろ純生産速度（＝総生産速度－植物プランクトン呼吸速度）に近い値であろう．とすれば，del Giorgio et al. (1994) が求めたP：R比は実際の値よりもはるかに小さいことになる．

このような問題点を踏まえ，Carignan et al. (2000) は複数の貧栄養湖沼の表水層を対象に，異なる方法で総生産速度を測定しP：R比を求めている．彼らの用いた方法は，古典的な明暗ビンを用いた酸素定量法である．酸素定量法とは，暗条件下で測定する群集呼吸と同様に，湖水を詰めたビンを明条件下におき，インキュベーション期間中の溶存酸素の変化量から生産速度を求める方法である．明条件下での溶存酸素の変化速度は，総生産速度から群集呼吸速度を差し引いたものであり，純群集生産速度［＝総生産速度－（植物プランクトン呼吸速度＋従属栄養生物呼吸速度）］（net community production）と称すべき値である．これに，群集全体の呼吸速度を加えれば，総生産速度が求められる．酸素定量法は，植物プランクトンの純生産速度の測定には問題があるが，総生産速度測定には理論上は難点が少ない．しかし，生物量の少ない貧栄養湖沼を対象にする場合，一般的なウインクラー滴定法による溶存酸素分析では精度が低いため，数時間程度のインキュベーションの溶存酸素濃度の変化を検出するのは困難であった．このため，貧栄養湖沼や外洋での研究では上述した放射同位体炭素や安定同位体炭素を用いた標識法が一般的になった．ところがCarignan et al. (2000) は，ウインクラー滴定法での滴定終点を酸化還元電位で判別するなど，従来の分析手法を改良して分析精度を上げることで，問題の克服を試みた．その方法で調べたところ，彼らのP：R比は1.0～4.5となり，貧栄養であるにもかかわらず調べたすべての湖で1以上であった（**図4.2.16**）．この結果は，del Giorgio et al. (1994) の結果とは対象的に，植物プランクトンの少ない貧栄養湖であっても大気から二酸化炭素を吸収していることになり，またそのプランクトン食物網はおもに自生性有機物によって支えられているという古典的な認識を支持するものである．

ただし，上述したように，ビン詰めによる酸素定量法では群集呼吸速度が過小評価となること，表水層を比較的浅く設定しており光合成が活発な水深しか考慮していないなど，Carignan et al. (2000) が算出したP：R比

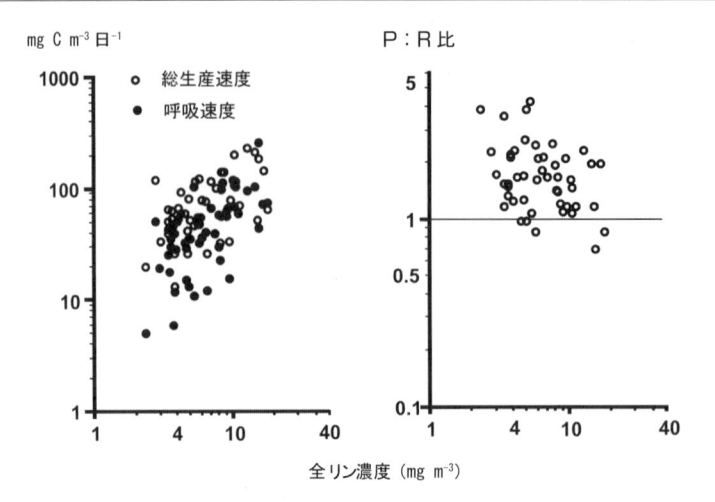

図 4.2.16 Carignan et al. (2000) による北米湖沼の全リン濃度と総生産速度，群集呼吸速度および P：R 比の関係
総生産量の測定は酸素定量法による．

は過大評価である可能性がある．また，彼らが調べた湖沼は del Giorgio et al. (1994) が調べた湖沼に比べて，溶存有機炭素濃度が低い．したがって，これら研究結果の違いは，総生産速度の測定方法の違いだけでなく，調べた湖の外来性有機物の負荷量の違いにも起因しているかもしれない (Prairie et al., 2002)．

なお，上記研究は，春から夏にかけての表水層のプランクトン群集を扱ったものであり，有機物の分解が卓越する深水層や湖底泥での物質代謝は考慮されていない．湖底や深水層で有機物の分解（細菌などの呼吸）により排出される CO_2 は，成層が発達する期間は深水層に蓄積され，循環期になって大気へと放出される．これらを考慮すると，夏季のプランクトン群集で P：R 比が 1 以上であったとしても，通年を通してみた場合，水柱あたりの P：R 比は 1 以下となる可能性がある．ある湖沼が炭素シンクの生態系かソースの生態系かをみるためには，以下に述べる別の視点からのアプローチも必要である．

4.2.4　大気との CO_2 バランス

(a)　湖水中の溶存無機態炭素

湖や海洋では，水面を介して大気と CO_2 や酸素などのガス交換を行っている．したがって，ある湖沼が CO_2 のシンク生態系かソース生態系かを判断するには，ごく表面の湖水に溶け込んでいる CO_2 濃度が大気に比べて多いか少ないかを調べればよい．ただし，大気と異なって水中には CO_2 以外の無機態炭素も存在している．溶存態無機炭素 (dissolved inorganic carbon：DIC) の挙動は水界の炭素バランスにとってきわめて重要なので，まず DIC の基本的な動態について紹介する．

水中には無機態の炭素として，遊離二酸化炭素（$CO_{2(aq)}$），炭酸（H_2CO_3），炭酸水素イオン（HCO_3^-），炭酸イオン（CO_3^{2-}）が溶け込んでいる．このうち炭酸はごく微量なので，$CO_{2(aq)}$ と合わせて CO_2 成分として扱われている．これら炭酸物質は環境に応じた化学平衡を保ち（**図 4.2.17**），存在比は水温，水素

イオン濃度（pH）および他の主要イオン成分（イオン強度）により決まる．大気から水中に溶け込む CO_2 は，平衡状態であれば，大気中の CO_2 分圧（pCO_2）に比例する．すなわち，

$$CO_2 = K_0 \cdot pCO_2 \quad (1)$$

ここで K_0 は溶解度定数（ヘンリー定数）である．淡水では温度20℃・1気圧でおよそ $K_0=10^{-1.4}$ なので，現在の大気 CO_2 分圧 350 ppmv で平衡状態にあるとき，水中に溶け込む CO_2 は 14 μmol L^{-1} 程度である．なお，式(1)は理想気体（気体分子の体積をゼロと仮定した観念上の気体）を対象にしたものであり，現実の気体で CO_2 濃度とヘンリー定数で比例関係にあるのは理論的には CO_2 逃散度（fugacity, fCO_2 と記される）である．しかし，fCO_2 と pCO_2 の差は 0.7% 程度なので，非理想気体でも便宜的に式(1)が使われることが多い（Zeebe & Wolf-Gladrow, 2001）．水中に溶け込んだ CO_2 は，光合成により植物に取り込まれるが，植物全体の CO_2 取り込み速度が大気から溶け込む速度より大きければ水中の CO_2 濃度は減少する．減少した CO_2 は HCO_3^- により補われ，**図4.2.17** に示した化学平衡は左方向に進む．その際，水素イオン（H$^+$）が消費されるので pH は増加することになる．植物プランクトンが多い富栄養湖でしばしば日中の pH が9を越えるのは，このためである．一方，夜間は呼吸により CO_2 が放出されるので，**図4.2.17** の化学平衡式は右方向へ進行し，pH は下がる．このように水中の CO_2 は他の炭酸物質や大気 CO_2 との間に平衡関係があり，生物活動により CO_2 が吸収・放出されると平衡がくずれ，新たな平衡を生み出すように各炭酸物質の存在比は変化するとともに，大気との間で CO_2 が吸収されたり放出されたりする（**図4.2.13**）．各炭酸物質の存在比を決める各種平衡定数と環境条件については，Zeebe & Wolf-Gladrow（2001）を参照されたい．

一方，この炭酸物質の平衡系は酸性化に対する緩衝力として働く．酸すなわち H$^+$ が湖水に加えられても，炭酸水素イオン（および炭酸イオン）と反応して CO_2 になるため，加えた H$^+$ ほどには湖水は酸性化しない．この反応は炭酸水素イオン（および炭酸イオン）が消費しつくされるまで続くので，湖水中に含まれる炭酸水素イオンよりも加える H$^+$ が多ければ，pH は急激に減少することになる．アルカリ度は，このような緩衝力の尺度で，添加された H$^+$ を中和できる湖水中の弱酸イオンの量と定義される．一般に，pH<9では湖水の弱酸イオンのほとんどは炭酸水素イオンなので（**図4.2.17**），アルカリ度はこれら炭酸水素イオンを表すといってよい．ただし，ホウ酸，ケイ酸，リン酸などの弱酸や有機酸・フミン酸などの有機物も H$^+$ を中和するので，これらが多量に含まれる水では，アルカリ度は炭酸水素イオン＋炭酸イオン濃度よりも大きな値となる．

大気の CO_2 濃度は，乾燥させた空気（湿度0%）を赤外線吸収により分析し，モル分率として求めるのが一般的である．水中の CO_2 モル分率も，採集した水を少量の空気とともに密閉したビンに閉じ込め，空気（気相）と水（液相）の CO_2 を平衡状態にさせた後，気相の CO_2 を大気と同様の方法で分析することで直接求めることができる．水中での炭

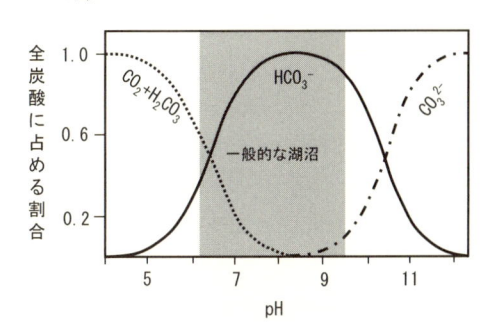

図4.2.17 pH に対する各無機態炭素の全炭酸中に占める割合

酸物質の平衡系は温度やpHにより変化するので,気相と液相間で平衡状態にするためのインキュベーションは現場と同じ条件で行う必要がある.pCO_2は,得られたモル分率(xCO_2)を用いて次の式から計算される.

$$pCO_2 = (大気圧 - 水蒸気圧) \cdot xCO_2 \quad (2)$$

この他,炭酸物質の存在比を決める平衡定数を用い,pHとDICもしくはpHとアルカリ度から湖水中のCO_2モル濃度($mol\ L^{-1}$)を間接的に求めることもできる(Zeebe & Wolf-Gladrow, 2001).この場合,各平衡定数は温度やイオン強度に依存するので,これらの値も同時に測定する必要がある.ただし,上述したようにアルカリ度は炭酸水素イオンや炭酸イオンだけでは決まらないので,アルカリ度を用いて算出したCO_2濃度には大きな誤差が伴う可能性があり,注意が必要である.大気のpCO_2と比較する場合には,得られた水中のモル濃度を,まず式(1)により1気圧下でのpCO_2に換算し,次いで大気圧と水蒸気圧で補正して現場のpCO_2に換算すればよい.

(b) 湖水のCO_2分圧

これらの方法で測定された湖沼のpCO_2についてみてみたい.湖沼のpCO_2は,水温が成層する春から夏にかけて,一般に表水層で低く,深水層で高い(**図4.2.18**).これは,表水層では光合成によるCO_2取り込みがあるのに対し,呼吸・分解が卓越する深水層では放出されたCO_2が水温躍層により拡散せず蓄積するためである.したがって,湖沼におけるpCO_2の季節変化は,水温変化に伴う溶解度定数の変化に加え,光合成や湖水の鉛直循環にも強く影響され,一般に表水層では光合成が活発に行われる夏季に低く,湖水が鉛直混合する循環期に高くなる(**図4.2.19**).

Cole et al.(1994)は,世界に点在する様々な大きさの1835湖沼について,その水面直

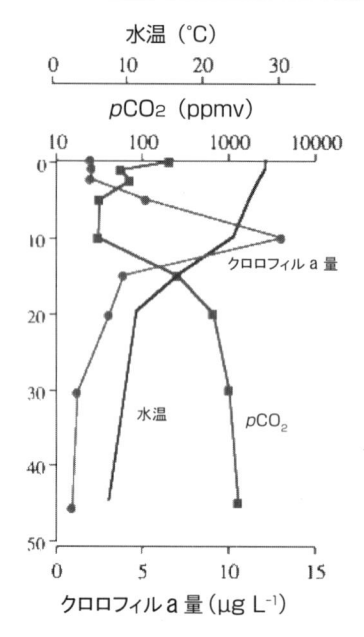

図4.2.18 琵琶湖における1997年9月のpCO_2,水温およびクロロフィルa量の鉛直プロファイル

湖表面のpCO_2は大気CO_2分圧と等しいが,表水層では植物プランクトンの増加に伴って減少し,光が乏しく植物プランクトンが少ない深水層では増加している(占部,未発表データより).

下のpCO_2を求めている(**図4.2.20**).彼らによれば,水面直下のpCO_2は,湖沼によって1〜20000 ppmvと4桁も異なる.さらに,調べたpCO_2のうち87%は大気よりも高く,寒帯,温帯・熱帯のいずれの地域でも平均は1000 ppmv前後で,表水層のCO_2濃度が低くなる夏季だけに限ってみてもpCO_2の平均値は680 ppmvである.これは,大気pCO_2のおよそ2倍に相当する.したがって,世界に点在するほとんどの湖はCO_2に関して過飽和であり,CO_2のソースということになる.

湖のCO_2が大気に対して過飽和になる原因として,CO_2の豊富な地下水の流入があげられる.すでにみたように(4.1.2項(a)),土壌間隙水中ではCO_2濃度がきわめて高く,これらが直接湖水に地下水として多量に流入していれば,湖水中のCO_2濃度は高くなるだろう.しかし,一般的な湖沼では,地下水

4.2 炭素代謝からみた湖沼生態系の機能

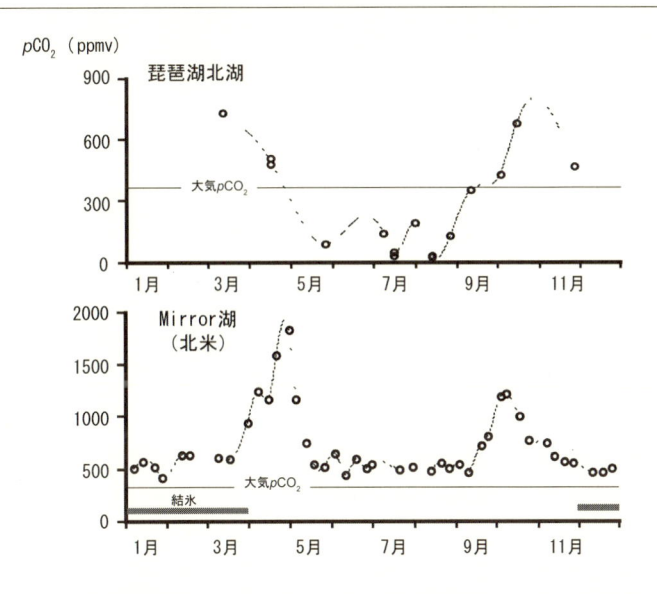

図 4.2.19 琵琶湖北湖および北米 Mirror 湖における表面水 pCO_2 の季節変化

湖沼では，水温躍層が発達し光合成が盛んになる成層期に表面水 pCO_2 が季節的に最も低くなり，循環期に増加する傾向がある（占部,未発表データと Cole *et al.*, 1994 より）．

の流入だけで湖水 CO_2 の過飽和を説明できないようである．たとえば，北米の複数の湖沼を調べた Hanson *et al.* (2003) によれば，地下水から流入する CO_2 量は湖水中の群集呼吸により生成される CO_2 のわずか 4 ％以下であったという．とはいえ，湖水 CO_2 に対する地下水の寄与は，地下水の流入量や CO_2 濃度，湖水交換率などに依存しており，湖沼によっては CO_2 が過飽和となる原因として地下水の流入は無視できない要素である．

湖の CO_2 が大気に対して過飽和になるもう 1 つの原因は，P：R 比に関して述べた外来性有機物の分解である．湖沼の生物群集が自生性有機物だけに依存しているのであれば，呼吸による CO_2 生成が光合成による CO_2 消費を上回ることはないので，CO_2 は過飽和とならないはずである．したがって，湖水 CO_2 に対する地下水の寄与が小さい湖沼で，大気に対して CO_2 が大きく過飽和であれば，陸上起源有機物の流入が相対的に大きく，その分解に伴う呼吸による CO_2 生成が

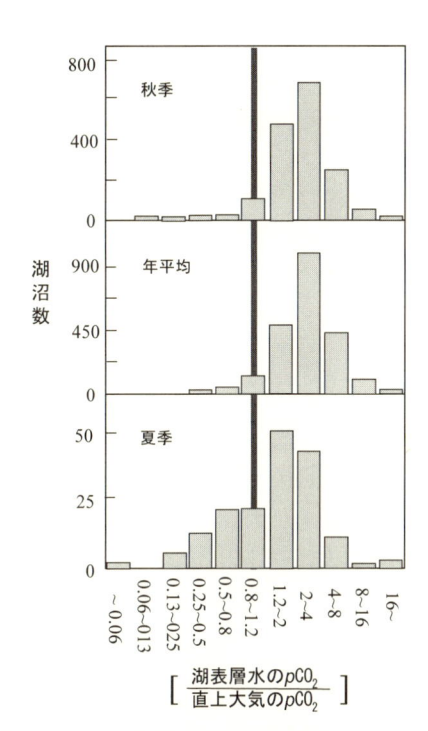

図 4.2.20 世界の湖沼における表面水 pCO_2 の観察頻度

横軸の表面水 pCO_2 は，直上大気の比として表してある（Cole *et al.*, 1994 より）．

光合成による CO_2 消費を上回っているとみることができるだろう．

陸上起源有機物の多くは，河川などを経由しDOCとして湖水に流入する．DOCの中には細菌に容易に消費・分解される画分（易分解性）もあれば，そうでない画分（難分解性）もある．一般に，外来性のDOCは湖沼に流入する前に細菌に利用しやすい画分が河川などで消費されるので，湖水中の一次生産を起源とする自生性のDOCに比べると難分解性の割合が高いと考えられる．しかし，腐植物質など難分解性のDOCでも，河川や湖沼の表水層での光酸化などにより，易分解性となるものもある（4.2.6項(b)）．したがって，外来性DOCの流入が多ければ，湖水中で細菌が利用できるDOCは多くなるだろう．集水域が貧栄養土壌である寒帯の湖沼では，湖水のDOCが高い湖ほど pCO_2 は高くなり，DOC濃度が $3\sim4\ mgC\ L^{-1}$ を越えると CO_2 過飽和へと転じることが報告されている（Sobek et al., 2003）．しかし，このような関係が暖帯や熱帯の湖沼でもみられるかは明らかではない．

すでにみたように，DOC濃度が高い河川では窒素などの栄養塩濃度が低く，栄養塩濃度が高い河川ではDOC濃度は低い（4.1.6項，Konohira & Yoshioka, 2005）．後者のような河川が流入する湖沼では相対的に一次生産が高く CO_2 消費が多くなるので，湖水の pCO_2 は大気に対して大きく過飽和とはならないであろう．

(c) CO_2 フラックスに及ぼす生物群集構造の影響

湖沼の一次生産は，藻類などの植物の生物量に依存する．一方，藻類の生物量は成長を律速する栄養塩供給量だけでなく動物プランクトンによるグレージングにも強く支配される．Shindler et al. (1997) は栄養塩負荷量のよく似た複数の湖で操作実験を行い，湖－大気間での CO_2 フラックスに対する食物網構造の影響を調べている．これによれば，魚食魚が増加すると栄養段階カスケードによりプランクトン食魚類が減り大型動物プランクトンが増えたため，植物プランクトン生物量は低く抑えられた．このような湖では，CO_2 は過飽和となり大気へのフラックスが増加した．一方，魚食魚を取り除いてプランクトン食魚類が増えた湖では，動物プランクトン減少により植物プランクトンが増加したが，そのような湖では pCO_2 は大気に比べて低く，大気から CO_2 を吸収するフラックスへと転じたという．この結果は，湖－大気間の CO_2 のフラックスに食物網構造や種間相互作用が強く関与していることを明瞭に示している．

プランクトン群集がP：R比>1，すなわち独立栄養型であったとしてもその湖沼が炭素についてシンク生態系であるとは限らない．深水層や湖底でも分解が行われるからである．多くの湖沼で pCO_2 が過飽和になっているという事実は，陸上植物により固定された有機態炭素が土壌中あるいは湖水中で CO_2 に無機化され，湖沼を経由して大気に放出されていることを物語っている．湖沼生態系の多くは，陸上植物により固定された炭素を大気へと回帰させる道管の役割を担っているといえる．ただし，個々の湖沼についてみた場合，この道管の太さは，無機・有機態炭素の流入量だけでなく，湖沼の一次生産を支配する栄養塩流入量や植食者など，湖沼の生物群集にも強く依存していることに留意する必要がある．

4.2.5 有機態炭素の識別

(a) POCとDOC

POCは植物プランクトンなどの生物やその死骸断片（デトリタス）であるが，懸濁物質から溶存物質に至る段階には様々なものがあるため，懸濁態と溶存態の有機物を厳密に区別することは化学的にもまた物理的にも困

難である．陸水学や海洋学では，一定規格のグラスファイバーフィルターなどで湖水を濾過し，フィルター上に捕集される有機態の炭素をPOC，濾液に含まれるものをDOCと便宜的によんでいる．

湖水中には外来性の溶存態有機物と自生性の溶存態有機物が混在しているが，両者は化学構造や組成などが異なっており，生物の利用しやすさには差があると考えられる．従来，DOCの多くは，高分子かつ難分解性である考えられてきた．ところが，近年，海洋において，難分解性のDOCはむしろ低分子量の画分であること，溶存態有機物DOCの中で高分子量のもののほうが^{14}Cの年齢が若いこと（Amon & Benner, 1994），難分解性の腐植物質でも光分解を受けた後は生物的にも分解されやすくなること（Wetzel et al., 1995）などが次々に明らかにされ，先に述べたように湖沼生物群集のP:R比が必ずしも1以上とはならないことや湖沼のCO_2濃度が大気に対して過飽和であることと相まって，水界での溶存態有機物の動態に関して大きな関心が集まりつつある．また，腐植物質などの溶存態有機物が有害な紫外線を吸収すること（Schindler & Curtis, 1997）などから，地球温暖化や酸性雨などの影響で湖沼のDOC濃度が低下した場合，湖沼生態系に大きな影響を及ぼす可能性も指摘されている．このように，陸域から湖沼へ流入する有機態炭素は，湖沼生物群集にとって物質的基盤ばかりでなく機能面においても重要な役割を果たしていると考えられており，環境変動に対する湖沼生態系の応答や炭素代謝を理解するためには，外来性有機物を識別することが不可欠となっている．残念ながら，陸上で生産された外来性有機物と水界内で生産された自生性有機物を定量的に精度よく調べる方法はまだ確立されていない．しかし，両者は炭素・窒素安定同位体組成（δ^{13}C, δ^{15}N値）や蛍光特性などが異なっており，それら化学的特性を手がかりにすることで外来性有機物と自生性有機物を識別できる可能性がある．その方法と有効性について以下に紹介する．

(b) 炭素・窒素安定同位体

有機物の炭素・窒素安定同位体組成（δ^{13}C, δ^{15}N）は，有機物の起源によって異なっていることが知られており，一般的には，陸上由来の有機物のδ^{13}C値は，-27‰前後であり，海起源の有機物は-20‰程度の値を示す．δ^{15}N値については，食物連鎖に伴う同位体濃縮が起こるため動物で高くなるが，植物由来の有機物としては，陸起源で0‰前後，海起源で5‰以上の高い値を示す．これらの値の違いを利用して，沿岸河口域に堆積している有機物や河川を流下する懸濁態粒子の起源の推定が行われている（たとえば，Tan & Strain, 1983；Hedges et al., 1986；Wada et al., 1987；Hamilton & Lewis, 1992；Quay et al., 1992）．溶存態有機物に関しては，森林起源の外来性DOCは，植生・土壌のδ^{13}C値を反映するものと考えられるが，アマゾン川水系では，-30～-28‰という値が報告されている（Quay et al., 1992）．海洋に存在する腐植物質のδ^{13}C値としては，-22～-20‰という値が報告されており，自生性と推定されている（Nissenbaum & Kaplan, 1972）．湖沼の場合，溶存態有機物の安定同位体組成を測定した例は少ないが（McKnight et al., 1997），δ^{13}C，δ^{15}N値は湖沼における溶存態有機物のおもな起源が自生性であるか外来性であるかを判断する有効な指標になると考えられる．

(c) 蛍光特性

河川・湖沼の溶存態有機物のおもな成分は，腐植物質（フルボ酸およびフミン酸）であり，褐色に着色した水に含まれているDOCの60～80％を占めるとされている（Peuravuori & Pihlaja, 1999）．有機物はその組成により特徴的な蛍光をもつことが知られており，天然水中に存在する溶存態有機物についてもそ

の蛍光特性が多数報告されている(たとえば，Coble *et al*., 1993；Matthews *et al*., 1996). 海洋の溶存態有機物では，河口付近や深水層で腐植物質様の蛍光がみられ，表層ではタンパク質様の蛍光が見出されることから，前者は陸起源または海水中での有機物分解で生成した溶存態有機物，後者は，植物プランクトンの生産に由来する自生性の溶存態有機物を指標していると考えられている（Coble, 1996). 溶存態有機物の蛍光特性は，三次元蛍光測定（three dimensional excitation-emission matrix : 3D-EEM）によってより特徴的に識別することができる．それぞれの蛍光特性を蛍光ピークの位置（励起波長と蛍光波長の組み合わせ：Ex/Em）で示すと，変動はあるもののほぼ以下の範囲にあることがわかっている（Senesi, 1990；Coble *et al*., 1993；鈴木ら，1997, 1998).

タンパク質様蛍光：
　　220～275 nm/300～350 nm
腐植物質様蛍光：
　　310～340 nm/420～450 nm,
　　360～395 nm/450～490 nm

このような蛍光特性を用いて溶存態有機物を識別する方法は，溶存態有機物の起源を推定する上で大きな可能性をもつ手法である．また，水中の光環境と溶存態有機物の関係に関して，特に有色溶存態有機物（colored dissolved organic matters）の光分解に関する研究でも，蛍光測定の利用が多くなってきている．なお，この腐植物質様蛍光ピークの蛍光強度からDOCの起源を探る具体的な研究例については4.2.6項(b)で紹介する．

4.2.6　琵琶湖の炭素収支

琵琶湖はわが国最大の湖沼であり，世界有数の古代湖の1つで，湖盆が浅く小さな南湖（面積57 km^2，最大水深7.9 m，平均水深4 m）と深い大きな北湖（面積613 km^2，最大水深103 m，平均水深43 m）からなっている．ここでは，湖沼の炭素収支の一例として，琵琶湖北湖で行った炭素収支の観測結果について紹介したい．

(a)　有機態炭素の動態

湖沼のPOCは，表層での植物プランクトンによる自生性有機物の生産と，深水層での分解があるため，季節的にも鉛直的にも大きく変動する．琵琶湖における1998～2000年の結果では，琵琶湖北湖表水層（0～10 m）でのPOCは，1～3月に0.2 mgC L^{-1}程度で最も低く，直後の4～5月と7月，そして循環期前の11～12月にそれぞれ極大を示した．極大値は，0.6～0.7 mgC L^{-1}程度であるが，1998年の7～8月には1.1 mgC L^{-1}にまで達した（**図4.2.21(A)**）．一方，深水層（40～70 m）では，循環期の3月に最大値（〜0.2 mgC L^{-1}）を示し，その後低下して，7～10月に最低値（〜0.1 mgC L^{-1}）を示した．調査年度は異なるが，このようなPOCの鉛直的パターンと季節変動はプランクトンの生物量とよく合っている（**図4.2.22**）．琵琶湖の平均水深は43 mであり，1 m^{2}あたりのPOC現存量は年平均で約9 gC m^{-2}となる．一方，植物プランクトン，細菌および動物プランクトンを合わせたプランクトン生物量は平均値7.1 gC m^{-2}であり（占部ら，2003），POCの80 %を占めている．したがって，POCにはプランクトンだけでなく，その死骸や湖底からの再懸濁物，陸上からのデトリタスなども含まれると考えられる．なお，琵琶湖に流入する河川水のPOCの平均濃度は0.49 mgC L^{-1}であるが（**表4.1.4**），その値は春から秋にかけて琵琶湖北湖表水層でみられる極大値にほぼ匹敵し，深水層の濃度の3～5倍にあたる．したがって，外来性POCの大半は，湖内において分解・沈降などにより水中から除去されているものと思われる．

一方，琵琶湖のDOCにも季節的，鉛直的変動がみられる（**図4.2.21(B)**）．全循環期

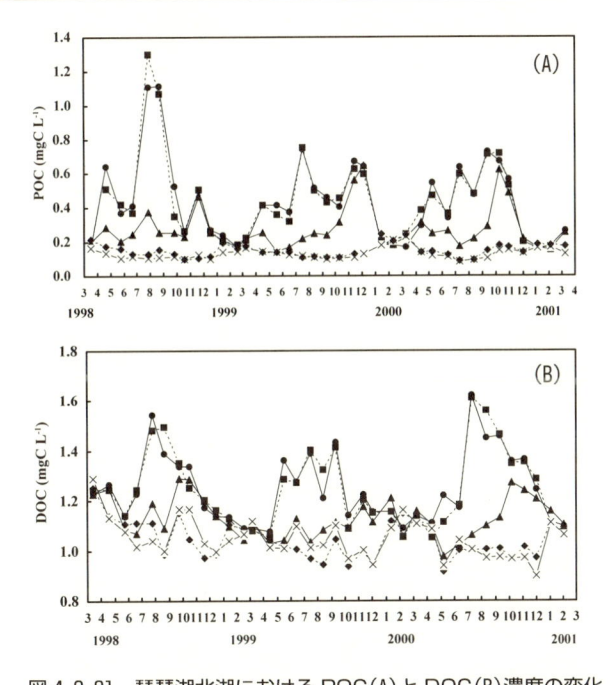

図 4.2.21 琵琶湖北湖における POC(A)と DOC(B)濃度の変化
● : 2.5 m, ■ : 10 m, ▲ : 20 m, ◆ : 40 m, × : 70 m.
(吉岡ら, 2001 および未発表データより作成)

にDOCは全層で均一で$1.1〜1.2\,\mathrm{mgC\,L^{-1}}$の範囲にあるが, 成層期には, 表水層では7月に$1.4\,\mathrm{mgC\,L^{-1}}$前後の最大値を示した後, 湖水の部分循環が始まるとともに低下する. 一方, 深水層では, 全循環期が最大値であり, 成層期間を通して濃度は低下し, 12月には$1.0\,\mathrm{mgC\,L^{-1}}$前後で最低となり, 循環が深水層に及ぶと濃度は上昇する. 成層期における表層水のDOC濃度上昇は, 水温分布や濃度レベルを考慮すると, 河川由来のDOCの供給によるものではなく, 植物プランクトンの光合成生産に由来するものと考えることができる. 深水層では, 全循環期に表水層のDOCが供給され, 成層期には分解が卓越していることがわかる. 先に求めた河川から流入するDOCの平均値が約$0.8\,\mathrm{mgC\,L^{-1}}$であることから, 琵琶湖表層では年$0.2〜0.6\,\mathrm{mgC\,L^{-1}}$のDOCが生産されていると考えることができる. POCと同様に, 琵琶湖の平均水深地点での$1\,\mathrm{m}^2$あたりDOC現存

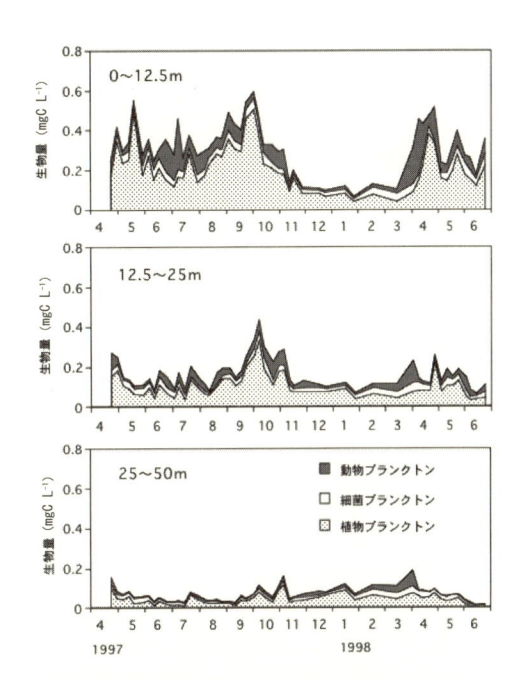

図4.2.22 琵琶湖北湖の各深度における植物・細菌・動物プランクトン生物量の季節変化

(占部ら, 2003を改変)

量を試算すると，年平均で約 $49\,\mathrm{gC\,m^{-2}}$ となり，これとPOCを合わせると，琵琶湖の $1\,\mathrm{m^2}$ あたりの有機態炭素の平均現存量は $58\,\mathrm{gC\,m^{-2}}$ となる．4.1.9項で述べたように，琵琶湖の主要流入河川水中の有機態炭素とそれらの河川水量から算出される琵琶湖北湖への負荷量は，$5.9\times10^9\,\mathrm{gC\,y^{-1}}$ であり，湖の表面積で割ると $1\,\mathrm{m^2}$ あたりでは $9.6\,\mathrm{gC\,m^{-2}\,y^{-1}}$ である．したがって，主要河川から流入する外来性有機態炭素の琵琶湖北湖への1年あたり負荷量は現存量の約17％程度ということになる．

(b) 有機態炭素の起源

琵琶湖集水域における，渓流から河川下流域までの懸濁態有機物の動態は，C：N比とその同位体組成の関係から明らかにすることができる（吉岡ら，2002）．渓流（東・西俣谷川）では，C：N比が20前後から低下するに従って，懸濁態有機物の $\delta^{13}C$ 値が上昇する傾向にあるが，C_3 植物でみられる範囲の -26‰以下であった（**図4.2.23(A)**）．$\delta^{15}N$ 値については，明瞭ではないが，低C：N比で高くなる傾向がみられる（**図4.2.23(B)**）．下流に位置する姉川のデータは，高C：N比-低 δ 値と低C：N比-高 δ 値の間に連続的に分布している．一方，下流では，C：N比は8～10で大きくは変動せず，$\delta^{13}C$ 値，$\delta^{15}N$ 値ともに大きく変動していた．8前後のC：N比は，付着藻類など藻類の値として矛盾のないレンジである．これらのことは，渓流では森林土壌由来の懸濁態有機物が供給され，下流にいくに従って河川での自生性有機物が混合するため，C：N比，δ 値ともに変動するが，特に水田や家庭排水などの人間活動の影響がある河川下流では，付着藻類などの生産が高いために，河川水中の懸濁態有機物の $\delta^{13}C$ 値，$\delta^{15}N$ 値が非常に高くなったものと考えられる．季節的な変動は，河川ごとに異なっており，姉川では5～6月，野洲川では8月，愛知川では2～7月に $\delta^{13}C$ 値

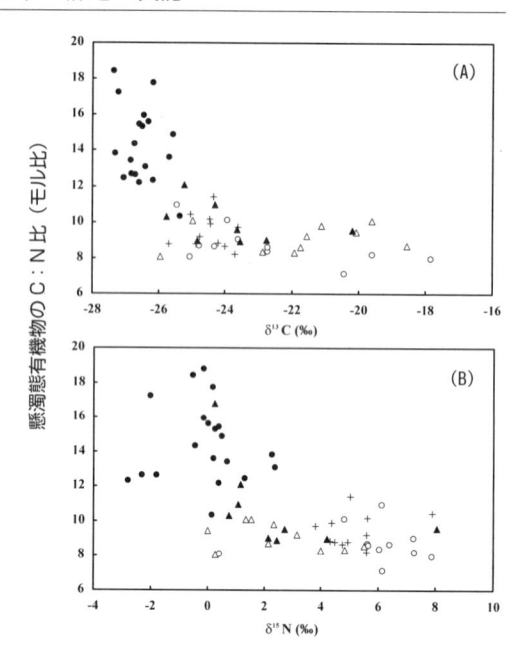

図4.2.23 河川懸濁態有機物の $\delta^{13}C$ 値(A)および $\delta^{15}N$ 値(B)とC：N比の関係
●：東・西俣谷川，○：野洲川大橋，△：愛知川下流，
+：天野川下流，▲：姉川下流．
(吉岡ら，2002より改変)

が高くなっていた．

琵琶湖集水域におけるDOCの $\delta^{13}C$ 値については，限られたデータであるが，西俣谷川で -27.5‰，愛知川で -25.4‰，天野川で -24.5‰，野洲川で -22.4‰であった（**表4.2.1**）．渓流（西俣谷川）のDOCは，森林由来の低い $\delta^{13}C$ 値を反映していることがわかる．また，安曇川では，中流で -27.2～-25.5‰，下流で -25.8‰という値が得られており，森林由来のDOCの寄与が大きいと考えられる．愛知川でも，森林由来のDOCの寄与が比較的大きく，このことはPOCの場合とは異なっている．野洲川では，人為起源ないしは河床，河原での有機物生産に由来するDOCの寄与が考えられる．琵琶湖のDOCの $\delta^{13}C$ 値は，-25.9～-24.3‰と森林よりも値は高く，また，表層で高い傾向があった（**表4.2.1**）．湖沼では，植物プランクトンの一次生産に由来するDOCが負荷され，

4.2 炭素代謝からみた湖沼生態系の機能

表 4.2.1 琵琶湖および河川水中の DOC の $\delta^{13}C$ 値

	1999 June	August	December	2000 April	May	June	August	October
琵琶湖								
2.5 m	-25.1	-24.8	-25.1	-25.5	-25.0	-25.3	-25.3	-25.5
10 m		-25.1		-25.8	-25.4	-25.4	-25.3	
20 m	-25.6		-25.2					-25.8
40 m		-24.8	-25.5	-25.7	-25.8	-25.5	-25.6	
70 m	-25.5		-25.5	-25.0	-25.9		-25.8	-25.6
80 m		-25.9	-25.7					
河川								
西俣谷川							-27.5	
天野川							-24.5	
愛知川							-25.4	
野洲川							-22.4	

(吉岡ら, 2001)

その $\delta^{13}C$ 値は POC と同様，外来性のものよりも高いと考えられる．自生性 DOC の $\delta^{13}C$ 値を推定することは難しいが，Yamada et al. (1998) が報告している植物プランクトンの $\delta^{13}C$ 値として平均的な値 -23‰，あるいは，2002 年 7 月の表水層 POC の値 -21‰（早川，未発表）を用いると，琵琶湖 DOC に占める外来性 DOC の寄与は，それぞれ，40～60 %，60～70 % となった．表層で寄与が高い傾向があったが明瞭な季節変化は検出されなかった（吉岡ら，2001）．

琵琶湖の溶存態有機物の起源について，蛍光特性からもみてみたい．琵琶湖集水域および琵琶湖で採取した試料から，タンパク質様蛍光ピークと腐植物質（フルボ酸）様蛍光ピークが検出されている．このうち，タンパク質様蛍光ピークは，渓流水ではほとんど検出されず，おもに琵琶湖の表層水で検出された．このことは，タンパク質様蛍光が湖内での一次生産に関連して生成していることを示している．図 4.2.24 は河川と湖沼でともにみられた腐植物質様蛍光ピーク（Ex/Em=340～350 nm/420～440 nm）の蛍光強度と DOC 濃度との関係をみたものである．渓流水では，腐植物質様蛍光ピークの蛍光強度と DOC 濃度に明瞭な正の相関がみられる．この関係は，傾きに変動があるものの，琵琶湖集水域，北海道北部の朱鞠内湖集水域やバイカル湖集水域の渓流水でもみることができる．この明瞭な相関関係は，河川水中の DOC がおもに腐植物質で構成されていること，また腐植物質様蛍光強度によって DOC 濃度を推定できることを示している（木平ら，2001）．さらに，渓流水の DOC は森林を起源としていることから，この腐植物質様蛍光ピークの蛍光強度を調べることで，森林から湖沼へ負荷される DOC を追跡することが可能となることも示唆している．なお，琵琶湖集水域にある野洲川や天野川の下流では，DOC 濃度に比べて蛍光強度が渓流よりも高い場合があるが，これら河川流域には人家や水田が広がっており，農地や家庭排水などから蛍光強度の高い溶存物質が供給されているためであろう．一方，渓流から河川そして湖へと下流に向かって腐植物質様蛍光のピークは，短長波長側に移動するという現象（青方偏移）がみられた．これは，腐植物質の光分解によるものと考えられる．

先に，河川では腐植物質様蛍光ピーク（Ex/Em=340～350 nm/420～440 nm）の蛍光強度は DOC 濃度と明瞭な正の相関があることを示したが（図 4.2.24），そのような関

係は琵琶湖ではまったくみられなかった（図4.2.25）．これには，湖で生産される自生性のDOCが負荷されていることが原因になっているものと考えられる．図4.2.24に示した渓流水でのDOCと腐植物質様蛍光強度との関係を用いれば，琵琶湖DOC中に占める外来性DOCの割合を求めることができる．それによれば，年間平均では，表水層で40％弱，深水層で50～60％となり，表層では，自生性DOCが多いことが示唆された（表4.2.2）．表水層では，外来性DOCの割合に顕著な季節変化がみられ，成層期に低下し，循環期に高くなった．一方，深水層では，成層期間中徐々に高くなり，循環期に低下して表水層と等しくなった（図4.2.26）．これらのことは，POCと同様に，成層期における表水層での自生性有機物の生産を反映したものであることがわかる．

表水層においては，DOCの増加に対して蛍光強度が低下する傾向がみられた（図

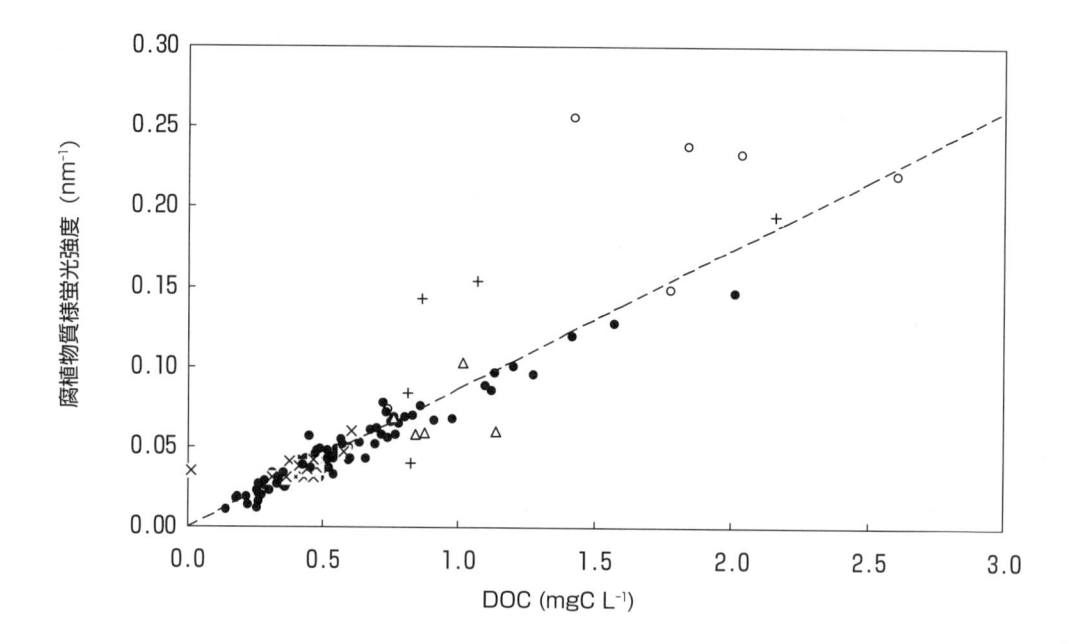

図4.2.24 琵琶湖流入河川におけるDOC濃度と腐植物質様蛍光強度の関係
●：渓流（東・西俣谷川含む），○：野洲川大橋，△：愛知川下流，＋：天野川下流，×：安曇川中下流．破線は，渓流水で見られたDOC濃度と腐植物質様蛍光強度の相関を表す．蛍光強度は，水のラマン散乱光強度で標準化されており，単位は，nm^{-1}である（吉岡ら，2001および未発表データより作成）．

表4.2.2 腐植物質様蛍光強度から推定した琵琶湖DOCの起源（年間平均値）

水深 m	外来性 $mgC\ L^{-1}$	自生性 $mgC\ L^{-1}$	外来性 %
2.5	0.46	0.81	37
10	0.48	0.78	39
20	0.53	0.61	47
40	0.51	0.53	49
70	0.53	0.51	51
80	0.60	0.42	59

4.2.25).このことは,河川由来の腐植様物質が湖内で分解している可能性を示唆している.渓流から湖沼に向かって腐植物質様蛍光ピークの位置に青方偏移がみられることから,陸上起源の腐植物質は光分解を受けていることが考えられる(Moran et al., 2000).

渓流水を用いた光分解実験から,腐植物質様蛍光ピークは光照射によって短波長側に移行すること,蛍光強度はDOC濃度に比べてより速やかに減少することなどがわかっている(Mostofa et al., 2005).したがって,湖内に存在する河川由来の溶存態有機物では,

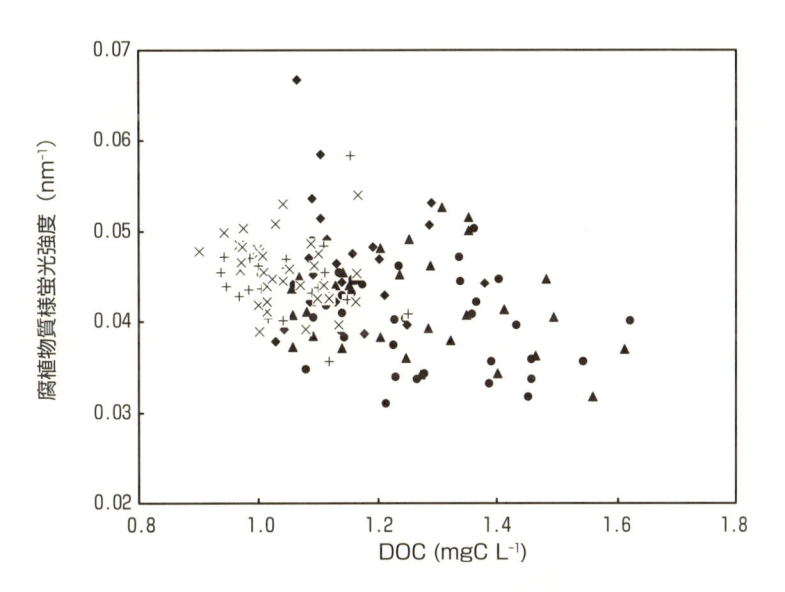

図4.2.25 琵琶湖におけるDOC濃度と腐植物質様蛍光強度の関係
● : 2.5 m, ■ : 10 m, ▲ : 20 m, ◆ : 40 m, × : 70 m.
(和田ら, 2000より改変)

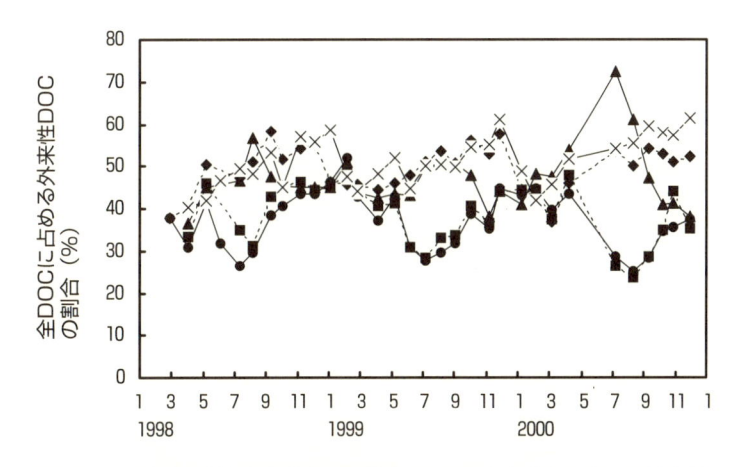

図4.2.26 腐植物質様蛍光強度から推定された琵琶湖北湖における外来性DOCが全DOCに占める割合の季節変化
● : 2.5 m, ■ : 10 m, ▲ : 20 m, ◆ : 40 m, × : 70 m.
(和田ら 2000および未発表データより作成)

DOC濃度と腐植物質様蛍光強度との関係が渓流で得られたものと異なっている可能性がある．光分解を考慮すると，琵琶湖DOCに占める外来性DOCの濃度は，**表4.2.2**で求めた値より0.12〜0.24 mgC L^{-1}高くなる．

以上のように，琵琶湖集水域におけるDOC濃度と腐植物質様蛍光強度の調査から，渓流・河川水に含まれるDOCの濃度は，腐植物質様蛍光強度から推定することが可能であること，琵琶湖水中でみられたDOC濃度の季節変動は，おもに自生性DOCの変動によるものであり，外来性溶存態有機物は光分解を受けるもののDOC濃度の変化は小さく，難分解性の物質であることが示唆された．したがって，琵琶湖集水域において固定された大気CO_2のうち，DOCとして琵琶湖に流入した部分（年間約3.7×10^9 g：1 m^{2}あたりでは5.7 gC m^{-2} y^{-1}）は，湖内ではほとんど減少せず，淀川水系に放出されているものと考えることができる．

（c） 琵琶湖北湖の炭素収支

次に，琵琶湖内部での具体的な炭素の収支についてみたい．**図4.2.27**は，琵琶湖北湖の野洲川沖にある水深53 mの地点で行った観測から，水柱あたりの炭素収支を求めたものである．これによれば，琵琶湖沖帯の1年間の一次生産量は，324 gC m^{-2} y^{-1}と見積もられている．この一次生産は，^{13}Cを標識物質として6〜24時間の現場インキュベーションにより測定されているので，純生産量とみることができる（Urabe et al., 1999）．Nakanishi（1976）によれば，琵琶湖では純生産の10％に相当する炭素がDOCとして植物プランクトンから排出されるという．この値に従えば，自生性のDOCの年間生産量は32 gC m^{-2} y^{-1}程度であり，純生産と合わせた自生性有機物生産量は356 gC m^{-2} y^{-1}となる（**図4.2.27**）．先に述べたように琵琶湖へ流入する外来性DOC量は5.7 gC m^{-2} y^{-1}なので，琵琶湖に負荷されるDOCの85％は自生性DOCということになる．この値は，蛍光特性から算出される湖水DOCに対する自生性DOCの現存量の割合に比べて高い（**表4.2.2**）．これは，自生性有機物のほうが速やかに分解されているためであろう．

Urabe et al.（2005）は琵琶湖の浮遊性細菌や動物プランクトンの生産速度や生物量から，これら従属栄養生物の呼吸消費量を算出している．それによれば，琵琶湖の水柱の面積あたり有機物分解・呼吸量は水深25 m以浅では277 gC m^{-2} y^{-1}，すなわち純生産量の85％に相当する．一方，Yoshimizu et al.（2001）によれば，水深30 mで捕集され

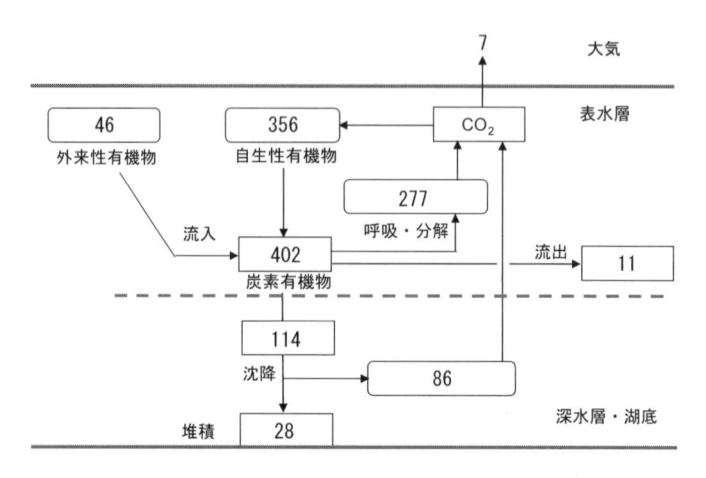

図4.2.27 琵琶湖和北湖（野洲川沖）炭素収支（gC m^{-2} y^{-1}）

る沈降粒子の年間炭素量は純生産量の21％であり，季節的にみた場合，基礎生産量から水深30mで捕集される沈降粒子量の差分，すなわち表水層で消失するPOC量は動物プランクトン群集による摂食量が大きいほど大きくなる傾向がある．このことは，動物プランクトンの摂食活動が，直接，あるいは間接的に浮遊性細菌への有機物供与を通じて，表水層からのPOCの消費・分解に強く関与していることを示唆している．

表水層からの有機物は，一部は深水層中で消費・分解され，残りは湖底へ沈降する．湖底へ沈降した有機物は，底泥中の微生物によって消費・分解されるので（5.4節），湖底に蓄積する炭素量は，沈降量の一部に過ぎない．湖底堆積速度は，^{210}Pbや^{137}Csによる堆積物の年代測定から読み取ることができる（Ogawa et al., 2001；Tsugeki et al., 2003）．それによれば，琵琶湖の湖底に沈降する有機態炭素（新生沈降物）量は年間で52 gC m^{-2}であり，一方恒久的に堆積する量（埋蔵量）は28 gC m^{-2} y^{-1}であるという（Urabe et al., 2005）．したがって，その差分，すなわち24 gC m^{-2} y^{-1}に相当する有機態炭素が湖底堆積物中で消費・分解されていることになる．これと，水深25m以深での水中の従属栄養生物による呼吸消費量，62 gC m^{-2} y^{-1} (Urabe et al., 2005) を合わせると，合計86 gC m^{-2} y^{-1}に相当する有機物が，深水層および湖底で無機化されていることになる．琵琶湖では，深水層では温度に大きな季節変化がないので，水温躍層が発達する4月から10月までの成層期間中の深層水と湖底泥での無機化量は年間の約半分，すなわち50 gC m^{-2} y^{-1}程度と見込まれる．この値は，深水層および湖底での酸素消費量とほぼ一致している．成層期間中の深層水の酸素消費量は6 mgO$_2$ L^{-1}であり，(5.4節)，25mの厚みをもつ深層水全体では150 gO$_2$ m^{-2}となる．呼吸商＝1とすれば，この値は56 gC m^{-2}に相当する．

湖沼に負荷された有機態炭素の一部は流出する．琵琶湖北湖における水中の有機態炭素（POCとDOC）現存量は4.2.6項(b)でみたように58 gC m^{-2}であり，湖水の滞留時間を5.5年とすれば（Yoshimizu et al., 2002），流出量は11 gC m^{-2} y^{-1}となる．水中および底泥での消費・分解量，湖底埋蔵量，流出量を合計したものが琵琶湖に負荷される有機態炭素の総量であるが，その値（402 gC m^{-2} y^{-1}）は植物プランクトンによる一次生産，すなわち自生性有機態炭素の負荷量より大きい（**図4.2.27**）．したがって，その差に相当する有機態炭素量が外部から流入していることになる．このようにして求めた外来性の有機態炭素の負荷量（46 gC m^{-2} y^{-1}）は，先に求めた主要流入河川（**表4.1.4**）からの外来性有機態炭素負荷量（9.6 gC m^{-2} y^{-1}）の5倍に達する．このことは，沿岸域の水生植物や付着藻類などによって生産された有機物の水平輸送や水田を経由する小河川からの有機態炭素負荷が大きいことを示唆しているのかもしれない．

以上みてきたように，琵琶湖北湖の沖帯に負荷される炭素有機物の約9割は，植物プランクトンによって生産された自生性のものである．4.2.6項(b)で述べたように，主要流入河川から流入するDOCは湖内ではほとんど消費されないこと，また湖底に堆積する有機態炭素の多くは陸上起源であること（5.4節；Murase & Sakamaoto, 2000）から，自生性の有機態炭素は湖内で選択的に消費分解されているのであろう．植物プランクトンによる総生産量と群集全体の呼吸量の比，すなわちP：R比は純生産量と従属栄養生物の呼吸量との比に等しい．純生産量に植物プランクトンからDOCとして排出された量を含めると琵琶湖北湖沖帯のP：R比は0.98となり，湖底や深水層を含めた生物群集は若干ではあるが従属栄養型で，大気にCO$_2$を放出していることになる．季節的にみると，琵琶湖表層のpCO$_2$は春から秋にかけては大気圧

より低いので大気からCO_2を吸収していることになるが，冬季には過飽和となる（図4.2.19）．観測値が限られているので年間の大気–湖面間でのCO_2フラックスを求めることはできないが，観測されたpCO_2を季節的に積算して求めた年平均値は397 ppmvとなる．したがって，先の一次生産などから求めた炭素収支と同様に，若干ではあるが琵琶湖はCO_2を放出していることになる．しかし，琵琶湖の一次生産によるCO_2消費量と従属栄養生物の呼吸によるCO_2生成量の差はきわめて小さく，またCO_2過飽和の程度は，図4.2.20に示した多くの湖沼に比べれば，はるかに低い．琵琶湖北湖の炭素収支は，現在のところ大気に対してほぼバランスしているとみてよいだろう．

琵琶湖はもともと貧栄養湖であったが，1960年代の高度経済成長時代に富栄養化が進行し，現在は中栄養湖と位置づけられている．今後さらにリンや窒素の流入量が増加し富栄養化が進行した場合，自生性有機物の生産は現在より高くなるので，沖帯のP：R比は1を大きく越え，大気からCO_2を吸収するようになるかもしれない．しかし，沖帯のP：R比の増加は，表水層で分解・消費されなかった有機物が深水層や湖底へと輸送されることを意味する．深水層や湖底への有機物負荷の増大は，分解による酸素消費を加速するので，湖底や深水層での貧酸素化を促進することになるだろう．5.4節で述べるように，温暖化はその速度をさらに加速する可能性がある．そのような状況では，湖底泥から栄養塩が回帰するとともにメタンなど強力な温暖化ガスがさらに生成されるようになる．湖沼の富栄養化は人間活動の高まりが主因であるが，人間活動による集水域の環境変化は，温暖化など地球環境変化と相まって，湖底から湖沼生態系を変質させるかもしれない．

4.2.7　マクロスケールでの湖沼の炭素バランス

湖沼の総面積は，$2\times10^{12}\,\mathrm{m}^2$であり，地球面積のわずか0.4％を占めるに過ぎない．しかし，物が高所から低所へと流れるように，この水で満たされた窪地には，より広い面積で生産された有機物が流入し，流入した有機物の一部は生物活動により消費される．このため，図4.2.20に示すように湖沼の多くは大気に対してCO_2過飽和となる．Cole et al. (1994) は，各湖沼のpCO_2分布から，年間$0.14\,\mathrm{PgC\,y^{-1}}$ ($0.14\times10^{15}\mathrm{gC\,y^{-1}}$) の炭素が$CO_2$として湖沼から大気へと放出されていると概算している．

湖沼は，このようにCO_2を大気へ放出している一方，有機態炭素を貯蔵する場でもある．自生性および外来性有機物のうち，生物によって消費・分解されない有機物は堆積物として湖底に埋蔵されることになる．湖沼などの淡水止水域は堆積物により年々浅くなり，大きな地質的変動がなければ，やがて埋もれ平地へと遷移する．では，年間どれほどの有機物が淡水止水域全体で堆積しているのだろうか．Dean (1999) は，種々の淡水域における堆積速度を手がかりに，淡水止水域における有機態炭素の堆積速度を概算している．それによれば，淡水止水域の40％を占める湖沼では年間$0.05\,\mathrm{PgC\,y^{-1}}$の炭素が有機物として堆積しているという．大気へ放出されるCO_2および埋蔵される有機態炭素がすべて外来性であるとすれば，マクロスケールでみた場合，陸上生態系で固定された有機物のうち年間約$0.19\,\mathrm{PgC\,y^{-1}}$の炭素が湖沼へ流入していることになる．この値は，陸上生態系が吸収しているとされる年間炭素量およそ$1.4\,\mathrm{PgC\,y^{-1}}$ (Houghton et al., 2001) の14％に相当する．炭素放出量や堆積量は，絶対値としてはわずかであるが，地球面積のわずか0.4％のエリアでの放出と考えれば，

湖沼は陸域で生産された有機物の行方を左右するアクティブサイトとみることができる．

Dean（1999）によれば，湖沼総面積のわずか1/4に過ぎない貯水池では年間0.27 PgCの有機態炭素が堆積しているという．これは，海洋湖底に堆積する有機態炭素のおよそ3倍，陸域生態系が吸収しているとされる年間炭素量の19％に相当する．山間部などの河川をせき止めてつくられる貯水池は，湖沼に比べて水体としての寿命が短く，有機態炭素の埋蔵速度が大きいのであろう．しかし，人間の手で建設される貯水池が，巨大な有機態炭素の埋蔵地となっているのは，皮肉である．

なお4.1節で指摘したように，水中のDICのバランスとして風化の問題は特に重要であるが，4.2節ではその生物過程への影響は取り上げなかった．pH7〜9の一般的な湖沼では，重炭酸イオン（炭酸水素イオン）が最も大きな炭素プールであり，藻類の中には重炭酸イオンを光合成に利用する種もいる．このため，土地利用変化などによる風化と流入河川水のアルカリ度の微妙な変化は，湖沼の生物群集構造や炭素代謝，大気との間のCO_2フラックスに大きな影響を及ぼす可能性がある．また，陸域における炭素収支を理解するためには，森林や市街地から水系へ流出する有機態炭素量をより精密に見積もり，それが陸上植物による炭素固定量に対してどれくらいの割合を占めるのかを広域的に調べること，さらに河川・湖沼から流出する難分解性の有機態炭素が沿岸・外洋にかけてどの程度の分解を受けるのかを調べる必要がある．これらは，今後の課題である．

（4.2節　占部城太郎・吉岡崇仁）

第4章 Exercise

(1) 森林からの炭素流出量の季節変化は同じ温帯林でも北東アメリカと日本では異なる．これはなぜだろうか．

(2) 森林が水田などの耕作地に変わった場合と都市化が進んだ場合で炭素流出の変動はどう異なるのだろうか．

(3) 一次生産や分解消費の季節性は，浅い湖と深い湖，大きい湖と小さい湖との間でどのような違いと共通点があるだろうか．

(4) 粒子状の有機物と溶存態の有機物とでは，物質循環のうえでどのような違いがあるだろうか．

(5) オオクチバスなどの外来魚は湖沼全体の炭素バランスにどのような影響を及ぼすだろうか．

(6) 湖沼から河川を通じて流出する有機物の行方について考えよ．

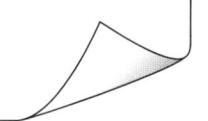

第4章 引用文献

Aber, J. D. (1992) Nitrogen cycling and nitrogen saturation in temperate forest ecosystems. *Tree*, **7**, 220-224

Aitkenhead, J. A. & McDowell, W. H. (2000) Soil C:N ratio as a predictor of annual riverine DOC flux at local and global scale. *Global Biogeochemical Cycles*, **14**, 127-138

Aizaki, M., Otsuki, T. et al. (1981) Application of Carlson's trophic state index to Japanese lakes and relationships between the index and other parameters. *Verh. Internat. Verein. Limnol.*, **21**, 675-681

Amon, R. M. W. & Benner, R. (1994) Rapid cycling of high-molecular-weight dissolved organic matter in the ocean. *Nature*, **369**, 549-552

Back, W. & Hanshaw, B. B. (1970) Comparison of chemical hydrology of Florida and Yucatan. *Journal of Hydrology*, **10**, 330-368

Berner, R. A. (1992) Weathering, plants and the long term carbon cycle. *Geochimica et Cosmochimica Acta*, **56**, 3225-3231

Berner, E. K. & Berner, R. A. (1996) Global Environment: Water, Air, and Geochemical Cycles. Prentice-Hall, Englewood-Cliffs, NJ, 376 pp.

Bolt, G. H. & Bruggenwert, M. G. M. eds. (1980) 土壌の化学．岩田進午・三輪睿太郎・井上隆弘・陽捷行訳，学会出版センター，309 pp.

Bormann, F. H. & Likens, G. E. (1967) Nutrient cycling. *Science*, **155**, 424-439

Bormann, F. H. & Likens, G. E. (1981) Pattern and process in a forested ecosystem. Springer-Verlag, New York, 253 pp.

Boyer, E. W., Hornberger, G. M. et al. (1996) Overview of simple model describing variation of dissolved organic carbon in an upland catchment. *Ecological Modeling*, **86**, 183-188

Brönmark, C. & Hannson, L.-A. (2005) The Biology of Lakes and Ponds. 2nd ed., Oxford Univ. Press. 216 pp.

Buffam, I., Galloway, J. N. et al. (2001) A stormflow/baseflow comparison of dissolved organic matter concentrations and bioavailability in an appalachian stream. *Biogeochemistry*, **53**, 269-306

Caraco, N. F. & Cole, J. J. (1999) Human impact on nitrate export: An analysis using major world rivers. *Ambio*, **28**, 167-170

Caraco, N. F., Cole, J. J. et al. (2003) Variation in NO_3 export from flowing waters of vastly different sizes: Does one model fit all? *Ecosystems*, **6**, 344-352

Carignan, R., Planas, D. et al. (2000) Planktonic production and respiration in oligotrophic shield lakes. *Limnol. Oceanogr.*, **45**, 189-199

Carpenter, S. R. & Kitchel, J. F. (1993) The trophic cascade in lakes. Cambridge Univ. Press, Cambridge

Christ, M. J. & David, M. B. (1996) Temperature and moisture effects on the production of dissolved organic carbon in a spodosol. *Soil Biology and Biochemistry*, **28**, 1191-1199

Clair, T. A. & Ehrman, J. M. (1994) Exports of carbon and nitrogen from river basin in Canada's Atlantic provinces. *Global Biogeochemical Cycles*, **8**, 441-450

Coble, P. G., Schultz, C. A. et al. (1993) Fluorescence contouring analysis of DOC intercalibration experiment samples: a comparison of techniques. *Marine Chemistry*, **41**, 173-178

Coble, P. G. (1996) Characterization of marine and terrestrial DOM in seawater using excitation-emission matrix spectroscopy. *Marine Chemistry*, **51**, 325-346

Cole, J. J., Caraco, N. F. et al. (1994) Carbon dioxide supersaturation in the surface waters of lakes. *Science*, **265**, 1568-1570

Cronan, C. S. & Aiken, G. R. (1985) Chemistry and transport of soluble humic substances in forested watersheds of the Adirondack Park, New York. *Geochimica et Cosmochimica Acta*, **49**, 1697-1705

Cronan, C. S., Reiners, W. A. et al. (1978) Forest floor leaching: Contribution from mineral, organic, and carbonic acids in New Hampshire subalpine forests. *Science*, **200**, 309-311

Cronan, C. S., Driscoll, C. T. et al. (1990) A comparative analysis of aluminum biogeochcmistry in a northern and a southeastern forested watershed. *Water Resources Research*, **26**, 1413-1430

Currie, D. J. (1990) Large scale variability and interaction among phytoplankton, bacterioplankton and phosphorus. *Limnol. Oceanogr.*, **35**, 1437-1455.

David, M., Vance, G. et al. (1999) Chemistry of dissolved organic carbon at Bear Brook watershed, Maine: stream water response to $(NH_4)_2SO_4$ additions. *Environmental Monitoring and Assessment*, **55**, 149-163

Dawson, H. J., Ugolini, F. C. et al. (1978) Role of soluble organics in the soil processes of a Podozol, Central Cascades, Washington. *Soil Science*, **126**, 290-296

Dawson, H. J., Hrutfiord, B. F. et al. (1981) The molecular weight and origin of yellow organic acids. *Soil Science*, **132**, 191-199

Dean, W. E. (1999) Magnitude and significance of carbon burial in lakes, reservoirs, and northern peatlands. U. S. Geological Survey Fact Sheet FS-058-99

del Giorgio, Paul, A. et al. (1994) Patterns in planktonic P:R ratio in lakes: influence of lake trophy and dissolved organic carbon. *Limnol. Oceanogr.*, **39**, 772-787

Drever, J. I. (1988) The geochemistry of natural waters, second edition. Prentice Hall, Englewood Cliffs, New Jersy, 437 pp.

Eckhardt, B. & Moore, T. R. (1990) Controls on dissolved organic carbon concentrations in streams, southern Quebec. *Can. J. Fish. Aquat. Sci.*, **47**, 1537-1544

Elser, J. J., Marzolf, E. et al. (1990) The roles of phosphorus and nitrogen in limiting phytoplankton growth in freshwaters: a review of experimental enrichments. *Can. J. Fish. Aquat. Sci.*, **47**, 1468-1477

Elser, J. J. & Hassett, R. P. (1994) A stoihiometric analysis of the zooplankton -phytoplankton interaction in marine and freshwater ecosystems. *Nature*, **370**, 211-213

Elser, J. & Urabe, J. (1999) The stoichiometry of consumer-driven nutrient recycling: theory, observation, and consequences. *Ecology*, **80**, 735-751

Fee, E. J. & Hecky, R. E. (1992) Introduction to the Northwest Ontario lake size series. *Can. J. Fish. Aquat. Sci.*, **49**, 2434-2444

Frank, H., Patrick, S. *et al.* (2000) Export of dissolved organic carbon and nitrogen from Gleysol dominated catchments-the significance of water flow paths. *Biogeochemistry*, **50**, 137-161

Gundersen, P. & Bashkin, V. N. (1992) Nitrogen cycling. *In* Biogeochemistry of small catchment. (Moldan, B. & Cerny J. eds.) John Wiley & Sons, New York, 255-283

Gundersen, P., Emmett, B. A. *et al.* (1998) Impact of nitrogen deposition on nitrogen cycling in forests: a synthesis of NITREX data. *Forest Ecology and Management*, **101**, 37-55

Gurung, T. B., Urabe, J. *et al.* (1999) Regulation of the relationship between phytoplankton *Scenedesmus acutus* and heterotrophic bacteria by the balance of light and nutrients. *Aquat. Microbial Ecol.*, **17**, 27-35

Gurung, T. B. & Urabe, J. (1999) Temporal and Vertical difference in factors limiting growth rate of heterotrophic bacteria in Lake Biwa. *Microbial Ecology*, **38**, 136-145

Gurung, T. B., Nakanishi, M. *et al.* (2000) Seasonal and vertical difference in negative and positive effects of grazers on heterotrophic bacteria in Lake Biwa. *Limnol. Oceanogr.*, **45**, 1689-1696

Gurung, T. B., Kagami, M. *et al.* (2001) Relative importance among biotic and abiotic factors affecting bacterial abundance in Lake Biwa: an empirical analysis. *Limnology*, **2**, 19-28

Hairston, N. G., Jr & Hairston, Sr. N. G. (1993) Cause-effect relationships in energy flow, trophic structure, and interspecific interactions. *Am. Nat.*, **142**, 379-411

浜田美鈴・大手信人 他（1996）森林流域における土壌 CO_2 ガス濃度の鉛直分布．日本林学会誌，**78**，376-383

Hamilton, S. K. & Lewis, W. M. Jr. (1992) Stable carbon and nitrogen isotopes in algae and detritus from the Orinoco River floodplain, Venezuela. *Geochim. Cosmochim. Acta*, **56**, 4237-4246

花里孝幸・小河原誠 他（2003）諏訪湖定期調査（1997-2001）の結果，山地水環境教育研究センター，**1**，109-174.

Hanson, P. C., Bade, D. L. *et al.* (2003) Lake metabolism: relationships with dissolved organic carbon and phosphorus. *Limnol. Oceanogr.*, **48**, 1112-1119.

Harriman, R., Curtis, C. *et al.* (1998) An empirical approach for assessing the relationship between nitrogen deposition and nitrate leaching from upland catchments in The United Kingdom using runoff chemistry. *Water, Air, and Soil Pollution*, **105**, 193-203

Hart, S. C., Nason, G. E. *et al.* (1994) Dynamics of gross nitrogen transformation in an old-growth forest: The carbon connection. *Ecology*, **75**, 880-891

早川和秀・高橋幹夫（2002）琵琶湖北湖における溶存有機物の動態と COD 増加をとりまく現状．琵琶湖研究所所報，**19**，42-49

Healey, F. P. & Hendzel, L. L. (1980) Physiological indicators of nutrient deficiency in lake phytoplankton. *Can. J. Fish. Aquat. Sci.*, **37**, 442-543

Hedges, J. I., Clark, W. A. *et al.* (1986) Compositions and fluxes of particulate organic material in the Amazon River. *Limnol. Oceanogr.*, **31**, 717-738

Herbert, B. E. & Bertsch, P. M. (1995) Characterization of dissolved and colloidal organic matter in soil solution: A review. *In* Carbon forms and function in forest soils. (Kelly J. M. & McFee W. W. eds.) Soil Science Society of America, Madison, Wisconsin, 63-88

Hessen, D. O. & Tranvik, L. J. (1998) Aquatic humic substances: ecology and biogeochemistry. Springer, 346 pp.

Hobara, S., Tokuchi, N. et al. (2001) Mechanism of nitrate loss from a forested catchment following a small-scale, natural disturbance. Can. J. Forest Res., 31, 1326-1335

Hope, D., Billett, M. F. et al. (1994) A review of the export of carbon in river water: Fluxes and processes. Environmental Pollution, 84, 301-324

Houghton, J. T., Ding, Y. et al. (2001) IPCC Third Assessment Report: Climate Change 2001, The Scientific basis

Howarth, R. W., Billen, G. et al. (1996) Regional nitrogen budgets and riverine N & P fluxes for the drainages to the North Atlantic Ocean: natural and human influences. Biogeochemistry, 35, 75-139

今井秋彦・福島武彦 他 (1998) 琵琶湖湖水および流入河川水中の溶存有機物の分画. 陸水学雑誌, 59, 53-68

Jardine, P. M., Wilson, G. V. et al. (1989) Transport of inorganic and natural organic tracers through an isolated pedon in a forest watershed. Soil Science Society of American Journal, 53, 317-323

Kagami, M. & Urabe, J. (2001) Phytoplankton growth rate as a function of cell size: an experimental test in Lake Biwa. Limnology, 2, 111-117

Kalff, J. (2002) Limnology, Prentice Hall, 592 pp.

Katsuyama, M. & Ohte, N. (2002) Determining the sources of stormflow from the fluorescence properties of dissolved organic carbon in a forested headwater catchment. Journal of Hydrology, 268, 192-202

川崎雅俊 (2002) 森林流域における溶存有機態炭素の動態に関する研究. 京都大学修士学位論文

川崎雅俊・大手信人 他 (2002) 森林流域の水文過程における溶存有機態炭素の動態. 陸水学雑誌, 63, 31-45

木村敏雄・速水格 他 (1993) 日本の地質. 東京大学出版会, 362 pp.

Kling, G. W., Kipphut, G. W. et al. (1991) Arctic lakes and streams as gas conduits to the atmosphere: Implications for tundra carbon budgets. Science, 251, 298-301

木平英一・Kahn, M. G. M. 他 (2001) 河川の流下方向に沿った溶存有機炭素濃度と蛍光強度の変化、溶存有機物の動態. 和田英太郎編, 平成12年度琵琶湖研究所委託研究報告書, 15-31

Konohira, E. & Yoshioka, T. (2005) Dissolved organic carbon and nitrate concentrations in streams: a useful index indicating carbon and nitrogen availability in catchments. Ecological Research, 20, 359-365

国松孝男・宮川良夫 (1979) びわ湖流入128河川の水質現況 (1977~1978), 琵琶湖とその集水域の動態, 昭和53年度報告書, 98-112

Langmuir, D. (1971) The geochemistry of some carbonate groundwaters in central Pennsylvania. Geochimica et Cosmochimica Acta, 35, 1023-1045

Larmola, T., Alm, J. et al. (2003) Ecosystem CO_2 exchange and plant biomass in the littoral zone of a boreal eutrophic lake. Freshwat. Biol., 48, 1295-1310

Likens, G. E. & Bormann, F. H. (1972) Nutrient cycling in ecosystems. In Ecosystem Structure and Function (Wiens, J. ed.) Oregon State Univ. Press, Corvallis, Oregon, 25-67

Ludwig, W., Probst, J.-L. et al. (1996) Predicting the oceanic input of organic carbon by continental erosion. Global Biogeochemical Cycles, 10, 23-41

Matthews, B. J. H., Jones, A. C. et al. (1996) Excitation-emission-matrix fluorescence spectroscopy applied to humic acid bands in coral reefs. Marine Chemistry, 55, 317-332

McCauley, E. & Kalff, J. (1981) Empirical relationship between phytoplankton and zooplankton biomass in lakes. Can. J. Fish. Aquat. Sci., 38, 458-463

McDowell, W. H., Currie, W. S. et al. (1998)

Effects of chronic nitrogen amendments on production of dissolved organic carbon and nitrogen in forest soil. *Water, Air, and Soil Pollution*, **105**, 175-182

McDowell, W. H. & Wood, T. (1984) Podozolization : Soil processes control dissolved organic carbon concentrations in stream water. *Soil Science*, **137**, 23-32

McDowell, W. H. & Likens, G. E. (1988) Origin, composition, and flux of dissolved organic carbon in the Hubbard Brook Valley. *Ecological Monographs*, **58**, 177-195

McKnight, D. M., Harnish, R. et al. (1997) Chemical characteristics of particulate, colloidal, and dissolved organic material in Loch Vale Watershed, Rocky Mountain National Park. *Biogeochemistry*, **36**, 99-124

Meybeck, M. (1982) Carbon, nitrogen and phosphorus transport world rivers. *American Journal of Science*, **282**, 401-450

Meyer, J. L. & Tate, C. M. (1983) The effects of watershed disturbance on dissolved organic carbon dynamics of a stream. *Ecology*, **64**, 33-44

Michalzik, B. & Matzner, E. (1999) Fluxes and dynamics of dissolved organic nitrogen and carbon in a spruce (Picea abies Karst.) forest ecosystem. *European Journal of Soil Science*, **50**, 579-590

Moore, T. R. (1989) Dynamics of dissolved organic carbon in forested and disturbed catchments, Westland, New Zealand : 1. Maimai. *Water Resources Research*, **25**, 1321-1330

Moore, T. R. & Jackson, R. J. (1989) Dynamics of dissolved organic carbon in forested and disturbed catchments, Westland, New Zealand : 2. Larry River. *Water Resources Research*, **25**, 1331-1339

Moran, M. A., Sheldon, Jr. W. M. et al. (2000) Carbon loss and optical property changes during long-term photochemical and biological degradation of estuarine dissolved organic matter. *Limnol. Oceanogr.*, **45**, 1254-1264

Mostofa, K. M. G., Yoshioka, T. et al. (2005) Three-dimensional fluorascence as a tool for investigating the dynamics of dissolved organic matter in the Lake Biwa Watershed. *Limnology*, **6**, 101-115

Mulholland, P. J. & Hill, W. R. (1997) Seasonal patterns in stream nutrient and dissolved organic carbon concentrations : Separating catchment flowpath and in-stream effects. *Water Resource Research*, **33**, 1297-1306

Muraoka, K. & Hirata, T. (1988) Stream water chemistry during rainfall events in forested basin. *Journal of Hydrology*, **102**, 235-253

Murase, J. & Sakamoto, M. (2000) : Horizontal distribution of carbon and nitrogen and their isotopic compositions in the surface sediment of Lake Biwa. *Limnol.* **1**, 177-184

Nakanishi, M. (1976) Seasonal variation of chlorophyll a amounts, photosynthesis and production rates of macro-and microphytoplankton in Shiozu Bay in Lake Biwa. *Physiol. Ecol. Jpn.*, **17**, 535-549

Nakanishi, M., Sekino, T. et al. (1999) A hypothesis on formation of the subsurface chlorophyll maximum observed in Lake Biwa in September of 1994. *Jpn. J. Limnol.*, **60**, 125-137.

Nakano, S. (1994) Carbon : nitrogen : phosphorus ratios and nutrient regeneration of a heterotrohic flagellates fed on bacteria with different elemental ratios. *Arch. Hydrobiol.*, **129**, 257-271

Nambu, K. & Yonebayashi, K. (2000) Quantitative relationship between soil properties and adsorption of dissolved organic matter onto volcanic ash and non-volcanic ash soils. *Soil Science and Plant Nutrition*, **46**, 559-570

Neff, J. C. & Asner, G. P. (2001) Dissolved organic carbon in terrestrial ecosystems : synthesis and a model. *Ecosystems*, **4**, 29-48

Nielsen, K. E., Ladekarl, U. L. et al. (1999) Dynamic soil processes on heathland due to changes in vegetation to oak and Sitka spruce. *Forest Ecology and Management*, **114**, 107-116

Nissenbaum, A. & Kaplan, I. R. (1972)

Chemical and isotopic evidence for the in situ origin of marine humic substances. *Limnol. Oceanogr.*, **17**, 570-582

Oakridge National Laboratory (2003) FLUXNET, Integrating Worldwide CO_2 Flux Measurements. http://www-eosdis.ornl.gov/FLUXNET/

Ogawa, N. O., Koitabashi, T. *et al.* (2001) Fluctuation of nitrogen isotope ratio of gobiid fish (Isaza) specimens and sediments in Lake Biwa, Japan during 20th century. *Limnol. Oceanogr.* **46**, 1228-1236

Ohte, N., Tokuchi, N. *et al.* (1995) Biogeochemical influences on the determination of water chemistry in a temperate forest basin: factors determining the pH value. *Water Resources Research*, **31**, 2823-2834

Ohte, N. & Tokuchi, N. (1999) Geographical variation of the acid buffering of vegetated catchments: Factors determining the bicarbonate leaching. *Global Biogeochemical Cycles*, **13**, 969-996

大手信人・川崎雅俊 他（2002）森林から水系を経て流出する溶存有機態炭素と窒素の動態．陸域生態系の地球環境変化に対する応答の研究（和田英太郎編）平成13年度科学研究費補助金 特定領域（B）成果報告書, 181-191

大手信人・徳地直子（1997）森林流域における酸緩衝機構の空間的多様性：花崗岩小流域における緩衝過程の鉛直分布．水文・水資源学会誌, **10**, 463-476

大塚恵教（2003）滋賀県・野洲川における河川水質と流域土地利用の関係．名古屋大学大学院環境学研究科修士学位論文, 113 pp.

岡崎亮太（2001）森林流域からの有機態炭素の流出に関する研究．京都大学修士学位論文

パーソンズ, T. R., 高橋正征（1974）生物海洋学（市村俊英訳），三省堂, 256 pp.

Peuravuori, J. & Pihlaja, K. (1999) Structural characterization of humic substances. *In* Limnology of Humic waters (Keskitalo, J. & Eloranta, P. eds.), Backhuy Publishers, Leiden, The Netherland, 22-34

Prairie, Y. T., Bird, D. F. *et al.* (2002) The summer metabolic balance in the eplimnion of southeastern Quebec lakes. *Limnol. Oceanogr.*, **47**, 316-321.

Qualls, R. G., Haines, B. L. & Swank, W. T. (1991) Fluxes of dissolved organic nutrients and humic substances in a deciduous forest. *Ecology*, **72**, 254-266

Quay, P. D., Wilbur, D. O. *et al.* (1992) Carbon cycling in the Amazon River: Implications from the ^{13}C compositions of particles and solutes. *Limnol. Oceanogr.*, **37**, 857-871

Reuss, J. O. & Johnson, D. W. (1986) Acid deposition and the acidfication of soils and waters. Springer-Verlag, New York, 119 pp.

Richter, D. D. & Markewitz, D. (1995) How deep is soil? *BioScience*, **45**, 600-609

坂本知己・高橋正通 他（1998）山地小流域における炭素流出．日本林学会北海道支部会論文集, **46**, 175-177

Schindler, D. W. & Curtis, P. J. (1997) The role of DOC in protecting freshwaters subjected to climatic warming and acidification from UV exposure. *Biogeochemistry*, **36**, 1-8

Schindler, D., Carpenter, S. R. *et al.* (1997) Influence of Food web structure on carbon exchange between lakes and the atmosphere. *Science*, **227**, 248-251

Schlesinger, W. H. (1996) Biogeochemistry: An Analysis of Global Change, 2nd ed. Academic Press, San Diego, CA, 588 pp.

Schlesinger, W. H. & Melack, J. M. (1981) Transport of organic carbon in the world's rivers. *Tellus*, **33**, 172-181

Senesi, N. (1990) Molecular and quantitative aspects of the chemistry of fulvic acid and its interactions with metal ions and organic chemicals. Part II. The fluorescence spectroscopy approach. *Analytica Chimica Acta*, **232**, 77-106

Shibata, H., Mitsuhashi, H. *et al.* (2001) Dissolved and particulate organic carbon dynamics in a cool-temperate forested basin in nothern Japan. *Hydrological Processes*, **15**, 1817-1828

Simon, M., Tilzer, M. M. *et al.* (1998) Bacterioplankton dynamics in a large mesotrophic lake: I. Abundance, production and growth control. *Arch. Hydrobiol.*, **143**, 385-407

Sobek, S. G., Algesten, A. *et al.* (2003) The catchment and climate regulation of pCO_2 in boreal lakes. *Global Change Biology*, **9**, 630-641

Sommer, U. (1989) Plankton Ecology: Succession in Plankton Community. Springer, 369 pp.

Sterner, R. W. & Elser, J. J. (2002) Ecological Stoichiometry: the biology of elements from molecules to the biosphere. Princeton Univ. Press, 439 pp.

鈴木康弘・長尾誠也 他 (1997) 河川水中に溶存する蛍光物質の蛍光特性の解析(1). 地球化学, **31**, 171-180

鈴木康弘・中口讓 他 (1998) 三次元励起・蛍光光度法による淀川水系中の蛍光物質の特徴. 地球化学, **32**, 21-30

武田博清 (1996) 土壌への有機物の供給と分解過程. 森林生態学(岩坪五郎編), 文永堂出版, 138-154

Tan, F. C. & Strain, P. M. (1983) Sources, sinks and distribution of organic carbon in the St. Lawrence Estuary, Canada. *Geochim. Cosmochim. Acta*, **47**, 125-132

田中広樹 (1999) 森林における CO_2 および H_2O の移動現象に関する研究. 京都大学博士学位論文, 81 pp.

Tilman, D., Kilham, S. S. *et al.* (1982) Phytoplankton community ecology; the role of limiting nutrients. *Ann. Rev. Ecol. Syst.*, **13**, 49-72

Tsugeki, N., Oda, H. *et al.* (2003) Fluctuation of the zooplankton community in Lake Biwa during the 20th century: a paleolimnological analysis. *Limmology*, **4**, 101-107

塚本良則・平松伸二 他 (1973) 侵蝕谷の発達様式に関する研究(III) － 0 次谷と山崩れの関係－. 新砂防, **89**, 14-20

Urabe, J. & Maruyama, T. (1986) Prey selectivity of two cyprinid fishes in Ogochi Reservoir. *Bull. Jpn. Soc. Sci. Fish.*, **52**, 2045-2054

Urabe, J., Clasen, J. *et al.* (1997) Phosphorus limitation of Daphnia growth: is it real? *Limnol. Oceanogr.*, **42**, 4136-1443

Urabe, J., Sekino, T. *et al.* (1999) Light, nutrients and primary productivity in Lake Biwa: an evaluation of the current ecosystem situation. *Ecol. Res.*, **14**, 233-242

Urabe, J., Kyle, M. *et al.* (2002) Reduced light increases herbivore production due to stoichiometric effects of light: nutrient balance. *Ecology*, **83**, 619-627

Urabe, J., Yoshida, T. *et al.* (2005) The production-to-respiration ratio and its implication in Lake Biwa. *Japan Ecological Research*, **20**, 367-375

占部城太郎・吉田丈人 他 (2003) プランクトンの生物量比からみた琵琶湖生態系の現状. 地球環境, **7**, 37-45

Vadstein, O. (2000) Heterotrophic, planktonic bacteria and cycling of phosphorus: phsohprus requirements, competitive ability and food web interactions. *Advances in Microbioal Ecology*, **16**, 115-167

Vrede, K., Stensdotter, U. *et al.* (2003) Viral and bacterioplankton dynamics in two lakes with different humic contents. *Microbial. Ecol.*, **46**, 406-415

Wada, E., Minagawa, M. *et al.* (1987) Biogeochemical studies on the transport of organic matter along the Otsuchi River watershed, *Japan. Estuary, Coastal and Shelf Science*, **25**, 321-336

和田英太郎・吉岡崇仁 他 (2000) 溶存有機物の動態. 平成11年度琵琶湖研究所委託研究報告書, 76 pp.

Wallis, P. M., Hynes, H. B. N. & Telang, S. A. (1981) The importance of groundwater in the transportation of allochthonous dissolved organic matter to the streams draining a small mountain basin. *Hydrobiologia*, **79**, 77-90

Wetzel, R. G., Hatcher, P. G. *et al.* (1995) Natural photolysis by ultraviolet irradiation of recalcitrant dissolved organic matter to simple substrates for rapid bacterial metabolism. *Limnol. Oceanogr.*, **40**, 1369-1380

White, A. F. & Blum, A. E. (1995) Effects of climate on chemical weathering in watersheds. *Geochimica et Cosmochimica Acta*, **59**, 1729-1747

Yamada, Y., Ueda, T. *et al.* (1998) Horizontal and vertical isotopic model of Lake Biwa ecosystem. *Jpn. J. Limnol.*, **59**, 409-427

Yano, Y., McDowell, W. H. *et al.* (2000) Biodegradable dissolved organic carbon in forest soil solution and effects of chronic nitrogen deposition. *Soil Biology and Biochemistry*, **32**, 1743-1751

Yoshida, T., Gurung, T. B. *et al.* (2001) Contrasting effects of a cladoceran (*Daphnia galeata*) and a calanoid copepods (*Eodiaptomus japonicus*) on algal and microbial plankton in a Japanese Lake, Lake Biwa. *Oecologia*, **129**, 602-610

Yoshimizu C., Yoshida, T. *et al.* (2001) Effects of zooplankton on the sinking flux of organic carbon in Lake Biwa. *Limndogy*, **2**, 37-43

Yoshimizu, C., Urabe, J. *et al.* (2002) Carbon and phosphorus budgets in the pelagic area of Lake Biwa, the largest lake in Japan. *Verh. Internat. Verein. Limnol.*, **24**, 1409-1414

吉岡龍馬 (1985) びわ湖流入河川の水質に関する地球化学的研究. 水資源研究センター研究報告, 第5号, 33-61

吉岡龍馬 (1991) 琵琶湖の水質問題について. 日本応用地質学会関西支部創立20周年記念論文集, 地球環境と応用地質, 61-82

吉岡崇仁・田上英一郎 他 (2001) 陸水系における物質循環からみた陸域生態系の応答. 陸域生態系の地球環境変化に対する応答の研究 (和田英太郎編). 平成12年度科学研究費補助金 特定領域(B)成果報告書, 175-194

吉岡崇仁・田上英一郎 他 (2002) 陸水中DOMの起源と変質. 陸域生態系の地球環境変化に対する応答の研究 (和田英太郎編). 平成13年度科学研究費補助金 特定領域(B)成果報告書, 195-199

Zeebe, R. E. & Wolf-Gladrow, D. (2001) CO_2 in seawater : equilibrium, kinetics, isotopes. Elsevier, 346 pp.

第5章
生態系の機能をフラックスから探る

この章のポイント

　本章では，まず正味の生態系生産量（net ecosystem production：NEP）を求めるため，大気－森林間の CO_2 交換量（フラックス）を空気力学的に推定する方法について解説する．その方法を人為的な影響（CO_2 の施肥効果）を強く受ける都市林に適用した研究例を紹介する（5.1節）．その後，同じ都市林での炭素動態について，人為起源と生物起源といった CO_2 の発生源ごとの寄与を推定する同位体地球化学的手法を紹介する（5.2節）．

　一方，森林生態系の炭素固定能を解明するためには，大気から森林への炭素フラックスを精密に測定するだけでなく，樹木や土壌を含む森林生態系での炭素の流れや，河川への炭素流出量を観測する必要がある．5.3節では，森林集水域を単位とした炭素フラックスに焦点を当て，大気から生態系へと固定された炭素の動態について，既往の研究や研究方法，最新の研究成果を中心として述べる．

　河川から湖沼へ流入する有機物の一部は湖底に沈降し，さらに微生物によって消費・分解される．湖底堆積物におけるガス代謝は，その活性中心であり，異なる起源からの有機物の蓄積，堆積有機物の微生物代謝，生成後の輸送など，複数のプロセスが存在する．これらガス代謝産物は，最終的に大気に放出される．安定同位体は，それらのプロセスを解析する有効なツールとなり得る．5.4節では，琵琶湖を研究対象とした湖底堆積物のガス代謝の事例研究を紹介する．琵琶湖では，湖底堆積物のガス代謝はきわめて微妙なバランスの上に成り立っており，富栄養化以外に地球規模の温暖化も代謝様式に大きく影響を与える可能性がある．

5.1 大気-森林間の炭素フラックス

はじめに

　地球表層におけるCO_2収支を解明することは，将来，地球温暖化など地球規模での気候変動が生態系に及ぼす影響や，逆にそれらが地球環境に影響を与えるというフィードバックを考えるうえで重要である（小栗・檜山，2002）．陸域生態系では，植生地上部による光合成や呼吸，土壌呼吸（根呼吸と有機物分解に伴う地中から地表面へのCO_2の放出）により，大気との間でCO_2の交換が行われている．その形態は陸域生態系ごとに異なるため，様々な陸域生態系においてCO_2の交換過程に関する日変化や季節変化を調べる研究が行われてきた．CO_2の交換過程やCO_2交換量は，1960年代に実用化された超音波風速計（Kaimal & Businger, 1963；Mitsuta, 1966 他）と，1980年代に実用化された赤外線式CO_2/H_2O変動計（Ohtaki & Matsui, 1982 他）を組み合わせることで測定することができる．この場合，3次元風速は超音波風速計を用い，CO_2や湿度の乱流変動量は赤外線式CO_2/H_2O変動計を用い，それぞれを10 Hz程度の高時間分解能で測定し，渦相関法とよばれる演算を施す．CO_2交換量の観測のためには，樹冠（canopy：キャノピー）から十分離れた高さに超音波風速計や赤外線式CO_2/H_2O変動計を設置する必要がある．そのため建設現場などで使われるような資材を用いて観測タワーを建設し，その上部に超音波風速計や赤外線式CO_2/H_2O変動計を設置しているケースが多い．

　本節では，樹冠上でのCO_2交換量を超音波風速計や赤外線式CO_2/H_2O変動計を用い，渦相関法によって計算する手法について，事例を紹介しながら解説する．樹冠上で得られたCO_2交換量をある時間で積算すると，純生態系生換量（net ecosystem production：NEP）となる．ここでNEPとは，緑色植物が光合成活動によって大気中のCO_2を植物体内に固定した総一次生産量（gross primary production：GPP）から植物体による呼吸量（plant respiration：PR）や土壌呼吸量（soil respiration：SR）を差し引いた値であり，対象としている生態系における正味の炭素固定量を意味する．渦相関法で得られたCO_2交換量の場合，純生態系交換量（net ecosystem exchange：NEE）とよばれることがあるが，対象としている陸域生態系が限りなく均一であり，測定高度以下の地上部において移流などで系外にCO_2が逃げ出さなければ，NEEはNEPと同じ意味になる．

　なお本節ではこれ以降，CO_2などの交換量のことを，フラックス（flux）とよぶことにする．物理学的には，フラックスは単位面積を単位時間あたりに通過する物理量（輸送量）と定義される．放射量や熱量の場合，フラックスの単位はエネルギー量として$J\ m^{-2}\ s^{-1}$や$W\ m^{-2}$を用いることが多く，CO_2フラックスの場合には，物質量として$mg\ m^{-2}\ s^{-1}$がよく用いられる（5.1.1項参照）．フラックスは，放射量を除いて地表面に向かう方向がマイナス（−），離れる方向がプラス（＋）として表現される．したがってCO_2フラックスの場合，陸域生態系が正味に炭素を吸収している場合にはマイナス（−）となり，放出している場合にはプラス（＋）となる．

　ヨーロッパではEUROFLUXプロジェクト（Valentini et al., 2000）により緯度方向に

多地点での観測が行われ，緯度が大きくなるにつれてNEPが減少する（0に近づく）傾向にあることを示している．これ以外にも過去の研究をもとにNEPを比較してみると，南ヨーロッパの常緑樹林や落葉樹林では-660 gC m^{-2}y^{-1}という大きな値となる一方，北欧の北方林では，プラス（すなわちCO_2の放出）となるところもみられている．一方，アフリカ・半乾燥域の草地ではNEPが-150 gC m^{-2}y^{-1} (Levy et al., 1997)，カナダ南西部の常緑針葉樹林（トウヒ林）では-270 gC m^{-2}y^{-1} (Jarvis et al., 1997)という見積もりが出ている．日本では，埼玉県川越市の落葉広葉樹林（コナラ林）で年間のNEPが-360 gC m^{-2}y^{-1}（安田ら，1998），北海道大学苫小牧演習林では-258 gC m^{-2}y^{-1}（田中・田中，2002）と推定されている．

このように，森林を代表とする様々な陸域生態系において，観測タワーや観測マストを建設して微気象学的にCO_2フラックスを長期観測することで，年間のNEPを求めようとするプロジェクトがEUROFLUX以外にも世界的に立ち上がっている（AmeriFluxやAsiaFluxなど）．これらを統合したプロジェクトをFLUXNETとよぶ（たとえばBaldocchi et al., 2001など）．本節では，FLUXNETのプロジェクトなどにおいて，渦相関法を利用してどのようにCO_2フラックスを推定するのかについて紹介する．なお，**表5.1.1**は，FLUXNETにおいて推奨されている観測項目である．

5.1.1　渦相関法によるフラックス測定

（a）　渦相関法とその前提条件

微気象学的にCO_2やH_2Oなどの物理量のフラックスを求める方法として，渦相関法，傾度法，バルク法，ボーエン比法などがある．その中で，渦相関法は用いる仮定が少なく，最も直接的にフラックスを測定できる方法であるため，現在ではFLUXNETなどで世界的に広く使われている．連続の式と物理量の保存式から，水平一様な地表面上においては，ある物理量の鉛直方向のフラックス（F）が次式で表現できる．

$$F = \overline{wc} = \overline{w'c'} + \overline{w}\,\overline{c} \tag{1}$$

ここでwは風速の鉛直成分である．cは気温の他CO_2やH_2Oなどの密度を示し，バー（＝）は時間平均を，プライム（'）は平均からの偏差を示す．水平一様な地表面上では，空気の収束発散がないものと仮定できるため，$\overline{w} = 0$となる．したがって，基本的には式(1)の右辺第2項は0となる（式(5)も参照のこと）．式(1)を適用する際に採用する平均化時間は，30分以上が望ましい．ただし，時間帯によって乱流変動が非定常である（時間的に物理量の時間変化が大きい）場合には，平均化時間を大きくすると誤差を生む．その場合，たとえば30分の平均化時間内での物理量の長期変動傾向（trend：トレンド）を消すために，フラックスを計算する前にトレンド除去を施す必要がある．トレンド除去の方法としては，ある平均化時間内に得た時間と物理量との回帰直線から変動成分のみを抽出し，式(1)を適用すること（直線回帰によるトレンド除去）が多い．渦相関法を用いる場合，センサーには10 Hz程度の応答性と，0.001 Hz程度の安定性が必要である．上述した超音波風速計や赤外線式CO_2/H_2O変動計は，現在では比較的安定したセンサーとなっている．

トレンド除去以外にも，渦相関法を適用する前に，取得したデータに様々な補正を施す必要がある．たとえば，地形が平坦でなく傾斜していたりすると，風速の鉛直成分の平均値は$\overline{w} \neq 0$となり，フラックスの計算において大きな誤差を生じることがある．そこで，座標変換を行うことにより，風速の鉛直成分の平均値を$\overline{w} = 0$とし，z軸を風の流線面

と垂直な向きに一致させる必要がある．この補正を風速軸回転補正（Kaimal & Finnigan, 1994）という．

一方，超音波風速計からみて観測タワー側から一般風が吹く場合，タワーにより風の乱れが生じるため（flow distortion），正確な w を測定できないために真のフラックスを得ることができない．このため，タワーの影響を受けない風向範囲を決める必要がある．この適用例は，Barthlott & Fiedler（2003）を参照されたい．

加えて，観測タワーからどのくらい遠くまで，均一な陸域生態系として考えてよいかを常に考慮する必要がある．すなわち式(1)はなるべく水平均一な場で，水平・鉛直的な移流がない状態での測定を前提としているため，日本のような山岳地や，狭い森林を対象としたフラックス観測の場合には，観測タワーで得られたフラックスがどの程度離れた場を反映しているのかについて，風向ごとに検討する必要がある．表5.1.1に示した吹走距離（fetch：フェッチ）の検討である．この計算にはFootprint解析とよばれる計算方法が適している．Footprint解析の方法については，たとえばHorst & Weil（1994）やSchmid（1994）によって検討がなされている．

（b） 地表面熱収支と顕熱フラックス・潜熱フラックス

CO_2 フラックスを考える前に，森林などの地表面と大気との間での熱の交換（地表面熱収支）について述べたい．光合成に必要なエネルギーは太陽放射であり，呼吸量の大小を決める気温や地温は，まさしく地表面熱収支によって決まっている．また，本項(c)や(d)で紹介するように，CO_2 フラックスを推定する際に必要な潜熱フラックスや顕熱フラックスを把握しておく必要がある．ここで潜熱フラックス（lE）とは水の相変化に伴う熱の交換量であり，顕熱フラックス（H）は水の相変化を伴わない熱の交換量である．双方ともに，おもに大気乱流によって輸送あるいは交換されているため，乱流フラックスとよばれる．

熱収支式は式(2)で表現できる．

$$Rn = H + lE + G + \Delta S \quad (2)$$

ここで Rn，G，ΔS はそれぞれ正味放射量，地中熱流量，樹木など地上部の植生による貯熱量変化である．Rn は太陽放射量（下向き短波放射量）とその反射量（上向き短波放射量），大気放射量（下向き長波放射量），上向

表5.1.1　FLUXNETタワーサイトで推奨される測定項目

フラックス	一般気象要素	植生データ	土壌データ	地形データ
CO_2 フラックス	気温	植生タイプ	土壌タイプ	土地の履歴
水蒸気(潜熱)フラックス	気圧	葉面積指数（LAI）	地温	吹走距離（フェッチ）
顕熱フラックス	飽差	比葉面積（SLA）	土壌水分量	周辺の樹種と立木密度
土壌呼吸量	相対湿度	葉内窒素含有量	土壌保水能	傾斜角（地形勾配）
地中熱流量	大気 CO_2 濃度	葉内炭素含有量	土壌炭素含有量	人為的 CO_2 放出源
正味放射量	風速	葉齢	土壌窒素含有量	
光合成有効放射量	風向	樹種構成	リター炭素含有量	
下向き短波放射量	摩擦速度	樹高	リター窒素含有量	
上向き短波放射量	降水量	樹齢		
下向き長波放射量		立木密度		
上向き長波放射量		胸高断面積		
		胸高直径（DBH）		
		葉の水ポテンシャル		

（備考）LAI：Leaf Area Index
　　　　SLA：Specific Leaf Area
　　　　DBH：Diameter at Breast Height

き長波放射量の（正味の）合計値である．下向き短波放射量に対する上向き短波放射量の比を，放射反射率（albedo：アルベド）という．式(2)において，正味放射量（Rn）以外のすべての熱フラックスは，地表面に入る方向をマイナス（−），地表面から離れる方向をプラス（＋）として定義する．Rn だけは，地表面に入る方向をプラス（＋）とする．Rn は上記4つの放射量をそれぞれ別個に測定する方法と，放射収支計により簡便に測定する方法がある．G は地温の鉛直プロファイルから推定する方法と，熱流計により測定する方法がある．ΔS は樹体の温度変化から推定する．立木密度が大きい（密な）森林生態系の場合，G は無視できるが ΔS は無視できない場合が多い．

顕熱フラックス（H）は超音波風速計の鉛直風速と気温変動から，渦相関法を用いて次式で計算される．

$$H = c_p \rho_a \overline{w'T'} \quad (3)$$

ここで c_p は空気の定圧比熱で 1005 J kg^{-1} K^{-1}，ρ_a は空気の密度，T は温度である．潜熱フラックス（lE）は，赤外線式 CO_2/H_2O 変動計を用いて出力された水蒸気密度 ρ_v を用いて，

$$lE = l\overline{w'\rho'_v} \quad (4)$$

で原理的に求められる（ただし，本項(c)に記すように，厳密には密度変動補正が必要になる）．

観測において式(2)の各項をそれぞれ別個に測定すると，式(2)が成り立たない場合が多い．顕熱フラックスと潜熱フラックスの和が収支上求められる量に比べて過小評価される傾向が多く，FLUXNETの各観測サイトでもこの現象が報告されている（Wilson et al., 2002）．この問題は熱収支インバランス（energy imbalance）問題とよばれ，その原因を究明しようとした研究が多くなりつつある．現在のところ，式(2)各項の測定方法に起因した測定誤差がインバランスの原因とする研究がある一方で，大気境界層内の大規模な乱渦が熱収支インバランスに関係しているという研究（たとえば，渡辺・神田，2002）も見受けられる．

赤外線式 CO_2/H_2O 変動計には open-path 型センサーと closed-path 型センサーの2種類がある．open-path 型センサーの場合，赤外線光源と赤外線検出器が 20 cm 程度の測定光路を介したセンサー部により構成され，これが野外に直接設置される．そのため，本項(c)で述べるような密度変動補正が必要になる．また，センサー部が雨に曝されると測定は不可能になる．一方，closed-path 型センサーはセンサー部を野外に設置する必要はないが，ポンプとチューブを用いてセンサー部（セル）内に空気を導いて CO_2 や水蒸気による赤外線の吸収率を測定する．この場合，チューブ内で密度変動の減衰が生じるために高い周波数領域での変動が測定されにくく，フラックスが過小評価となりやすい．また，空気取り入れ口からセンサー部に達するまでの遅れ時間を考慮する必要がある．このように，センサーによって一長一短があるが，最近では open-path 型センサーとして Li-COR 社（USA）の LI-7500 が多くのサイトで使用されている．このセンサーは長期観測の際に，CO_2 密度や水蒸気密度の変動に機械的なドリフトが比較的少なく，CO_2 と水蒸気による吸収波長帯の重なりを干渉フィルターなどの技術により無視できるようにしたため，相互感度補正（Leuning & Moncrieff, 1990）の必要がないのが大きな特徴である．

closed-path 型センサーと open-path 型センサーのどちらを選択するかは，観測の目的や気象条件によって変わる．そのため，open-path 型センサーと closed-path 型センサーを用いた場合の CO_2 フラックス算定方法を，以下にそれぞれ述べる．重要な点は，open-path 型センサーを用いた場合，密度変動補正により，特に顕熱フラックスが大きい

場合に CO_2 フラックスの算定値が大きく変化することである.

（c） open-path 型センサーを用いた場合の CO_2 フラックス

渦相関法による CO_2 フラックスは,

$$F_c = \overline{w\rho_c} = \overline{w'\rho'_c} + \overline{w}\,\overline{\rho_c} \quad (5)$$

となる. ρ_c は CO_2 の密度である.

式(5)において, 右辺第1項に対して第2項が無視できるときは, 単に $\overline{w'\rho'_c}$ の計算を行えばよいが, 微量気体の場合, 顕熱フラックスや潜熱フラックスによる微小な浮力によってごく微小な w が生じ, 第2項が無視できないことがある (Webb et al., 1980). そこで, 質量保存の原理から乾燥空気の鉛直フラックスはゼロであるので,

$$\overline{w\rho_a} = \overline{w'\rho'_a} + \overline{w}\,\overline{\rho_a} = 0 \quad (6)$$

と考えることができる. これと状態方程式より,

$$\overline{w} = \frac{\mu}{\rho_a}\overline{w'\rho'_v} + (1+\mu\sigma)\frac{\overline{w'T'}}{T} \quad (7)$$

となる. ここで, $\mu = m_a/m_v$, $\sigma = \overline{\rho_v}/\overline{\rho_a}$ である. m_a, m_v はそれぞれ乾燥空気, 水蒸気の分子量, ρ_v は水蒸気の密度である. 式(7)を式(5)に代入すると, CO_2 フラックスは,

$$F_c = \overline{w'\rho'_c} + \mu\frac{\overline{\rho_c}}{\overline{\rho_a}}\overline{w'\rho'_v} + (1+\mu\sigma)\frac{\overline{\rho_c}}{T}\overline{w'T'} \quad (8)$$

となる. 式(8)において, 右辺第1項は測定された CO_2 フラックス, 第2項は潜熱フラックスによる寄与, 第3項は顕熱フラックスによる寄与である. この密度変動補正は, Webb et al. (1980) による論文の著者3名の頭文字を取って, WPL 補正ともよばれる.

上述のように, open-path 型センサーを用いた場合の潜熱フラックスにも密度変動補正が必要であるため, 潜熱フラックスは,

$$lE = l(1+\mu\sigma)\overline{w'\rho'_v} + l(1+\mu\sigma)\frac{\overline{\rho_c}}{T}\overline{w'T'} \quad (9)$$

となる.

（d） closed-path 型センサーを用いた場合の CO_2 フラックス

closed-path 型センサーを用いた場合は, セル内の温度と気圧により, 気体の密度が変化するため, CO_2 の密度は次式で示される.

$$\rho_c = \left(\frac{pT_I}{p_IT}\right)\rho_{cI} \quad (10)$$

ここで p は気圧である. T_I, p_I, ρ_{cI} はそれぞれセル内の温度, 気圧, CO_2 密度を表わす. よって CO_2 密度変動は,

$$\rho'_c = \left(\frac{pT_I}{p_IT}\right)\left[\rho'_{cI} - \left(\frac{\rho_{cI}}{T}\right)T'\right] \quad (11)$$

となり, w と ρ_c のコバリアンスは,

$$\overline{w'\rho'_c} = \left(\frac{pT_I}{p_IT}\right)\left[\overline{w'\rho'_{cI}} - \left(\frac{\rho_{cI}}{T}\right)\overline{w'T'}\right] \quad (12)$$

で表される. この式に密度補正を加えると CO_2 フラックスは,

$$F_c = \left(\frac{pT_I}{p_IT}\right)\left[\overline{w'\rho'_{cI}} + \mu\frac{\overline{\rho_{cI}}}{\overline{\rho_a}}\overline{w'\rho'_{vI}} + \mu\sigma\frac{\overline{\rho_{cI}}}{T}\overline{w'T'}\right] \quad (13)$$

となる. ただし, closed-path 型センサーを用いた場合は, チューブ内を空気が輸送されるため, 輸送の途中で温度変動が減衰し, 顕熱輸送の影響（式(13)の第3項）はほとんど寄与しなくなる (Leuning & Moncrieff, 1990). 渦相関法による CO_2 フラックスの算定方法については, 文字 (2003) にも詳しいので, そちらも参照されたい.

名古屋大学構内の二次林において, 2000年の9月25日から9月27日, 10月4日から10月6日に, それぞれ3日連続して open-path 型センサー（炭酸ガス変動計；KCO-100, KAIJO）と closed-path 型センサー（高分解能 CO_2/H_2O ガス分析計；LI-6262, Li-COR）

による CO_2 フラックスの観測を行った．図 5.1.1 は，これらの期間における両者の比較を示す．フラックスの変動や，フラックスがプラスからマイナス，または，マイナスからプラスに変わる時間はほぼ一致している．また，CO_2 フラックスがマイナス，すなわち吸収側になる日中は，その大きさはほぼ同じであったが，CO_2 フラックスがプラス，すなわち放出側になる夜間では，その大きさはopen-path 型センサーのほうが closed-path 型センサーより大きくなった．

5.1.2 都市二次林での CO_2 フラックスの長期観測の事例

本節「はじめに」で述べたように，最近 10 年弱の間に様々な陸域生態系において CO_2 収支を見積もるための観測が行われてきている．しかし，その観測地はいずれも都市から遠く離れた郊外の森林生態系や草地生態系が選ばれている．では，都市内部に存在する森林や都市近郊林のように，大気 CO_2 濃度が比較的高い場合にはどのような CO_2 の輸送過程があり，CO_2 収支はどのようになっているのであろうか．この問いに答えるため

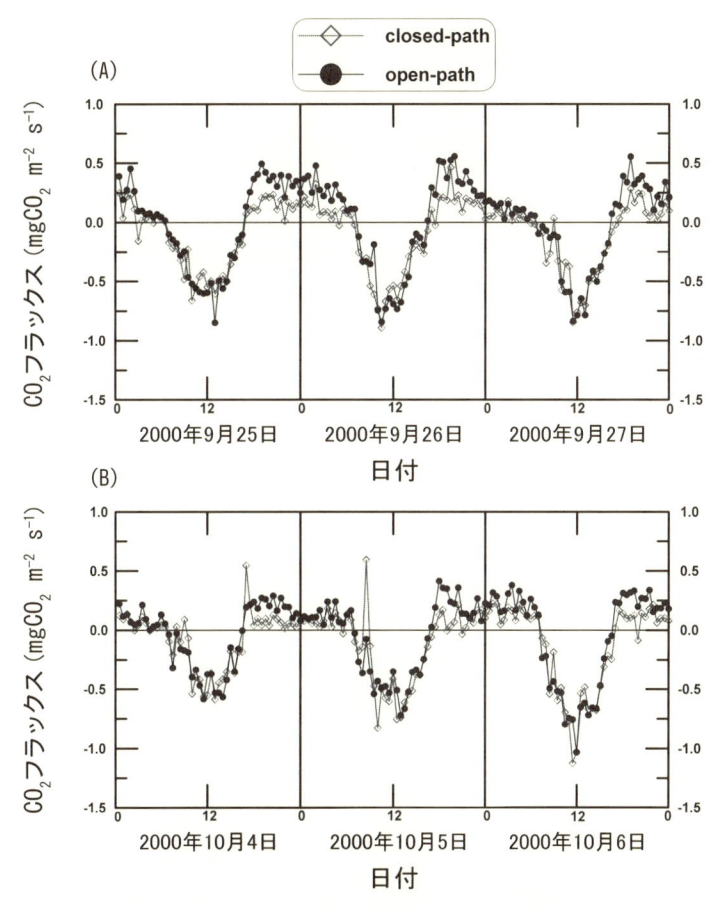

図 5.1.1 open-path 型センサーと closed-path 型センサーから計算した CO_2 フラックスの比較

(小栗・檜山, 2002)

に，本項と次項では，都市内部に存在する森林生態系でのCO_2フラックスと熱フラックスに関する長期観測の事例を紹介する．

対象とした森林は周囲を都市で囲まれているため，自動車や家庭，あるいは工場から放出されたCO_2の施肥を直接被りやすい．したがって人為的な影響を受けやすく，これまで多くの研究で対象とされてきた陸域生態系とは異なった環境である．このような陸域生態系でのCO_2収支やその動態を考えることは，地球環境科学上非常に興味深い．ただし都市近郊林の場合，必ずしも水平一様な陸域生態系とはいえず，周辺の地表面特性や空気力学的特性（フェッチ）が方角によって異なる可能性がある．そのため，ここでは風向別にCO_2フラックスや熱フラックスを吟味し，従来から行われている渦相関法によるCO_2フラックスの長期観測を行って，年間のNEPの推定を試みる．また，森林内外でのCO_2の出入りを定量的に求めて水平移流量がどの程度あるのかについて考察する（5.1.3項）．

観測地は，愛知県名古屋市東部の名古屋大学構内に位置する二次林である（**図5.1.2**）．この森林は上層に落葉広葉樹のコナラ（*Quercus serrata*）が繁茂し，平均樹高は18 m程度である．中層には落葉広葉樹のタカノツメ（*Evodiopanax innovans*），常緑広葉樹のソヨゴ（*Ilex pedunculosa*），下層にはヒサカキ（*Eurya japonica*），ネズミモチ（*Ligustrum japonica*）などの常緑広葉樹が繁茂している（Sirisampan *et al.*, 2003）．中・下層植生の葉面積指数（leaf area index：LAI）は1.5，幹や枝を含む地上部植物の総表面積指数（plant area index：PAI）は3.0であり，コナラが着葉した状態でのコナラのLAIは4.4，PAIは5.3である．コナラ落葉時の林分全体としてのLAIは1.5，PAIは3.9となり，コナラ着葉時の林分全体のLAIは5.9，PAIは8.3となる．林床にはササなどの草本が若干ある程度で，一年中リターが分解しきれず存在している．

この森林内には高さ21 mの観測タワーが設置されている．周囲は緩く傾斜しており，タワーは谷部に位置している．観測地の年平均気温は15.2℃，年降水量は1595 mm（1999年11月から2000年10月の積算値）である．また，大気CO_2濃度は日平均値で400 ppmv以上になることもある．

（a） CO_2フラックスの観測

フラックスを測定するために，超音波風速温度計（DA-600；KAIJO）とclosed-path型高分解能CO_2/H_2Oガス分析計（LI-6262；Li-

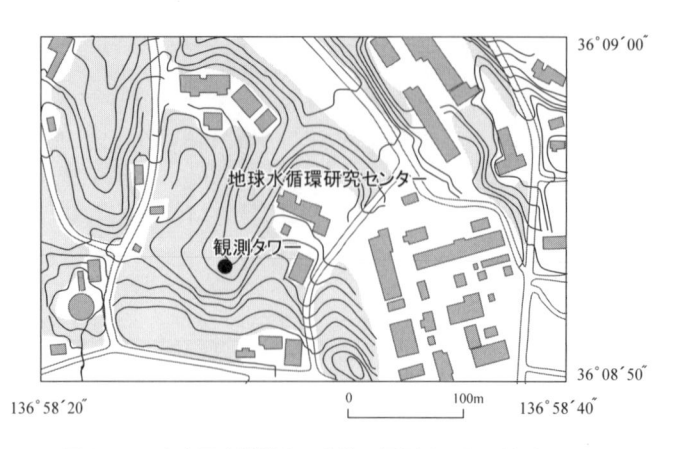

図5.1.2　名古屋大学構内二次林の観測サイトの地形

（小栗・檜山，2002）

COR) をタワー上部（地上からの高さ 22 m, 樹冠上の高さ 4 m）に設置し, 10 Hz の出力電圧をデータロガー (DR-Mb3；TEAC) により集録した（小栗・檜山，2002).

closed-path 型高分解能 CO_2/H_2O ガス分析計への空気の取り込みのために, タワー上からチューブを用いて空気をサンプリングした. 密度変動の影響を少なくするために, チューブの長さはなるべく短く（6 m）し, タワーの高さ 18 m の位置に CO_2/H_2O ガス分析計を設置した. 空気の吸引にはミニポンプ (MP-2N；柴田科学) を使用し, 流量は 1 L/min とした. 分析計による CO_2 測定値の検定には, 248 ppmv と 444 ppmv の CO_2 標準ガスを使用し, 1〜2 週間ごとに検定を行った. 検定の際には, 機器センサー部への不純物の流入を防ぐためのフィルターを交換した.

（b） CO_2 フラックスの補完と年積算 NEP

年間の NEP や純一次生産量 (net primary production：NPP), 土壌呼吸量 (SR) などを求めることは, 陸域生態系における炭素の動態把握のために不可欠である. しかしながら, 現実には機器の保守・点検や様々なトラブルにより CO_2 フラックスの継続的な算出が困難な場合がある. 年間の NEP (年積算 NEP) を算出する場合には, CO_2 フラックスの欠測を何らかの方法で補完 (gap filling) する必要がある. ここでは, 渦相関法を用いて得られた樹冠上での CO_2 フラックスから年積算 NEP を推定する場合に施される欠測の補完方法を示す.

日中には植物が光合成を行うため, CO_2 フラックスは光合成光量子束密度 (photosynthesis photon flux density：PPFD) が大きいほど大きくなる. 一般的には日中の CO_2 フラックスの推定には PPFD を用いて,

$$F_c = a + b \cdot \frac{PPFD}{(c + PPFD)} \tag{14}$$

のような直角双曲線で表される関係式が使われるが, この回帰曲線の係数を求めるのは容易ではない. そこで, 同じような形の曲線になり, 係数を求めるのが簡単な

$$F_c = a \cdot \log(PPFD) + b \tag{15}$$

を用いることが多い. この曲線は, PPFD が増加するに従い光合成は増加するが強光条件下では抑制されるという植物生理的特徴をよく表している. ここでは下向き短波放射量 (Sd) が 50 Wm^{-2} 以上となる日中の 30 分ごとのデータを用い, 半月ごとに式(15)の係数 a と b を求めた. その結果, 冬季には PPFD の増加に伴う CO_2 フラックスの（吸収側での）増加傾向がほとんどみられず, 光合成の盛んな時期にはその増加傾向をよく表していた. そこで日中の CO_2 フラックスは式(15)を用いて半月ごとに補完を行った.

Sd<50 Wm^{-2} となる夜間の CO_2 フラックスは, 土壌呼吸と植物体の地上部の呼吸で占められ, 一般に気温の増加に伴って（放出側で）増加することが知られている. そこで日中と同じように, 夜間の CO_2 フラックスと気温との関係を, 30 分ごとのデータを用いて半月ごとに求めた結果, 気温の増加に伴う CO_2 フラックスの（放出側での）増加はほとんどみられなかった. 一方, 夜間の CO_2 フラックスと風速との関係を調べた結果, 風速の増加に伴い, 明らかに CO_2 フラックスの（放出側での）増加がみられた. この増加傾向はほぼ直線的であったため,

$$F_c = cx + d \tag{16}$$

として, 係数 c と d を半月ごとに求めた. その結果, どの季節でも風速の増加に伴って, CO_2 フラックス（放出量）が大きくなる傾向になった. 特に, その増加量は夏季に大きくなった. これは, 夏季には気温や地温が高い

ため，植物の呼吸量や土壌呼吸量が多く，風速が大きいと林内に貯留されたCO_2がより多く樹冠上に届いてセンサーで検知できた結果であると考えられる．

上記の補完を行い，1999年11月1日から2000年11月30日まで期間における，10日間平均のNEPと土壌呼吸量（SR）を図5.1.3に示した．また，参考のために熱収支成分とアルベドの変化をあわせて示している．ただし，ここで示したSRは，植物体の地下部（根）の呼吸により生じたCO_2と，土壌有機物が微生物などにより分解されて生じたCO_2の双方が，土壌表面に湧き出してきた場合のCO_2の総量であるため，注意が必要である．SRは一般に地温の関数で表されることが多い．本研究で対象とした二次林では，次の関係式が得られている（高橋，1999）．

$$SR = 0.0877 \times 2^{(T_g-20)/10} \quad (17)$$

ここでT_gは深さ3cmの地温である．本研究では，深さ3cmで計測された地温を式(17)に代入し，年間の土壌呼吸量を計算した．

NEPはコナラが落葉している時期（12月

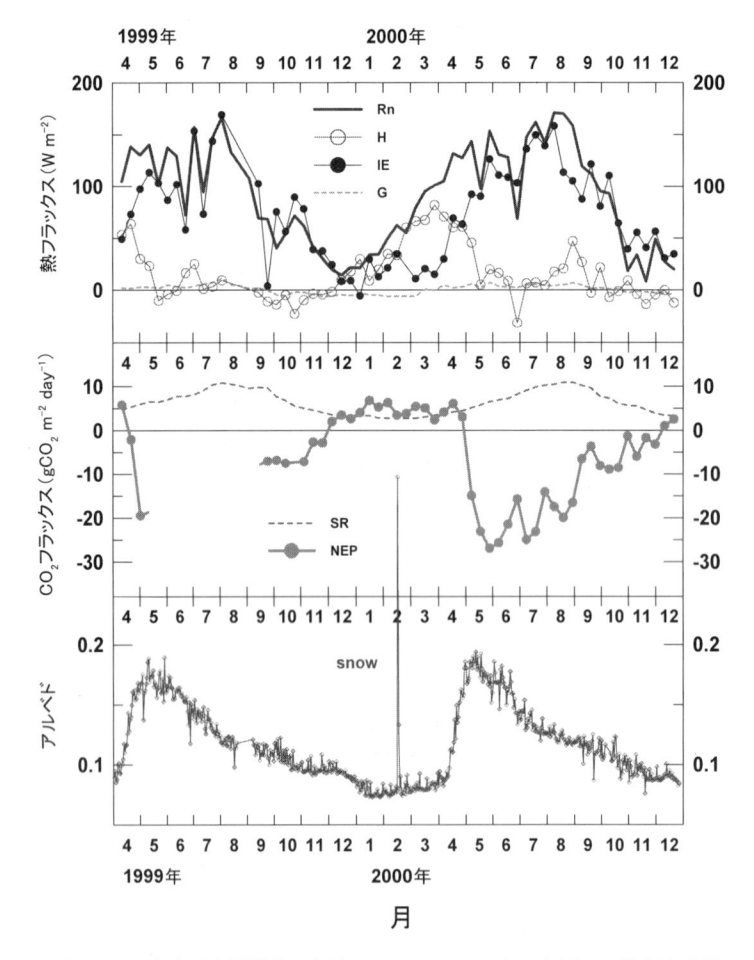

図5.1.3　名古屋大学構内二次林での1999～2000年にかけての熱収支成分・NEP・土壌呼吸（SR）・アルベドの季節変化

(小栗・檜山, 2002)

から4月まで)には放出(プラス)側,それ以外の月では吸収(マイナス)側となり,5月から7月に最大値をとった.6月には梅雨の影響でPPFDが減少したため,NEPは6月に最大を示さなかったものと思われる.2000年における年積算NEPを見積もった結果,-660 gC m^{-2}y^{-1} と,他の森林生態系と比べて吸収(マイナス)側で大きな値となった.

(c) 大気が安定な状態でのCO_2フラックスの過小評価と摩擦速度による補正

上記のように,年積算NEPが吸収(マイナス)側で大きな値となった原因について考える.日中,大気が不安定となり森林内外で大気がよく混合される場合には,大気CO_2濃度は森林内外で大きな差異がない(Takahashi et al., 2001, 2002).しかし,夜間に大気が安定成層化すると,土壌呼吸により林床面から湧き出したCO_2が林内にたまりやすくなり,樹冠上で測定される呼吸量が過小評価,すなわちCO_2放出量が過小評価されやすい.対象とする森林に若干の地形勾配がある場合,林床面近傍を地形勾配に沿ってCO_2は林外に流出(drainage flow)してしまう.この場合,流出したCO_2は樹冠上に設置してある超音波風速計や赤外線式CO_2/H_2O変動計でとらえられず,林外に出たCO_2を検出できない.

ここで対象としている都市二次林は後述のようにフェッチは十分であっても,drainage flowがないとは断定できない.そこで,このような場合には,夜間のCO_2放出量を,以下に示すような摩擦速度を用いて補正することが多い(Goulden et al., 1996; Grelle, 1997).ここで用いる摩擦速度とは,森林樹冠面での運動量の交換を表す速度のパラメータであり,森林の粗度や風速によって変化する.Goulden et al. (1996)は,摩擦速度が0.17 ms^{-1}よりも大きい場合には,森林内外の大気とCO_2はよく混合し,夜間におけるCO_2貯留は無視できるとしている.しかし,この摩擦速度の閾値は,対象とする森林の立木密度や粗度によって変化し得るため,対象とする森林ごとに閾値を評価する必要がある.たとえばAubinet et al. (2002)は,対象とした森林の立木密度が大きかったため,この閾値を0.50 [ms^{-1}] と大きめの値に設定している.

対象とした都市二次林においても,夜間におけるCO_2フラックスと摩擦速度との関係を調べる必要がある.そこで下記に示す①〜⑥の方法でCO_2フラックスと摩擦速度との関係を調べた(村石, 2003).

① 正味放射量$Rn>0$ Wm^{-2}となる時間帯を日中とし,正味放射量$Rn<0$ Wm^{-2}となる時間帯を夜間とする.

② 夜間のCO_2フラックスを摩擦速度0.05 ms^{-1}ごとにクラス分けする.

③ 摩擦速度のクラス別に分けられたCO_2フラックスを気温3℃ごとに平均し,気温とCO_2フラックスとの関係を

$$F_c = eT + f \qquad (18)$$

として直線回帰する.ここでTは気温である.

④ 摩擦速度ごとに式(18)の相関係数を求め,相関係数が0.7以上であれば,夜間のCO_2フラックスは過小評価されていないと仮定する.そして,夜間のCO_2フラックスが過小評価されない場合の摩擦速度の最大値を閾値とした.その結果,この森林の場合,摩擦速度の閾値は0.20 ms^{-1}であると判明した.このように,摩擦速度が0.20 ms^{-1}以上であれば,夜間のCO_2フラックスは気温とよい相関を示し,気温に応じて放出されるCO_2が直線的に上昇する.一方で,摩擦速度が0.20 ms^{-1}未満の場合には,夜間のCO_2フラックスは気温に関係なく放出量が一定となっていた.これは,摩擦速度が0.20 ms^{-1}未満になるような微風の場

合には，CO_2 が林内に貯留され，樹冠上に設置したセンサーで森林全体から放出される CO_2 フラックスが完全に検知できていないことを示している．以上の結果をもとに，摩擦速度が $0.20\,\mathrm{ms^{-1}}$ 未満の場合に，下記に示す手順で夜間の CO_2 フラックスを補正した．

⑤ 摩擦速度が $0.20\,\mathrm{ms^{-1}}$ 以上の場合のデータを用いて式(18)を作成し，係数 e と f を任意の期間で求める．その後得られた係数 e と f を用いて，摩擦速度が $0.20\,\mathrm{ms^{-1}}$ 未満の場合に，気温 T を用いて夜間の CO_2 フラックスを補正する．

⑥ 日中においても，摩擦速度が $0.20\,\mathrm{ms^{-1}}$ 未満の場合があり得るため，その場合には

$$F_c = gRn^3 + hRn^2 + iRn + j \tag{19}$$

としてそれぞれの係数を求め，正味放射量を用いて日中の CO_2 フラックスを補正した．なお，試行錯誤の結果，⑤の作業では3ヵ月ごとのデータで係数を求め，⑥では1ヵ月ごとのデータで係数を求めた．補正式を作成する際のデータの期間は，対象とする森林ごとに，試行錯誤で決定するしかない．また，式(19)は下向き短波放射量 Sd で関係式を作成してもよいし，1次式や2次式であってももちろん構わない．

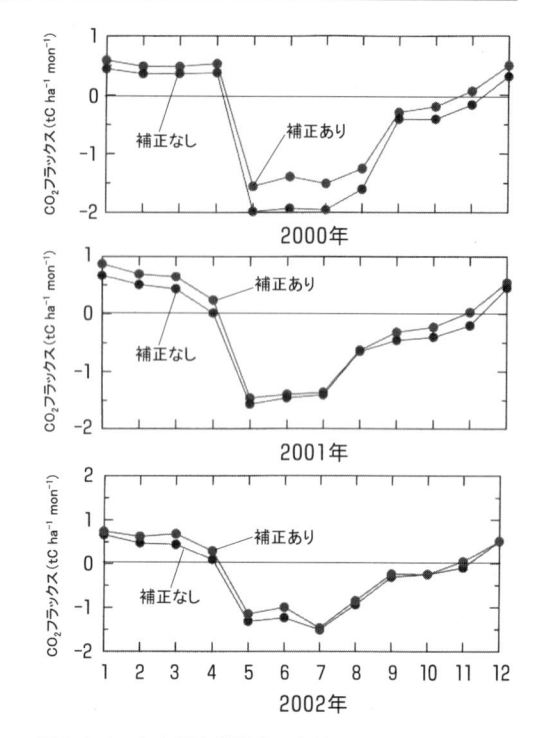

以上の補正を行う前と補正した後の2000～2002年の3年間における，月ごとの NEP を図5.1.4に示した．この3年間における補正後の年積算 NEP は，2000年で $-350\,\mathrm{gC\,m^{-2}\,y^{-1}}$，2001年で $-230\,\mathrm{gC\,m^{-2}\,y^{-1}}$，2002年で $-200\,\mathrm{gC\,m^{-2}\,y^{-1}}$ となった（村石，2003）．5.1.2項(b)で示したように，摩擦速度による補正前においては，2000年の年積算 NEP が $-660\,\mathrm{gC\,m^{-2}\,y^{-1}}$ と大きい値を示していたが，補正後は $-350\,\mathrm{gC\,m^{-2}\,y^{-1}}$ と半分程度減少した．森林生態系における NEP の推定には，上述したような補正の有無でかなり

図5.1.4 名古屋大学構内二次林における2000～2002年の3年間における月ごとの NEP

(村石，2003)

の幅があることをわれわれは認識し，でき得るかぎりの補正を施す必要がある．

なお，年積算 NEP（あるいは NEE）の補完（gap filling）の方法については，Falge et al.（2001）も参照されたい．

5.1.3　森林大気の CO_2 収支

5.1.2項(c)で示したように，森林のように丈の高い植生が存在する場合には，大気が安定成層化した際に生じる林床面付近での drainage flow や，樹冠内外での水平移流や鉛直移流が無視できないことがある（Lee, 1998）．ここで対象としている名古屋大学構内の二次林のように，都市近郊に位置する森林の場合，人為起源の CO_2 の影響を受けやすいため，日中や夜間を問わず水平移流を評価しておく必要がある．現状では，水平移流

5.1 大気－森林間の炭素フラックス

量を直接求めることは難しいため，以下の方法で移流量を推定し，当サイトにおける水平移流がCO_2収支にどのくらい影響を与えているのかを評価した．

まず，高度別のCO_2濃度からCO_2の貯留量変化を求める．この貯留量変化をΔQ，CO_2フラックスをF_c，土壌呼吸量（ただし，根呼吸により生じたCO_2と，土壌有機物が分解されて生じたCO_2の双方が，土壌表面に湧き出してきた場合のCO_2の総量）をSR，光合成によるCO_2の樹木への取り込み量をP，地上部の植物体による呼吸量をPR，気柱外すなわち森林外との水平方向のCO_2の流出入量をAとすると次の収支式が成り立つ．

$$\Delta Q = F_c + SR + (P + PR + A) \quad (20)$$

図5.1.5に，式(20)を概念図として表現した．式(20)では，CO_2が気柱内に入ってくるときは＋（プラス），出て行くときは－（マイナス）で表す．したがって，呼吸起源のCO_2流入であるSR，PRは常にプラス，Pは常にマイナスであり，F_cは放出のときにマイナス，吸収のときにプラスとなる．ΔQ，F_c，SRは観測から求まるため，式(20)より残差として$(P+PR+A)$が推定できる．

ここで対象としている二次林において，不定期に，日中は2時間ごとに，夜間は3時間ごとに樹冠内外6高度のCO_2プロファイルを観測し，CO_2の貯留量変化ΔQを求め，CO_2の収支を計算した．図5.1.6に，1999年2月9日(A)，10月6日(B)，2000年5月23日(C)，8月22日(D)に得られた計算結果を示した．日中は植物による光合成が行われるため，移流量を推定するのは困難であるが，夜間は光合成が行われず，Pがゼロとなるため，$(P+PR+A)$からPRを引けば移流量が求まる．しかし，このPRも直接求めることができないため，推定を行わなければならない．移流があると推定できるのは，夜間に$(P+PR+A)$がマイナスになる場合である．夜間はPがゼロ，PRはプラスであるので，マイナスになる場合は移流によりCO_2が流出しており，この場合，移流があるものと推定できる．図5.1.6に示されるように，(B)では0時過ぎに，(C)では0時～6時にかけて，そして(D)では18時過ぎに$(P+PR+A)$がマイナスになっている．この時間帯に，それぞれ移流があるものと考えられる．このように，この二次林では，特に夜間の安定成層化した場合にはCO_2の挙動が鉛直一次元的でなくなることがある．したがって5.1.2項(c)に示したように，摩擦速度を用いたCO_2フラックスの補正が必要不可欠となってくる．

しかし，光合成の盛んな時間帯や時期には水平移流量はCO_2フラックス全体からすると少量であり，また日中には大気が不安定となり鉛直混合が活発になるため，フラックスに影響を及ぼすFootprintはタワー周辺に限られる．したがって，ここで対象とした都市

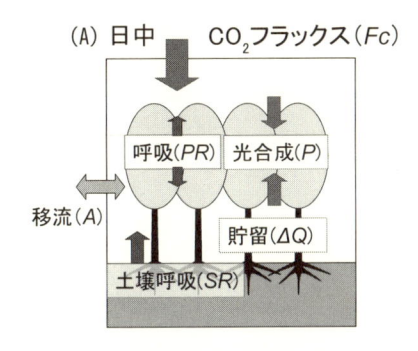

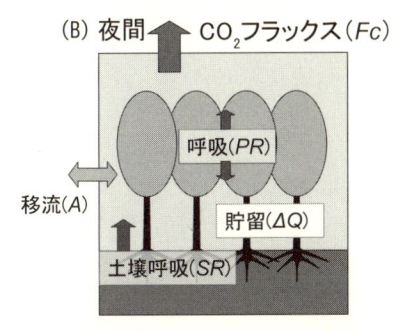

図5.1.5 森林大気のCO_2収支の概念図
(小栗・檜山, 2002)

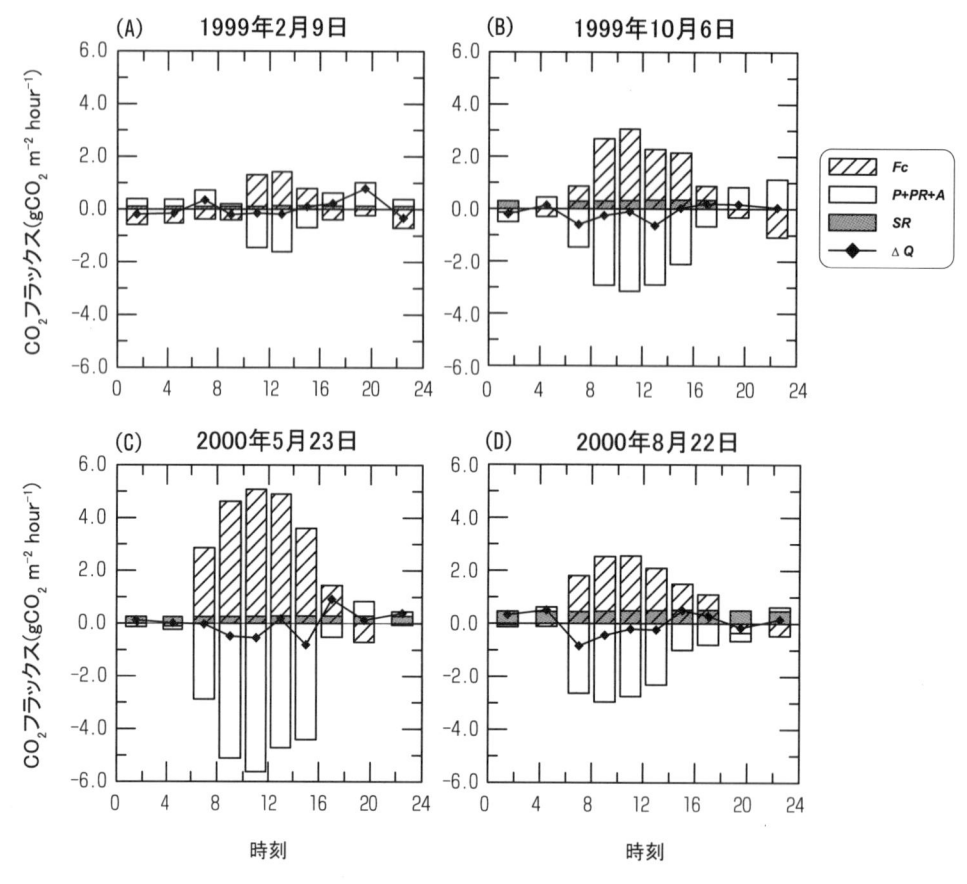

図5.1.6 森林大気の CO_2 収支の計算結果
(小栗・檜山, 2002)

二次林では，日中の水平移流の量そのものは小さいものと考えることができる．

　森林生態系，特に日本のように地形起伏を有し，フェッチが十分でない陸域生態系におけるNEPの推定には，フラックスの補完と大気状態を考慮した補正などが必要になる．また，水平移流量の存在の有無を，森林大気の CO_2 収支で評価することも必要となる．本項では，周囲を都市に囲まれた二次林での研究事例を紹介した．この研究事例での森林よりもフェッチが短く，かつ地形起伏が大きい場合には，渦相関法のみで CO_2 フラックスを評価することはかなり難しく，したがって，渦相関法を用いて年積算NEPを推定することは困難であろう．そのような状況では，風や物質の流れ（乱流拡散過程）を3次元で表現できる，Large Eddy Simulation (LES)のような数値計算を併用する必要があろう．しかしながら，複雑な地形において不均一な樹冠を有する森林内外での乱流構造を計算できるLESは，まだ実用に耐えないのが現状である．今後は，観測的研究とともに，複雑な地形や森林構造を有する場合においても，実用に耐える数値計算手法の開発が望まれる．

(5.1節　檜山哲哉)

5.2 二酸化炭素の発生起源ごとの寄与

はじめに

前節では，都市域における森林−大気のエネルギーやCO_2のフラックスについて，非常に高い時間分解能で観測を行った例を示した．この観測では，森林と大気の間を行き来する総量を扱ってきたが，それらの発生起源を理解することも重要な研究テーマである．本節では，そのために有用な指標である同位体比を用いた解析を森林大気のCO_2を例にして紹介する．

同位体とは，原子番号（陽子数）が同じで，質量数（陽子と中性子の数の和）が異なる物質で，放射能を発して中性子を放つ不安定な放射性同位体と，安定な安定同位体とがある．CO_2の構成元素である炭素の場合では，^{11}C・^{12}C・^{13}C・^{14}Cの4つの同位体がある．炭素の元素記号のCの左肩にある数字が質量数である．このうち^{11}Cと^{14}Cが放射性同位体，^{12}Cと^{13}Cが安定同位体である．環境中の炭素挙動の解析には，存在度の最も大きな^{12}Cを分母とした$^{13}C/^{12}C$比と$^{14}C/^{12}C$比が用いられ，次式のように，標準体に対する偏差の千分率で表され，単位はパーミル（‰）を用いる．それぞれの同位体比は$\delta^{13}C$と$\delta^{14}C$と表記される．なお，^{11}Cは半減期が20.38分と短いために環境解析には用いられない．

$$\delta^{13}C \text{ or } \delta^{14}C(‰) = \left(\frac{R_{sample}}{R_{standard}} - 1\right) \times 1000$$

Rは$^{13}C/^{12}C$比や$^{14}C/^{12}C$比で，下付のsampleは試料，standardは標準物質を表す．$\delta^{13}C$の標準は，アメリカ合衆国サウスカロライナ州ピーディー層から産出したベレムナイト化石の炭酸カルシウムで，PDBとよばれる（Craig, 1953）．$\delta^{14}C$の標準は，1950年の大気CO_2の$^{14}C/^{12}C$比である．

ある物質が化学変化などにより他の物質に変化したときや，気体−液体−固体といった相変化を起こしたときに，反応の前後で同位体比が変化することがある．これを同位体分別とよび，変化の度合は同位体分別係数によって表される．

$^{14}C/^{12}C$比には，$\delta^{14}C$以外によく用いられる表記法として$\Delta^{14}C$がある．$\delta^{14}C$との違いや他の多く表記法の詳細については，Stuiver & Polach（1977），Mook & van der Plicht（1999）に述べられているが，$\delta^{14}C$と$\Delta^{14}C$の違いについて簡単に解説する．環境中の炭素循環をたどっていくと，多くの反応が関与しており，それらのうちの多くの段階で同位体分別による$^{14}C/^{12}C$比の変化が起こる．したがって，反応の前後で$\delta^{14}C$が変化する．この同位体分別の影響を計算によって排除したものが$\Delta^{14}C$である．つまり，同位体分別を伴う反応の前後で，$\delta^{14}C$は変化するが$\Delta^{14}C$は変化しないという違いがある．なお，同位体分別の補正計算は，試料の$\delta^{13}C$を基準にして行う．

大気のCO_2の$^{14}C/^{12}C$比を扱った研究では，$\Delta^{14}C$を用いて数値を報告することが慣例となっており，**図5.2.1**も，それにならって$\Delta^{14}C$で表している．しかし，この後で紹介する解析には，$\delta^{14}C$を用いることが必要であるため，図中で示した測定結果以外については，$\delta^{14}C$を用いて記述していく．本節では，炭素の安定同位体比を$\delta^{13}C$，放射性同位体比を$\delta^{14}C$，安定・放射性の双方を指す際には炭素同位体比と記すこととする．

5.2.1 森林大気の二酸化炭素の炭素同位体比

森林大気CO_2の炭素同位体比に変化が起こる原因には、2つの過程が存在する。1つは光合成で、もう1つは炭素同位体比の異なるCO_2の混合である。光合成によって炭素が植物へ同化されるときには、質量の軽い^{12}Cが選択的に取り込まれる。これは光合成回路におけるリブロース-1, 5-2リン酸カルボキシラーゼ（「RuBPカルボキシラーゼ」や「ルビスコ」と略される）の反応における同位体分別作用によって引き起こされる（Farquhar et al., 1982）。植物の光合成回路には、C3・C4・CAMの3つのカテゴリーがあり、それぞれ同位体分別係数が異なるため（Smith & Epstein, 1971；Deines, 1980）、光合成によりつくられる有機物の$δ^{13}C$に違いがみられる。木本植物と多くの草本植物はC3、トウモロコシやサトウキビなどの一部の草本植物はC4、サボテンやパイナップルなどの多肉植物の多くはCAMに分類されている。生成された有機物の$δ^{13}C$に差があることを利用して、過去の植生復元やそれに伴う気候復元などに関する研究も多くある（Kerns et al., 2001；Gouveia et al., 2002；Peterson & Neil, 2003）。植物の炭素同位体比は、生育条件などの影響を受けるが、総じて、光合成原料の大気CO_2の炭素同位体比より低い値となる。大気CO_2からみれば、光合成によって同位体的に軽い炭素が失われていくために、濃度が減少し、炭素同位体比が増加する。また、光合成によって生成された有機物を直接的にも間接的にも摂取する動物や、有機物が分解した成分を含む土壌は、大気CO_2よりも低い炭素同位体比をもつことになる。

もう1つの過程である混合では、有機物の燃焼（生物の呼吸や化石燃料の消費など）によって生じたCO_2が大気へ放出されて混合した場合や、異なる空気塊同士が混合した場合などが想定される。放出されたCO_2の炭素同位体比は、燃焼した有機物の炭素同位体比と等しい。前述のように生物の有機物やそれが原料である化石燃料の炭素同位体比は、大気CO_2より低い値を示す。そのため、燃焼の場合では、大気CO_2の濃度は増加し、炭素同位体比は減少することになる。化石燃料の燃焼で^{14}Cが含まれないCO_2が放出されると、$δ^{14}C$の変化が特に大きい。化石燃料に^{14}Cが含まれないのは、放射壊変による^{14}C減少のプロセスが寄与するからである。化石燃料の原料となった植物や動物は、死ぬ前には当時の大気の^{14}Cレベルと平衡にあったが、死後に地下に埋没して閉鎖系が形成されると、放射壊変により^{14}Cが減少していく。閉鎖系が保たれる期間が、^{14}Cの半減期の5730年と比べて非常に長くなると、すべての^{14}Cが放射壊変しつくしてしまう。そのため、化石燃料には^{14}Cが含まれないようになる。

大気CO_2の炭素同位体比の変化から、どんな発生源のCO_2の寄与があったのかを推定できる。たとえば、$δ^{13}C$が減少したとき、$δ^{14}C$が急激に減少しているならば、化石燃料の寄与が推定できるし、$δ^{14}C$の減少がわずかな場合は、生物の呼吸や土壌有機物の分解によって発生したCO_2の寄与が推定できる。炭素同位体比を用いた解析の中でも、$δ^{14}C$を用いた解析の有効性は非常に高い。しかし、多数の試料について$δ^{14}C$測定を行うことが難しいため、多くの研究では$δ^{13}C$を用いた解析が主流である。測定が難しい理由として、$δ^{13}C$に比べると数10～数100倍の試料量が必要で、前処理も複雑であること、加速器質量分析計や液体シンチレーションカウンターといった特別な装置が必要であること、測定にかかる時間が長く、費用が高いことなどがあげられる。

5.2.2 同位体マスバランス

CO_2 の炭素同位体と濃度変化を組み合わせることで，どんな起源から，どのくらいの CO_2 が供給されているのかを定量的に議論することができる．この手法を「同位体マスバランス」とよび，同位体を用いた環境解析では広く用いられている．前節で紹介した名古屋市内の二次林で行った観測を例にして，同位体マスバランスについて解説する (Takahashi et al., 2001, 2002)．

都市域の森林における CO_2 の動態解析では，人為起源，すなわち化石燃料起源 CO_2 の寄与の取り扱いが重要となる．人為的な影響をみやすくするために，光合成や呼吸・有機物の分解といった生物活動による CO_2 循環の少ない冬季を解析対象とした．図5.2.1は，いくつかの高度での大気 CO_2 濃度と炭素同位体比の日変動である．夜間と午前中に濃度の上昇がみられ，同時に炭素同位体比が減少している．これは，化石燃料起源 CO_2 の寄与が大きくなっていることを示している．都市森林における大気 CO_2 は，バックグラウンド大気に化石燃料と生物活動による CO_2 が加わったものである．光合成は，生物活動による CO_2 の負の放出と考える．CO_2 濃度を T，炭素同位体比を δ とすると，両者の関係は次のような連立方程式になる．

$$T_{Obs} = T_{Air} + T_{Fossil} + T_{Bio} = T_{Air} + (T_{Obs} - T_{Air}) \cdot f + (T_{Obs} - T_{Air})(1-f)$$
$$\delta_{Obs} \cdot T_{Obs} = \delta_{Air} \cdot T_{Air} + \delta_{Fossil} \cdot (T_{Obs} - T_{Air}) \cdot f + \delta_{Bio} \cdot (T_{Obs} - T_{Air})(1-f)$$

下付の Obs は観測値，Air はバックグラウンド大気 CO_2，$Fossil$ は化石燃料起源 CO_2，Bio は生物活動起源 CO_2 を示す．f は観測された大気 CO_2 濃度のうち，バックグラウンドからの増分に対して占める化石燃料起源 CO_2 の割合である．f を求めるためには，3つの成分の炭素同位体比やバックグラウンド大気の CO_2 濃度が既知である必要がある．

また，この解析手法は，各成分の同位体比の差が大きいほど，精度のよい結果を得ることができる．

バックグラウンド大気の CO_2 濃度や炭素同位体比には，観測地点の上空大気の値を用いることができれば最適である．しかし，必ずしも上空大気の観測値が得られるとは限らず，むしろ多くの場合で，他の地点のバックグラウンドの観測データから，解析に必要な値を推定することになる．そこで，世界各地で行われているバックグラウンド観測の中から，解析対象地域に近くて立地環境が類似しているものを利用することになるが，いくつか注意しなければならないポイントがある．地球の大気循環は，南北よりも東西方向の速度が速く，均質になりやすいため，利用するデータは同一の緯度帯から得られたものが望ましい．さらに，観測地点が海洋に囲まれているのか，大陸やその近くなのか，周辺の都市の規模はどうか，どの程度の高度にあるのかといった立地条件を考慮する必要がある．ところで，上空大気やバックグラウンドの観測結果の変動には，全地球的な経年・季節変動が含まれているため，厳密には生物活動や人為的な CO_2 の影響を受けている．しかし，本節で扱っている日変動の観測という1日の中では無視できる変動であるため，バックグラウンドは一定とできる．

本節で扱っている名古屋市の観測地点のバックグラウンド大気の CO_2 濃度には，韓国の済州島の観測点（北緯33°17′27″ 東経120°09′55″ 海抜72 m）で同時期に観測された 374.5 ppmv を用いる．上記の連立方程式を解くためには，$\delta^{13}C$ と $\delta^{14}C$ のどちらかが既知である必要がある．済州島では $\delta^{13}C$ の測定も行っているため，その値を名古屋市でのバックグラウンドとして用いる解析も可能であるが，ここでは次の理由から $\delta^{14}C$ を用いた解析を行う．同位体マスバランスによる解析では，CO_2 濃度と炭素同位体比の関係が重要である．$\delta^{14}C$ 変動のおもな原

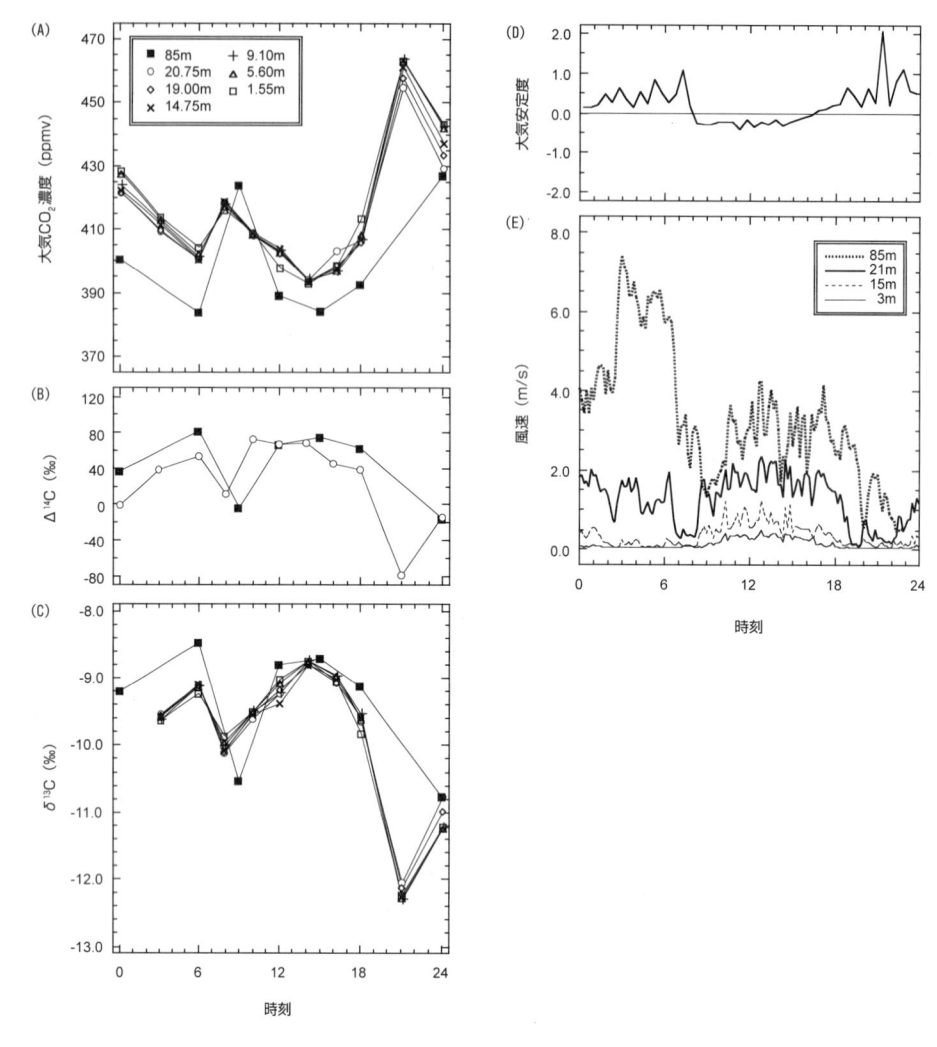

図 5.2.1 名古屋市東部の二次林における大気観測の結果
(A)：CO_2 濃度，(B)：$\Delta^{14}C$，(C)：$\delta^{13}C$，(D)：樹冠高度での大気安定度，(E)：風速．高度 1.55〜23.75 m は二次林内のタワーで，85 m は約 0.6 km 離れた地点にある民間放送局の電波塔における観測である．観測日は 1999 年 2 月 9 日．

因となっている化石燃料の $\delta^{14}C$ は，-1000 ‰と一定であるので，全地球的に CO_2 濃度と $\delta^{14}C$ は非常に高い相関関係をもつ．しかし，$\delta^{13}C$ 変動の原因物質は多くあり，それぞれの $\delta^{13}C$ も異なる．そのため，濃度との関係が地域によって異なる．したがって，解析対象地域でのバックグラウンドの値を他地点のデータから推定するには，$\delta^{14}C$ のほうが適している．現在，継続してバックグラウンド大気の $\delta^{14}C$ 観測を行っているのはドイツの Schauinsland とニュージーランドの Wellington がある．今回は北半球にある Schauinsland（北緯 47°55' 東経 7°55' 海抜 1205 m）で，同時期に観測されたデータのうち，バックグランド成分の CO_2 濃度である 374.5 ppmv と同じレベルの CO_2 濃度が観測されたときの値，-124 ‰を用いる．このようなバックグラウンドデータの多くは，イ

ンターネット上で公開されており，それらが活用できる．

バックグラウンド以外の成分のうち，化石燃料起源CO_2については，$\delta^{14}C$が-1000‰であると理論的に求められるが，$\delta^{13}C$は石炭・原油・天然ガスの間で異なるため，化石燃料起源CO_2全体の$\delta^{13}C$は，化石燃料の種類ごとの消費割合によって様々な値を取り得る．そのため，観測地点での化石燃料起源CO_2の$\delta^{13}C$を求めることは困難である．

生物活動により放出されるCO_2の炭素同位体比は，呼吸で使われた有機物の同位体比とほぼ等しい．植物の呼吸と分解者の呼吸である土壌有機物の分解が生物活動起源CO_2のおもなソースである．土壌から大気へのCO_2放出は土壌呼吸とよばれ，植物の根の呼吸と土壌有機物の分解を合わせたものとなる．その炭素同位体比は，名古屋市の観測地点の冬季の場合では，$\delta^{14}C=22$‰，$\delta^{13}C=-27.3\pm0.3$‰である．植物の地上部の呼吸起源のCO_2の炭素同位体比を観測することは難しいが，基本的には土壌呼吸のCO_2と同じ同位体比を示すと考えられることから，土壌呼吸の値を生物活動起源CO_2の値とみなすことができる．上記の土壌呼吸起源CO_2の$\delta^{13}C$値は冬季のものであるが，年間を通じてみると-31～-24.5‰の範囲で季節変化している．そのため，大気CO_2の観測を季節ごとに行う場合では，その都度，土壌呼吸起源CO_2の炭素同位体比を求める必要がある．

5.2.3 森林大気における二酸化炭素の発生起源ごとの寄与

化石燃料起源CO_2を多く含む大気に対しては，$\delta^{14}C$を用いた解析が適している．図5.2.1に示した観測値のうち$\delta^{14}C$の測定を行っている森林の樹冠高度（23.75 m）とその上空（85 m）について，同位体マスバランスにより解析すると，2つの高度での生物活動と化石燃料起源CO_2の寄与を求めることができる（図5.2.2）．都市域の観測であるために当然のことながら，大気CO_2の濃度変化をもたらしているおもな成分は，化石燃料起源CO_2であることがわかる．一方，生物活動起源CO_2は，樹冠高度のほうがその上空より寄与が大きいことも納得できる結果である．

生物活動起源CO_2の寄与は1日の中であまり大きく変動していないが，樹冠高度では10時と12時に寄与が上昇する．一般に気温（地温）が高くなると土壌呼吸量は増加するため，生物活動起源CO_2の寄与が増える可能性はある．しかし，土壌呼吸量を直接観測した結果では，その時間帯に特に増加していない．樹冠高度で10～12時に生物活動の寄与が上昇したのは，土壌呼吸量の変化ではなく，以下の理由により森林内部の風速と関係があるとみるべきであろう．土壌呼吸起源CO_2が林床大気へ供給されても，風が微弱で大気の移動がない状況では，CO_2が上空へ移動しにくい．わずかに，濃度勾配による拡散で非常にゆっくりと移動するしかなく，林床付近のCO_2濃度が増加する．その後，林床に風が吹き始めると（図5.2.1），たまっていたCO_2が上空へ運ばれる．これが10～12時の寄与率の増加となって表れたと考えられる．同じ時間帯の大気安定度のデータをみると，10時頃より前は，数値が正であり，大気が安定で鉛直混合しない状態を示しているが，その後，数値が負になり，大気が不安定で混合が起こっていることを示しており，上記の考察と矛盾しない．

大気安定度は，数値が0から離れるほど安定や不安定の状態が強くなる．樹冠高度で，化石燃料起源CO_2の濃度が増加している21時などでは，特に安定な状態を示しており，地表で発生した化石燃料起源CO_2が，上空へ運搬されずに留まっている様子がわかる．このように，同位体による解析を行うと，全体の濃度変化をみていたのではわからなかっ

214　第5章　生態系の機能をフラックスから探る

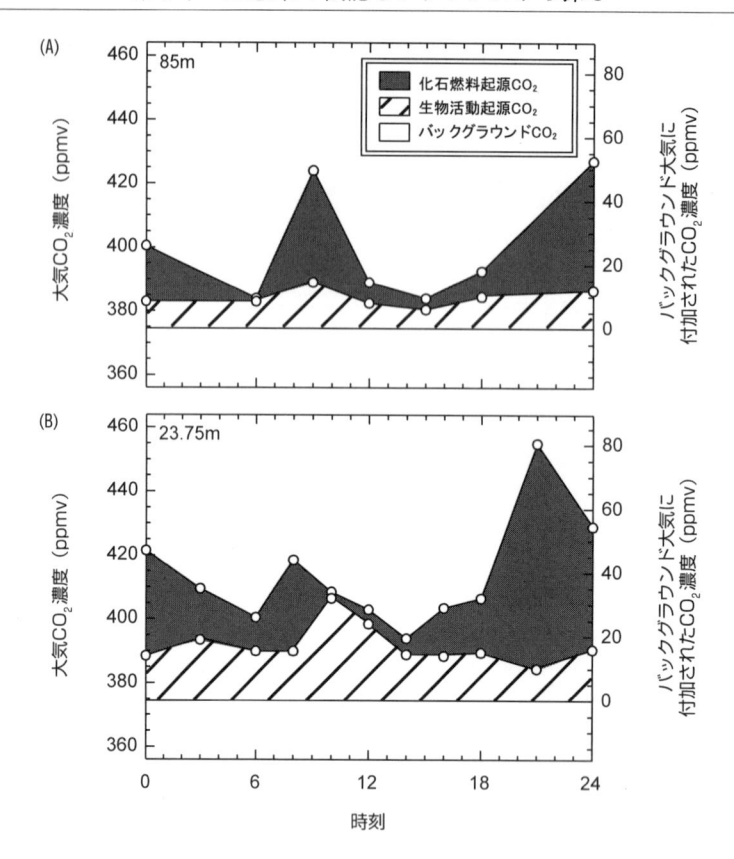

図 5.2.2 CO_2 の濃度と ^{14}C 濃度の関係を用いた同位体マスバランスによる解析から得た CO_2 の発生源ごとの寄与の変化

た CO_2 の動きを把握できる．

　同位体マスバランスによる解析を $\delta^{14}C$ だけではなく，$\delta^{13}C$ に適用するためには，端成分の $\delta^{13}C$ が既知であることが必要であるが，バックグラウンドや化石燃料起源 CO_2 の $\delta^{13}C$ を決定することが難しいことはすでに述べた．しかし，$\delta^{14}C$ を用いた解析結果を利用すると，これらの値を今回の観測値から計算することができる．生物活動起源 CO_2 の $\delta^{13}C$ は観測により知ることができ，$\delta^{14}C$ を測定している試料については，f が既知である．すると同位体マスバランスは，次のように，バックグラウンドと化石燃料の2つの成分の関係に書き換えることができる．

$$[\delta_{Obs} \cdot T_{Obs}] - [\delta_{Bio} \cdot (T_{Obs} - T_{Air})(1-f)] = \delta_{Air+Fossil} \cdot T_{Air+Fossil}$$
$$= \delta_{Air} \cdot T_{Air} + \delta_{Fossil} \cdot (T_{Obs} - T_{Air}) \cdot f$$

ここで，$Air+Fossil$ は2つの成分が混合してできた仮想成分である．この式を $\delta_{Air+Fossil}$ について整理すると以下のようになる．

$$\delta_{Air+Fossil} = \frac{\delta_{Air} \cdot T_{Air}}{T_{Air+Fossil}} + \frac{\delta_{Fossil} \cdot (T_{Air+Fossil} - T_{Air})}{T_{Air+Fossil}}$$
$$= \frac{(\delta_{Air} - \delta_{Fossil}) \cdot T_{Air}}{T_{Air+Fossil}} + \delta_{Fossil}$$

この式は，$T_{Air+Fossil}$ の逆数と $\delta_{Air+Fossil}$ には直線関係があり，それぞれを X－Y 軸にとって観測値をプロットしたときの回帰直線の Y 切片が，化石燃料起源 CO_2 の $\delta^{13}C$ を示すこと

5.2 二酸化炭素の発生起源ごとの寄与

を表している．この手法で求めた化石燃料起源CO_2の$\delta^{13}C$は-32.4 ± 1.0‰である．また，ここで求めた切片と回帰直線の傾き，バックグラウンドCO_2濃度（374.5 ppmv）を用いると，バックグラウンド成分の$\delta^{13}C$は-7.8 ± 0.1‰と求めることができる．ちなみに，

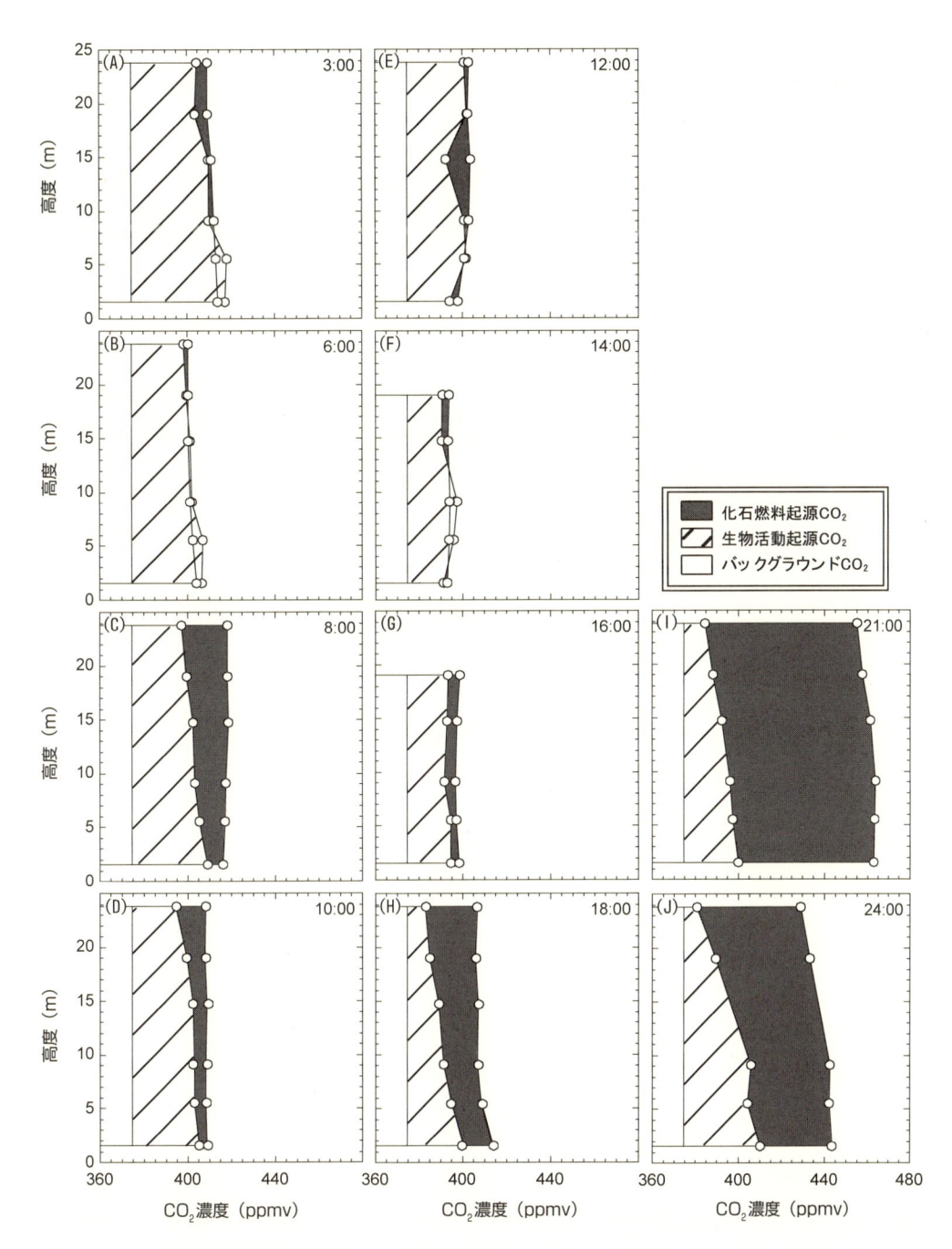

図5.2.3 CO_2の濃度と$\delta^{13}C$の関係を用いた同位体マスバランスによる解析から得たCO_2の発生源ごとの寄与の鉛直プロファイルの変化

このような大気CO_2濃度の逆数と$\delta^{13}C$の関係をプロットしたものは「Keeling Plot」(Keeling, 1958) とよばれている.

$\delta^{13}C$による解析を行うと, 林冠から林床までのプロファイルがCO_2の発生起源ごとに得られる (図5.2.3). 残念ながら, 生物活動起源と化石燃料起源CO_2の$\delta^{13}C$の値の差が小さいために, 図5.2.3に示した解析結果は大きな誤差を含んでいる. このため, 化石燃料起源CO_2の寄与が負の値となっていることもあるが, 全体の傾向を知るには十分である. 夜間には生物活動起源CO_2が林床に近づくほど増加しており, 日中には高度プロファイルが一様である. この傾向は, $\delta^{14}C$を用いた解析による林内大気のCO_2の貯留や運搬の傾向を裏付けるものである.

5.2.4 生物活動起源の二酸化炭素の炭素同位体比の観測

前項までは, 同位体を用いた大気CO_2の動態解析について紹介したが, 本項では, ここまでの解析に必要な成分である土壌呼吸起源CO_2の炭素同位体比を求めるための観測手法について紹介する.

土壌にはCO_2の発生源の種類や深度がいくつもあり, それぞれの同位体比が少しずつ違っている. 土壌から大気へ放出されるCO_2には, 様々な発生源の寄与が混在する. 一般に土壌から放出されるCO_2と土壌の粒子間隙にあるCO_2の同位体比は一致せず (Cerling et al., 1991; Amundson et al., 1997), 土壌中からガスを吸引しても土壌呼吸起源CO_2としての適切な試料が得られない. つまり, 土壌から大気へ放出された後のCO_2を採取する必要があり, 試料採取は大気中で行うことになるため大気CO_2の混入が避けられない. よく用いられる方法は, 土壌に被せたチャンバー内にアルカリ溶液を置いて, そこにCO_2を吸収させるものである (Davidson, 1995). この方法では, チャンバーを被せたときに最初から入っている大気CO_2の影響を計算によって取り除く過程や, CO_2を吸収させることでチャンバー内部のCO_2濃度が低下することなどが誤差の原因となるうえに, アルカリ溶液がCO_2を吸収して, ある程度定常になるまで数日間放置するため観測に日数がかかる. ここでは, これとは別の方法を紹介する.

土壌にチャンバーを被せると, チャンバー内部のCO_2濃度は増加していく. これは, 初めから入っている大気CO_2と土壌呼吸によって供給されたCO_2の混合によるものである. 図5.2.4のようなシステムを用いて, サンプリングボトルのコックを順々に閉めていくと, 上昇していくCO_2濃度に対応した試料が得られ, それぞれの炭素同位体比が測定できる. このときのCO_2濃度の逆数と同位体比をプロットして得た回帰直線の切片から, チャンバーに加わったCO_2の同位体比を求めることができる. ただし, この手法では, 1回の観測で少なくとも経時的な3つ以上の試料を採取して, 濃度と炭素同位体比の関係を示す必要がある.

$\delta^{14}C$測定は, 必要な試料量が多く, 実験操作も複雑で, 時間と費用がかかるため, 図5.2.4のシステムのように必ず3つ以上の測定が必要になる手法は不向きである. チャンバー内部にN_2を充填して, 最初から入っていた大気CO_2を排除すれば, 土壌呼吸起源CO_2の$\delta^{14}C$を測定できるが, 次のような問題点がある. N_2充填によりチャンバー内部の地上部分と土壌の間のCO_2の濃度勾配が変化してしまうため, 土壌から大気へのCO_2の拡散速度が変わり, 放出されるCO_2の炭素同位体比が変化する. したがって, 土壌呼吸起源のCO_2の炭素同位体比として採用するためには, この同位体分別の影響を取り除く必要がある. 同位体分別が質量に依存することを利用して, 図5.2.4のシステムとN_2充填による観測のそれぞれで得た$\delta^{13}C$の違いを用いると, $\delta^{14}C$が受けた同位体分別の

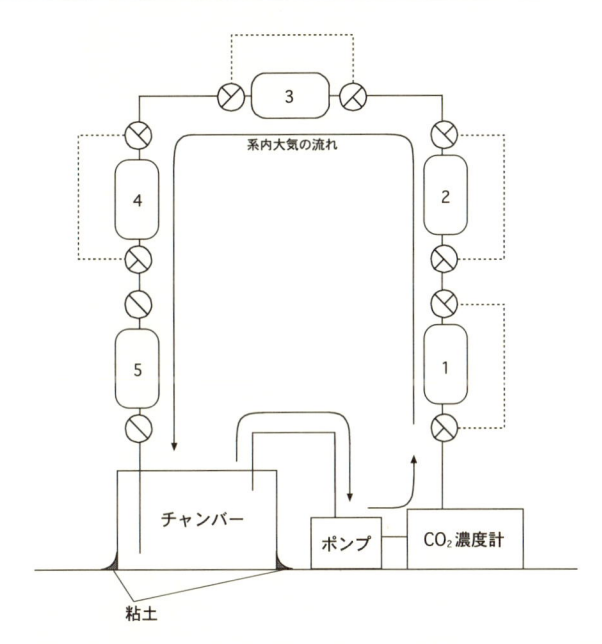

図 5.2.4 土壌呼吸起源の CO_2 の $\delta^{13}C$ を求めるための観測用チャンバー装置の概念図
⊗：3方コック，◎：コック，1～5：ガス試料採取用テドラーバック．
系内を現地大気で置き換え，チャンバーを被せ，系内の大気をポンプで循環させる．系外の大気が入り込まないようにチャンバーと地面の間を粘土でふさいでおく．濃度上昇をモニタしながら，コックを切り替えて，試料を1～5のバックへ採取していく．試料採取後は，バイパスライン（点線）を系内大気が流れる．

影響を計算により求めることができる．これは，他の手法により $\delta^{13}C$ が得られているからできることであり，$\delta^{13}C$ を求めるために N_2 充填の手法を用いるのは現実的ではない．
このように，$\delta^{13}C$ を用いることで，同位体分別の影響を補正できることも，^{14}C を用いた解析の大きな利点の1つである．

(5.2節 高橋 浩)

5.3 大気−森林−河川系での炭素フラックス

はじめに

「木を見て森を見ず」という言葉に代表されるように，個別のプロセスのみを追及してもシステム全体を必ずしも示していないことがある．森林生態系の炭素固定に関する研究では，様々な空間スケールでの取り組みが必要であるが，それらを統合し，生態系全体としての環境応答や物質の流れについての評価が重要である．前節まで大気と森林のCO_2収支についてみてきたが，ここではさらに俯瞰的視点から集水域を対象とした，炭素の流れや収支について述べる．最初に，生態系の炭素動態に関する既往の研究をレビューした後で，生態系内での炭素フラックスの研究方法について，コンパートメントモデルによる物質収支の考え方や現地観測手法の事例を簡潔に紹介する．最後に，ある森林集水域において集中的に炭素フラックスを研究した事例をもとにして，森林集水域の炭素フラックスの実態と課題について述べる．

5.3.1 森林・河川生態系での炭素フラックスに関するこれまでの研究

(a) 森林の生物生産力研究から炭素動態研究へ

光合成によって生態系に取り込まれた炭素は有機物や気体あるいは溶存物質として生態の内部を移動し，一部は大気へ，一部は水圏へと放出される（図5.3.1）．樹木は光合成によって炭素を取り込むことから，森林の成長は炭素固定量と密接な関係をもっている．森林の成長量を調べる取り組みは，森林生態学や造林学の分野を中心としてこれ

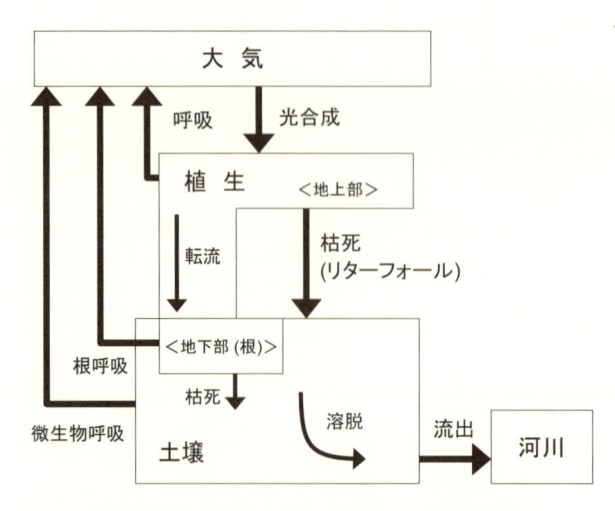

図5.3.1 森林集水域におけるおもな炭素の流れ
大気，植生，土壌，河川の各要素は，炭素のやりとりの結果，その炭素現存量（プール）が増減する．

5.3 大気-森林-河川系での炭素フラックス

まで多くの研究が行われてきた．中でも，1965～1974年に行われた国際生物学事業計画（International Biological Programme：IBP）では，「人類の福祉と生産力の生物学的基礎」をテーマとした研究が行われ，世界各地における陸上，陸水，海洋生態系の生物現存量や生産量の調査が広範囲にわたって行われた．この研究により，各気候区別の生態系のおおまかな生物量（バイオマス）や生物生産量が明らかとなった（表5.3.1）．ここでいう生物生産量とは年間における地上部木部(幹・枝)の乾物増加量とリターフォール（落葉・落枝量）を合計したものである．IBPにおける森林生態系での研究では，生物生産量のみならず，窒素やリン，ミネラル成分の循環の実態や生物生産との関係についても議論されている（Cole & Rapp, 1981）．表5.3.1に示した各乾物重量に有機物の炭素含有率を乗じることにより炭素蓄積量，炭素固定速度を見積もることができる．しかしながら，ここで用いた調査方法は地上での樹木測定やリターフォール測定に基づいていることから，地下部への炭素転流量や，生物呼吸量が含まれていない（図5.3.1）．したがって，森林生態系へ正味流入する炭素フラックスを調べるという観点からは，5.1節や5.2節で述べているような空気力学的方法を用いてCO_2の流れを精密に観測しなくてはならない．

(b) 土壌から河川への炭素移動

樹木に固定された炭素は地上部植生あるいは根系を通じて土壌へと移動する（図5.3.1）．土壌に存在する炭素の一部はCO_2として大気中へ再び放出されるとともに，一部の有機物は溶存炭素の形態で水に溶け，地下水から河川へと放出される．溶存態炭素は溶存態無機炭素（DIC）と溶存態有機炭素（DOC）に大別されるが，DICのほとんどは土壌空気中のCO_2が溶解して生成された炭酸イオンである．その炭酸イオンは，中性付近ではほとんどが重炭酸（＝炭酸水素）イオンで占められる（4.2.4項(a)）．重炭酸イオンは土壌鉱物を溶解したり（化学的風化），pHを緩衝したりする働きをするため，土壌化学や土壌生成学の分野で多くの研究が行われてきた（Bolt & Bruggenwert, 1980：4.2.4項(a)参照）．これまでの研究から，日本では降水量が比較的多いために重炭酸イオンによる化学的風化が進行することによって，酸性褐色森林土が広く分布するといわれている．また，土壌内の有機炭素は腐植酸やフルボ酸など多種多様な分子量や構造を有しており，土壌内の鉄やアルミニウムなどの金属元素を表層から下層へ移動させる役割をもっている（熊田，1981；Lal *et al.*, 1998；Tani *et al.*, 2001）．

Aitkenhead & McDowell（2000）は様々な自然生態系（おもに森林）における生態系から河川への溶存有機炭素フラックスの研究データを解析し，生態系全体での土壌中での炭素・窒素比（C：N比）が生態系から流出するDOCのフラックス予測に重要な要因であることを示している（図5.3.2）．4.1節で述べたように土壌C：N比は有機物の分解程

表5.3.1 国際生物学事業計画（IBP）における各森林生態系の地上部バイオマス，林床有機物および地上部生産量（Cole & Rapp, 1981）

森林区分	林分数	地上部バイオマス (Mg ha^{-1})	林床有機物 (Mg ha^{-1})	地上部生産量 (Mg ha^{-1} y^{-1})
亜寒帯針葉樹林	3	51 (54)	11 (22.8)	1.21 (0.51)
温帯針葉樹林	13	307 (271)	75 (92.2)	8.35 (2.76)
温帯広葉樹林	14	152 (58)	22 (19.6)	10.1 (2.81)

( )内は標準偏差を示す．

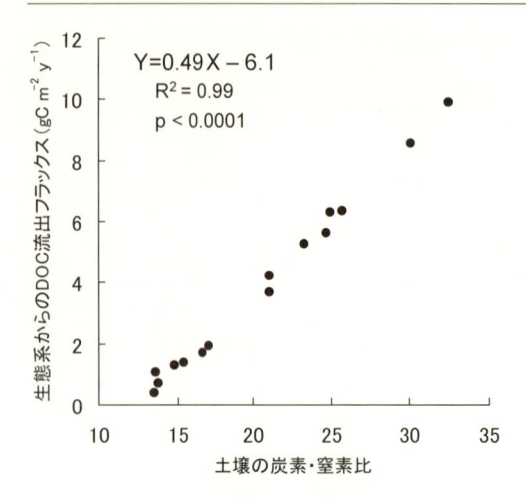

図5.3.2 世界各地の様々な生態系（15バイオーム）における土壌の炭素・窒素比と生態系からの溶存有機炭素（DOC）流出フラックスの関係
(Aitkenhead & McDowell, 2000 より作図)

度を示しているので、土壌内での分解プロセスの違いが生態系外への溶存有機炭素流出を制御するうえで、重要なプロセスであることを意味している。

土壌から河川へ流出するDOCやDICは、森林生態系にとってはアウトプットであるものの、河川にとってはインプットである。とりわけDOCは河川に生息する従属生物群集にとっての重要なエネルギー源であることから、河川生態学の分野でDOCの動態に関する多くの研究が行われてきた（Jones & Mulholland, 2000 ; Webster & Meyer, 1997）。これらの研究では溶存態の炭素だけではなく、河畔林から落葉や落枝として直接河川へと流入する炭素や、河岸の土砂が浸食されることによって河川内へと供給される粒子状の有機態炭素（POC）についても取り扱っている（Hobbie & Likens, 1973 ; Mulholland, 1981 ; Shibata $et\ al.$, 2001）。

(c) 生態系から集水域レベルの炭素フラックス研究

前節までで取り上げたような生態系の生物生産量や有機物動態に関する研究は、や

がて地球温暖化に関連する炭素循環や収支の研究へと発展してきた。生態系のCO_2固定という観点からは、ある空間にどれだけの炭素が吸収・放出されているのかという定量的な尺度からの議論に注目が集まっている（Schulze, 2000）。そのような評価を実現するためには、生態系の炭素動態を単位土地あたり、単位面積あたりの量（フラックス、たとえば $gC\ m^{-2}\ y^{-1}$ など）として解析する必要がある。集水域を対象としたフラックス研究では、雨水が地中を流れて河川へと流出するといった水文学的な見地から土地を区分し、その空間内でのフラックスを明らかにしようとしている（Jones & Mulholland, 1998）。大気と森林との炭素交換のみであれば、必ずしも集水域を単位とした研究を必要としていないものの、生態系全体の収支、すなわち大気－森林－河川系での炭素の動きを明らかにするためには、集水域を単位としたアプローチが非常に有効であろう。たとえば、アメリカ合衆国北東部ニューハンプシャー州に位置するハバードブルック（Hubbard Brook）実験林では森林小集水域を単位とした長期研究が継続されており、大気から光合成によって固定された炭素のうち、$3.1\ gC\ m^{-2}\ y^{-1}$が河川へ流出し、その炭素が河川での流下過程で変質を受けながら、湖へと供給されていることをフラックスの面から明らかにしている（ホイッタカー、1979）。しかしながら、これらの研究においても個々の観測は別々の期間に観測されているものもあり、1つの集水域において炭素収支・循環を同時期に包括的に研究した例は限られている。

5.3.2 森林集水域での炭素フラックスの研究方法

(a) コンパートメントモデルと物質収支

森林生態系のように多種多様な生物群集

5.3 大気-森林-河川系での炭素フラックス

(動物，植物，微生物など)や非生物(土壌，岩石など)から構成される系での物質の流れを研究する場合，対象とする系をいくつかの部分(コンパートメント)に区分し，そのコンパートメント間での物質の流れを相互比較するという方法が有用である(**図5.3.3**)．コンパートメントの大きさや内容は，研究目的や観測内容によって異なる．たとえば森林生態系全体を1つのコンパートメントとした炭素動態を考えると，コンパートメントのおもな炭素収入と支出は，大気とのCO_2交換および河川への炭素流出と考えられる．森林生態系内をさらに詳しく調べて，その動態を解析しようとするならば，森林を土壌や植生といったコンパートメントに区別して示し，各コンパートメント間での炭素の収入と支出を矢印で表すことになる．**図5.3.1**は集水域の炭素動態に関するコンパートメントモデルであり，大気，植生(地上部・地下部)，土壌，河川をコンパートメントとした炭素フラックスを表している．

各コンパートメントの収入と支出量が定量化されると，その差し引きによってコンパートメント内の現存量変化が算出できる．たとえば，北海道幌内川集水域における，大気から森林への正味炭素流入量は平均して258 $gC\ m^{-2}\ y^{-1}$ であり，河川への炭素流出量はおよそ4 $gC\ m^{-2}\ y^{-1}$ であった(田中・田中，2002；Shibata *et al.*, 2005)．森林集水域を1つのコンパートメントとして考えると炭素の収入が258，支出が4であることから，集水域の現存量変化は年間およそ254 $gC\ m^{-2}\ y^{-1}$ であり，その量の炭素が森林集水域に年々蓄積していると評価することができる．この解析方法では，現存量の変化を実測するのではなく，収入と支出の差から現存量変化を推定している．この解析手法では，土壌や植物の炭素現存量変化(一般的に時空間的にばらつきが非常に大きい)を実測する必要がないという利点があるものの，収入と支出の観測誤差はそのまま現存量変化の誤差となって計算されてしまうという欠点を含んでいる．一方，5.3.1項(a)で述べたIBP研究での生物生産量調査は，コンパートメント内の現存量変化を実測するというアプローチであり，先に述べた物質収支による解析とは大きく異なる．ここでは光合成と呼吸の結果として樹木自体がどれだけ増加したのかを現地調査から定量化しているので，得られた結果はコンパートメントモデルでの現存量変化については正確に評価できるものの，収入と支出に関してはそのバランスしか評価することができない．実際の研究では，対象とするコンパートメントの空間的大きさや複雑さ，観測方法などの面から，対象とする収支を実測したり，現存量変化を実測したりするなど，両者を適切に組み合わせて解析することが重要であろう．Malhi *et al.* (1999)は亜寒帯林，温帯林および熱帯林生態系における炭素の循環と収支を，既往の様々な研究データを積み上げることによって比較し，熱帯林では大気CO_2の施肥効果が，温帯林では大気からの栄養塩(窒素)沈着が，亜寒帯では成長期間の長さがそれぞれの炭素固定能にとって重要であることを示している．

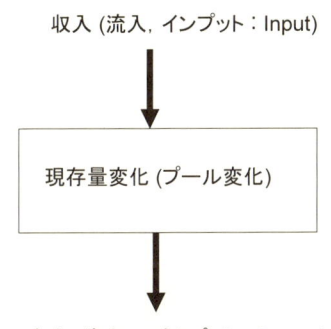

(b) 集水域における炭素フラックスの観測方法

大気から森林へのCO_2移動フラックスは，5.1節や5.2節で述べているような樹冠上空

図5.3.3 コンパートメントモデルの概念図

での微気象観測に基づいて調べることができる．土壌から大気へと放出されるCO_2（土壌呼吸）のフラックスは，土壌表面に一定容積の密閉容器（チャンバー）を設置し，容器内のCO_2濃度変化を調べることによって求めることができる（阪田，1999）．土壌内を流れる溶存炭素の移動フラックスを求めるためには，ライシメーターとよばれる土壌水を採取する道具を使用し，土壌水中の溶存炭素濃度を分析しなくてはならない（Wolt，1994）．また，土壌中の水移動フラックスを透水係数や水頭勾配より別に求め，土壌中の溶存炭素濃度と水移動フラックスを乗じることで，炭素移動フラックスを推定することができる．飽和地下水を採取するためには井戸などを使用することもある（Wondzell & Swanson, 1996）．

　生態系から河川を通じて流出する炭素フラックスを求めるためには，対象とする集水域の末端に量水堰を設け，河川流量の経時変化を観測するとともに，河川水に含まれている炭素濃度を分析する必要がある．一般に河川に含まれる溶存態炭素（DOC, DIC）は流量の変化に伴って変動するため，流量の変化に応じた水質分析をする必要がある．土壌や河川での多くの観測は，観測した時点での瞬間値であることから，年間フラックスを推定するためには，現地で観測した様々な連続データ（地温や河川水位）などを用いて経験式を作成し，観測していない期間の炭素フラックスを推定することが必要となる．

5.3.3　大気‒森林‒河川系での炭素フラックスの実態と課題——北海道幌内川集水域での事例研究——

　ここでは，IGBP（国際地球圏生物圏共同研究）プロジェクトの一環として実施された北海道の幌内川集水域（北海道大学苫小牧研究林）での研究（Shibata et al., 2005）

に基づき，森林集水域における炭素フラックスの実態を述べる．**図5.3.4**には幌内川集水域における炭素フラックスを示した．幌内川は第四紀の樽前火山礫を母材とする火山放出物未熟土に立地する冷温帯の天然落葉広葉樹林である．多くの森林は台風による撹乱後に成立した二次林であるが，一部には成熟林も存在している．この集水域における大気から森林への正味炭素流入フラックスは約$258\ \mathrm{gC\ m^{-2}\ y^{-1}}$であった．このフラックスは純生態系交換量（net ecosystem exchange：NEE）と定義されているものであり，植生による光合成と地上部呼吸，土壌呼吸（根呼吸と微生物呼吸）のバランスからなるものである．土壌からの呼吸量を別の方法（ここではクローズドチャンバー法）で求めることにより，土壌呼吸の影響を取り除いた地上部植生への正味炭素流入量（光合成と地上部呼吸の差）を見積もることができる．幌内川集水域では$850\ \mathrm{gC\ m^{-2}\ y^{-1}}$が地上部植生に正味流入した炭素量（＝光合成－植生呼吸）であり，そのうち118 gはリターフォールとして地表へ移動し，108 gは樹木バイオマスとして蓄積されていた．樹木体内では，光合成によって固定した炭素の一部は根などの非光合成器官へと転流することが知られており，幌内川集水域ではおよそ500 g以上の炭素が地下部へと転流しているものと考えられた．土壌から河川へと流出する炭素量は，NEEの約2％に相当する量であり，NEEの95％以上は集水域内に保持されていた．また，NEEとして集水域に固定された炭素のうち，約45％が植生バイオマスとして，約55％が土壌有機物として蓄積されていることが明らかとなった．この研究では，土壌への炭素供給の経路として地上部から地下部への樹体内転流が重要であることが示されたが，この量は収支から推定した値であり，各炭素フラックスの観測誤差が集積している可能性もある．したがって，土壌への炭素固定能をより詳しく調べるためには，地下部における根の動態

5.3 大気−森林−河川系での炭素フラックス

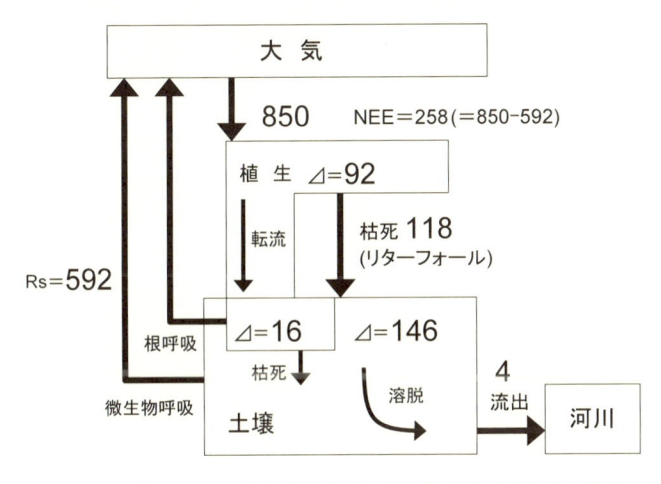

図5.3.4 1999〜2001年にかけて観測した，北海道幌内川の森林集水域（北海道大学苫小牧研究林）における炭素フラックス（単位は gC m^{-2} y^{-1}）
NEE＝光合成−呼吸（植生および微生物），Rs＝土壌呼吸（根呼吸および微生物呼吸）．（Shibata et al., 2005を一部改変）

や炭素循環について現地モニタリングが必要であろう．

陸上生態系内での炭素循環の結果として河川へと流出する炭素フラックスは，NEEに比べると非常に小さいものであったが，地中での炭素存在形態は土壌を通過する過程で大きく変化している．図5.3.5に示すように，土壌表面では有機物の分解過程で生成されたDOCが主体であったのに対し，下層へと移動するに従って，相対的にDICの割合が高まっている．これはDOCが土壌に沈殿・沈着したり，微生物による分解を受けたりしていることを示している（Neff & Asner, 2001）．このように，土壌内では深さによって溶存態炭素の組成が大きく異なることから，大雨や融雪などの出水時に土壌内での反応が十分に進まなかったり，斜面などで地中内での水移動経路に変化があったりする場合には，河川へと流出する溶存態炭素の質や量が大きく異なるであろう．DOCは河川や湖沼へ流出した後も微生物などによって分解される可能性があり，その過程ではCO$_2$放出を伴うことから，河川への炭素流出および河川や湖沼内での有機物変質のメカニズムを質的・量的な観点から明らかにすることが重要

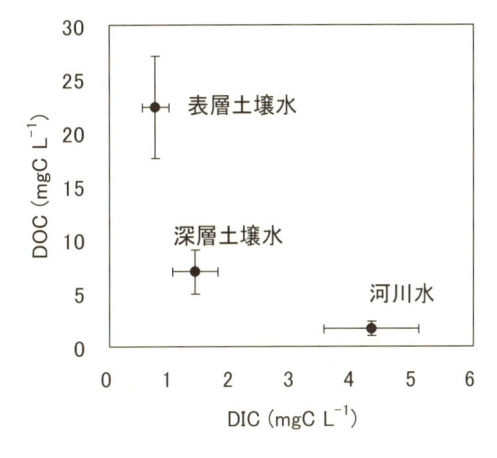

図5.3.5 北海道幌内川集水域の森林生態系における土壌水と河川水の溶存無機炭素（DIC）および溶存有機炭素（DOC）濃度の関係
バーは標準偏差を示す．

である（第4章参照）．

以上のように，陸上生態系での炭素循環フラックスを集水域といった空間スケールで解析することにより大気−植生−土壌−河川系での炭素の流れを同じスケールで比較することができる．大気から樹木への炭素固定は，樹木の生理的な反応を経た後に土壌分解系へと供給され，地中での水文学プロセスの影響のもとで河川へと流出する．ここで用いたコ

ンパートメントモデルは年間スケールでの定常状態における炭素動態を表しているが，大気環境や気象条件の変化などの時間的な環境変化は，これらの定常炭素動態を撹乱することも予想されている．これらの環境変化に対する生態系応答を明らかにするためには，地道な長期観測に基づくモニタリング研究（たとえば，Greenland *et al.*, 2003）や環境条件を実験的に変化させる操作実験（たとえば，Wright, 1998），環境変動をパラメーターとするモデリング研究（たとえば，Aber *et al.*, 1995）を融合することが必要であろう．

(5.3節　柴田英昭)

5.4 水系のガス代謝

はじめに

　これまでに話題にあがってきた森林と比較すると，水系の生態系はガスフラックスの面から大きく異なる点がいくつかある．1つには地表面に広がる水面は大気とのガス交換を制限するため，生物活動に加えて水面の物理的なガス交換がフラックスを決める重要な因子として働く．もちろん森林でも空気力学的抵抗という物理過程がフラックスを制限するが，水中または大気中に存在するガス分子が水分子を押しのけて水面を出入りすることと比較すれば，森林では生物がガスフラックスを支配し，水系では水面もフラックスを支配する重要な因子であるといえる．ただし，湿地のように，植生が土壌中に根を張って水面上に出ているような浅い水系では，その植物が水とともにメタン（CH_4）を吸い上げ，植物体の通導組織から CH_4 を放出することが知られている．このような通導組織は，一般的に嫌気的な土壌中で根が呼吸するための空気を送り込む働きをしていると考えられている．CH_4 はそれを通って大気中に放出されており，この場合は森林と同様植生がガスフラックスを支配しているといえるだろう．

　もう1つ，水中での気体の拡散速度は空気中の約1万分の1と非常に小さく，有機物の分解による酸素の消費が酸素の拡散速度を上回るとその環境は無酸素（還元）状態となる．好気条件で有機態炭素が分解される場合には最終生産物として CO_2 が生成するが，還元状態が進行した場合 CO_2 に加えて CH_4 が生成することになる．炭素に酸素がつくか水素がつくかというだけの違いであるが，CH_4 1分子あたりの温室効果は CO_2 の20倍といわれており，地球環境の視点からみれば両者は雲泥の差があるというべきである．定常的に大気と CO_2 を交換する森林と比較すると，わずかな酸化還元環境の変化によってガス代謝を CO_2 放出型から CH_4 放出型へと変化させてしまう水系堆積物の生態系は，まさしく天然の環境センサーといえる．また，地球上に占める面積は小さくても CH_4 の温室効果を通して地球環境に大きな影響を及ぼす可能性のある生態系なのである．

　この節では，水系生態系のガス代謝について，「近畿1400万人の水がめ」と形容される琵琶湖を例に解説する．また，ガス代謝や輸送に関して有用な情報を与えてくれる安定同位体比の利用についてもあわせて解説し，地表面に水をたたえる陸上水域生態系が地球環境とどのようにかかわり得るかを述べる．

5.4.1 地球環境とメタン

　極域の氷床コアや海底堆積物から，地球は温暖な期間と寒冷な氷期を過去約100万年にわたって繰り返してきたことがわかっている．南極の氷床コアでは氷の酸素・水素安定同位体から過去34万年の気温が推定され，氷の中に閉じ込められている空気を分析することにより CO_2 や CH_4 の過去の大気中濃度が推定されてきた（Houghton et al., 2001）．CO_2 はよく知られているように最も重要な温室効果ガスで，過去の気温と CO_2 の濃度には相関が見出されている．しかしながら，CH_4 と CO_2 の過去の濃度と気温の変動を比較すると，CH_4 の変動のほうがむしろ敏感で，わずかな気温の上昇が大気中への CH_4 の放

出を招き，大気 CH_4 濃度の上昇が大規模な地球の気温の上昇を起こさせたのではないかという考えが提唱されている．

現在のところ，氷期から間氷期への変化の過程で CH_4 の放出が地球の温暖化を加速させた原因として2つの仮説が提唱されている．1つは，気温の上昇が氷河の融解を招き湿地が広がったのではないかという考えである（湿地仮説）．もう1つは海底に蓄積しているメタンハイドレート（高圧・低温の条件下で水分子の中に CH_4 の分子がはまりこんで形成される固体）が海底の温度のわずかな上昇により不安定となり大気中に放出されたのではないかという仮説である（クラスレートガン仮説）．

本節では，これらを扱うわけではないが，水系のガスフラックスが CO_2 放出型から CH_4 放出型に変化することが地球環境にとって重大な意味をもつことを述べる．なお，大気中に放出された CH_4 の約9割は対流圏で OH ラジカルと反応して酸化されて消滅する．しかしながら，その一部は成層圏に輸送されて酸化され，水を生成することになる．メタンが酸化されて生成する水は，成層圏の水の起源として重要で，この水を通して成層圏の大気化学にも大きな影響を及ぼしていると考えられている．

5.4.2 琵琶湖におけるガス代謝の研究と安定同位体比の利用

われわれの周囲に存在する CH_4 の炭素同位体比は他の物質の炭素同位体比と比較するときわめて大きな変動を示し，CH_4 の生成や酸化，放出のメカニズムなど様々な研究に利用することができる．大気中の CO_2 の $\delta^{13}C$ 値は約 -8 ‰（パーミル：千分率）で，日変化や季節変化はせいぜい数パーミル程度である．これが植物に固定されると，光合成経路の違いや光合成速度などの違いにより C3 植物が卓越する陸上生態系では $-30\sim-22$ ‰程度の $\delta^{13}C$ 値となる．水系では大気と水の間のガス交換が制限されるため，光合成の材料となる CO_2 の同位体比がきわめて大きな変化を示し，その結果，水中の植物プランクトンにより生産される有機物の $\delta^{13}C$ 値は多くの場合，陸上の有機物より高くかつ変化が大きい．

CH_4 は絶対嫌気性の古細菌であるメタン生成菌によって生成され，おもな代謝経路として2つの材料を使った経路があることが知られている．1つは CO_2 が水素で還元されて CH_4 となる経路，もう1つは酢酸が分解されてメチル基から CH_4 が生成される経路である．CO_2 からの CH_4 生成も酢酸からの CH_4 生成も材料物質（基質とよばれる）がたくさんある場合は大きな同位体分別が起こり，軽い同位体比の炭素が CH_4 に速く取り込まれ，CH_4 の $\delta^{13}C$ 値は低い値となる．しかしながら，CH_4 生成の場での CO_2 と酢酸の現存量をみると，酢酸はほとんど蓄積せず，生成した酢酸はその場で消費されている状況にある．このようにすべての酢酸が消費される場合，酢酸のメチル基と同じ同位体比の CH_4 が生成されるので同位体分別は起こらない．したがって，一般的に，CO_2 から生成した CH_4 の $\delta^{13}C$ 値は低く（-60 ‰以下であることが多い），酢酸から生成した CH_4 の $\delta^{13}C$ 値は高いため（-40 ‰程度），CH_4 の炭素同位体比をみることにより生成経路が推定できる．

CH_4 の動態を研究するうえで，CH_4 の酸化による同位体の上昇も有効な手段として利用できる．CH_4 がバクテリアにより酸化される場合も，軽い同位体が速く酸化される．その結果，残った CH_4 の $\delta^{13}C$ 値は上昇することになる．

貧-中栄養湖である琵琶湖は，CH_4 の大気への放出起源としての意義はそれほど大きくはない．しかしながら，CH_4 は，地球環境と同様，湖底環境を調べる有効なセンサーとな

る．湖底生態系の CH_4 の動態には，基質となる有機物の堆積，湖底における生成・酸化，輸送などが影響する．これらの過程を理解するために上で述べた安定同位体の特徴が利用できる．

5.4.3 湖底の有機物

(a) 湖底堆積有機物の水平分布と現存量

湖底におけるガス代謝の基質となる有機物には，湖内で生成された自生性有機物と河川などを通して外から輸送されてきた外来性有機物とがある．これらの有機物は，流入および沈降の過程で一部分解を受けた後に，湖盆形態，湖沼の方位と大きさ，気象条件などの物理過程に支配されて堆積する．琵琶湖などの大型湖沼では湖底に堆積する有機物の分布が一様ではないため（Murase & Sakamoto, 2000），湖底におけるガス代謝にも空間的な変動が予想される．

琵琶湖の湖底表層堆積物の有機物含量は，沿岸域で低く，沖に向かって水深が深くなるにつれて高くなる傾向にある（**図 5.4.1**）．琵琶湖北西部は近隣に有機物や栄養塩類を供給する大きな流入河川がないにもかかわらず，堆積物の有機物含量が高い．琵琶湖の北部では，湖水はコリオリの力を受けて反時計回りの流れ（湖流）をつくっており，土砂と比べると沈降速度の遅い有機物がこの湖流に運ばれこの地点で堆積していることが考えられる．**図 5.4.2** は水深に対して表層堆積物中の炭素含量を琵琶湖北湖中央部，西部，東部，南湖の間で比較したもので，湖盆地形の急峻な炭素含量の変動が大きく，湖底の傾斜が有機物の堆積に影響することを意味している．

表 5.4.1 は湖底表層に堆積している炭素と窒素の現存量を水深別に算出したものである．北湖の水深 20 m 以浅の沿岸部では単位重量あたりの炭素・窒素濃度がそれぞれ 2 %

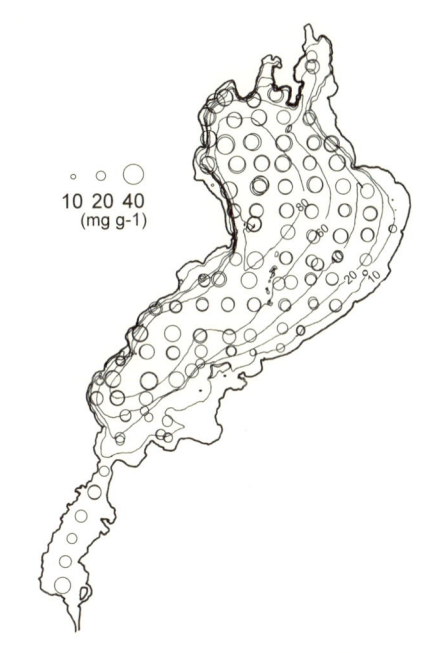

図 5.4.1 琵琶湖表層堆積物中の炭素含量の水平分布
（Murase & Sakamoto, 2000 を改変）

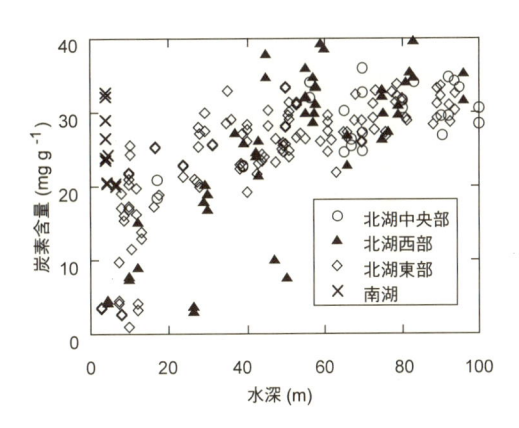

図 5.4.2 表層堆積物の炭素含量と水深との関係
（Murase & Sakamoto, 2000 を改変）

以下，0.2 % 以下と低いものの，沿岸の堆積物は砂質で固相密度が高く，また湖底面積が大きいことから，沿岸域が堆積有機物の最も大きなプールとなっている．湖底表層 2 cm までの炭素蓄積量は，湖全体で 9.2×10^{10} gC と見積もられた．堆積速度を一様に 2 mm y^{-1} であると仮定すると，年間に湖底

表5.4.1 琵琶湖表層堆積物（0〜2 cm）の炭素および窒素含量

(Murase & Sakamoto, 2000 より改変)

	水深 (m)	固相密度* (mg cm^{-3})	炭素含量* (mg g^{-1})	窒素含量* (mg g^{-1})	湖底面積 (km^2)	炭素量 (x10^9 g)	窒素量 (x10^9 g)
西湖		228	24.8	2.9	58	6.56	0.77
北湖	0-10	760	10.5	1.2	94	15.00	1.71
	10-20	551	16.5	1.7	79	14.38	1.48
	20-30	328	20.4	2.3	39	5.23	0.59
	30-40	252	25.8	3.0	44	5.73	0.67
	40-50	277	26.1	2.9	53	7.66	0.85
	50-60	225	30.0	3.3	69	9.34	1.03
	60-70	211	27.4	3.1	66	7.62	0.86
	70-80	206	30.4	3.4	88	11.02	1.23
	80-90	176	32.6	3.6	58	6.67	0.74
	90-	181	31.1	3.4	25	2.82	0.31
合計					673	92.0	10.2

*水深別の平均値

に蓄積される炭素量は，約 $9.2×10^9$ gC と推定される．単位面積あたりの湖水に含まれる有機態炭素量（58 gC m^{-2}；4.2節）から，湖水全体の有機炭素現存量は $3.6×10^{10}$ gC と推定され，表層2 cm の湖底堆積物が平均水深約 40 m の琵琶湖の湖水を上回る重要な炭素プールの場であることが理解できる．

（b） 堆積有機物の安定同位体比と起源

富栄養化の進んだ湖では，植物プランクトンの量が多く，CO_2 の取り込みが活発である．そのため，水中の CO_2 が大気と十分に交換することなく取り込まれてしまう．こ のような状態では CO_2 の取り込み過程における同位体分別は小さくなるため，湖内で生産された有機体炭素の同位体比は高くなる傾向にある．このことを利用して，湖底堆積物中の有機態炭素の起源を陸上由来と湖由来に区別することも可能である．琵琶湖の場合，相対的に富栄養化の進んだ南湖を除いて，堆積有機物の $δ^{13}C$ 値の分布は空間的にかなり均一であり，その値も陸上有機物と違いがない（図5.4.3）．一方，窒素安定同位体比は，湖心から沿岸にかけて減少する傾向が認められる．Yamada et al. (1996) は，琵琶湖集水域の河川（姉川）の堆積物の $δ^{15}N$ 値が琵琶湖堆積物に比べて低い（-0.9〜2.6 ‰）こ

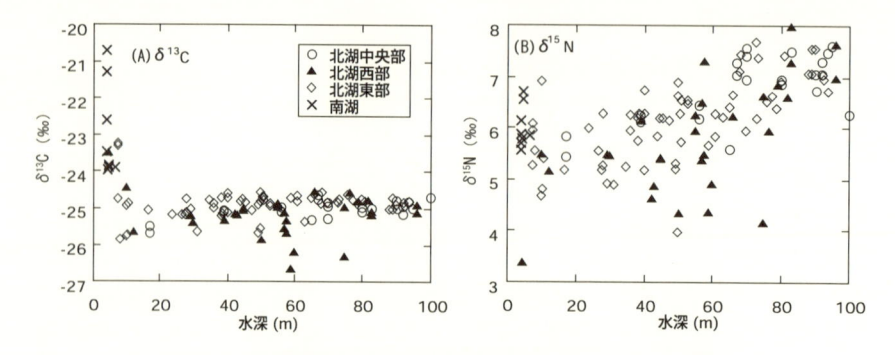

図5.4.3 表層堆積物の炭素・窒素安定同位体比と水深との関係
（Murase & Sakamoto, 2000 より）

とを見出しており，図5.4.3にみられるような，沖帯から沿岸にかけた堆積物のδ^{15}N値の減少は，沖帯から沿岸域にかけて陸域有機物の寄与が増大することを示唆するものと考えられる．実際，^{13}C-NMRによる堆積有機物中の官能基組成の解析では，陸上植物由来と考えられる芳香族化合物のシグナル強度は沖帯から沿岸に移行するにつれて高くなり，逆に糖類に代表されるアルキル化合物のシグナル強度は沖帯ほど高くなる傾向にある（図5.4.4）．湖底堆積物の窒素安定同位体比の最大値と河川堆積物の窒素安定同位体比とが，それぞれ自生性有機物および外来性有機物の窒素同位体比に相当すると仮定し，湖底有機物に対するそれぞれの起源の寄与率を概算すると，沿岸域ほど外来性有機物の寄与が顕著で，湖全体では約4割が外来性であると推定されている（Murase & Sakamoto, 2000）．

（c） 有機物の鉛直分布

北湖の堆積物では鉛直方向に炭素含量が減少する（図5.4.5）．炭素含量の鉛直分布は30年前の測定結果とほぼ同じであることから，湖底表層の高い有機物含量は，有機物の堆積量が近年増加したのということではなく，いったん堆積した有機物がその後湖底で活発に分解されることを示唆している．鉛直分布のパターンを比較すると，水深の深い沖帯から浅い沿岸に向かって炭素の減少の程度が小さいことが分かる．C:N比については，表層はいずれの地点もほぼ同じなのに第2層（4cm）以深では水深が深くなるにつれて高くなっている．また，沖帯の堆積物では堆積層位が深くなるほど芳香族化合物が増加する傾向を示している（図5.4.4）．これらのことは，陸上起源の有機物が深部に卓越して蓄積していること，またその傾向が岸に近いほど顕著であることを示唆している．すなわち，湖内の一次生産を起源とする比較的易分解性の内生有機物は湖底で分解を受け，相対的に難分解性の陸上起源の有機物が残存すると考えられる（4.2.6項(c)参照）．

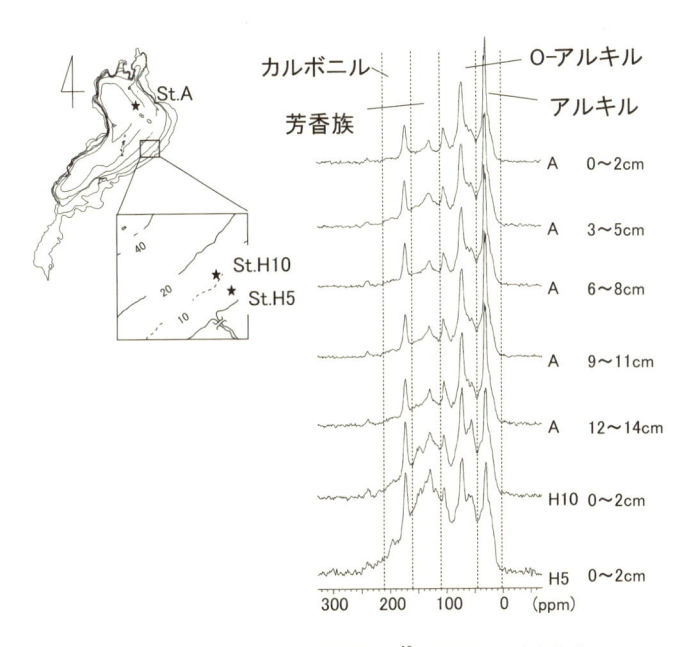

図5.4.4 湖底堆積物の^{13}C NMRスペクトル

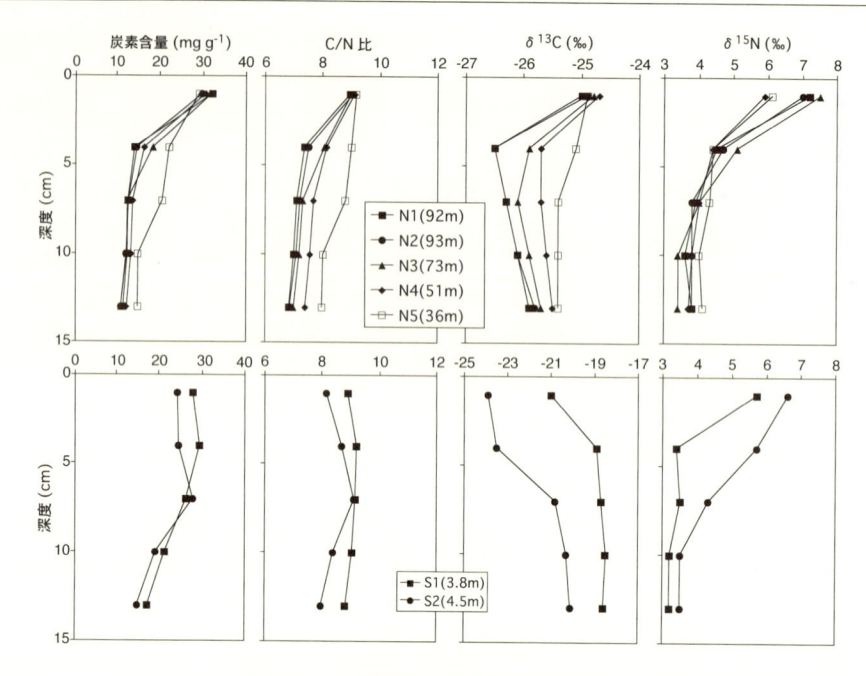

図 5.4.5　湖底堆積物の鉛直プロファイル
上段（N1-N5）は北湖の沖帯から沿岸に向けた地点の測定結果，下段（S1, S2）は南湖の測定結果で，括弧内は湖底までの水深を示す．（Murase & Sakamoto, 2000 より）

5.4.4　湖底堆積物のガス代謝

（a）　湖底堆積物におけるガス代謝

　湖底に堆積した有機物は，初期続成作用ともよばれる微生物分解を受ける．貧－中栄養の湖底堆積物では，湖水からの酸素の拡散によって表層に通常厚さ数ミリメートルの酸化層が形成し，湖底表面に堆積した有機物は好気的な分解を受ける．すなわち，有機態炭素は呼吸によって CO_2 に，有機態窒素はアンモニア化成の後，硝化作用により硝酸イオン（一部は亜酸化窒素）へと変換される．湖底表層（酸化層）の微生物代謝により酸素は消費されてしまうため，それ以下の層位には酸素は十分に供給されず嫌気的となり（還元層），有機物は酸化物質（NO_3^-, MnO_2, Fe_2O_3, SO_4^{2-}）の還元との共役により分解される．つまり，これらの分子中の酸素が利用され有機態炭素は分解されて CO_2 となる．さらに深部では，これらの酸素も消費されてしまい，有機物は発酵により分解され，有機態炭素は最終的に CO_2 と CH_4 にまで分解される．

　湖底堆積物の深部では必ず CH_4 が生成しているが，生成した CH_4 が水中に放出されるかどうかは，有機物分解速度と酸素供給速度のバランスに支配される．酸化還元境界層では，酸素を消費して有機物が分解されるが，溶存酸素の一部は嫌気分解に利用された酸化物や生成したメタンの再酸化にも利用される．湖底堆積物の酸素消費速度が酸素供給速度よりも小さく，還元層から酸化層に拡散してきた CH_4 がすべて酸化されてしまう場合，湖底のガス代謝は CO_2 放出型となる．もしもこの時点で CH_4 を酸化する酸素が不足する場合は CH_4 放出型へと移行することになる．

　始めに述べたように，堆積物が CO_2 放出

型となるかCH_4放出型となるかは重大な問題である．これを決める個々のメカニズムが何であるか，そしてどのような研究手法が可能であるかを順に解説しよう．

(b) 好気的炭素無機化

先に述べたとおり，湖底の堆積有機物は酸化層でのみ好気的に分解される．そこで表層堆積物を滅菌した湖水と混合して好気条件で培養し（スラリー培養法），CO_2の生成速度を測定し好気的炭素無機化速度を求めた．琵琶湖表層堆積物をその場の温度で培養して比較すると，表層堆積物 $1 m^2$ の1日あたりの炭酸ガス生成量は，沿岸域の堆積物（H5地点）では $6 \sim 20\ mmol\ m^{-2}\ d^{-1}$（$72 \sim 240\ mgC\ m^{-2}\ d^{-1}$）と高く沖帯の堆積物（A地点）では $1\ mmol\ m^{-2}\ d^{-1}$（$12\ mgC\ m^{-2}\ d^{-1}$）程度と非常に低い（図5.4.6）．堆積物中の有機物含量は沖帯のほうが高いにもかかわらず，CO_2の生成速度は沖帯の堆積物のほうが低い．したがって，有機態炭素単位重量あたりのCO_2生成速度で比べると，沖帯と沿岸帯の差はさらに大きくなる．

無機化速度を律速する因子としては温度が最も重要であると考えられる．沖帯では湖底の泥温は一年中あまり変わらず，7℃前後である．一方，沿岸帯では水温の季節変化に伴い，湖底堆積物の泥温も大きな季節変化を示し，特に夏から秋にかけて高くなる．有機物分解活性は分解を担うバクテリア活性の至適温度（37℃前後）までは温度が高いほど分解活性は高くなる．したがって，その場の温度（現場温度）での培養でCO_2生成速度に差が出るのは，沿岸帯堆積物の泥温が高いことが主要な原因である．

しかしながら，もう1つここで重要なことは，沖帯と沿岸帯の湖底表層の水温が同じになる冬から春（12〜3月）にも沿岸（H5地点）のCO_2生成速度が最も高いということである．この差のおもな理由は堆積物中の有機物の分解しやすさ（易分解性）の違いであると推察される．湖内で生産された有機物（自生性有機物）は沈降過程で少なからず分解作用を受ける．水深の浅い沿岸ではその過程が沖帯に比べて短いため，湖底に堆積した自生性有機物は沿岸帯のものと比較すると分解しやすいものが多いと考えられる．有機物分解過程の研究では有機物の量とともにその質（分解性）が問題となってくる．今後，実際に分解される有機物の起源や質，分解のメカニズムなどを明らかにする必要があるだろう．

(c) CH_4 生成

堆積物のCH_4生成活性は，堆積物の一部を無酸素状態の滅菌水と混合して密閉容器内で嫌気的に培養し，生成するCH_4を測定することにより求めることができる．沖帯湖底堆積物のCH_4生成活性を層位ごとに測定すると，表層（0〜2.5 cm）に比べて深層で高いCH_4生成活性を示す（図5.4.7）．堆積物中のCH_4の炭素安定同位体比は −70‰ 以下と低いことから，CO_2の水素による還元がCH_4の主要な生成経路であると考えられる．一方，深部の堆積物のCH_4生成活性では非常に興味深い現象がみられた．CH_4生成の特異的な阻害剤であるBES（ブロモエタンスルホン酸）を添加して堆積物を培養しても

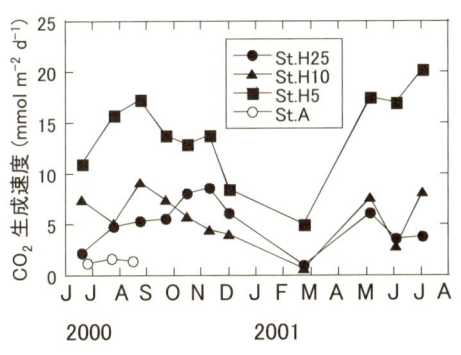

図5.4.6 表層堆積物の好気的CO_2生成速度の季節変化
St. H25，H10，H5 はそれぞれ彦根沖水深 25，10，5 m 地点，StA は竹生島南水深 80 m 地点で採取した堆積物の測定結果．

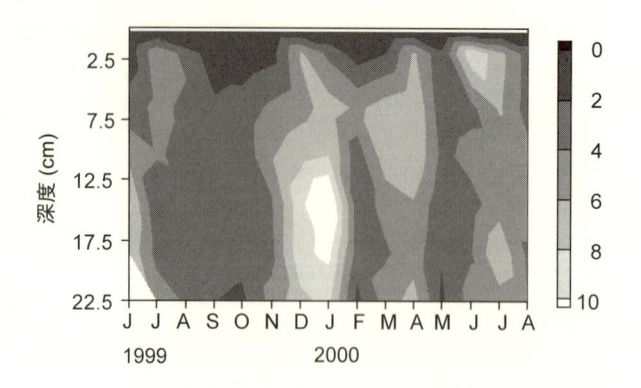

図5.4.7 琵琶湖沖帯堆積物(StA)のCH$_4$生成活性の鉛直分布
単位はnmol ml^{-1} d^{-1}. (Murase & Sugimoto, 2002より)

CH$_4$生成活性はほとんど低下しないのである．すなわち，炭素同位体比は明らかにCH$_4$がメタン生成菌により生成されたことを示しているが，出てきたCH$_4$は培養時に生成したものではないことを示している．

琵琶湖の堆積物は40～60％が粘土からなっている．粘土は表面の層状の結晶構造により様々な物質を吸着し，CH$_4$もまた粘土に吸着することが知られている．室温で送風により乾燥させた琵琶湖堆積物にはまだCH$_4$が保持されており，これを120℃に加熱するとCH$_4$が放出される．これらのことから，堆積物中には過去にメタン生成菌により生成されたCH$_4$が吸着により保持されていると考えられる(Sugimoto et al., 2003)．

いずれにしても，10 cm以深を中心にCH$_4$の生成(または放出)が起こっていることは，堆積した有機物が長期にわたって(堆積速度を2 mm y^{-1}とすると20 cm以深の有機物は100年以上前に堆積したことになる)湖底のガス代謝に関与していることを示すものである．

沿岸帯のCH$_4$生成活性は，CO$_2$の生成と同様，沖帯と比較してはるかに高く，季節変動も大きい．夏季・秋季に採取した堆積物を冬季に近い温度で培養すると，メタン生成活性は冬季に採取した堆積物と同程度まで低下することから，活性の変化には温度が重要な役割を果たしていると考えられる(図5.4.8)．

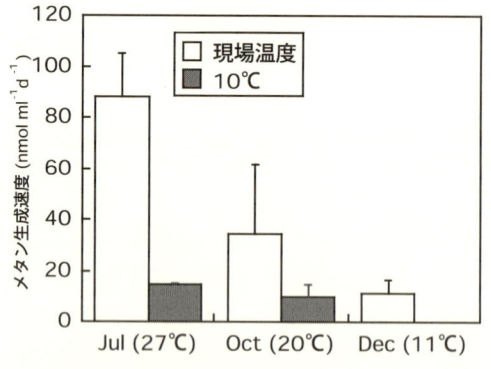

図5.4.8 琵琶湖沿岸堆積物(St. H5)のCH$_4$生成活性と培養温度の影響
括弧内は現場温度. (Murase & Sugimoto, 2002より)

(d) CH$_4$酸化

湖底堆積物の間隙水中のCH$_4$濃度は，通常湖水に比べて非常に高い(琵琶湖では1000倍以上)ので，その濃度勾配に従って堆積物中のCH$_4$は湖水へと拡散する．還元層から拡散したCH$_4$は，酸素の存在する酸化層まで到達するとメタン酸化菌によってCO$_2$に酸化される．琵琶湖湖底堆積物をアクリルパイプに採取した柱状試料のヘッドスペースを窒素で置換して現場温度で静置すると，直線的なCH$_4$濃度の上昇が観察され

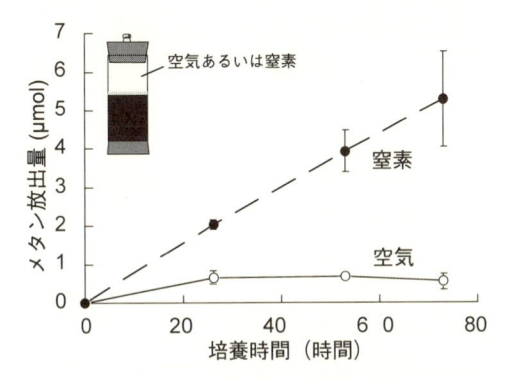

図5.4.9 堆積物柱状試料からのCH$_4$の溶出（2000年8月）

る．一方，ヘッドスペースが空気の場合はCH$_4$濃度の上昇はほとんど認められない（**図5.4.9**）．この差の原因として，窒素置換処理で嫌気状態になったことによるCH$_4$酸化の抑制とCH$_4$生成の促進の2つが想定されるが，嫌気状態での表層のCH$_4$生成活性がきわめて低い（**図5.4.7**）こと，好気条件でのヘッドスペースのCH$_4$の炭素安定同位体比が嫌気条件に比べて非常に高かったこと（好気条件：-49‰，嫌気条件：-75‰）から前者が主たる要因であると考えられる．つまり，ヘッドスペースに空気が存在する好気条件では，還元的な堆積物中で生成したCH$_4$が酸化層を通過する間に酸化を受け，軽い同位体比のCH$_4$が酸化されることにより炭素同位体比が上昇したのである．この結果は，堆積物深層から放出されるCH$_4$のほとんどは堆積物表層で酸化されることを示すとともに，湖水からの酸素供給が絶たれた場合，即座に湖底から湖水へとCH$_4$が放出されることを意味している．

(e) 酸素消費

前述したような新生堆積有機物の好気的分解やCH$_4$の酸化に加えて，他の還元物質（Fe^{2+}，Mn^{2+}，NH$_4^+$，還元型イオウ[S^{2-}, S^0]）の酸化によっても堆積物表層の酸素が消費される．**図5.4.10**は，琵琶湖沖帯堆積物の酸素要求速度（sediment oxygen demand：SOD）に対する各代謝過程の寄与を推定したものである．ここでは，堆積物を好気的および嫌気的に培養した後にこれらの還元物質あるいはその酸化態物質の量を測定し，両者の差から各酸化反応の速度を計算し，化学量論式に基づきそれぞれの酸化反応による酸素消費速度を求めている．この図から好気的な炭素の無機化とCH$_4$酸化の寄与がそれぞれ約1/4あり，最も大きいことが読み取れる．富栄養湖の堆積物では，深部の嫌気層で生成した還元物質の再酸化が好気的な有機物分解よりはるかに堆積物の酸素消費に関与することが指摘されている（Gelda *et al.*, 1995）が，貧−中栄養湖である琵琶湖においてもCH$_4$酸化の重要性が示されたことは，過去に堆積した有機物が現在の堆積物の酸素消費に影響を及ぼしているという点において興味深い．

深底部の表層堆積物における酸素消費速度は，約5 nmol m^{-2} d^{-1}（0.2 gO$_2$ m^{-2} d^{-1}）と推定された．この値は富栄養湖の場合（Onondaga湖，Gelda *et al.*, 1995）の数〜10分の1程度であるが，琵琶湖における温度成層期の深水層（30〜80 m）の酸素消費速度の約20%に相当する．堆積物の酸素要求速度は深さ10 cm程度の表層堆積物から推定しており，堆積物における酸素消費活性がいかに高いかが理解できよう．

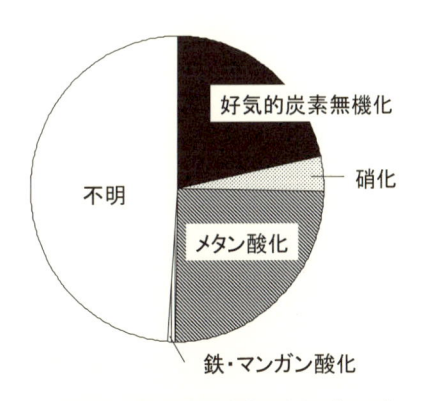

図5.4.10 沖帯堆積物の酸素消費の内訳（2000年7月）

なお，この推定では化学量論式に基づいて各物質の酸化に伴う酸素消費速度を見積もっているが，好気的炭素無機化と硝化による酸素消費速度の和は表層堆積物スラリーを培養して直接求めた酸素消費速度の3分の1程度しか説明していない．このことは，想定する化学量論式よりも反応あたりの酸素要求量が高い，酸素を消費するプロセスが他に存在する，あるいはスラリー培養法に方法論的な問題がある，などの可能性を示唆している．

琵琶湖の沿岸における堆積物表層の酸素消費速度は，炭素の無機化やCH_4生成と同様，沖帯と比較して非常に高く，富栄養湖に匹敵する活性を示す（図5.4.11）．水温の高い夏季の活性は，堆積物上の厚さ15～20 cm分の湖水に飽和状態で溶存する酸素を1日で消費する程である．実際に沿岸帯では，日成層による湖水の停滞と高い酸素消費活性によって，表層水であっても湖底直上では溶存酸素濃度が低下する（図5.4.12）．このとき湖底直上水のCH_4濃度は著しく上昇しており，堆積物から拡散溶出したCH_4が湖底表層で十分に酸化されず湖水へ溶出したと考えられる．また，マンガン濃度も湖底直上水で非常に高くなっており，堆積物中で還元されたマンガンが湖底表層で酸化沈着されずにCH_4

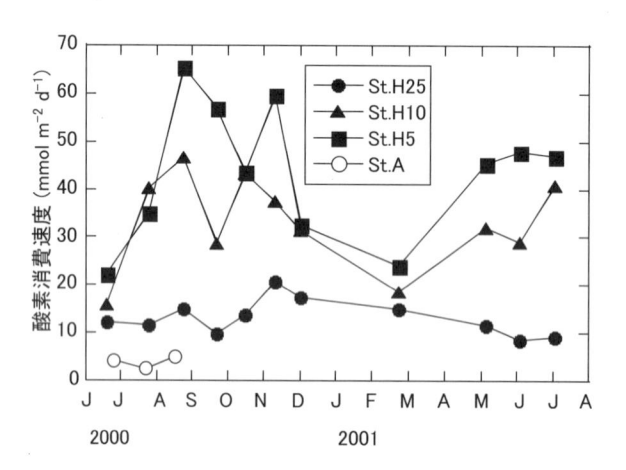

図5.4.11 湖底表層堆積物（0～5 mm）の酸素消費速度

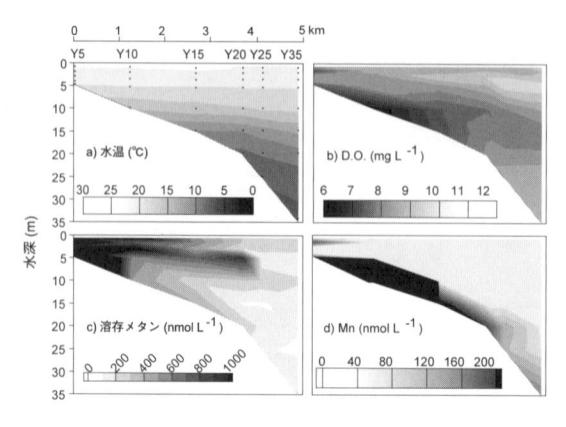

図5.4.12 野洲川河口域における溶存酸素，マンガン，CH_4の濃度分布
2000年7月22日の観測結果．(Murase et al., 2003より)

と同様湖水へ溶出したと考えられる．

5.4.5 水中のメタン動態と大気への放出

湖水中のCH_4の動態には，河川などによる溶存CH_4の湖への流入と流出，湖底堆積物からの放出，水中における生成と酸化，および大気との交換が関与する．どの過程が支配的であるかはそれぞれの湖の状態による．

深水層が無酸素状態となる富栄養湖では，湖底堆積物から大量のCH_4が酸化を受けることなく水中に放出されるため，水深が深くなるほど水中CH_4濃度は高くなる．一方，琵琶湖北湖沖帯の水柱のCH_4濃度は，夏季には表水層や水温躍層で高くなる傾向を示す（図5.4.13）．この時期は，湖水の表層が暖まり，上部の水が温かく下層に冷たい水が存在して，湖水が上下に混ざりにくくなる温度成層期である．つまりこの表水層・水温躍層に高濃度で存在するCH_4は明らかに湖深底部の堆積物から放出されてきたものではない．ではこのCH_4はどこからくるのだろうか．

琵琶湖沿岸部の縦断観測を行い湖水中のCH_4の分布を調べた結果，河口部表層と沿岸部湖底直上で濃度が高く，流入河川と沿岸堆積物からCH_4が湖水へ供給されていることがわかった．興味深いことに，この沿岸部の表層と湖底直上のCH_4高濃度帯は，沖帯に向かって水平方向に伸びていることが観察された（図5.4.12）．琵琶湖の表水層は十分に酸素を含んでいるため，CH_4の生成はほとんど起こらない．したがって，沖帯の表水層で観察された高濃度のCH_4起源は，深底堆積物からの鉛直輸送ではなく，沿岸からの水平輸送であると考えられる．水中でのCH_4酸化は光によって阻害される（Murase & Sugimoto, 2005）ので，沿岸部から沖帯に輸送されたCH_4は，湖水中で酸化されず，このことも表水層付近に高濃度のCH_4が存在する一因となっている．

一方，琵琶湖深水層では温度成層期間中，溶存CH_4は酸化を受ける．深水層のCH_4は湖水が全層混合することにより表水層のCH_4が深水層に入って濃度が最大となり，炭素同位体比はこのとき最低となる．夏の成層期間中，表水層との混合が制限されると，深水層の溶存CH_4の濃度は次第に低下し，炭素同位体比は上昇する（Murase *et al.*, 2003）．もしも湖底堆積物からCH_4が放出されていれば，深層水中のCH_4の濃度は成層期間中に上昇するはずである．観測された溶存CH_4濃度の低下と同位体比の上昇は，琵琶湖湖底からのCH_4の放出はわずかで，むしろ湖水でのCH_4の酸化過程が深層水中のCH_4濃度を決めていることを示している．

さて，ここで大気との交換に話を移そう．湖水と大気とのガスのやりとりは大気に接する表面水のガス濃度と大気中のガス濃度の差によりガスが湖水から大気に出ていくか大気から湖水に入ってくるかが決まる．水面－大気間のガス交換のフラックスFは，

$$F = k(C_w - C_{eq})$$

で表される．ここでkはガス交換係数，C_wは水中の溶存ガスの濃度（$mol\ L^{-1}$），C_{eq}は

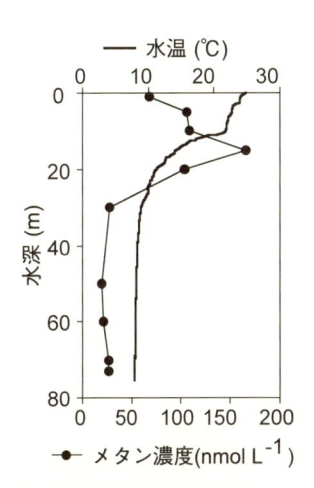

図5.4.13 琵琶湖沖部（StA）における水中溶存CH_4の鉛直分布
1999年7月の観測結果．

大気と平衡となった水中の溶存ガス濃度である．Ceq はガスの溶解度と大気中のガスの分圧により決まる．CH_4 の場合，20℃での CH_4 の Bunsen の吸収係数（気体の分圧が 1 atm のとき，溶媒 1 cm^3 に溶解する気体の体積（cm^3）を 0℃，1 atm に換算した値）は 0.0331（つまり 1 mL の水に 33.1 μL の CH_4 が溶ける）と小さく，大気中の CH_4 の分圧は約 2 ppmv と低い．したがって，20℃の湖水の Ceq は 3 nmol L^{-1} ときわめて低い．$Cw > Ceq$ の状態，つまり，大気と平衡となった水中の濃度よりも実際の水中の濃度が高い状態を過飽和の状態といい，このときガスは大気へと放出される．大気と平衡時の濃度よりも水中の濃度が低ければガスは大気から水中へと入ってくる．ほとんどの河川水や湖水では大気平衡に対して過飽和量の CH_4 が溶存しており，CH_4 は水系から大気へ放出されている．琵琶湖も常に $Cw > Ceq$ の状態にあり，先に述べた沿岸や表水層のメタンは，湖水から大気へと放出されると考えられる．

湖水や河川水から CH_4 が放出されているかどうかは，溶存 CH_4 が過飽和になっているかどうかを計算すればわかるが，実際にどれだけの CH_4 が大気中に放出されているかフラックスを正確に求めるには k の値を知る必要がある．上の式は拡散による輸送の式と基本的には同じ形であるが，k（cm h^{-1}）の物理的な意味は，1 時間あたり何センチメートルの水が大気と平衡になるかというピストン流的な速度である．容易に想像できるように，穏やかな水面では k は小さく，大気と水が平衡になるには時間がかかる．一方，波立った水面では大気と水は素早く交換し k は大きな値となる．実際に k の値は風速に依存しており，風速が 3 m sec^{-1} 以上の場合は風速から予想可能であるが，弱風の場合は風速に無関係となり予想が難しいといわれている．k を求めるために Cole & Caraco（1998）は化学的にも生物学的にも安定な物質である SF$_6$ をラグーンにまき，水中の SF$_6$ の濃度を測定してラグーンでの SF$_6$ の総量の変化から大気に放出された量を計算して k の値を算出している．琵琶湖では，Kagotani et al.（1996）がチャンバー法による CH_4 フラックスの測定を行い，北湖で 0.02～0.27 mgCH$_4$ m^{-2} h^{-1}，南湖で 0.27～5.8 mgCH$_4$ m^{-2} h^{-1} の速度で CH_4 が大気へ放出することを報告している．

5.4.6　琵琶湖の現状：温暖化で何が起こるか

これまで述べてきたように，湖底堆積物では有機物の蓄積量やその代謝活性が湖水に比べて非常に高く，琵琶湖の場合，堆積物中の CO_2 濃度は現在の大気 CO_2 に対する平衡の 10000 倍以上に相当する．したがって，大気 CO_2 濃度の上昇が堆積物の代謝に直接的に影響を与えることは考えにくい．一方，大気 CO_2 およびその他の温室効果ガスの濃度上昇によって引き起こされる地球規模の温暖化は，湖底生態系に重大な影響をもたらすと予想される．

琵琶湖湖底で最も懸念される変化は貧酸素化である．一般に，貧酸素化に伴って，先述のように炭素代謝が CH_4 型に変換するとともに，鉄酸化物と共沈していた堆積物中のリン酸が鉄の還元とともに溶出する．琵琶湖湖底直上水においても溶存酸素濃度とリン酸濃度の間に負の関係が認められる（**図 5.4.14**）．溶存酸素濃度が 1 mg L^{-1} を下回るとリン酸の溶出量は劇的に上昇すると予測されているが，深底部の溶存酸素濃度が一時的とはいえ 1 mg L^{-1} 程度まで低下する年もあり，琵琶湖湖底環境の悪化は楽観視できない状態にあるといえる．湖底から溶出したリン酸が，湖水の循環などによって有光層に達した場合，湖の富栄養化が促進されることでさらに貧酸素化・富栄養化（リン酸濃度の上昇）が進行する可能性がある．

滋賀県の琵琶湖水質調査データから，貧酸素化傾向の著しかった 1987 年と平年並みの

5.4 水系のガス代謝

速水・藤原（1999）は，滋賀県の観測データをもとに琵琶湖の水温上昇の傾向を明らかにし，気温の上昇速度（0.07℃ y^{-1}）に比べて湖水温の上昇が高く，その傾向は湖底ほど顕著である（0.123℃ y^{-1}）ことを指摘している．低温条件下の堆積物の微生物活性は，温度上昇に対する応答が顕著で，Q_{10} 値として2～4の範囲の値が報告されている（温度が10℃上昇したときその活性が2～4倍上昇する）．琵琶湖の湖底堆積物の微生物活性の Q_{10} 値を3と仮定した場合，水温が4℃程度上昇すると活性が1.5倍，つまり貧酸素化が懸念される程度にまで高まると推定される．今世紀末までの気温の上昇が2～5℃であるという予測から考えて，富栄養化が進行しなくても湖底水温の上昇に伴う微生物活性の上昇が湖底の無酸素化を引き起こす可能性もある．それ以外にも，水温上昇に伴う飽和溶存酸素量の低下，冬季間の短縮による水温成層期の長期化など，酸素供給の不足も湖底の貧酸素化に拍車をかける可能性がある．

湖底堆積物の貧酸素化については富栄養化がおもな要因であると考えられているが，酸素収支が微妙なバランスで保たれている場合，以上のような地球規模の環境変化も湖底環境の決定要因となり得る．CH_4 は，過去長期間の有機物の堆積と代謝により，堆積物深部まで蓄積している．たとえ現時点で富栄養化が軽減されたとしても，蓄積した CH_4 は湖底表層の酸素消費に影響を与え続けると考えられる．湖底堆積物における CH_4 の代謝は，湖底環境を鋭敏に映す「センサー」であると同時に，環境の変化をもたらす「トリガー（引き金）」でもあるといえよう．

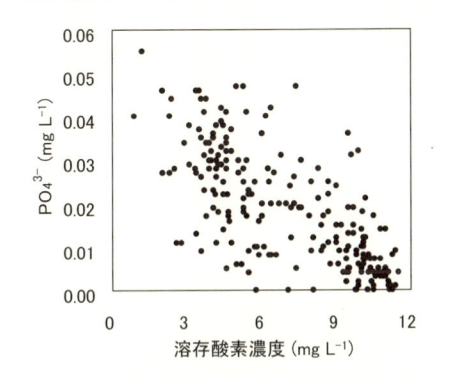

図 5.4.14 琵琶湖今津沖における湖底直上水の溶存酸素とリン酸濃度の関係
（過去の滋賀県環境白書資料編のデータから作成）

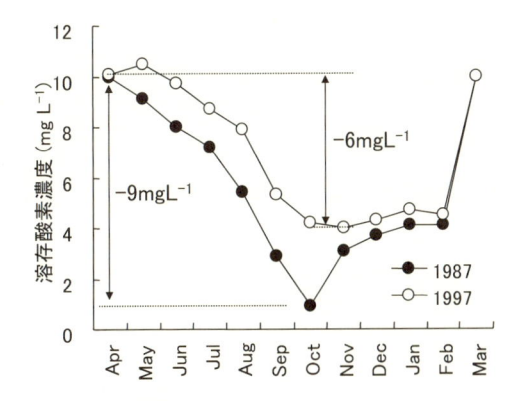

図 5.4.15 琵琶湖今津沖における湖底直上水の溶存酸素濃度の季節変化
（過去の滋賀県環境白書資料編のデータから作成）

1997年における湖底直上水の溶存酸素濃度の季節変化を比較してみた（**図 5.4.15**）．温度成層が始まる4月の時点では両年に濃度差はなく，最低溶存酸素濃度に達するまでの濃度変化は，1997年では 6 mg L^{-1}，1987年では 9 mg L^{-1} であった．単純に比較すると両年の溶存酸素消費量は1.5倍程度の差ということになる．この差をどう考えたらよいだろうか．

（5.4節　村瀬　潤・杉本敦子）

第5章 Exercise

(1) 日本のように地形が平坦でない状況において森林生態系の NEP を空気力学的に推定する際の問題点を，森林樹冠上での大気状態と林床面での大気状態を考慮して記しなさい．

(2) 都市大気の CO_2 について，濃度の逆数をX軸に炭素の安定同位体比（$δ^{13}C$）をY軸にとって表した関係を1次式で近似した場合のY切片の値は，どんな成分の同位体比を反映していると考えられるか．同位体マスバランスの概念を考慮しながら，データセットのタイムスケールが1日・1年・数年以上のそれぞれではどう異なるのかを含めて考えなさい．

(3) 陸域生態系における大気 CO_2 を人為起源（化石燃料起源）CO_2 と生物起源（生態系自身による呼吸起源）CO_2 に区別するために行う同位体マスバランスによる解析の指標として，炭素の安定同位体（$δ^{13}C$）と放射性同位体（$Δ^{14}C$）のそれぞれを用いたときの利点と欠点をあげ，その理由を考えなさい．

(4) 森林生態系をめぐる炭素の流れは生物と非生物の相互作用により形成されている．生態系を構成する各要素（植生，土壌，河川）間における炭素の収支に関わるプロセスについてコンパートメントモデルを用いて記載しなさい．

(5) 生態系の炭素フラックスを観測する方法はその対象により多様であるが，フラックスと現存量変化を相互比較するうえではどのような問題点があるのか考察しなさい．

(6) 陸域生態系との比較において湖沼堆積物のガス代謝の特徴について述べなさい．

(7) 湖沼堆積物のガス代謝が CO_2 放出型から CH_4 放出型に転換した場合，湖沼生態系にどのような変化が起こっているか考えなさい．

(8) 森林生態系の変化が，湖沼のガス代謝にどのような影響を与えるか考えなさい．

第5章 引用文献

Aber, J. D., Ollinger, S. V. et al. (1995) Predicting the effects of climate change on water yield and forest production in the northeastern United States. *Clim. Res.*, **5**, 207-222

Aitkenhead, J. A. & McDowell, W. H. (2000) Soil C : N ratio as a predictor of annual riverine DOC flux at local and global scales. *Global Biogeochem. Cycles*, **14**, 127-138

Amundson, R., Libby, S. et al. (1997) The isotopic composition of soil and soil-respired CO_2. *Geoderma*, **82**, 83-114

Aubinet, M., Heinesch, B. et al. (2002) Estimation of the carbon sequestration by a heterogeneous forest : night flux corrections, heterogeneity of the site and inter-annual variability. *Global Change Biology*, **8**, 1053-1071

Baldocchi, D., Falge, E. et al. (2001) FLUXNET : A new tool to study the temporal and spatial variability of ecosystem-scale carbon dioxide, water vapor, and energy flux densities. *Bulletin of the American Meteorological Society*, **82**, 2415-2434

Barthlott, C. & Fiedler, F. (2003) Turbulence

structure in the wake region of a meteorological tower. *Boundary-Layer Meteorology*, **108**, 175-190.

Bolt, G. & Bruggenwert, M. G. M. eds. (1980) 土壌の化学．岩田進午・三輪睿太郎・井上隆弘・陽捷行訳，学会出版センター，309 pp.

Cerling, T. E., Solomon, D. K. *et al.* (1991) On the isotopic composition of carbon in soil carbon dioxide, *Geochim. Cosmochim. Acta*, **55**, 3404-3405

Cole, D. W. & Rapp, M. (1981) Elemental cycling in forest ecosystem. *In* Dynamic properties of forest ecosystems. (Reichle, D. E. ed.), Cambridge Univ. Press, 341-410

Cole J. J. & Caraco, N. F. (1998) Atmospheric exchange of carbon doxide in a low-wind oligotrophic lake measured by the addition of SF_6. *Limnol. Oceanogr.*, **43**, 647-656.

Craig, H. (1953) The geochemistry of stable carbon isotopes, *Geochim. Cosmochim. Acta*, **3**, 53-92

Davidson, G. R. (1995) The stable isotopic composition and measurement of carbon in soil CO_2, *Geochim. Cosmochim. Acta*, **59**, 2485-2489

Deines, P. (1980) The isotopic composition of reduced organic carbon. *In* Handbook of Environmental Isotope Geochemistry, Vol. 1, (Fritz, P. & Fontes, J. Ch. eds.) Elsevier, 329-434

Falge, E., Baldocchi, D. *et al.* (2001) Gap filling strategies for defensible annual sums of net ecosystem exchange. *Agricultural and Forest Meteorology*, **107**, 43-69

Farquhar, G. D., O'Leary, M. H. *et al.* (1982) On the relationship between carbon isotope discrimination and the intercellular carbon dioxide concentration in leaves. *Aust. J. Plant Physiol.*, **9**, 121-137

Gelda, R. K., Auer, M. T. *et al.* (1995) Determination of sediment oxygen demand by direct measurement and by inference from reduced species accumulation. *Mar. Freshwater Res.*, **46**, 81-88

Gouveia, S. E. M., Pessenda, L. C. R. *et al.* (2002) Carbon isotopes in charcoal and soils in studies of paleovegetation and climate changes during the late Pleistocene and the Holocene in the southeast and centerwest regions of Brazil. *Global and Planetary Change*, **33**, 95-106

Goulden, M. L., Munger, J. W. *et al.* (1996) Measurements of carbon sequestration by long-term eddy covariance: methods and a critical evaluation of accuracy. *Global Change Biology*, **2**, 169-182

Greenland, D., Hayden, B. P. *et al.* (2003) Long-Term Research on Biosphere-Atmosphere Interactions. *BioScience*, **53**, 33-45

Grelle, A. (1997) Long-term water and carbon dioxide fluxes from a boreal forest: methods and applications, Doctoral thesis, Silvestri, 28, Acta Universitatis Agriculturae Sueciae, 80 pp.

ホイッタカー・R・H (1979) 生態学概説－生物群集と生態系－第二版．宝月欣二訳，培風館，363 pp.

速水祐一・藤原建紀 (1999) 琵琶湖深層水の温暖化．海の研究，**8**，197-202

Hobbie, J. E. & Likens, G. E. (1973) Output of phosphorus, dissolved organic carbon, and fine particulate carbon from Hubbard Brook Watershed, Limnol. *Oceanogr.*, **18**, 734-742

Horst, T. W. & Weil, J. C. (1994) How far is far enough?: The fetch requirements for micrometeorological measurement of surface fluxes. *Journal of Atmospheric and Oceanic Technology*, **11**, 1018-1025

Houghton, J. D., Ding, Y. *et al.* (2001) IPCC Third assessment report: Climate change 2001.

Jarvis, P. G., Massheder, J. M. *et al.* (1997) Seasonal variation of carbon dioxide, water vapor, and energy exchanges of a boreal black spruce forest. *Journal of Geophysical Research*, **102**(D24), 28953-28966

Jones, J. B. & Mulholland, P. J. Eds. (2000) Streams and Ground Waters, Academic Press, 425 pp.

Jones, Jr., J. B. & Mulholland, P. J. (1998) Carbon Dioxide Variation in a Hardwood Forest Stream: An Integrative Measure of Whole Catchment Soil Respiration. *Ecosystems*, **1**, 183-196

Kagotani, Y., Kanzaki, M. et al. (1996) Methane budget determined at the ground and water surface level in various ecosystems in Shiga Prefecture, central Japan. *Climate Research*, **6**, 79-88

Kaimal, J. C. & Businger, J. A. (1963) A continuous wave sonic anemometer-thermometer. *Journal of Applied Meteorology*, **2**, 156-164

Kaimal, J. C. & Finnigan, J. J. (1994) Atmospheric Boundary Layer Flows: Their Structure and Measurement, Oxford Univ. Press, New York, 290 pp.

Keeling, C. D. (1958) The concentrations and isotopic abundances of atmospheric carbon dioxide in rural areas. *Geochim. Cosmochim. Acta*, **13**, 322-334

Kerns, B. K., Moore, M. M. et al. (2001) Estimating forest-grassland dynamics using soil phytolith assemblages and $\delta^{13}C$ of soil organic matter. *Ecosci.*, **8**, 478-488

熊田恭一（1981）土壌有機物の化学　第2版．学会出版センター，304 pp.

Lal, R., Kimble, J. M., Follett, R. F. & Stewart, B. A. eds. (1998) Soil Processes and the carbon cycle, CRC Press, 609 pp.

Lee, X. (1998) On micrometeorological observations of surface-air exchange over tall vegetation. *Agricultural and Forest Meteorology*, **91**, 39-49

Leuning, R. & Moncrieff, J. (1990) Eddy-covariance CO_2 flux measurement using open- and closed-path CO_2 analyser water vapour sensitivity and damping of fluctuations in air sampling tubes. *Boundary-Layer Meteorology*, **53**, 63-76

Levy, P. E., Moncrieff, J. B. et al. (1997) CO_2 fluxes at leaf and canopy scale in millet, fallow and tiger bush vegetation at the HAPEX-Sahel southern super-site. *Journal of Hydrology*, **188-189**, 612-632

Malhi, Y., Baldocchi, D. D. et al. (1999) The carbon balance of tropical, temperate and boreal forests, *Plant. Cell and Environment*, **22**, 715-740

Mitsuta, Y. (1966) Sonic anemometer-thermometer for general use. *Journal of the Meteorological Society of Japan*, **44**, 12-24

文字信貴（2003）植物と微気象—群落大気の乱れとフラックス—，大阪公立大学共同出版会，140 pp.

Mook, W. G. & van der Plicht, J. (1999) Reporting ^{14}C activities and concentrations. *Radiocarbon*, **41**, 227-239

Mulholland, P. J. (1981) Organic carbon flow in a swamp-stream ecosystem. *Ecological Monographs*, **51**, 307-322

村石保（2003）都市二次林での炭素固定量の年々変動，名古屋大学農学部卒業論文，57 pp.

Murase, J. & Sakamoto, M. (2000) Horizontal distribution of carbon and nitrogen and their isotopic compositions in the surface sediment of Lake Biwa. *Limnol.*, **1**, 177-184

Murase, J. & Sugimoto, A. (2002) Seasonal and spatial variations of methane production in mesotrophic lake sediments (Lake Biwa, Japan) Verh. *Int. Ver. Limnol.*, **28**, 971-974

Murase J., Sakai, Y. et al. (2003) Sources of dissolved methane in Lake Biwa. *Limnol.*, **4**, 91-99

Murase, J. & Sugimoto, A. (2005) Inhibitory effect of light on methane oxidation in the pelagic water column of a mesotrophic lake (Lake Biwa, Japan). *Limnol. Oceanogr.* **50**, 1339-1343.

Neff, J. C. & Asner, G. P. (2001) Dissolved Organic Carbon in Terrestrial Ecosystems: Synthesis and a Model. *Ecosystems*, **4**, 29-48

小栗秀之・檜山哲哉（2002）都市二次林におけるCO_2・熱フラックスの季節変化．水文・水資源学会誌，**15**，264-278

Ohtaki, E. & Matsui, T. (1982) Infrared device for simultaneous measurement of fluctuations of atmospheric carbon dioxide and water vapor. *Boundary-Layer*

Meteorology, **24**, 109-119

Peterson, G. G. & Neil, C. (2003) Using soil ^{13}C to detect the historic presence of *Schizachyrium scoparium* (little bluestem) grasslands on Martha's Vineyard. *Restor. Ecol.*, **11**, 116-122

阪田匡司 (1999) 地表面のガスフラックス, 森林立地調査法. 森林立地調査法編集委員会編, 博友社, 209-211

Schmid, H. P. (1994) Source areas for scalars and scalar fluxes. *Boundary-Layer Meteorology*, **67**, 293-318

Schulze, E. D. ed. (2000) Carbon and Nitrogen Cycling in European Forest Ecosystems, Springer-Verlag, 500 pp.

Shibata, H., Mitsuhashi, H. *et al.* (2001) Dissolved and particulate carbon dynamics in a cool-temperate forested basin in northern Japan. *Hydrol. Process*, **15**, 1817-1828

Shibata, H., Hiura, T. *et al.* (2005) Carbon cycling and budget in a forested basin of southwestern Hokkaido, northern Japan. *Ecological Research*, **20**, 325-331

Sirisampan, S.・檜山哲哉 他 (2003) 落葉・常緑広葉樹から構成される二次林の気孔コンダクタンスの日変化と季節変化. 水文・水資源学会誌, **16**, 113-130

Smith, B. N. & Epstein, S. (1971) Two categories of ^{13}C/^{12}C ratios for higher plants. *Plant Physiol.*, **47**, 380-384

Stuiver, M. & Polach, H. A. (1977) Reporting of ^{14}C data. *Radiocarbon*, **19**, 355-363

Sugimoto, A., Dan, J. *et al.* (2003) Adsorption as a methane storage process in natural lake sediment. *Geophys. Res. Lett.*, **31**, doi : 10.1029/2003GL018162, 2003

高橋厚裕 (1999) 大気-森林間のエネルギー・物質交換過程に関する研究, 名古屋大学大学院理学研究科修士論文, 88 pp.

Takahashi, H. A., Hiyama, T. *et al.* (2001) Balance and behavior of carbon dioxide at an urban forest inferred from the isotopic and meteorological approaches. *Radiocarbon*, **43**, 659-669

Takahashi, H. A., Konohira, E. *et al.* (2002) Diurnal variation of CO_2 concentration, Δ^{14}C and δ^{13}C in an urban forest : Estimate of the anthropogenic and biogenic CO_2 contributions. *Tellus*, **B54**, 97-109

田中夕美子・田中教幸 (2002) 冷温帯落葉広葉樹林における二酸化炭素交換量と生態系呼吸量, 平成13年度科学研究費補助金成果報告書『陸域生態系の地球環境変化に対する応答の研究』(代表:和田英太郎), 111-118

Tani, M., Shida, K. S. *et al.* (2001) Determination of water-soluble low-molecular-weight organic acids in soils by ion chromatography. *Soil Sci. Plant Nutr.*, **47**, 387-397

Valentini, R., Matteucci, G. *et al.* (2000) Respiration as the main determinant of carbon balance in European forests. *Nature*, **404**, 861-864

渡辺力・神田学 (2002) LESによる熱収支インバランス問題に対する検討 (第2報) 水平一様な植生キャノピー層を含む中立接地境界層における検討. 水文・水資源学会誌, **15**, 253-263

Webb, E. K., Pearman, G. I. *et al.* (1980) Correction of flux measurements for density effects due to heat and water vapour transfer. *Quarterly Journal of the Royal Meteorological Society*, **106**, 85-100

Webster, J. R. & Meyer, J. L. (1997) Stream organic matter budgets. *J. N. Am. Benthol. Soc.*, **16**, 3-161

Wilson, K., Goldstein, A. *et al.* (2002) Energy balance closure at FLUXNET sites. *Agricultural and Forest Meteorology*, **113**, 223-243

Wolt, J. (1994) Obtaining Soil Solution : Filed Methods, *In* Soil Solution Chemistry : Application to Environmental Science and Agriculture. (Wolt, J. ed.), John Wiley & Sons, Inc., 121-143

Wondzell, S. M. & Swanson, F. J. (1996) Seasonal and storm dynamics of the hyporheic zone of 4th-order mountain stream II : Nitrogen cycling. *J. N. Am. Benthol. Soc.*, **15**, 20-34

Wright, R. F. (1998) Effect of Increased Carbon Dioxide and Temperature on Runoff Chemistry at a Forested Catchment in Southern Norway (CLIMEX Project). *Ecosystems*, **1**, 216-225

Yamada, Y., Ueda T. *et al.* (1996) Distribution of carbon and nitrogen isotope ratios in the Yodo River watershed. *Jpn. J. Limnol.*, **57**, 467-477

安田幸生・渡辺力 他（1998）落葉広葉樹林上における CO_2 フラックスの季節変化. 水文・水資源学会誌, **11**, 575-585

第6章
集水域としての陸域生態系

この章のポイント

　日本を含む東アジアは,比較的湿潤な環境下にあり,熱帯から亜寒帯まで,森林生態系が優占する.この章では,森林生態系を対象として,炭素循環にかかわる有機物生産量(総一次生産量・純一次生産量・純生態系生産量)の観測手法と,有機物生産を制限する生物学的なプロセスについて要約するとともに,大気CO_2の増加や温暖化に伴う樹木個体群の動態や森林生態系の応答の予測にシミュレーションモデルが有効となる事例を紹介する.次いで,それら手法の進展を基礎とし,東アジア地域と集水域スケールの特性に注目した研究の必要性について述べる.人間による化石燃料の急速な放出により,大気中のCO_2増加がもたらされているが,森林が,CO_2の吸収源としての一定の役割を果たしていることは疑う余地がない.しかし,森林が吸収できるCO_2量には生態系としての限界があること,水系を介した炭素フローや代謝が高温暖化ガスであるメタン生成などを通じて気候環境にフィードバックする可能性があること,さらに有機物として蓄積される吸収量が生態系に多面的な影響及ぼすことなど,今後さらに検討することが重要となる課題を指摘する.
　この章の後半では,これまでの人間活動の諸事象や環境科学における近年の国際的な研究の動向を俯瞰するとともに,人間も含めた生態系のユニットとして流域が有効となることについて述べる.この中で,大気や水と生物の間の物質の流動を反映する炭素と窒素の安定同位対比が,流域環境の健全性を考えるうえでよい指標となることを示す.さらに,流域スケールでの人間活動の生態学的な評価手法や人間活動を含んだ陸域生態系研究の必要性,それに基づく順応的管理手法の必要性などについて,問題を整理しながら述べる.

6.1 東アジアの陸域生態系の特性と環境応答

はじめに

現在進行している地球変化は，陸域生態系に，(1)温暖化（気温の上昇），(2)大気 CO_2 濃度の上昇，そして(3)人間の土地利用による自然生態系の分断化という，とりわけ3つの急激な変化として影響している．これらの変化に対する生態系の応答を理解するには，個々の生物の生理機能のスケールから，各生物種が維持できるかどうか，という個体群動態のスケール，さらには，種間の相互作用系の総体としての生態系機能の環境変化応答のスケールと，様々なスケールでの，応答時間の異なる過程を総合して把握しなければならない．

森林生態系は，高い生産量だけでなく，地球上の全生物量の90％を占める大きい現存量をもち，炭素循環のうえで重要な役割を担っている．森林生態系は安定した構造を維持する自律機能により炭素バランスのバッファーとしての役割を演じており，その機能の限界を特定することは緊要の課題である．森林が毎年 1.4 Gt の炭素の吸収を行なっているとすると，森林生態系の炭素蓄積量が増大していることになる．これは，光合成による炭素固定活性の増大に，生態系呼吸量が追い付いていけずに，生態系のフィードバック機能によって保たれてきた平衡状態が崩れつつあることを意味する．事実，世界的な森林のモニタリング・データの比較からも，生態系の機能の加速化が抽出されつつある．熱帯雨林の樹木集団の枯死・再生の回転率が最近20年で加速化している現象が，東南アジア・中南米・アフリカの熱帯林に共通して観測されている（図6.1.1）．

森林の大きな炭素収支に果たす役割に注目して，京都議定書に基づく人為的な CO_2 排出抑制に向けた合意では，森林再生による炭素吸収増加分を抑制努力に加えている．これは，（過去の生態系が固定した）化石有機態炭素の利用による CO_2 増加分の一部を，森林（すなわち現在の生態系）の吸収で肩代わりさせる，というロジックである．森林生態系が果たしている，大気 CO_2 の有機炭素への変換機関として，また有機炭素の貯蔵庫としての役割が注目されるようになったことは重要である．しかし，当然ながら，きわめて長い間に蓄積されてきた有機炭素の急激な燃焼に見合う吸収を森林が賄えるはずはなく，生態系機能の持続性の観点からは，炭素収支の激変は大きな問題である．既存の自然・半自然林が急激な環境変化にどのように応答す

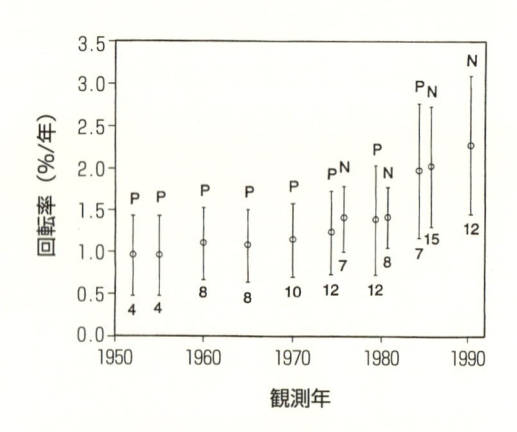

図 6.1.1 観測時期と，観測された熱帯林の樹木集団動態の回転率（加入率と死亡率の平均）との関係（平均と標準偏差）

時間とともに増加する傾向が読み取れる．P は旧熱帯（アジア・アフリカ），N は新熱帯（中南米），数字は観測数． (Phillips & Gentry, 1994)

るかを明らかにするために，様々なスケールにまたがる機能的な理解をさらに深めていく必要がある．

ここでは，東アジア地域に優占する森林生態系に注目しながら，葉レベルの生理的適応と，個体の形態レベルの応答，さらにそれがもたらす樹木個体群の維持に至る影響について概観してみよう．

6.1.1 生態系の有機物生産と炭素収支を測る

陸上植物の光合成は，葉の気孔を通して，葉内の細胞間隙，さらには葉肉細胞の葉緑体に取り込んだCO_2の炭素を，太陽の放射エネルギーを用いて有機物に同化する過程である．光合成の基質であるCO_2の大気濃度が上昇すると，他の基質や酵素のレベルにも依存するが，光合成速度も上昇することになる．光合成によって，葉の中のCO_2濃度は，大気のそれよりも減少するので，その差に比例して，気孔を通して，CO_2が取り込まれる．

葉の細胞間隙中は，飽和水蒸気圧状態にあるので，開いた気孔からは，大気の水蒸気圧と飽和水蒸気圧の差に比例して，水蒸気は葉から外気へ拡散される．これを蒸散（transpiration）とよぶ．蒸散は，太陽放射による葉温の上昇を防ぐラジエーター効果をもたらす．光合成は，光エネルギーを利用して水から還元力を得るが，蒸散で失われる水は，この光合成に必要な水の数百倍にも及ぶため，光合成は，十分な蒸散量が確保できるかどうかに依存することになる．

植物は，光合成によって陸域生態系の有機物生産を担っているので，独立栄養生物（autotroph）とよばれる．他の生物は，植物が固定した有機物をエネルギー源および生体構成の材料として用いている，ということで，従属栄養生物（heterotroph）とよばれる．植物の葉の光合成によって固定される有機物の単位時間（通常，1年間）の生産量を，総一次生産量（gross primary production：Pg）とよぶ．「一次」という言葉は，植物の生産がすべての生物生産のもととなることから，特に植物の生産であることを示すために使われる（慣習的に，水生植物やプランクトンでは一次生産を基礎生産とよぶことがある）．植物を食べる，あるいは植物遺体を分解する従属栄養生物の生産は二次生産とよぶ．同様に，それらの生物の有機物を転換する生物の高次の生産が定義される．二次以上の生産は，したがって一次生産の内数となる．

総一次生産量から呼吸消費量を差し引いたものが，純一次生産量（net primary procudtion：Pn）である．植物の現存量の期間増加量は，一次純生産量からさらに枯死脱落量を差し引いたものである．ふつう，陸上植物の純一次生産量や増加量は，地下部の観測が困難であるため，地上部分だけの観測値を指す．土壌表面からのCO_2放出は，土壌呼吸（soil respiration）とよぶが，これは，植物の根の呼吸と，土壌微生物や土壌動物といった従属栄養生物の呼吸を加えたものに相当する．純一次生産量から土壌呼吸量を差し引いた値が，生態系としての正味のCO_2の収支であり，純生態系生産量（net ecosystem production）あるいは純生態系交換量（net ecosystem exchange）とよばれる．つり合った状態にある生態系では，単位面積あたりの植物体増加量も，また純生態系生産量もゼロになる．

これらの生産量や呼吸量は単位時間あたりの速度であり，単位面積あたりでも，また総面積でも計算されるので，どの単位で議論されているのか注意する必要がある．物質の単位には，有機物量（乾燥重量），炭素量，CO_2量と，場合によっていろいろな単位が用いられるので，こちらも要注意である．植物の乾燥重量が細胞壁の主要成分であるセルロース $[C_6H_{10}O_5]n$ だけでできているとすると，乾燥重量の44％が炭素量になる．実際には，もう少し炭素の比が高く，乾燥重量の50％

前後になる．CO_2は分子量が40だから，原子量12の炭素に換算するには0.3を，乾燥重量に換算するには0.5を掛ければよい．

　陸上植生の純一次生産量は，ある調査面積内の植物の有機物量の変化を一定の時間で測定し，それに，期間中の枯死した有機物量を加えることによって測定できる．直接刈り取って測定すると変化が追えないので，刈り取り調査は追跡調査区の外で実施して，非破壊的に測定できる測値（茎直径や植物高）から有機物量の換算式を得て，調査区内の全有機物量を推定することになる．ふつう，こうして測定できる純一次生産量は，前述のように，根部を除いた地上部だけであるので，純生態系生産量を求めるためには，土壌呼吸量を，赤外線ガス分析器などを用いて測定し，地上部純一次生産速度から差し引く．この方法は，確実ではあるが，短い時間間隔での変化を追うことは難しい（5.2節）．

　植生の上空に吹く風は，植生の内部でも摩擦によって弱まる．風速が急激に減少する植生の上の気層を，境界層（boundary layer）とよぶ．境界層の中では，不規則な空気の渦が乱流をつくり，この乱流によってCO_2や水蒸気が鉛直方向に輸送される．乱流による鉛直方向のCO_2や水蒸気などのガス成分の輸送は，(1)空気密度，(2)風速の鉛直成分，そして(3)ガス濃度の積となる．風速の鉛直成分は瞬間的にはランダムに変化するが，ある程度の期間の平均ではゼロになる．ガス濃度が風速と無相関に変化すれば，両者の積もゼロになるため，ガスの鉛直方向の出入りはないと見積もられ，また相関して変動していれば，両者の積の時間平均値から，フラックス（単位水平面積を通って鉛直方向に輸送される量）が計算できる．

　この原理に基づいて，植生レベルのCO_2の収支（すなわち純生態系生産量）や水蒸気収支（すなわち蒸発散量）を測定するのが，渦相関法（eddy correlation method）とよばれる観測法である．植生上の境界層に，高時間解像度の風速計とCO_2・水蒸気の濃度を測定する赤外線ガス分析器を設置し，連続的な測定と記録を自動的に行うシステムを用いる．渦相関法は，前述の生物有機物量の変化からの推定法に比べて，一日の中での変化のような詳細な生産過程を推定できる点で優れているが，生態系レベルの純収支しか測定できないので，他の方法と組み合わせて行うことが重要である．また，ほとんど空気の動きのないような状態（特に夜間）や，雨天では測定できないため，欠測を内挿して補完する必要がある，などの問題点もある（5.1節）．

6.1.2　純一次生産量と植生タイプの地理分布

　生態系の一次生産量と蒸発散量は，降水量と気温という気候環境で制限されている．Uchijima & Seino（1985）は，純放射量と，放射乾燥度という気候環境の2変数から，経験的に純一次生産量を推定する「筑後モデル」を発表している．純放射量R(kcal cm^{-2} y^{-1})は，太陽から地表面に到達する年間の放射エネルギー量であり，放射乾燥度Dは，純放射量Rを，年降水量r(g cm^{-2})に水の蒸発潜熱λ(kcal g/H_2O)を掛けた値で割った単位なしの指数（$D=R/(\lambda r)$）である．放射乾燥度が1だと，降った雨が蒸発するのに必要なエネルギーが太陽から放射されるエネルギーとつり合った状態で，それより小さいと水が過剰な状態，1より大きいと乾燥が進んでいく状態となる．筑後モデルは，以下の式で表わされる．

$$\text{NPP}(t\text{乾燥重量 ha}^{-1}\text{ y}^{-1})=0.29[\exp(-0.216D^2)]R$$

　陸域生態系の純一次生産量は地球全体で炭素量にしておおよそ60 Pg y^{-1}，総一次生産量では120 Pg y^{-1}と見積もられている（1 Pg=10^{15} g=10^9 t）．定常状態を仮定すれば同じ量が動物と土壌微生物により分解され

6.1 東アジアの陸域生態系の特性と環境応答

ていることになる．現在人間活動により放出される炭素量は $5.9\,\mathrm{Pg\,y^{-1}}$ 程度見積もられ，大気中の蓄積と海洋への溶け込みの和 $4.5\,\mathrm{Pg\,y^{-1}}$ との不均衡に相当する $1.4\,\mathrm{Pg\,y^{-1}}$ 程度は陸域生態系によって年々固定されていると見積もられている．毎年このスピードで光合成過程が加速化されれば，陸域生態系の改変が急激に進行することになる．

赤道熱帯の両側，中緯度では大陸東岸の湿潤地域と西岸の地中海性乾燥地域が対照的な分布を示す．北半球の大陸東岸ではモンスーンによる降水と前線性の降水域が連続しており，熱帯から寒帯まで湿潤地域が連続するが，西岸では砂漠や地中海性気候で乾燥地域が介在する．南半球においても北半球と類似の東西の植生分布パターンがみられるが，この場合，東岸の湿潤地域は貿易風による地形性降雨によるものなので，海岸部の山脈の東(海)側斜面にのみ現れ，そこに幅の狭い雲霧林が成立する．この雲霧林は霧に由来する水分で維持されており，この狭い山脈を越えると乾燥することになる．

植生タイプの分布は，おおよそ温度と乾湿の2つの傾度で説明できるが，上記の理由から，湿潤東アジアは気候帯をまたがって森林を主体とする陸域生態系が卓越することになり，熱帯多雨林から温帯林を経て周北性の亜寒帯林まで，特に亜熱帯性の砂漠・半砂漠植生を交えることなく，湿潤気候に適応した森林生態系が連続した南北分布をもつことが，この地域の特徴となっている．

東アジア地域の植生タイプと，気候環境との関係を純放射量と放射乾燥度の座標にプロットすると，図 6.1.2 のようになる．筑後モ

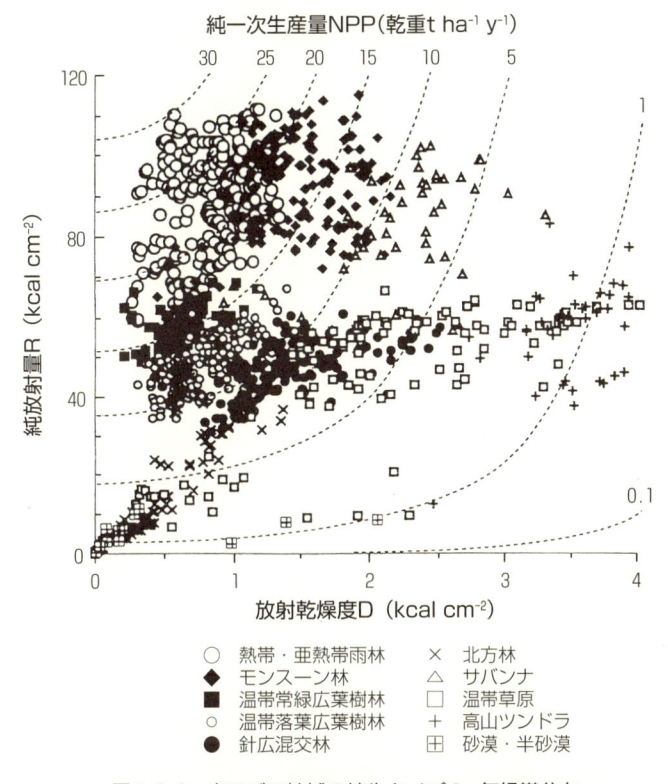

図 6.1.2 東アジア地域の植生タイプの，気候帯分布

気候要因を純放射量と放射乾燥度で表す．図内の等高線は，筑後モデルによる，純一次生産速度（Ohta, Uchijima & Oshima, 1993）．

凡例：
- ○ 熱帯・亜熱帯雨林
- ◆ モンスーン林
- ■ 温帯常緑広葉樹林
- ○ 温帯落葉広葉樹林
- ● 針広混交林
- × 北方林
- △ サバンナ
- □ 温帯草原
- + 高山ツンドラ
- ⊞ 砂漠・半砂漠

デルによる単位面積あたりの純一次生産量の等高線は，図中では，高温・過湿の左上で最も高く，低温（図の下側）と乾燥（右側）に向けて低下していく．森林生態系は，放射乾燥度が0.5～1.5の湿潤な範囲に発達し，より乾燥するところでは，草地生態系になることがわかる．森林生態系のタイプは，同じ放射乾燥度でも，純放射量の高い環境から低い環境に向かって，熱帯雨林から北方林まで推移していく．

6.1.3 生態系の純一次生産量と構成種の種数

東アジア地域で，地域毎に記載されている植物相を緯度経度のグリッドレベルに整理しなおして，地域的な樹木種数と，筑後モデルによって求めた純一次生産量の関係を調べた例（Adams & Woodward, 1989；Adams, 未発表）では，一次生産量の増加に対して，指数関数的に種数が増加していることがわかる（**図6.1.3**）．より狭い，1 ha前後の調査区データに基づいた分析からも，同じ関係が報告されている（Kohyama *et al.*, 1999）．なぜ森林生態系の生産速度と，森林を構成する樹種数の間に強い関係があるのかは，様々な仮説が提示されている未解明の疑問であるが，より生産的な気候環境は，多くの植物種をサポートする環境でもあることは事実である．こうした生態系の構成要素の多様性と，生態系機能の間の関係が，急激な気候変化に追随できるのかどうかという疑問についても，取り組んでいく必要がある．

6.1.4 流域単位の視点

陸域生態系の一次生産や炭素・水フラックスを広域的に俯瞰するには，調査地点の詳細な観測をデータベース化し，衛星観測などで得られる生態系タイプの分布と地理的な気候

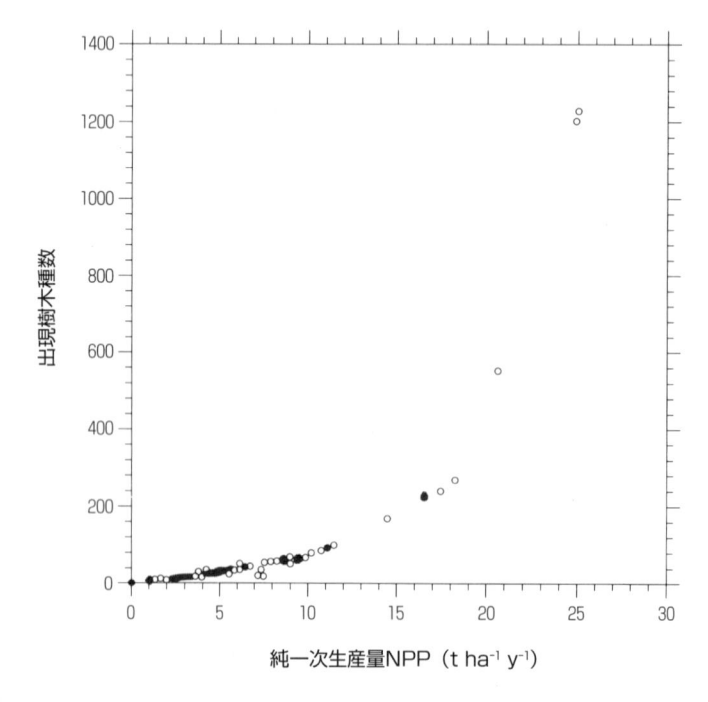

図6.1.3 東アジア地域の広域スケールにおける，築後モデルで推定された純一次生産速度と，記録されている樹木種数との関係（Adams, J. M., 未発表；Adams & Woodward, 1989 も参照）

要因を組み合わせて空間的に積算していく手法が用いられる．地上部の植生に比べて，河川や湖沼は面積的に限られるために，こうした空間的な積算では無視されることが多い．しかし，水は生物活動に必須の資源であるばかりでなく，「物質の流れ」を決める最も重要な要素であること，流域内の降水は流域全体からの蒸発散と河川や地下水の流去とつり合っており，水収支は流域を単位として把握できることなどの理由から，陸域のフラックスは河川・湖沼を含めた分水嶺で囲まれる流域レベルを空間単位として整理するのがわかりやすい．

また，河川水の水質は，地質や自然植生，農耕地といった生態系の特徴を反映した指標性をもっており，陸上からの有機物や栄養塩類の外的付加と，陸水のP：R比すなわち内的生産と群集呼吸の比の変化は，河川を通じて比較的狭い面積の湖沼に圧縮されて現われることになる．すでに第3章，第4章で解説したように，陸上植生の変化は，土壌系を通して，陸水系に影響する．陸上の純生態系生産量の増加が，土壌中の有機物蓄積量を増やせば，河川・湖沼への有機物の流入を増加させる一方で，人為的な窒素付加効果によって陸上が窒素過多になれば逆に有機物の土壌系からの流出が抑制され，硝酸態窒素が河川・湖沼系に流入して富栄養化をもたらす（第4章）．陸上からの有機物の負荷は，水が滞留する湖沼や湿地でのP：R比を押し下げるため，水系を介したCO_2のソースとなる．一方，栄養塩負荷の増大は，水系の内的生産を助長してP：R比を高め，水系をCO_2のシンクへと転じさせる．しかし，有機物の外的・内的負荷の増大は，湿地や湖底で還元的環境をつくり出し，そこでの還元的な分解過程によって，メタンや亜酸化窒素を大気に放出させるようになる．すなわち，水系をCO_2シンクからメタンや亜酸化窒素のソースへと転じさせることになるメタンや亜酸化窒素はCO_2よりもさらに強い温室効果ガスであるため，地球規模の気候変化に対するフィードバックとしても無視できない（5.4節）．

このように，水系は陸上の植生や土地利用の変化を指標するだけでなく，集水域を単位としたフラックスの重要なプロセスを担っている．また，湖沼生態系は，大きな水体である海洋で生じる生態系過程の変化と，陸域との相互作用を予測するモデル系としても注目されており，陸域生態系の挙動を，流域レベルで陸水系を含めて観測していくことの意義は大きい．

6.1.5 陸域生態系の構造変化

生理過程に基づく光合成モデルは，生態系動態をかなり正確に記述することができる．そうしたモデルの1つで，熱帯林の葉の最大光合成速度（光資源が十分にあるときの光合成速度）を2倍にした，高CO_2環境を模したシミュレーション実験を行ったOikawa (1986)は，上層の光合成上昇によってより高い葉密度が実現されるため，下層が暗くなり，下層木や稚樹の発達が抑制される，という非対称的な応答を予測した．これは，光合成の制御が最小律（複数の制限要因のうち，最も不足する要因に抑制される）によっており，いかにCO_2濃度が高くても，光資源の不足した環境では，光抑制によって生産が阻害されるためである．

人工的に，現在の倍程度のCO_2を付加して，植物の応答をみる実験は様々なスケールで行われているが，その最も大規模なものが，FACE（自由大気CO_2付加実験）とよばれる実験である（第2章）．CO_2濃度をあげた人為的な閉鎖空間内で応答をみるのでなく，自由に大気が移動する野外環境下で，実験地域の周辺をおおうように一定の間隔で立てたポールに設定した排気孔からCO_2を付加し，内部の植生の応答をみる，という大掛かりなものである．森林生態系を対象としたFACEは，北米のノースカロライナのテ

表6.1.1　ノースカロライナのテーダマツ林のFACE実験（+200 ppmv C）で，2年後と3年後の現存量（乾燥重量）の増加量

	年	現存量増加量($g\ m^{-2}\ y^{-1}$)		CO_2付加効果（％）
		対照	CO_2付加	
マツ林冠木	1997	879	1087	+24
	1998	685	857	+25
広葉樹亜林冠木	1997	75	105	+40
	1998	118	155	+31
稚樹，低木，つる	1997	8	5	-100
	1998	9	7	-22
細根	1998	43	80	+86

亜林冠木は幹直径2.5 cm以上．稚樹，低木，つるは高さ2 m未満．
(DeLucia et al., 1999)

ーダ松の若い植林地で実施されているものが先行研究である．実験区の上層木は対照区と比べて成長が促進されているのに対して，下層木ではかえって抑制されることが，この実験から報告されている（DeLucia et al., 1999）．この結果は，及川の予測を検証した例である．

渦相関法による純生態系生産量の観測網は，ヨーロッパ，アジア，アメリカ大陸を中心に張りめぐらされており，同一期間での生産量比較が可能になりつつある．同時に，方法論的な問題を共同で解決していくために，結果だけでなくデータの公開や，装置精度の検証などもこれらネットワークの重要な課題である．ヨーロッパの観測網の結果から，緯度が低くなるほど，純生態系生産量が増加する傾向が認められており（Valentini, 2000），温暖化による呼吸量増加の影響が高緯度地域ほど著しいことを反映しているのではと説明された．しかし，生態系動態モデルの1つであるSDGVMでは高緯度での純生態系生産量の増加を予測しており（Woodward et al., 2001），この仮説には根拠が乏しい．Adams & Piovesan（2002）は，気温が高く植物生産がピークとなる夏季に，低緯度ほど，夜の長さが長くなり，夜間の空気成層による土壌呼吸量の観測値が過小評価される影響が著しくなり，「見かけ」の緯度傾度が観測されたのだろうと指摘している．完全なデータを保存・公開しておくことで，こうした推定のバイアスも将来補正されるようになることが期待される．

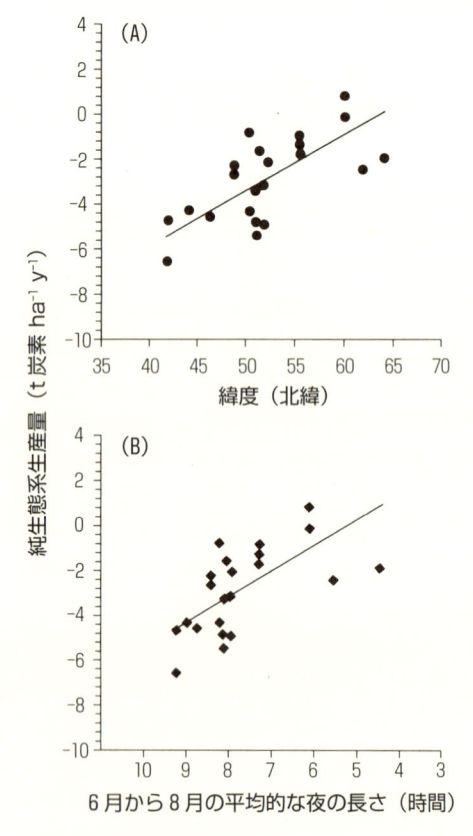

図6.1.4　渦相関法で観測されたヨーロッパの純生態系生産速度（NEE）の緯度傾度（A）と，NEEと植物の生育期の夜の長さとの関係（B）

(Adams & Piovesan, 2002)

6.1.6 植生帯分布の変化

地球温暖化は,氷河期と間氷期が繰り返すという温度変化に特徴づけられる第四紀の数十万年の歴史の中でも,生物が経験したことがないほどの速度で進んでいる.温暖化により今後 100 年間に平均気温が 3℃上昇するとすれば,この気温差は緯度方向に約 500 km の距離に相当する.すなわち 5 km y^{-1} の速度で温暖化が進むことになり,生物の移動分散がこの速度に追い付いていけるかどうかが問題となる.緯度方向への生物の移動は常に保障されているわけではない.十分な移動能力があったとしても海洋や山岳,あるいは農耕地や都市のようなバリヤーがあれば分散が妨げられ,その生物は分布域の移動に失敗する.こうした移動分散の問題は,固着生活性で成熟に達するまでの期間が長い樹木では,とりわけ深刻である.このことは陸域生態系の構造と機能が質的・量的に今後大きく変化していくことを示唆している.

進行する気候変化に伴う森林系の変容を予測するためには,単なる相関モデルでは不十分である.地球温暖化により緯度方向に数 km y^{-1} の速度で温暖化が進むとすれば,固着生活性で成熟に達するまでの期間が長い樹木の移動分散がこの速度に追い付いていけるかどうかが問題となる.樹木の分散過程を評価するためには,個体群レベルのモデリングが必要である.従来の研究では,既存の植生が,環境変化に対応してどのように一次生産速度など生態系の諸機能を変化させるかといった,比較的短い時間の変化を想定した研究か,あるいは,現在の気候環境と植生帯分布や一次生産量の相関から,将来の植生分布と生物生産を予測するといった静的な研究が行なわれてきたに過ぎず,種間関係も考慮した,植物種の分布域シフトの予測はまったく行なわれてこなかった.

こうした問題を克服するために,植物の生理的なメカニズムや個体レベルの繁殖・生長過程から,地球規模の植生動態を予測する DGVM (Dynamic Global Vegetation Models:地球植生動態モデル)に組み上げていく方法が,世界的に模索されている.ここでは,Kohyama (2005) とそして Takenaka (2001, 2005) のモデルから予測された,樹木種および森林帯の移動の遅延現象のもたらされるメカニズムを紹介しよう.野外での実証はまだこれからの課題であるが,野外観測によって得られた植物の繁殖・生長・死亡パラメータをモデルに組み込んでいくことによって,検証可能な定量的な予測を提出できる段階にきている.

高い生物量ストックと裏腹の関係にある,森林のもう 1 つの特徴は,積み上げ型の三次元構造を長い間持続させていく,彼らの固着性である.生活史のごく初期にしか空間的に分散することができず,繁殖子の定着成功も,地表をおおっている森林によって大きく左右されることになる.最終氷期以降の植生変遷の分析から,植生変化が気候変化に 1~3 千年の遅れをもって追従する「慣性」の存在が指摘されている.現在の温暖化が,最終氷期以降の変化の比でないことを考え合わせると,慣性をもたらす機構を解明しなければ,温暖化に伴う植生帯移動の予測は意味をもたないことになる.

長期的な個体群過程の変化を予測するモデル構築の手順として,鍵となる個体レベルの生産・生長・死亡・繁殖・分散過程を組み込んだ森林レベルのモデルが必須である.森林の長期追跡データに基づいて,サイズ生長・死亡・加入を,森林構造の関数として表し,森林を構成する樹木サイズ分布動態をシミュレートすることができる(甲山,1993;1998).こうしたモデルを拡張して,種子散布を地理空間で考えるためには,さらに地理空間を入れることが必要になる.Kohyama (2005) は,樹木のサイズ分布に基づく森林

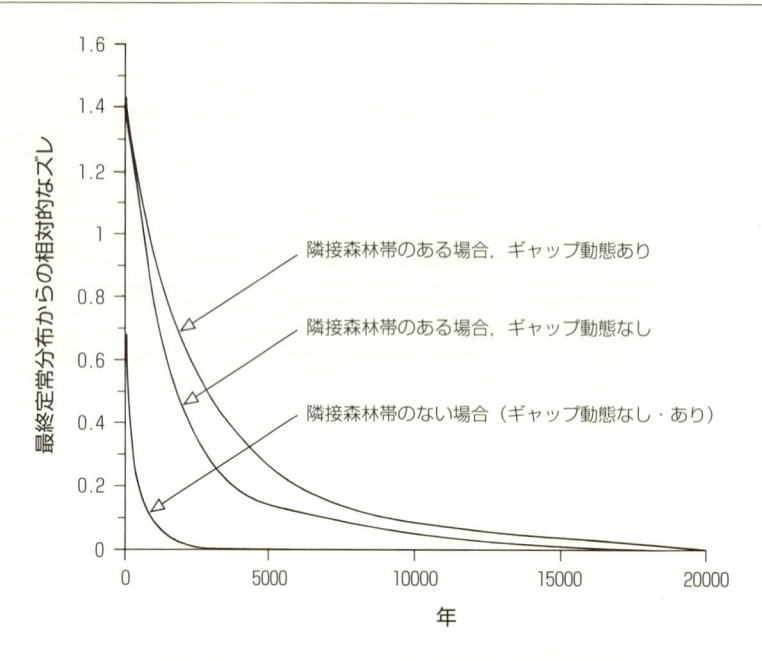

図6.1.5 シミュレートされた，森林帯の移動の遅れ
100年間で緯度方向に700 kmの温暖化が生じその後高温の定常条件になると仮定した．隣接する森林帯がない場合は，比較的速やかに定常分布に近づくが，隣接森林帯がある場合には，森林帯の移動は数千年単位の遅れをもって応答する．(Kohyama, 2005)

構造動態モデルに地理空間座標を組み入れた，森林の地理分布動態モデルを用いた．樹木は発芽したら動かないので，最初の発芽定着の過程でだけ，種子分散に対応した周辺のグリッドとの間の移出入が起こる．

このモデルを用いて，仮想的な3森林帯分布を緯度方向に沿って配列し，生長・繁殖速度パラメータの緯度分布が温暖化に伴って1世紀の間に700 km移動した場合の森林帯変化を計算した．そして，既存の森林では温暖化に同調して（明瞭なタイムラグなしに）生産速度および現存量を変化させるが，植生境界の移動は，加入定着が残存植生によって著しく抑制されるために，きわだったタイムラグを示すことを予測した．驚くべきことに，温暖化が1世紀後に停止したとして，定常温暖環境下でさらに2千年が経過しても，森林帯間の境界は定常地理分布の1/3（種子分散の指数=1 km^2）から2/3（種子分散の指数=100 km^2；図6.1.5）しか移動しない．したがって，緯度的な現存量分布は長い間，北半球では植生帯の北限で高く南限で低くなる，鋸歯状のパターンを示すことになる．

Takenaka（2001, 2005）は，樹木個体をベースにした森林帯動態モデルによって，同様の結果を導いた．さらに，ある森林帯が，生物的にまったく中立な複数の種から成り立っているときに，森林帯の移動に伴って，ランダムにたまたま侵入に成功した種だけが優占してしまう，ランダム固定現象が起こることを予測している．森林を構成する種多様性が，急激な環境変化に対応できないことを示唆する結果である．

6.1.7 これからの取り組み

森林の変化の予測は，構造や種組成の変化の永久調査区による定期的な観測，という狭

い（1 ha 前後）スケールの追跡を，衛星観測による広域動態追跡やシミュレーションモデルと結び付けていく地道な作業が重要である．現在，日本の森林研究者を中心に，各研究者・グループが維持・管理している永久調査区の追跡データを集積して，広い地理スケールで同時に起こっている現象を抽出できるようなベースを提供しよう，という試みがされている．森林総合研究所による国内の森林動態データベース（ウェブページアドレス http://fddb.ffpri-108.affrc.go.jp/）および，東アジアの森林永久調査区データに基づく比較解析プログラム PlotNet（http://ecol.ees.hokudai.ac.jp/~plotnet/）がそれである．こうした研究者間のネットワークによって，より詳細な検証と，新たな現象の発見が進むことが期待される．

(6.1節　甲山隆司)

6.2 生態系の物質動態プロセスとその時空間スケール

はじめに

集水域研究における指標とスケールについて，これまでとこれからの研究の方向を紹介する．図 6.2.1 は過去 50 年間の地球環境問題のおもな出来事を，まとめたものである．縦軸には大気中の二酸化炭素の濃度を ppmv で目盛ってある．大気 CO_2 はこの 50 年間，年 1 ppmv 強の速度で増加してきたことが曲線から読み取れる．増加曲線上には説明は割愛するが各時代に起こった事件が，また図の上段には世界政治における中心課題の時系列が示してある．第二次世界大戦終了後，サミットの中心課題が，戦後処理から軍縮・軍拡，経済問題へと進み，地球環境問題が広く世界の関心を集めるようになったのは 1989 年の環境国連に引き続く通称リオサミット以後である．このとき気候温暖化条約と生物多様性条約が締結されている．

視点を変えて，図の横軸に沿った国際共同研究の経緯をみてみよう．1957 年国際地球観測年（International Geophysical Year：IGY）のとき，現在著名となったキーリングによって，ハワイ・マウナロアにおいて大気二酸化炭素濃度のモニタリングが開始され，現在に至るまで継続されている．1960 年代に国際生物事業計画が始まり（この計画も International Geophysical Union によって言い出されている），1970 年代の人間と生物圏計画（MAN & Biosphere：MAB）に引き継がれ，ユネスコが核となって現在に至っている．

1990 年代の初頭には「世界気候共同研究計画」（World Climate Research Program：WCRP），地球圏－生物圏国際共同研究計画（International Geosphere-Biosphere Program：IGBP），生物多様性に関する DIVERSITAS（ラテン語で Biodiversity の意），地球環境変化の人間社会側面に関する国際研究計画（International Human Dimension Program on Global Environmental Change：IHDP）などが開始された．ここ 15 年史を概括すると，これらの研究の目標は，地球の生態系の仕組みの解明から予測モデルの確立へ，さらにはどう対応すればよいのかの解答と政策立案への貢献を求めるシナリオ志向型，問題解決型の成果を求められる方向へと激変している．ここ 10 年間をみると，わが国では地球環境戦略研究所，地球フロンティア研究システム，総合地球環境学研究所などの設立，環境庁から環境省への省庁再編，総合科学技術会議による研究の統合化などの流れがあり，特に第二次科学技術基本計画（平成 13～17 年度）では，環境分野におけるシナリオ主導型の重点研究として以下の領域があげられている．

(1) 地球温暖化イニシアティブ
(2) 地球規模水循環変動研究イニシアティブ
(3) 自然共生型流域圏・都市再生技術研究イニシアティブ
(4) ゴミゼロ型，資源循環型技術研究イニシアティブ
(5) 化学物質リスク総合管理研究イニシアティブ

項目(3)に示したように，流域の生態学が重要な空間ユニットとして登場することとなった．このような流れの中で，わが国の IGBP 研究の 1 つとして 1997～2001 年度にかけて

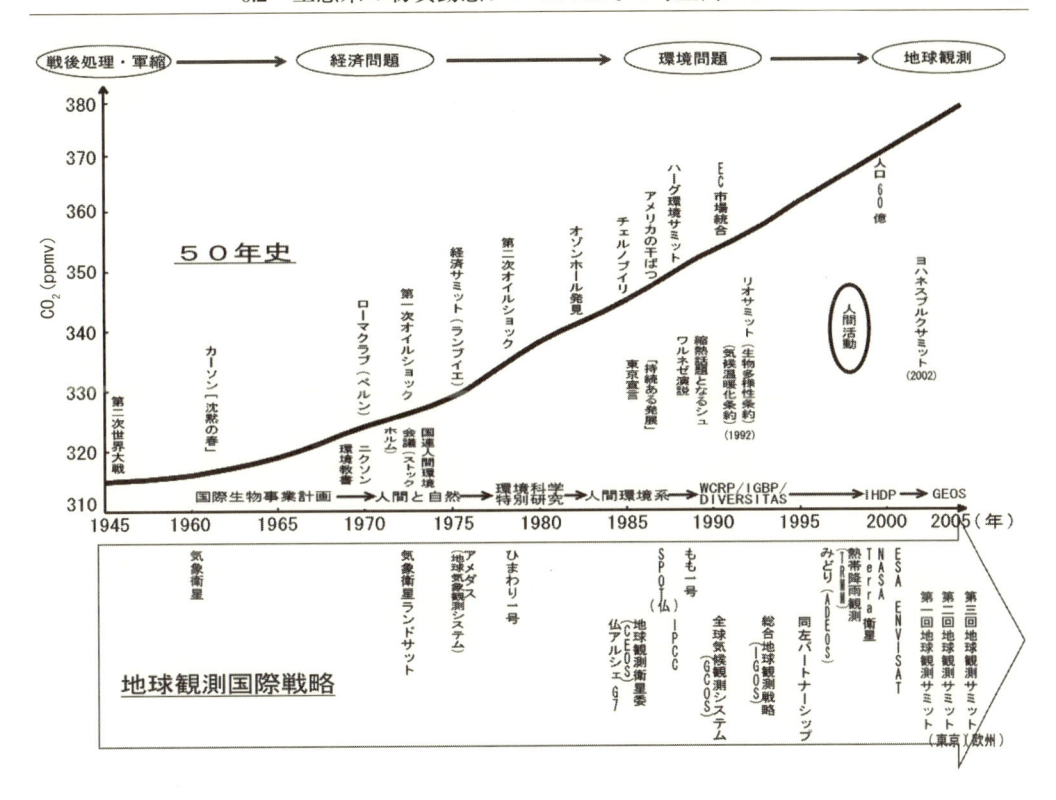

図 6.2.1　環境問題の 50 年史

「陸域生態系の地球環境変化に対する応答の研究」が実施されたことになる．

　流域を含む陸域生態系は，典型的・代表的な複雑系であり，環境変動に対する応答は今のところ予測不可能なシステムである．なぜならば，システムの構成要素が多岐にわたって存在すること，常に変動しているシステムは環境変動に対する応答が必ずしも 1 つの解をもっているわけではないからである．しかしながら，重要なプロセスに関して，記述モデル，予測モデルを確立し，評価法や指標システムを創出することによって，生態系を多様な解析軸に沿って地図化することや多数の要因が重なりあった系のシミュレーション予測により，ある程度環境変動への生態系の応答を知ることができる．

　この節では，このような整理のもとに，生態系の物質動態プロセスの時空間スケールに視点をおき，これまでの成果のうえに立って，集水域のとらえ方について概括する．

6.2.1　流域システムとは？――そのとらえ方

　山岳森林から渓流，小河川，湖，中流，下流，河口域を含む系をここでは水系と呼称する．水系の中には，森林生態系，渓流・渓畔林の生態系，湖沼生態系，河川生態系，農地生態系，湿地生態系，沿岸生態系，都市生態系などのシステムが含まれる．各システムの中にはたくさんの動植物や微生物が生息し，気候条件と物質循環系の特質に対応した独自のネットワークを創出している．劇的な環境変動のない場合，各々のシステムはその風土に適応した水循環，物質循環，生物多様性などについて持続的な状態を保持していること

が知られている．このような複合的な系は，数えきれない素過程が重層しており，そのうえに日変化，季節変化，年変化，数年，数十年，数千年，それ以上のいろいろな周期性をもつリズムを繰り返しながら全体としてゆっくりと変化している．

ある環境変動に対して水系を構成する各サブシステムの応答は異なっている．たとえば，大気中の二酸化炭素の増加を例にとると，二酸化炭素の増加は直接高等植物の生育や森林の更新に影響を与える．一方，水界では植物プランクトンがHCO_3^-と平衡にあるCO_2を使うためpCO_2の上昇の直接的影響よりは，人間活動による窒素・リンの水系への負荷によって富栄養化（赤潮の形式）が顕在化する．集水域は水循環の基本ユニットであり，その中に包括される森林と水界生態系はこのように人間活動による環境変動に対して異なる応答を示すことになる．

この複雑系は，環境変動が起こったときの状態（初期条件）のわずかな差によって引き続く変化の方向が大きく揺らぐ．このため，現実的な対応としては，複雑なシステムを多様な環境変動軸で切り，その軸に沿って生態系の応答を予測し，これらの成果を複合的に重ねたシミュレーション実験によって応答のシナリオをつくることになる．具体的には，

  i) 現在予想されるような地球の表面の気温が2100年に1.4～5.8℃上昇した場合，ある条件下での地球の生態系はどのように変わる可能性があるのか，
  ii) 現在の森林は大気二酸化炭素のシンクとしてどのように機能し得るか，
  iii) 水質汚濁の基本プロセスは何か，

などは一応の解答を期待することができよう．本書では特に，大気中の二酸化炭素の増加に着目した成果がまとめられている．

生態系の複雑性を示す一例として，バイカル湖のリズムを紹介する（**図6.2.2**）．バイカル湖はその容量からみて世界最大の古代湖

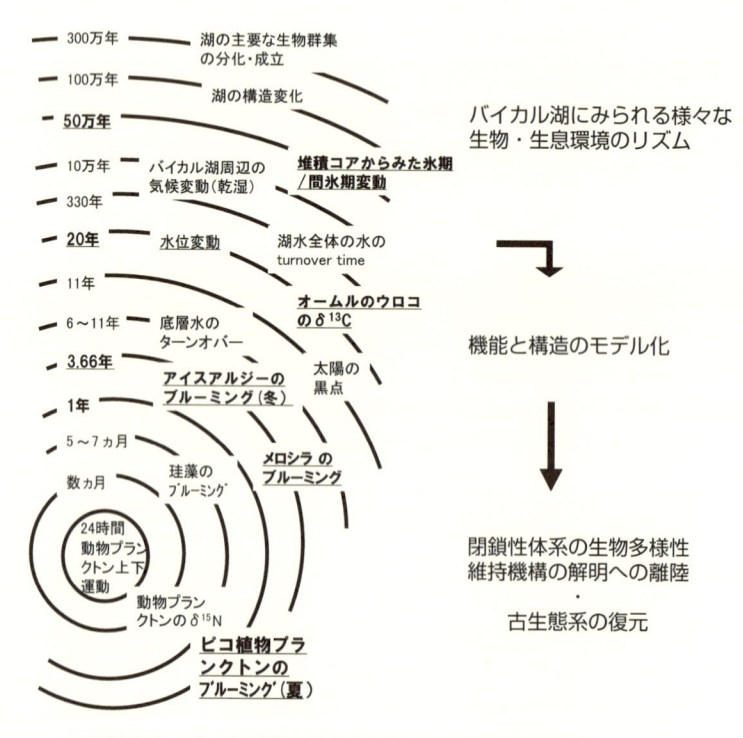

図6.2.2　バイカル湖で見出されたいろいろな時間幅をもつリズム

6.2 生態系の物質動態プロセスとその時空間スケール

である．その面積は琵琶湖の50倍，最高深度は1600 mに達する．その水量は世界の総表面流水量の20％に達し，その年齢は3000万年と考えられている．これまでに2000種以上の動物が同定され，その3分の2はバイカル湖の固有種である．珪藻であるメロシラ属の種もバイカル湖の固有種である．このメロシラは，バイカル湖沖帯の主要な藻類種であり，3.66年の周期性を示す．この周期性は太陽黒点の11年周期と見かけ上の関連が示唆されているが，その周期性の生起する理由は今のところわかっていない．

オームルは，バイカル湖で最も商品価値の高いサケ科の魚である．この魚の研究がスミノロワ夫妻によって40年にわたって続けられ，オームルの鱗が40年以上にわたって採取保存されている．Ogawa et al. (2000)，和田ら（2002）はこのオームルの鱗の炭素同位体比を測定し，この鱗の$^{13}C/^{12}C$比が大気中の二酸化炭素の変化に応答していることを明らかにしている（図6.2.3）．この変化を差し引いた$δ^{13}C$値は10年スケールのリズムを示したが，この解明はまだなされていない．部分的には，たとえば1970年の$δ^{13}C$値の変化は，ダムの建設による水面上昇との関連が示唆された．しかしながら，研究は始まったばかりであり，自然生態系の持続性の真の理解には，これら未知のリズムを時空間の場で解きほぐすことが求められる．流域は上流から下流にかけて，山岳森林，沖積平野，湖沼，農耕地，市外域などのサブシステムを含み，その各々が固有のリズムと空間の広がりをもっている．

生態系は沢山の要因の入った複雑系であり，長い歴史の結果として創出された現在の状態は，環境変化に対していかほどかの復元能力をもっていることが数々の生態学的な知見として示されている．しかしその量的な目安，復元不可能な限界値（壁），そして変化する環境因子を的確に述べる状況までに学問が進んでいるわけではない．しかも変化の方向やその結果はカオス的であり，予測はきわめて困難なものとなっている．しかしながら，環境変化の影響は，環境要因を体系化しつつ現状の生態系がもつ復元力を想定することによって，ある程度予測可能なものとなる．予測不可能性に対しては，順応的管理（adaptive management）の考え方が導入され始めている．

人間活動をどのような軸で扱うか，現在，自然科学と社会科学を統合する方向で実施されている様々なプロジェクト研究は，この点を探求することを目指している．総合科学技術会議があげた「自然共生流域圏，都市再生

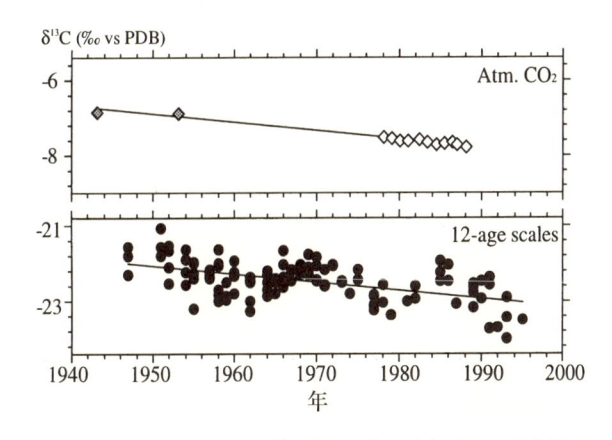

図6.2.3 バイカル湖の優占魚オームルの鱗の$δ^{13}C$値の変化と大気中の二酸化炭素の$δ^{13}C$の変化の比較

(Ogawa et al., 2000；和田ら, 2002)

イニシアティブ」（平成13～17年度）はその代表的な例となる．図6.2.4には従来の自然界における普遍的な現象を解明する学問を進めながら，その成果を人間社会システムの順応的管理に役立てる仕組みを模式化している．現時点では文理連携を急激に推し進めることは益なく，むしろ自然科学のほうから人間活動と自然界の相互作用を評価する新しい意味での環境容量や環境診断の指標を提案できることが急務となる．自然と人間活動の相互作用系の基本プロセスの研究はいまだ歴史が浅く十分に理解されていないこと，複雑系は観測とプロセスモデルのみでは予測につながらず時空間に分解能の高いシミュレーションと組み合わせることが必須であること，すなわち理工連携（学際的研究プロジェクト）が戦略的に行われることが急務となっている．図6.2.4は筆者が現在所属している地球環境フロンティア研究センターの生態系変動予測プログラムで骨子となる枠組みと考えている．その根底には戦略的な予測モデルがある程度確立した時点で文理連携と住民参加が可能となる考え方がある．

環境問題を扱う場合，その対象の広がりを身近なものから遠いものへととらえていく場合には，生態学の分野ではそのシステムの構成要素となる個体から，個体群，群集，さらには環境を含む生態系へとスケールアップしていく．同じフィールドサイエンスでも物質循環が中心となる地球化学などでは，この軸は逆向きになり，まず地球全体の概要を描きさらに地域へと問題を掘り下げていくことが多い．生態系の空間ユニットが重要となる流域では山岳森林・渓畔林・湖沼・農耕地・河口域と空間軸が水の流れに沿って広がっていく．物質動態に重点をおく場合には，酸化還元境界層の変化と，風化，そして生態系と外界の物質のやりとりが主因子として登場してくる．一次生産と分解系は，この物質のやりとりの面で非常に重要となり，温室効果ガス代謝に深くかかわっている．

本書では，個葉から1本の木，森林，沢，そして湖へ至る流域を総合的な研究軸としている（図6.2.5）．そこでは大気中の炭酸ガスの増加とそれに伴う温暖化を変動因子として，その影響を複合的なプロセスでとらえることを試みている．

現在，最も大きな撹乱因子となっている人

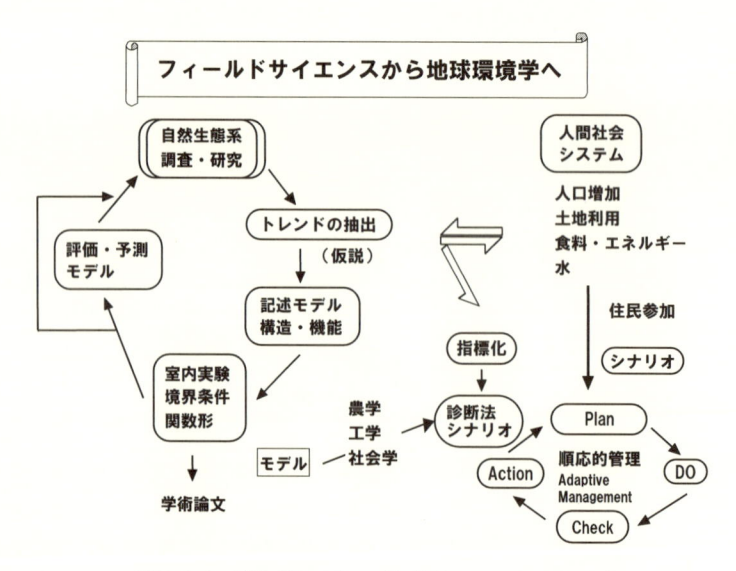

図6.2.4　科学研究のループと社会システムのループ

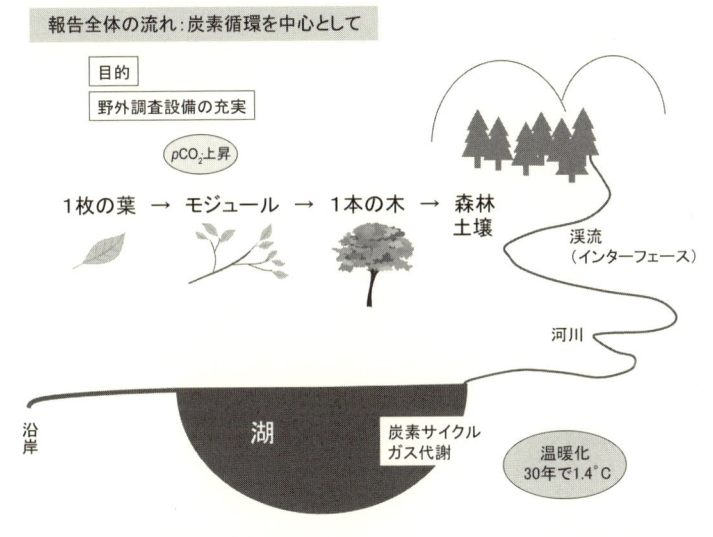

図6.2.5 個葉から樹木，森，渓流，湖へのスケールアップの模式図

間活動の具体的な現れは，人口増加に伴うエネルギー需要と食料増産の軸である．前者は大気中の二酸化炭素の増加，後者は易分解性有機物の増加による酸化還元境界層の撹乱による大気中のN_2O, CH_4の増加となって具現している．したがって，人間活動の最も重要な軸の1つは，人口の集中に伴う有機排泄物の処理による環境の変化であり，1つの見方が人口密度の傾度変化と単位面積あたりの人口の集中度になる．それに付随する因子として，地理的な土地利用の変化がある．以上の空間をベースとした軸に加えて，最初に触れた，時間軸がある．自然のリズムは大きく変化していないが，人間活動は，その生業の季節性や年変化を大きく変えつつある．これらの影響がどのような形でどこに現れてくるのか，長期的な観測を行って，その知見を後世に残すことが求められる．

6.2.2 流域診断法：指標システム

第二次世界大戦後，人間活動は戦後処理から石油エネルギー消費を基盤とした大量生産，大量消費，大量廃棄の時代に突入し，世界の人口も60億にまで増加した．このため，地球上のほとんどの環境は悪化ないし劣化し，その修復，保全が緊急の課題となってきている．このため，環境を適切に診断，評価し，修復のためのシナリオを創出し，実行に移すことが，いわゆる今日的な問題解決型の研究となっている．

健康診断は，われわれにとって毎年のなじみの深い行事である．身長，体重，レントゲン，血液検査などのデータが個人のレベルでとられる．

環境問題からみた個人の診断は，広義にはこのような体の健康状態も含まれるが，より実質的にはそのライフスタイルに集約されることになる．エネルギー問題では，酸素（O_2）の消費量や二酸化炭素（CO_2）の放出量，食料問題では流域外輸入食料への依存度，ゴミの廃棄に対する対応，周囲の環境保全へのかかわり方などが環境への負荷の指標となるであろう．マクロスケールでは村，町から市，さらには河口域の中核部への人口密度の傾度，経済生活の外部からの輸入への依存度，土地利用の変革などが背景に横たわる統計的

な指標となる.

環境を保全する対応の仕方としては，今のところ，以下の4つの方式がある.
(1) 人と自然のかかわり（ライフスタイルの変革）
(2) 革新的な環境関連技術の開発
(3) 法規制
(4) 環境税などの経済的措置

これら4つの項目は，(1)から(4)に向かって，ミクロからマクロに空間的に広がっていく要素を含んでいる．流域の健康診断では，これらの項目を空間的な場，あるいは水の流れに沿った場で整理統合し，きめの細かい診断法を確立することが求められている．特に平成9年までは流域における河川事業は治水，利水にのみ関心がもたれていたが，この年，河川法が改正され環境が重要な項目として採択され，さらには住民の参加が不可欠な事柄となってきた．このような動向の中では，わかりやすい，新しい生態系の診断法の開発が求められる.

現在，持続性（sustainability）が環境問題の重要なキーワードとなっている．歴史的にみると人間活動が小さかった縄文時代の狩猟生活，江戸時代の生活もこれに近かったといわれている．筆者が育った昭和20年前後の秋田県横手盆地の中の町でも，このような持続性が否応なしに保たれていた小世界であった．そこでは人糞や堆肥は畑や水田に有機肥料の形で還元され，人々は里山から柴を入手して炉で暖をとり，炊事洗濯は井戸水に頼っていた．風呂の水入れや，駅までの道路の清掃は子供たち（小学生）の仕事でもあった．盆地の外からの物質の流入は少なく，塩漬けの魚類のようなものがその代表であった．水泳を習ったのも雄物川から引き込まれた農業用河川である.

今日，このような生活システム，すなわち生活に伴う内部物質循環システムが卓越しているのは，遊牧生活を営むモンゴルである．草原の草本は牛・馬・山羊・羊・らくだなどの捕食者によって多様性が保たれ，これら家畜が水飲み場から高所へと移動することにより，糞尿の散布という uploading が行われ，N（窒素），P（リン）の内部循環系が生活スタイルの中に発達している．この持続的な世界では，盆地，斜面に沿って N，P のリサイクルが進み，その流出を防ぎ，家畜10頭に対して人間1人に相当する割合で生活が営まれている（和田，2003）．通常，流域でのこのような uploading は鳥の移動，魚の遡上などがあり，このようなプロセスの評価もきわめて重要となる.

流域における生物活動のスケールアップは，物質循環の担い手となる大気の運動と水循環による．これに加えて人間活動も物質の輸送に大きくかかわっている．これらの物質循環を評価する方式や指標もきわめて重要な事柄となる．より具体的には流域における一次生産（production）と分解システム（respiration）の調和であり，そのR：P比を集落ごと，地域ごとに評価する方法も求められることになる.

水量，水質，生物多様性，人と水のかかわりなどについての指標システムをつくり出して，ミクロからマクロに至る診断を身に付けることが求められている（和田プロジェクト編，2002）.

6.2.3 新しい指標を創出する

(a) これまでの指標と環境容量

われわれの身近な水質基準として，生物化学的酸素要求量（BOD）や化学的酸素要求量（COD）がある．BODは陸水を密栓したビンに入れ，暗所で一定時間一定温度で放置して微生物分解を起こさせ，消費される溶存酸素の量を測定する．これは水の中に分解できる有機物の量の目安であり，分解物が多い場合は溶存酸素は消失してしまう．一方，CODは過マンガン酸カリなどの酸化剤を加えて，

バクテリアが分解できないものまでも分解して、酸素の消費量を測定するやり方であり、いずれも酸素の消費を目安として水質を評価することになる．ただし，基準値は水道水の利用を目的とした考え方で，その尺度は便宜的に決められていることが多く，その尺度の大小についての詳細な研究は不十分である．このため，たとえばCODが増加してきたとき，その原因を探る研究は難しく，対応が困難な状況となっている．一方，環境容量は農学の分野で始まり，その土地にどれだけの家畜や人間が住めるかという土地利用の側面から考慮され，環境の保全は考慮されていないことが多かった．これからは現実の環境の容量を新しい目で探ることが強く求められる．

（b） 新しい指標・環境容量を求めて

大気中の二酸化炭素の濃度は，現在380 ppmvを越えようとしており，毎年1 ppmv以上の増加，すなわち年0.3％（10のマイナス3乗での変化）の増加を示している．この増加が流域の生態系にどのような変化を与えているのかを年単位，あるいは数年単位で検出するためには，可能な限り検出精度の良い方法を採用するか，数十年に及ぶ積分された変化を読み取ることが不可欠となる．前者に関しては，重さを測る，体積を測る，安定同位体比を測ることなどが，検出感度10^{-4}に及ぶ測定法となっている．このため，ここでは安定同位体精密測定法（SI法）を駆使した新しい指標，環境容量について紹介することにしたい．これらの指標は現在，筆者らによって提案されている段階であり，実用化は今後に残された問題となっている．

山岳地域では，窒素は降水や生物学的窒素固定によって供給される．これらの窒素同位体比（$\delta^{15}N$）は標準となる大気中の窒素ガス（$\delta^{15}N=0.0$‰）の値より低いため，地域の地質学的性質（イオン交換能）や地形（浸透水の動きとその理化学的性質）に依存して，0～3‰の範囲の生態系の中では低い値となる．日本のような先進国ではそれなりに栄養価の高い魚肉，牛，豚など^{15}N含量の高い食料が消費されるため，排泄物の$\delta^{15}N$は約6‰となる．したがって，小河川に人間による排水の負荷が増大すると，河川懸濁物（あるいは堆積する懸濁物由来の堆積物）は6‰の値に近づいていく（第1フェーズ，**図6.2.6**）．さらに負荷が増しても$\delta^{15}N$は好

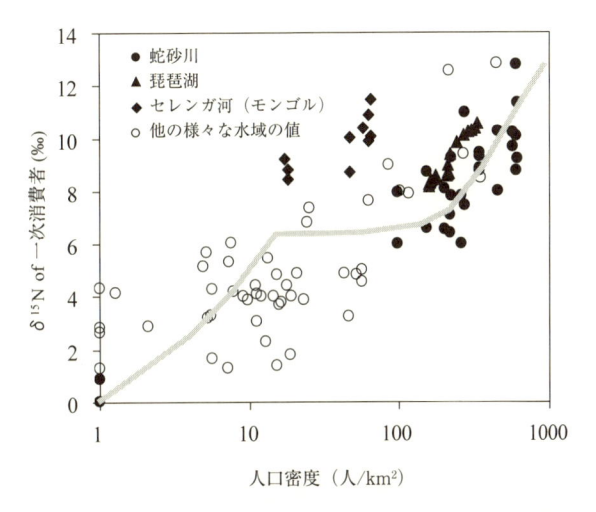

図6.2.6 河川汚濁粒子の$\delta^{15}N$と集水域の人口密度の関係
実線は予想される値（和田ら，2002；2003）

機的であれば6‰に保たれるが（第2フェーズ），堆積物表層が汚泥の堆積によってドブ化し，部分的に嫌気部位が出現すると，大きな同位体効果（約1.03で$^{15}NO_3^-$よりも$^{14}NO_3^-$が3％ほど早く反応する）をもつ脱窒が駆動し，系内の$\delta^{15}N$（POM）は急速に上昇する．このような観点から，琵琶湖に流入する小水系（蛇砂川－西の湖流域）で得られた結果を図6.2.6に示した（和田ら，2001；2003）．第2フェーズの終点の人口密度は数百人/km²であり，この地域でみられる汚水の合併処理方式では，人口密度の容量は数百人/km²と推定された．これは新しい環境容量といえる．この$\delta^{15}N$が上流から下流に向かって増加する値は，河川中のCl^-イオンとよい関係を示す．人間が毎日一定量のNaClを消費することを示唆していることになる．このような流域内一地点では，土地の造成と新家屋の排水処理システムのあり方や伝統的な水利の方式による小河川での水の流量，流速などの決め方によって，小河川の水質は極端に変化することになる．今後，流域の水質管理には，横のつながりを密にした横断的な見地からの制度，政策の実施が求められる時代に入っている．特に，大都市周辺における人口の集中は，**無視できない基本的な環境傾度**として見直すことが求められる．

モンスーンアジアでのおもな穀物は米である．これに対してトウモロコシはC4植物とよばれ，より少ない水で乾燥に強く，しかも生産力が高い穀物として南北アメリカで栽培され，家畜の飼料やそれ自体が食糧として消費されている．周知のように米や小麦などのC3植物に比べてC4植物の$\delta^{13}C$値は10‰ほど高くなっている．このため，アメリカやブラジルに住む人々の髪の毛の$\delta^{13}C$値はヨーロッパ人に比べて高く，日本人はこの中間に位置している．図6.2.7は江戸時代の

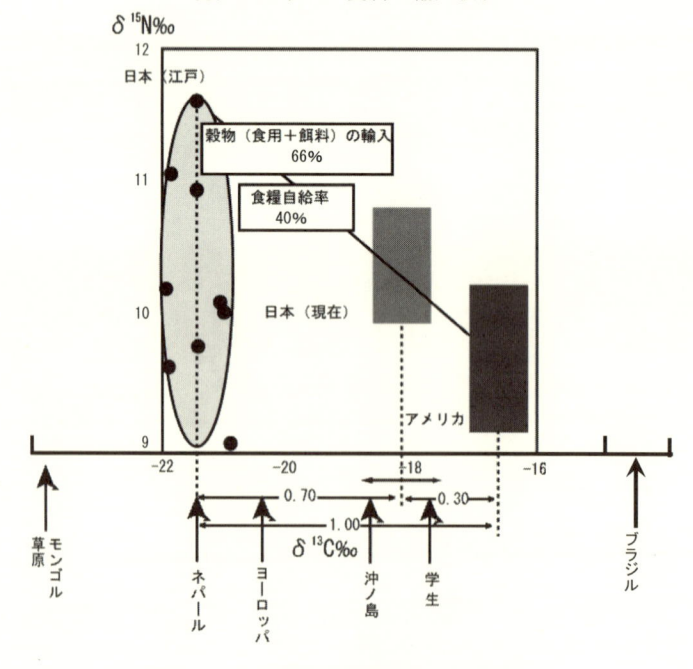

図6.2.7 人の髪の毛の同位体比が語ること
（和田・山田，未発表）

人，現在の日本人，アメリカ人の髪の毛の $\delta^{15}N$-$\delta^{13}C$ マップを示したものである．江戸時代の人の髪の毛の $\delta^{15}N$ 値は，多分貧富の差に応じていると思われるが，魚を沢山食した人の $\delta^{15}N$ は高く，豆腐などの栄養段階の低い副食を食べた人々の値は低くなっている．しかし，$\delta^{13}C$ 値はほぼ一定している．このことから現代の日本人のトウモロコシ系食料への依存度を $\delta^{13}C$ のアイソトープ・マスバランスから簡単に見積もることができる．江戸およびアメリカを両端のエンドメンバーにとると，現代の日本人のトウモロコシ依存度（外国からの輸入に相当すると考えられる）は 70 % となる．統計的には 60〜70 % である．

このような流域外にどの程度食料を依存しているかを個人，町村，流域のレベルで知ることは，今後の有機汚濁やライフスタイルの変換の評価に，ミクロからマクロの空間を通じて使える指標になる．

6.2.4 順応的管理（Adaptive management）を目指して

平成 15 年 12 月（2003 年 12 月）淀川水系流域委員会は，2 年間にわたる活動に区切りをつけた．その流れは以下のように要約される．

  平成 13 年 2 月 淀川水系流域委員会設立
         構成：河川管理者，市民，
         NGO・NPO，有識者など
  平成 15 年 1 月 提言のまとめ「新たな河
         川整備を目指して」
  平成 15 年 9 月 「河川整備計画基礎原案」
         発表（近畿地方整備局）
  平成 15 年 12 月 「意見書」のまとめ

その理念は以下のようにまとめられている．
- 河川や湖沼の環境の保全，再生を重視
- 自然環を考慮した治水
- 水需要を一定枠内でバランスさせる管理
- 河川生態系と共生する利用

このようなまとめに沿って，流域内での人間を含めた生物活動をミクロからマクロにスケールアップし，全体像を投影することが求められる．浮かび上がるキーワードは，河川形状，水位，水量，水質，土砂，生態系，洪水，人間活動と多岐に及んでいる．いろいろな方向軸，時空間的階層にわたる信頼性の高いデータを積み上げながら，順応的管理に結び付けていくことがこれからの課題となっている．

図 6.2.8 に人口増加によって引き起こされた大気汚染と水質汚濁の基本プロセスをまとめた．大気中では二酸化炭素が増加し，エアロゾルとして NO_3^- や $SO_4^=$ が増加した．一方，水系では富栄養化とヘドロによる河川や沿岸の汚濁化が進んでいる．この一次生産への直接的な影響は水界では N，P の影響による赤潮化と酸性雨による風化の促進が生起している．これに対して森林生態系では，前述したように，pCO_2 の上昇が直接樹木の一次生産に影響を与えることになり，水界とは異なる応答が顕著となる．**水質汚濁と大気汚染とは温暖化の下で水界生物に対する N，P の負荷とヘドロの堆積による循環系の撹乱，また陸上生物に対する CO_2 と酸性粒子（エアロゾル）の施肥というように，いずれの生態系にも植物の生育に必要な生元素の負荷，生育に影響を与える粒子（汚泥とエアロゾル）の負荷現象として統一的にとらえることができる．**

また**図 6.2.1** の横軸の下に示した衛星画像による地球の解析の進歩には目を見張るものがある．これまでの環境科学の限界は時空間にわたって地球全体の情報を同時に知ることが不可能であった．しかし現時点では海洋に降る雨の状況もわかり，いわゆる地球物理学者による GCM（General Circulation Model）は，大気－海洋－陸域統合モデルへ展開し，全球炭素循環モデルも「日進月歩」の状況となっている．当面の目標となる空間格子（Grid）の細分化は大気では積乱雲の動態を

解析できる 5 km 以下，海洋では，暖水塊や冷水塊の解析を可とする 10 km 以下である．筆者の所属する生態系変動プログラムでは陸域炭素循環モデルに窒素動態を組み込み，格子のスケールは 1 km 以下を目指す試みも始まっている．並行して人工衛星の空間解像度，センサーの開発も日進月歩の感がある．ここ数年進行中の地球観測サミットでは従来の地球環境問題（温暖化，水循環，気候変動，生物多様性その他）に加えて防災（地震，ツナミ，食の安全）などを含めた総合的な全球観測体制を組織化することを目指している（Global Earth Observation System of Systems：GEOSS）．地上，海における観測はアルゴ計画にみられるように，ロボットブイがモニタリングの中心となっていくであろう．

このような流れから，ここ 10 年，20 年後には戦略的データベースに基づくシミュレーション・予測モデルはグローバル/リージョナル/ローカルの壁を越えて進化すると思われる．ここにおいて現在の日本における環境の重点項目：
　ⅰ）地球温暖化
　ⅱ）水循環
　ⅲ）流域共生・都市修復
は，全球－地域－水系の連携研究によって統合化され，持続性追及のシナリオ構築が可能となる道筋がみえることになる．なぜなら順応的管理（P-D-C-A サイクル：Plan-Do-Check-Action）の実行，すなわち環境問題への本格的対応は地域レベルにおいてのみ可能となるからである．この状況下では「もう 1 つの難問である省庁の縦割り行政」は存続させたまま，情報の共有化が地域のシミュレーターの共有によって省庁を統合した見方を実現することも期待できる．

過去 50 年にわたる地球環境問題の研究は自然そのものの理解と人間活動と自然の相互作用環の理解の間を揺れ動いてきた．これまでの成果の蓄積と衛星画像の 30 年にわたる蓄積，情報処理システムの進歩は地球環境問題の解決の道筋に 1 つの方向をみせ始めたように思える．すなわち，観測の継続と基本プロセスの理解の進展，これを用いたシミュレーション実験の高度化がシナリオ提示の中身の信頼性が高くなっていく予測モデルを生み出しつつある．ここでは，時空間分解能は飛躍的に向上し，グローバルとローカルな事象が随意に選択して吟味することが可能となるであろう．理工連携によるこのような成果に基づいて，初めて社会システムの対応などが可能となる文理連携が胎動することとなる．

現在，地球シミュレーター（E. S.）は version up され，全球の格子は 10 km ×

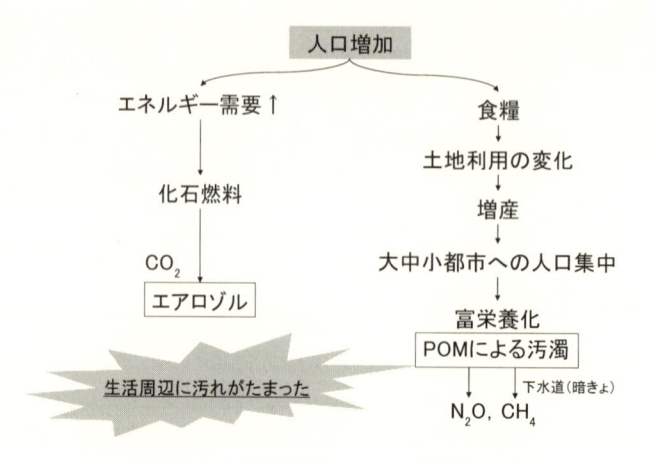

図 6.2.8　人口増加によって引き起こされる環境問題の基本プロセス

10 km から 5 km×5 km そして 1 km×1 km に向かいつつある.シミュレーション実験においてはグローバルと地域の壁は取り除かれ,現在の E.S. は地域の E.S. となり,情報の共有化が進み,統合化されたシナリオが提示されるようになる.ここに至って,国土保全計画や国土利用計画に初めて文理連携と住民参加が可能となり,理解の深化に伴って,合意形成の可能性や新しいコモンズへの理解が高まることになるであろう.流域の再生を目指す出発点はまさにこの点にあることが明らかとなりつつあるように思える.終わりに本書が環境研究の激変の中で何がしかの役に立つことを切に祈っている.

（6.2 節　和田英太郎）

第6章 Exercise

(1) 流域の持続性とは何か．変化する河川を考えながら重要な事柄をあげてみよう．

(2) 大気中の二酸化炭素が増加すると，樹木の形がどうなるか絵に描いてみよう．

(3) 湖の有機物が増加し，C：N比が高くなるとどのような代謝系が活発になるか．

(4) 順応的管理（adaptive management）と環境調査を結びつける方式について考えてみよう．

(5) 流域管理について：今後10年後革新的な技術として登場する事柄について考えてみよう．

第6章 引用文献

Adams, J. M. & Woodward, I. F. (1989) Patterns in tree species richness as a test of the glacial extinction hypothesis. *Nature*, **339**, 699-701

Adams, J. M. & Piovesan, G. (2002) Uncertainties in the role of land vegetation in the carbon cycle. *Chemosphere*, **49**, 805-819

DeLucia, E. H., Hamilton, J. G. *et al.* (1999) Net primary production of a forest ecosystem with experimental CO_2 enrichment. *Science*, **284**, 1177-1179.

甲山隆司（1993）熱帯雨林ではなぜ多くの樹種が共存できるか．科学，**63**，768-776

甲山隆司（1998）生物多様性の空間構造と生態系における機能，生物多様性とその保全（岩波講座 地球環境学5）井上民二・和田英太郎編，岩波書店，65-96

Kohyama, T. Suzuki, E. *et al.* (1999) Functional differentiation and positive feedback enhancing plant biodiversity. Biology of biodiversity (Kato, M. ed.), Springer, Tokyo, 179-191

Kohyama, T. (2005) Scaling up from shifting gap mosaic to geographic distribution in the modeling of forest dynamics. *Ecological Research*, **20**, 305-312

Ohta, S., Uchijima, Z. & Oshima, Y. (1993) Probable effects of CO_2-induced climate changes on net primary productivity of terrestrial vegetation in East Asia. *Ecological Research*, **8**, 199-213

Ogawa, N., Yoshii, K. *et al.* (2000) Carbon and nitrogen isotope studies of pelagic ecosystems and environmental fluctuations of Lake Baikal. *In* Lake Baikal (Minoura, K. ed.), Elsevier Science B. V., The Netherlands, 262-272

Oikawa, T. (1986) Simulation of forest carbon dynamics based on dry-matter production model：III. Effects of increasing CO_2 upon a tropical rainforest ecosystem. *Botanical Magazine Tokyo*, **99**, 419-430

Phillips, O. L. & Gentry, A. H. (1994) Increasing turnover through time in tropical forests. *Science*, **263**, 954-958

Takenaka, A. (2001) Individual-based model of a forest with spatial structure and gene flow. *In* Present and Future of Modeling Global Environmental Change：Toward Integrated Modeling (Matsuno, T. & Kida, H. eds.), Terrapub, Tokyo, 415-420

Takenaka, A. (2005) Local coexistence of tree species and the dynamics of global distribution pattern along an environmental gradient: a simulation study. *Ecological Research*, **20**, 297-304

Uchijima, Z. & Seino, H. (1985) Agroclimatic evaluation of net primary productivity of natural vegetations 1. Chikugo model for evaluating net primary productivity. *Journal of Agricultural Meteorology*, **40**, 343-352

Valentini, R. *et al.* (2000) Respiration as the main determinant of carbon balance in European forests. *Nature*, **404**, 861-864

Woodward, F. I., Lomas, M. R. *et al.* (2001) Predicting the future productivity and distribution of global terrestrial vegetation. *In* Terrestrical Global Productivity (Roy, J., Saugier, B. *et al.* eds.), Academic Press, San Diego, 521-541

和田英太郎・小川奈々子 他（2002）バイカル湖，安定同位体比から見た自然の実験室．会誌「地球環境」，**7**，77-85

和田プロジェクト編（2002）流域管理のための総合調査マニュアル．京都大学生態学研究センター（日本学術振興会未来開拓学術研究推進事業：JSPS-RFTF97I00602）大津，384 pp.

和田英太郎・西川絢子 他（2001）安定同位対比の利用(1)環境科学―特に水系について．Radioisotopes，**50**，158S-165S

和田英太郎・陀安一郎 他（2003）物質循環と水資源―水系を中心として．エネルギー・資源，**24**，27-33

和田英太郎（2003）モンゴルの遊牧とその持続性の実体―物質循環からみたモンゴル高原．科学，**73**，545-548

あとがき

　温暖化など，地球規模の環境変化への問題解明にむけて，国際科学会議（ICSU）は1986年からスタートした「地球圏－生物圏国際共同研究計画」（International Geosphere-Biosphere Program：IGBP）のコアプロジェクトの1つとして，1992年に「地球変化と陸域生態系」（Global Change and Terrestrial Ecosystems：GCTE）を立ち上げた．IGBPは地球システムを制御している物理・化学・生物過程とその相互作用を調べ，人間活動による地球環境の影響を理解することを目的とした研究の枠組であり，「人類の利益のために科学とその応用分野における国際的活動を推進する」という理念に基づいている．この中で，GCTEは陸域における炭素吸収能や物質循環と生物過程を調べることで，気候・大気組成の変化に対する陸域生態系の応答を理解することをミッションとした研究プロジェクトであった．日本の多くの研究者もIGBPに参加し，GCTEにおいてはアジア地域の国際共同研究として「モンスーンアジア陸域生態系におよぼす地球変化のインパクト（Terrestrial Ecosystems in Monsoon Asia：TEMA）」を提案し，森林の機能と構造に焦点をあてた陸域生態系研究が推進された（Hirose & Walker, 1995）．

　このTEMAを発展させた研究が本書のもととなっている「陸域生態系の地球環境変化に対する応答の研究（Response of Terrestrial Watershed Ecosystems to Global Change）」（研究代表　和田英太郎）である．この研究プロジェクトは1997年から始まり，当初2年間は「大学等における地球圏・生物圏国際共同研究」の一環として，また1999年からの3年間は文部科学省の特定領域研究として行われた．GCTEは2003年に終了し，本書の中で紹介されている執筆者達が行った研究成果はGCTEの最終レポートに掲載されている（Kohyama et al., 2006）．

　最近の生態系生態学は，種々の生物過程の「発見」とともに方法論や測定技術において大きく発展し，地球環境問題の解明へ視野を広げつつ大胆なチャレンジをしている．2006年からは，GCTEをさらに発展させた「全球陸域プロジェクト」（The Global Land Project：GLP）」が，IGBPおよび「地球環境変化の人間社会側面に関する国際研究計画」（International Human Dimensions Program on Global Environmental Change：IHDP）の共同コアプロジェクトとして始まった．そこでは，地球環境変化や土地利用の変化による陸域生態系の影響応答だけでなく，人間－環境システムの変容と応答をも解明すべき問題として掲げている．これら，さらなる生態系研究のチャレンジの際にも本書が役立てば幸いである．

なお,「陸域生態系の地球環境変化に対する応答の研究」の事務局長であった名古屋大学大学院環境学研究科 増澤敏行教授は,プロジェクト実施中はもとより,本書の原稿執筆中も私達を支援し激励してくれたが,2005年6月22日,58歳の若さでお亡くなりになった.感謝の意を込めて哀悼の意を捧げたい.

筆者を代表して
占部城太郎

Hirose, T. & Walker, B. H. eds. (1995) Global change and terrestrial ecosystems in monsoon Asia. Kluwer Academic Publishers, Dordrecht.

Kohyama, T., Urabe, J., Hikosaka, K., Shibata, H., Yoshioka, T., Konohira, E., Murase, J., Wada, E. (2006) Terrestrial ecosystems in monsoon Asia: Scaling up from shoot module to watershed. *In* Terrestrial Ecosystems in Changing World (Canadel, J., Pataki, D., Pitelka, L. eds.), The IGBP Series, Springer, Berlin. [in press]

索　引

ア行

アイソトープ・マスバランス　263
アーキテクチャ　23
アサガオ　15
亜酸化窒素　249
アセチレン還元能力　81
アマランサス　13
アルカリ度　153, 171
アルカロイド　83
アルキル化合物　229
暗呼吸　6, 49
安定成層化　205
安定同位体　209
安定同位体精密測定法　261
アンモニア態窒素　100, 129, 150
イオン交換樹脂法　126
異化作用　99
維管束鞘細胞　5
イグサ　20
イスノキ　45
イタドリ　11, 29
イタヤカエデ　58, 69
一方向競争　22
一斉開葉　46, 52
移動分散　251
イネ　13
易分解性　174, 229
陰樹　52
陰葉　6
陰葉緑体　74
渦相関法　196, 246
ウラジロガシ　45
上向き短波放射量　198
上向き長波放射量　198
雲霧林　247
エアロゾル　263
衛星画像　264
栄養塩　9
栄養塩（窒素）沈着　221
栄養段階カスケード　160
栄養の不均衡　68
液体シンチレーションカウンター　210
エゴノキ　43
エタノール可溶性物質　107

越冬葉　49
沿岸帯　159, 229
鉛直混合　207
応答能力　82
オオオナモミ　22, 31
オオバクロモジ　24
オオバコ　11
オオバヤシャブシ　44
沖帯　156, 159, 229
オニグルミ　69
帯状分布　56
オープントップチェンバー　16
オームル　257
温室効果気体　138
温度順化　10
温量指数　49

カ行

回収効率　124
回収熟達度　124
外生菌根菌　81
階層構造　62, 81
海底堆積物　225
回転速度　41
外部循環　139
開放系循環　120
開葉　41, 42, 68
開葉時期　51
開葉日数　51
外来性有機物　165, 227
化学的酸素要求量　153, 260, 261
化学的風化　139, 141, 142, 219
可給性　120
撹乱履歴　66
火災の種類　127
ガス交換係数　235
化石燃料　15, 211
化石燃料の炭素同位体比　210
河川懸濁物　261
下層種　20
加速器質量分析計　210
褐色腐朽菌　115
仮道管　78
可能蒸発散量　127

過飽和　236
髪の毛　262, 263
カヤツリグサ　19
カルビンサイクル　3
カルボキシル化反応　4, 10
環境診断の指標　258
環境税　260
環境容量　258, 261
還元層　230
環孔材　63, 78
乾性降下物　140
乾燥重量　245
乾燥熱帯林　127
観測タワー　196
感度分析　19
乾物増加量　219
基岩層内　140
基岩地質　142
気孔コンダクタンス　5, 6, 58, 77
キシャヤスデ　100
基礎生産　245
基底流量　148
キニーネ　83
機能的平衡　27
ギャップ依存種　69
吸光係数　12
吸収側　65
休眠　48
境界層　246
強光阻害　74
強光利用　52
競争関係　162
極相種　52
桐生水文試験地　141, 144, 146
菌類遷移の栄養仮説　117
空間軸　258
空間的異質性　66
クサギ　52
クサレダマ　13
クスノキ　44
クラスレートガン仮説　226
クリ　44
グリコール酸回路　4
グレージング　159
クロロフィル　3, 8, 73
クロロフィル a/b 比　8
クロロフィル含量/窒素含量比　8
群集呼吸速度　168

景観スケール　57
ケヤマハンノキ　68
限界値段階　106
嫌気条件　233
嫌気部位　262
懸濁態　174
顕熱フラックス　198
高 CO_2 処理　76
コウィータ水文試験地　122
好気条件　233
好気的炭素無機化　231
孔圏道管　63
光合成回路　210
光合成系タンパク質　7, 10
光合成光量子束密度　203
光合成速度　40, 58
光合成窒素利用効率　7, 13, 16, 58, 72
光合成能力　6, 19, 39
光合成の水利用効率　57
光合成有効放射　69
向軸面　74
恒常性維持機能　76
更新稚樹　70
好適な期間　39
高木層　24
光量子フラックス　69
呼吸消費量　245
呼吸速度　19
呼吸量　196
国際生物学事業計画　219
国際地球圏生物圏共同研究　222, 254
国土保全計画　265
枯死・落葉　41
コストベネフィット仮説　6, 14
個体間相互作用　14, 24
個体光合成速度　23
個体サイズ構造　1, 21
個体重あたりの葉面積　28
個体重頻度分布　66
湖底環境　226
湖底生態系　227
コナラ　44
コハウチワカエデ　44
木漏れ日　70
コモンズ　265
固有種　257
個葉　57
個葉光合成　1

個葉光合成特性　12
コンパートメントモデル　218
根粒菌　81

サ行

最小律　249
サイズヒエラルキー　22
再生生産　166
最大光合成速度　6, 72
最大純光合成速度　44
最低水ポテンシャル　58
最適　31
最適S：R比モデル　28
最適温度　10
最適分布　13, 18
最適葉面積指数　16
細胞外酵素　106, 113
材リター　98
酢酸　226
ササラダニ　99, 113
サワシバ　70
酸化還元環境　225
酸化還元境界層　230, 258
酸化層　230
酸緩衝能（アルカリ度）　142
産業革命　15
産業革命前　1
散孔材　63, 78
三次元蛍光測定　176
酸性雨　263
酸性褐色森林土　219
酸性降下物　129
酸素化反応　4, 10
酸素供給速度　230
酸素消費速度　230
酸素消費量　183, 261
酸素要求速度　233
シイ　45
シウリザクラ　70
ジェネラリスト　84
紫外線吸光度　146
ジカルボン酸回路　5
資源獲得戦略　42
資源利用効率　21
自己施肥　82
支持器官　21
支持機能　63

指数分解式　102
自生性有機物　165, 227
持続性　260
下向き短波放射量　198
下向き長波放射量　198
湿潤熱帯林　127
湿地仮説　226
質的防御　83
シナノキ　69
シナリオ　256, 259
子嚢菌類　116
指標システム　260
シミュレーション　249, 255
シャシャンボ　47
弱光利用　52
ジャングルジム　60
周期性　256
集光部位　71
集水域　122, 139, 256
従属栄養生物　245
従属栄養生物呼吸速度　169
従属種　20
自由大気CO_2上昇実験　16, 77, 249
重炭酸　219
重量減少の限界値　106
樹冠　196
種間競争　23
樹冠通過雨　140
縮合タンニン　83
種子収量　32
樹体増分　121
樹体内転流　123
シュート　76
種内競争　23
樹木種数　248
樹木の枯死率　97
純一次生産量　1, 12, 120, 203, 245
順化　3
循環期　157
純群集生産速度　169
春材　63
順次開葉　46, 48, 52
純従属栄養生物群集　167
純生産量　40, 67
純生態系交換量　196, 222, 245
純生態系生産量　196, 245
純同化速度　16
純独立栄養生物群集　167

索引

順応的管理　257, 263
純放射量　246
硝化細菌　125
蒸散　5, 245
硝酸態窒素　100, 128, 129, 150, 249
上層種　20
消費者系　96
正味放射量　198
常緑広葉樹　41, 44
常緑樹　43, 48
初期勾配　1, 8, 19
植生帯分布　251
植物群落　1, 39
植物層　126
植物の生産機能　1
食料増産　259
シラカシ　7, 11
シラカンバ　68
シロザ　7, 24
人為起源　211
シンク　15, 77
人口増加　259
人口密度　259, 261
深水層　156, 235
新生産　166
新生沈降物　183
診断　258, 259
浸透能　140
森林集水域　218
森林動態データベース　253
森林伐採　15
森林パッチ　65
森林流域　137
森林流出水　126
水温躍層　137, 156, 235
吹走距離　198
水頭勾配　222
水分通導機能　63
水分通導制限仮説　57
水平移流量　202
水文過程　137, 139
水溶性物質　107
水力学的制限　74
スゲ　13, 20
スケールアップ　65
ストロマ　3
スペシャリスト　84
スラリー培養法　231

制限要因　17
生食連鎖　159
成層期　157
生態系機能　58
セイタカアワダチソウ　13
成長解析　28
成長モデル　28
静電気結合　144
生物化学的酸素要求量　153, 260
生物活動起源 CO_2　213
生物季節学　42
生物生産量　219
生物多様性　58, 255
生物的窒素要求量　130
生物量（バイオマス）　219
セイヨウキョウチクトウ　10
世界気候共同研究計画　254
赤外線式 CO_2/H_2O 変動計　196
セストン　163
石灰岩　141
接合菌類　116
施肥効果　221
セルラーゼ　114
セルロース　107, 114
遷移　116
遷移後期樹種　69
全球炭素循環モデル　263
先駆樹種　68
潜熱フラックス　198
総一次生産量　12, 196, 245
総合科学技術会議　257
相互感度補正　199
相互作用環　264
造山活動　143
相対光合成速度　23
相対成長関係　121
相対成長速度　28
総窒素無機化速度　125
総表面積指数　202
層別刈り取り法　60
草本植物　210
ソース　77
疎水結合　144
ソヨゴ　44
ソルガム　13

タ行

耐陰性　52
大気 CO_2 濃度　15
大気安定度　213
大気－海洋－陸域統合モデル　263
大気飽差　6
ダイズ　13
堆積腐植　110
耐凍性　48
多種共存系　20
脱窒　140, 145, 262
多肉植物　210
ダフリアカラマツ　49
タムシバ　24
短期応答　1, 3
炭酸　141, 170
炭酸イオン　170
炭酸塩岩　141
炭酸水素イオン　141, 170
短枝　44
担子菌類　116
短枝葉　46
炭素含有率　219
炭素固定効率　81
炭素固定速度　219
炭素蓄積量　219
炭素・窒素安定同位体組成　175
炭素貯留　63, 78
炭素転流量　219
炭素同位体比　209, 213
タンパク質様蛍光ピーク　179
タンパク種子　32
地下水帯　139, 140
地下部　27
地下部/地上部重量比　121
地球温暖化　53, 117, 196
地球環境変化の人間社会側面に関する国際研究計画　254
地球環境問題　254
地球圏－生物圏国際共同研究計画　254
筑後モデル　246
地上部現存量　65
地上部/地下部比　27
地中熱流量　198
窒素安定同位体比　228
窒素可給性　120
窒素飢餓　115
窒素吸収　17
窒素固定　261
窒素固定菌　81
窒素制限仮説　130
窒素生産力　24
窒素貯蔵能力　112
窒素沈着　68, 76
窒素濃度勾配　13
窒素濃度増加率　109
窒素の分配係数　13
窒素飽和　118, 129, 130, 150
窒素保持機構　129
窒素無機化細菌　125
窒素利用効率　58, 72
チトクローム f　8
チドメグサ　20
地表面熱収支　198
地表流　140
チャパレル　15
チャンバー　216
超音波風速計　196
長期変動傾向　197
長枝　44
長枝葉　46
直接流量　148
直接流出　149
貯熱量変化　198
チラコイド膜　3
沈降粒子量　183
通導組織　225
ツリバナ　44
つる植物　15
泥温　231
低木層　24
テルペン類　83
電子伝達系　3, 8, 71
デンドロメータ　64
デンプン　10
同位体効果　262
同位体分別　209
同位体マスバランス　211
透過率　12
透水係数　222
透明度　158
トウモロコシ　262
トクサ　20
独立栄養生物　96, 245
土壌温度　27

土壌呼吸	101, 213, 245
土壌呼吸量	101, 196
土壌層	126, 140
土壌堆積腐植層	99
土壌中の植物根や動物，微生物の呼吸	141
土壌動物	113
土壌有機物	213
トップダウン要因	159
トビムシ	100, 113
トリオースリン酸	4
トリコーム	83
トレードオフ	8, 24
ドロマイト	141

ナ行

内生菌	117
内部循環	139, 140
内部物質循環システム	260
軟腐朽菌	115
難分解性	174, 229
ニコチン	83
二酸化炭素	254
二次生産	83, 245
日補償深度	158
日葉群光合成	18
日長	31
二度伸び	45, 48
二方向競争	22
熱収支インバランス	199
熱収支式	198
熱帯	105
熱帯・亜熱帯地域	126
熱帯雨林	244
熱帯地域	127
年較差	49
年間物質収支	123
年積算 NEP	203
ノガリヤス	20

ハ行

配位子交換結合	144
バイオマス	219
バイカル湖	256
背軸面	74
白色腐朽菌	115
バックグラウンド大気	211

葉の回転速度	46
葉の硬さ	83
葉の空間的配置	39
葉の寿命	40
葉の生涯の稼ぎ	40
葉の老化	43
ハバードブルック森林試験地	122, 128, 220
バリバリノキ	45
半開放系循環	120, 129
半減期	209
繁殖	27
繁殖開始時期	31
繁殖収量	30
東アジア	247
光エネルギー	1
光獲得効率	21, 23
光強度	1
光‐光合成曲線	6, 81
光呼吸	4, 49
光順化	6
光傷害	48
光飽和	72
光飽和値	1
光補償点	6, 16, 41, 81
光利用効率	23
非晶質	146
被食量	14, 85, 121
ヒースランド	24
非生物	221
微生物群集	114
微生物分解	230
微生物ループ	160, 161
非相称的競争	22
肥大成長	63
非直角双曲線	12
非同化器官：同化器官比	41, 52
ヒメシダ	20
ヒメフナムシ	100
ヒメミミズ	99
表現型可塑性	23
氷床コア	225
表水層	156, 235
漂白	116
漂白腐植	112
琵琶湖集水域	139
貧酸素化	236
貧‐中栄養湖	226
風化	137, 142, 258

風速軸回転補正　198
富栄養化　76, 117, 118, 153, 237, 256
富栄養湖沼　159
フェッチ　157
フェニールアラニン　83
フェノール類　83
フェノロジー　41, 42, 68
腐植　110
腐植栄養湖　167
腐植化　108, 146
腐植酸　115, 219
腐植物質　98, 103, 175
腐植物質様蛍光ピーク　179
腐植前段階　106
腐植様物質　146
腐植連鎖　112
復帰流　140
物質集積場所　122
物質循環　138
物質の流れ　97
物理的溶脱　98
不動化期　106, 109
不透水層　140
ブナ　24, 44
不飽和土壌層　145
フラックス　196
フルボ酸　146, 219
プロトン　129
ブロモエタンスルホン酸　231
分解基質　103
分解残渣　99
分解産物　99
分解実験　104
分解者系　96
分解層　158
分解阻害物質　103
分解速度　1
分解段階　106
分解の平衡　99
分解率　101
分枝開始時期　78
分子間力による吸着　144
文理連携　258, 264
平均滞留時間　24
平衡状態　65
平衡モデル　111
ヘドロ　263
蛇砂川　262

ヘミセルロース　107, 114
ベレムナイト化石　209
ベンケイソウ科　6
変水層　156
変動環境　82
片利共生関係　162
芳香族化合物　229
放射乾燥度　246
放射性同位体　209
放射反射率　199
放線菌類　115
ホウレンソウ　7
飽和地表流　140
ホオノキ　44, 70
補完　203
母材　126
補償深度　158
ホスホグリセリン酸　4
ポットサイズ効果　9
ボトムアップ要因　159
ポリエチレンバッグ法　126
ホロセルロース　107
幌内川　149, 222

マ行

埋蔵量　183
摩擦速度　205
水ストレス　74
ミズナラ　70
ミズメ　44, 46
水利用効率　58
密度変動補正　199
ミミズ類　100
無機化期　106
無機態炭素　137
無機態窒素　124, 151
無機態窒素の純生成能　124
無光層　158
無酸素（還元）状態　225
ムシカリ　44
ムル型　99
メタアナリシス　31
メタン　225, 249
メタン酸化菌　232
メタン生成菌　226, 232
メタンの生成　140
メタンハイドレート　226

メチル基　226
メラニン　108, 111
木部　63
木部道管　78
木本植物　210
モジュール　76
モーダー　99
モル型　99

ヤ行

ヤチダモ　63, 69
ヤマウルシ　43
有機錯体　146
有機酸　140, 146
有機態炭素　137, 230
有機態窒素　124, 230
有機物層　144
有機物に富む鉱質土壌層　144
有機物の消失　98
有機物の量　101
有機物分解速度　230
有光層　158
有色溶存態有機物　176
優占種　20
遊離二酸化炭素　170
溶解度曲線　146
溶解度定数　171
葉群　12, 39, 42, 59
葉群光合成モデル　13
葉群構造　59
葉群の垂直構造　60
葉現存量　40
陽樹　52
葉寿命　41, 42
溶存 CO_2 分圧　141
溶存酸素濃度　145
溶存態炭素　219
溶存態無機炭素　138, 219
溶存態有機炭素　138, 219
葉窒素　1
葉窒素濃度　18
葉窒素の濃度勾配　13
葉肉細胞　5
養分貯蔵機能　63
養分の回収　123
養分利用効率　123
葉面積　16

葉面積あたりの成長速度　28
葉面積あたりの窒素濃度　16
葉面積あたりの葉重　28, 73
葉面積指数　12, 16, 79, 202
葉面積比　21, 28
陽葉　6
陽葉緑体　74
葉緑体　1, 3
葉齢　15
ヨシ　20
ヨシ群落　20
ヨーロッパアカマツ　48

ラ行

ライシメーター　222
ライフスタイル　260
落葉供給量　97
落葉広葉樹　41, 44
落葉時期　68, 78
落葉樹　43, 48
落葉日数　51
落葉落枝　82, 97
落葉・落枝の堆積層　144
ラン藻（シアノバクテリア）　153, 166
乱流フラックス　198
陸上水域生態系　225
リグニン　83, 105, 108, 114
リグニン化　107
リグニン－窒素比　109
リグニン濃度増加率　108
リグノセルロース指数　108
理工連携　258
リサイクル　96, 97, 106
リズム　256
リター　82, 97
リタートラップ　97
リターバック　101, 103
リターフォール　64, 219
律速段階　8
リブロース-1,5-2リン酸カルボキシラーゼ
　（「RuBPカルボキシラーゼ」や「ルビスコ」）
　4, 71, 210
リブロース二リン酸　4, 8
リモートセンシング　65
流域　248, 255
粒子状の有機態炭素　138, 149, 220
量水堰　222

索引

量的防御　83
臨界深度　158
臨界値　109
林冠観測用クレーン　58,64
林内低木種　52
林分純成長量　66
ルビスコ　4,71,210
レッドフィールド比　162

ワ行

ワタ　32
ワックス　83

記号・数字

$\delta^{13}C$, $\delta^{15}N$　175
$\Delta^{14}C$　209
$\delta^{14}C$　209
$^{13}C/^{12}C$ 比　209,257
^{13}C-NMR　229
$^{14}C/^{12}C$ 比　209
^{14}C の半減期　210
0 次谷　140
3D-EEM　176
50 年史　255

A

actinomycetes　115
adaptive management　257,263
albedo　199
allochthonous organic matters　165,227
AmeriFlux　197
ascomycetes　116
A 層　144
A_0 層　144
AsiaFlux　197
ATP　3
autochthonous organic matters　165,227
autotroph　96,245
autotrophic organism　96
availability　120

B

Beer の法則　12
BES　231

bleached humus　112
bleaching　116
BOD　153,260
boundary layer　246
Bunsen の吸収係数　236
Buried Bag 法　126

C

C：F 比　41,52
C：N 比　28,83,104,109,219,229
C：P 比　104
C_3 植物　5,21,210
C_4 光合成　5
C_4 植物　5,21,210,262
CAM 植物　210
CAM 光合成　5
Canadian Intersite Decomposition Experiment
　→ CIDET
canopy　196
carboxylation　4,10
catabolism　99
CE　81
cellulase　114
CH_4　225,249
CH_4 放出型　225,230
Chl　3,8,73
CIDET　104
closed-path 型センサー　199
critical value　109
$CO_{2(aq)}$　170
CO_2 固定能力　75
CO_2 順化　9
CO_2 逃散度　171
CO_2 濃度　69
CO_2 濃度上昇　8,17,75
CO_2 濃度の垂直分布　69
CO_2 濃度の変化　69
CO_2 の施肥　202
CO_2 フラックス　197
CO_2 噴気口　16
CO_2 放出型　225,230
CO_2 飽和　72
CO_3^{2-}　170
COD　153,260,261
colored dissolved organic matters　176
Coweeta Hydrologic Laboratory　122
critical value　109

D

decomposer system　96
denitrification　140, 145, 262
detritus food chain　112
DGVM（地球植生動態モデル）　251
DIC　138, 219
Diplopoda　100
dissolved inorganic carbon → DIC
dissolved organic carbon → DOC
DIVERSITAS　254
DOC　138, 219
down regulation　76
drainage flow　205
Dynamic Global Vegetation Models → DGVM

E

eddy correlation method　196, 246
endophytes　117
energy imbalance　199
ethanol-soluble substances　107
EUROFLUX　196
eutrophication　76, 117, 118, 153, 237, 256
extracellular enzyme　106, 113

F

FACE 実験　16, 77, 249
fetch　198
flow　97
flow distortion　198
flux　196
FLUXNET　197
Footprint 解析　198
free-air CO_2 enrichment → FACE 実験
functional equilibrium　27

G

gap filling　203
GCM　263
General Circulation Model → GCM
GEOSS　264
Global Earth Observation System of Systems → GEOSS
global warming　53, 117, 196
GPP　12, 196, 245

gross N mineralization rate　125
GPP　12, 245
gross primary production → GPP

H

H_2CO_3　141, 170
HCO_3^-　141, 170
herbivore system　96
heterotroph　245
holocellulose　107
HU　98, 103, 175
Hubbard Brook Experimental Forest　122, 128, 220
humic acid　115, 219
humification　108, 146
humus → HU
humus-near stage　106

I

IBP　219
IGBP　222, 254
IHDP　254
International Biological Programme → IBP
International Geosphere-Biosphere Program → IGBP
International Human Dimension Program on Global Environmental Change → IHDP
intrasystem cycle　139, 140
IPCC　138
Isopoda　100

K

Keeling Plot　216

L

LAI　12, 16, 79, 202
LAR　21, 28
Large Eddy Simulation → LES
leaf area index → LAI
LCI　108
LCIR　108
LES　208
Liebig（リービッヒ）の最小律の法則　76
lignification　107

索引

lignin concentration increase rate　108
lignocellulose index　108
limit value　106
limit-value stage　106
litter　82, 97
litter bag method　101, 103
litter disappearance, fragmentation　98
littoral zone　159, 229
LMA　28, 73
L：N比　109
Lumbricus terrestrias　100

M

melanin　108, 111
microbial loop　160, 161
mortality rate　97
MRT　24

N

$NADP^+$　3
NAR　28
NCIR　109
NEE　196, 222, 245
NEP　196, 245
net autotrophy　167
net ecosystem exchange → NEE
net ecosystem production → NEP
net heterotrophy　167
net N mineralization rate　124
net primary production → NPP
NH_4^+-N　100, 129, 150
nitrogen concentration increase rate → NCIR
nitrogen limiting theory　130
nitrogen saturation　118, 129, 130, 150
nitrogen starvation　115
NO_3^--N　100, 128, 129, 150, 249
NP　24
NPP　1, 12, 120, 203, 245
nutrient use efficiency　123
nutritional hypothesis of fungal succession　117

O

OHラジカル　226
open-path型センサー　199
OTC　16
oxygenation　4, 10
O層　144

P

PAI　202
particulate organic carbon → POC
pCO_2　141
PDB　209
P-D-C-Aサイクル　264
pelagic zone　156, 159, 229
PEPカルボキシラーゼ　5
PGA　4
photosynthesis photon flux density → PPFD
photosynthetic adjustment　76
photosynthetic nitrogen use efficiency
　　→ PNUE
photosynthetic photon flux → PPF
plant area index → PAI
plant system　96
plant respiration → PR
PlotNet　253
PNUE　7, 13, 16, 58, 72
POC　138, 149, 220
potential N storage capacity　112
PPF　69
PPFD　203
PR　196
P：R比　167, 249

Q

Q_{10}　237

R

RC　98
resorption efficiency　124
retranslocation, resorption　123
return flow　140
RGR　28
ribulose-1,5-bisphosphate carboxylase/
　　oxygenase → Rubisco
RL　98
root/shoot ratio → R/S
R：P比　260
R/S比　121

Rubisco   4, 71, 210
Rubisco 遺伝子   9
RuBP   4, 8
RuBP カルボキシラーゼ   4, 210
RuBP カルボキシル化律速   9

S

saturated overland flow   140
SDGVM   250
sediment oxygen demand → SOD
SF_6 236
SI 法   261
SOD   233
soil respiration → SR
SR   101, 196, 213, 245
S：R 比   27
succession   116
sustainability   260

T

three dimensional excitation-emission matrix
→ 3D-EEM
through fall   140
transpiration   5, 245
trend   197

U

UV/DOC 値   146

W

water-soluble substances   107
WCRP   254
wood litter   98
World Climate Research Program → WCRP
WPL 補正   200

Z

zygomycetes   116

〈編者紹介〉

武田博清（たけだ　ひろし）

1948年生まれ．京都大学大学院農学研究科森林生態学分野教授．農学博士．1971年名古屋大学農学部林学科卒業．1976年京都大学農学部農学研究科博士課程修了．1976年京都大学農学部森林生態学研究室助手．その後，同助教授を経て1997年より現職．専門は森林生態学．

主要著書
『トビムシの住む森――土壌動物から見た森林生態系――』（京都大学学術出版会．2002）

占部城太郎（うらべ　じょうたろう）

1959年生まれ．東北大学大学院生命科学研究科教授．理学博士．1987年千葉県立中央博物館学芸研究員．1993年東京都立大学理学部生物学教室助手．1994年ミネソタ大学生態進化行動学教室客員研究員．1995年京都大学生態学研究センター助教授を経て，2003年より現職．専門は水界生態学，陸水学．

地球環境と生態系
――陸域生態系の科学

Land Ecosystem Science
under Global Change

2006年5月30日　　初版1刷発行
2007年9月25日　　初版2刷発行

検印廃止
NDC 468, 471.7, 653.17, 452.9
ISBN 4-320-05637-X

編　者　武田博清・占部城太郎　ⓒ 2006

発　行　共立出版株式会社／南條光章
〒112-8700
東京都文京区小日向4丁目6番19号
電話　（03）3947-2511番（代表）
振替口座　00110-2-57035番
URL　http://www.kyoritsu-pub.co.jp/

印　刷　星野精版印刷

製　本　協栄製本

社団法人
自然科学書協会
会員

Printed in Japan

JCLS　㈳日本著作出版権管理システム委託出版物
本書の無断複写は著作権法上での例外を除き禁じられています．複写される場合は，そのつど事前に㈳日本著作出版権管理システム（電話03-3817-5670，FAX 03-3815-8199）の許諾を得てください．

日本生態学会 創立50周年記念出版

生態学事典

編集：巖佐 庸・松本忠夫・菊沢喜八郎・日本生態学会
A5判・上製・約708頁・13,650円（税込）

「生態学」は，多様な生物の生き方，関係のネットワークを理解するマクロ生命科学です。特に近年，関連分野を取り込んで大きく変ぼうを遂げました。またその一方で，地球環境の変化や生物多様性の消失によって人類の生存基盤が危ぶまれるなか，「生態学」の重要性は急速に増してきています。そのようななか，本書は創立50周年を迎える日本生態学会が総力を挙げて編纂したものです。生態学会の内外に，命ある自然界のダイナミックな姿をご覧いただきたいと考えています。

『生態学事典』編者一同

7つの大課題

Ⅰ 基礎生態学
Ⅱ バイオーム・生態系・植生
Ⅲ 分類群・生活型
Ⅳ 応用生態学
Ⅴ 研究手法
Ⅵ 関連他分野
Ⅶ 人名・教育・国際プロジェクト

のもと，298名の執筆者による678項目の詳細な解説を五十音順に掲載。生態科学・環境科学・生命科学・生物学教育・保全や修復・生物資源管理をはじめ，生物や環境に関わる広い分野の方々にとって必読必携の事典。

共立出版
http://www.kyoritsu-pub.co.jp/